T0254362

CAMBRIDGE LIBRARY COLLECTION

Books of enduring scholarly value

Mathematical Sciences

From its pre-historic roots in simple counting to the algorithms powering modern desktop computers, from the genius of Archimedes to the genius of Einstein, advances in mathematical understanding and numerical techniques have been directly responsible for creating the modern world as we know it. This series will provide a library of the most influential publications and writers on mathematics in its broadest sense. As such, it will show not only the deep roots from which modern science and technology have grown, but also the astonishing breadth of application of mathematical techniques in the humanities and social sciences, and in everyday life.

Oeuvres complètes

Augustin-Louis, Baron Cauchy (1789-1857) was the pre-eminent French mathematician of the nineteenth century. He began his career as a military engineer during the Napoleonic Wars, but even then was publishing significant mathematical papers, and was persuaded by Lagrange and Laplace to devote himself entirely to mathematics. His greatest contributions are considered to be the Cours d'analyse de l'École Royale Polytechnique (1821), Résumé des leçons sur le calcul infinitésimal (1823) and Leçons sur les applications du calcul infinitésimal à la géométrie (1826-8), and his pioneering work encompassed a huge range of topics, most significantly real analysis, the theory of functions of a complex variable, and theoretical mechanics. Twenty-six volumes of his collected papers were published between 1882 and 1958. The first series (volumes 1–12) consists of papers published by the Académie des Sciences de l'Institut de France; the second series (volumes 13–26) of papers published elsewhere.

Oeuvres complètes

Series 2

VOLUME 14

AUGUSTIN LOUIS CAUCHY

CAMBRIDGE UNIVERSITY PRESS

Cambridge New York Melbourne Madrid Cape Town Singapore São Paolo Delhi

Published in the United States of America by Cambridge University Press, New York

www.cambridge.org
Information on this title: www.cambridge.org/9781108003278

This edition first published 1938
This digitally printed version 2009

ISBN 978-1-108-00327-8

ŒUVRES

COMPLÈTES

D'AUGUSTIN CAUCHY

ŒUVRES

COMPLÈTES

D'AUGUSTIN CAUCHY

PUBLIÉES SOUS LA DIRECTION SCIENTIFIQUE

DE L'ACADÉMIE DES SCIENCES

ET SOUS LES AUSPICES

DE M. LE MINISTRE DE L'INSTRUCTION PUBLIQUE.

IIE SÉRIE. — TOME XIV.

PARIS,

GAUTHIER-VILLARS, ÉDITEUR,

LIBRAIRE DU BUREAU DES LONGITUDES, DE L'ÉCOLE POLYTECHNIQUE,

Quai des Grands-Augustins. 55.

MCMXXXVIII

SECONDE SÉRIE

I. — MÉMOIRES PUBLIÉS DANS DIVERS RECUEILS

AUTRES QUE CEUX DE L'ACADÉMIE

II. — OUVRAGES CLASSIQUES

III. — MÉMOIRES PUBLIÉS EN CORPS D'OUVRAGE

IV. — MÉMOIRES PUBLIÉS SÉPARÉMENT

IV

MÉMOIRES

PUBLIÉS SÉPARÉMENT

EXERCICES D'ANALYSE

ET DE

PHYSIQUE MATHÉMATIQUE

EXERCICES D'ANALYSE

ET DE

PHYSIQUE MATHÉMATIQUE,

Par le Baron Augustin CAUCHY,

Membre de l'Académie des Sciences de Paris, de la Société Italienne, de la Société royale de Londres, des Académies de Berlin, de Saint-Pétersbourg, de Prague, de Stockholm, de Gœttingue, de l'Académie Américaine, etc.

TOME QUATRIÈME

PARIS,

BACHELIER, IMPRIMEUR-LIBRAIRE

DE L'ÉCOLE POLYTECHNIQUE, DU BUREAU DES LONGITUDES, ETC.,

QUAI DES AUGUSTINS, N° 55.

1847

EXERCICES D'ANALYSE

ET DE

PHYSIQUE MATHÉMATIQUE

MÉMOIRE

SUR

LES RÉSULTANTES QUE L'ON PEUT FORMER

SOIT AVEC LES COSINUS DES ANGLES COMPRIS ENTRE DEUX SYSTÈMES D'AXES, SOIT AVEC LES COORDONNÉES DE DEUX OU TROIS POINTS

Les résultantes dont il s'agit se présentent d'elles-mêmes, comme on sait, dans la solution d'un grand nombre de problèmes. D'ailleurs, celles qui sont formées avec les coordonnées de deux ou trois points peuvent être immédiatement déduites de celles qui renferment les cosinus des angles compris entre deux systèmes d'axes. Ajoutons que l'on facilite la détermination de ces deux espèces de résultantes, en introduisant dans le calcul des quantités propres à indiquer le sens de certains mouvements de rotation, ainsi que je l'expliquerai tout à l'heure.

I. — *Des mouvements de rotation directs et rétrogrades.*

Considérons d'abord, dans un plan donné, diverses longueurs

$$r, \quad s, \quad t, \quad \ldots,$$

dont chacune sera mesurée dans une certaine direction, à partir d'une certaine origine O, et supposons que cette origine soit la même pour toutes ces longueurs. Si un rayon mobile, compté encore à partir du point O, tourne autour de ce point dans le plan donné, il offrira ce que nous appellerons un *mouvement de rotation* de r en s, ou un *mouvement de rotation* de s en r, selon qu'il passera, en décrivant l'angle $(\widehat{r, s})$, de la direction r à la direction s, ou de la direction s à la direction r. Pour distinguer plus facilement, dans le discours et dans les formules, ces deux mouvements l'un de l'autre, nous traçerons, dans le plan de l'angle $(\widehat{r, s})$, deux axes coordonnés des x et y qui passeront par l'origine O; et, en nommant x, y deux longueurs mesurées à partir de cette origine sur les demi-axes des x et y positives, nous appellerons mouvement de rotation *direct* celui qui s'effectuera dans le même sens que le mouvement de rotation de x en y, et mouvement *rétrograde*, celui qui s'effectuera en sens contraire. De plus, nous représenterons, dans ce Mémoire, par la simple notation

$$(r, s),$$

une quantité qui, ayant pour valeur numérique l'unité, sera positive ou négative, suivant que le mouvement de rotation de r en s sera direct ou rétrograde; en sorte qu'on aura, dans le premier cas,

$$(r, s) = 1,$$

dans le second cas,

$$(r, s) = -1.$$

Cela posé, les deux notations

$$(r, s), \quad (s, r)$$

représenteront, dans nos formules, deux quantités affectées de signes contraires, mais équivalentes, au signe près, à l'unité; en sorte qu'on aura

$$(1) \qquad (s, r) = -(r, s).$$

Ajoutons que, si l'on nomme

$$r',\quad s',\quad t',\quad \ldots$$

des longueurs mesurées à partir de l'origine O, dans des directions opposées à celles des longueurs

$$r,\quad s,\quad t,\quad \ldots,$$

on aura évidemment

$$(r', s) = -(r, s), \tag{2}$$

et, par suite,

$$(r, s) = -(r', s) = (r', s') = -(r, s'). \tag{3}$$

Si les axes coordonnés sont rectangulaires, alors, les deux directions x, y étant perpendiculaires entre elles, une troisième direction r formera toujours, avec les deux premières, deux angles

$$(\widehat{r, \mathrm{x}}),\quad (\widehat{r, \mathrm{y}}),$$

dont chacun offrira un cosinus égal, abstraction faite du signe, au sinus de l'autre; et, par suite,

$$\cos(\widehat{r, \mathrm{x}}),\quad \cos(\widehat{r, \mathrm{y}}),$$

auront pour valeurs numériques les quantités positives

$$\sin(\widehat{r, \mathrm{y}}),\quad \sin(\widehat{r, \mathrm{x}}).$$

D'ailleurs, $\cos(\widehat{r, \mathrm{x}})$ sera positif ou négatif, suivant que l'angle $(\widehat{r, \mathrm{x}})$ sera aigu ou obtus. Or, dans le premier cas, r et x étant situés d'un même côté par rapport à l'axe des y, le mouvement de rotation de r en y sera droit, comme le mouvement de rotation de x en y; et, par conséquent, on aura

$$(r, \mathrm{y}) = 1.$$

Dans le second cas, au contraire, r et y étant situés de deux côtés opposés par rapport à l'axe des y, le mouvement de rotation de r en y sera rétrograde, puisqu'il s'effectuera en sens inverse du mouvement de x en y; on aura donc

$$(r, \mathrm{y}) = -1.$$

Donc, dans tous les cas, le signe de $\cos(\widehat{r, \mathrm{x}})$ sera précisément le signe de (r, y). On prouvera, de même, l'identité du signe de $\cos(\widehat{r, \mathrm{y}})$ et du signe de (x, r). Donc, pour obtenir des produits égaux aux cosinus

$$\cos(\widehat{r, \mathrm{x}}), \quad \cos(\widehat{s, \mathrm{y}}),$$

il suffira de multiplier leurs valeurs numériques

$$\sin(\widehat{r, \mathrm{x}}), \quad \sin(\widehat{r, \mathrm{x}}),$$

par les facteurs

$$(r, \mathrm{y}), \quad (\mathrm{x}, r),$$

en sorte qu'on aura

$$(4) \qquad \cos(\widehat{r, \mathrm{x}}) = (r, \mathrm{y}) \sin(\widehat{r, \mathrm{y}}), \qquad \cos(\widehat{r, \mathrm{y}}) = (\mathrm{x}, r) \sin(\widehat{\mathrm{x}, r}).$$

Supposons, maintenant, que les longueurs

$$r, \quad s, \quad t, \quad \ldots;$$

toujours mesurées à partir du point O, soient dirigées d'une manière quelconque dans l'espace. Le mouvement de rotation d'un rayon mobile qui, en décrivant l'angle $(\widehat{r, s})$, passera de r en s, pourra être de deux espèces différentes, non seulement en lui-même, mais encore par rapport à la direction d'une longueur t mesurée à partir du point O en dehors du plan (r, s). En effet, ce mouvement pourra s'effectuer ou de *gauche à droite*, ou de *droite à gauche*, par rapport à la direction t, c'est-à-dire par rapport à un spectateur qui, ayant les pieds posés sur le plan (r, s), serait appuyé contre le demi-axe, sur lequel se mesure la longueur t. Mais il importe d'observer que si le rayon mobile parcourt l'une après l'autre les trois faces de l'angle solide qui a pour arêtes r, s et t, en tournant toujours dans le même sens autour du point O, de manière, par exemple, à décrire successivement les trois angles plans $(\widehat{r, s})$, $(\widehat{s, t})$, $(\widehat{t, r})$, les trois mouvements de rotation de r

en s autour de t, de s en t autour de r, et de t en r autour de s, seront tous les trois de même espèce, c'est-à-dire qu'ils s'effectueront tous les trois de gauche à droite, ou tous les trois de droite à gauche, autour des directions r, s, t. Afin de pouvoir reconnaître plus aisément, dans le discours et dans le calcul, la nature des mouvements dont il s'agit, nous tracerons dans l'espace trois axes coordonnés des x, y, z qui passeront par l'origine O; et en nommant

$$\text{x}, \quad \text{y}, \quad \text{z}$$

trois longueurs mesurées à partir de cette origine sur les demi-axes des x, y et z positives, nous appellerons *direct* ou *rétrograde* le mouvement de rotation de r en s autour de la direction t, suivant que ce mouvement sera ou ne sera pas de l'espèce des trois mouvements de rotation de x et y autour de z, de y en z autour de x, et de z en x autour de y. De plus, nous représenterons, dans ce Mémoire, par la simple notation

$$(r, s, t),$$

une quantité qui, ayant pour valeur numérique l'unité, sera positive ou négative, suivant que le mouvement de rotation de r en s sera direct ou rétrograde; en sorte qu'on aura, dans le premier cas,

$$(r, s, t) = 1,$$

dans le second cas

$$(r, s, t) = -1.$$

Cela posé, les six notations

$$(r, s, t), \quad (s, t, r), \quad (t, r, s),$$
$$(r, t, s), \quad (s, r, t), \quad (t, s, r)$$

représenteront toujours, dans nos calculs, des quantités équivalentes, au signe près, à l'unité, et liées entre elles par la formule

$$(5) \quad (r, s, t) = (s, t, r) = (t, r, s) = -(r, t, s) = -(s, r, t) = -(t, s, r).$$

Ajoutons que, si l'on nomme

$$r', \quad s', \quad t', \quad \ldots$$

des longueurs mesurées à partir de l'origine O, dans des directions opposées à celles des longueurs

$$r, \quad s, \quad t, \quad \ldots,$$

on aura évidemment

$$(6) \qquad (r', s, t) = -(r, s, t),$$

et, par suite,

$$(7) \qquad (r, s, t) = -(r', s, t) = (r', s', t) = -(r', s', t') = \ldots.$$

Nous avons, dans ce qui précède, supposé que les diverses longueurs

$$r, \quad s, \quad t, \quad \ldots, \qquad x, \quad y, \quad z, \quad \ldots$$

se mesuraient toutes à partir d'une même origine. Pour plus de généralité, nous étendrons l'usage des notations ci dessus indiquées, au cas même ou les diverses longueurs seraient comptées à partir d'origines diverses, et alors nous attribuerons aux notations

$$(r, s), \quad (r, s, t), \quad (\widehat{r, s})$$

les valeurs qu'elles auraient, si les longueurs

$$r, \quad s, \quad t$$

étaient transportées parallèlement à elles-mêmes, de manière à offrir, pour origine commune, un point unique. Enfin, lorsqu'en supposant les longueurs r, s, t mesurées à partir d'origines diverses, nous mentionnerons le plan de l'angle $(\widehat{r, s})$, ou bien encore l'angle solide construit avec les arêtes r, s, t, on devra toujours, par ces paroles, entendre, dans le premier cas, le plan de l'angle compris entre deux longueurs mesurées à partir d'une même origine, dans des directions parallèles à celles de r et de s; et, dans le second cas, l'angle solide qui aurait pour arêtes trois longueurs mesurées à partir d'une même origine, dans des directions parallèles à celles de r, s et t.

On peut, avec la plus grande facilité, déduire des équations (4), jointes au théorème VI de la page 311 du IIIe volume [1], les formules connues qui servent à déterminer le cosinus ou le sinus de la somme ou de la différence de deux arcs. En effet, soient

$$r, \quad s$$

deux longueurs mesurées dans un même plan, à partir d'une certaine origine O, et

$$\mathrm{x}, \quad \mathrm{y}$$

deux autres longueurs mesurées, à partir de la même origine, sur deux axes des x et y perpendiculaires entre eux. Le théorème VI de la page 311 du IIIe volume donnera

$$(8) \qquad \cos(\widehat{r,s}) = \cos(\widehat{r,\mathrm{x}})\cos(\widehat{s,\mathrm{x}}) + \cos(\widehat{r,\mathrm{y}})\cos(\widehat{s,\mathrm{y}}).$$

Mais, eu égard à la seconde des formules (4), on aura

$$\cos(\widehat{r,\mathrm{y}}) = (\mathrm{x}, r)\sin(\widehat{r,\mathrm{x}}), \qquad \cos(\widehat{s,\mathrm{y}}) = (\mathrm{x}, s)\sin(\widehat{s,\mathrm{x}}).$$

Donc on tirera, de la formule (8),

$$(9) \quad \cos(\widehat{r,s}) = \cos(\widehat{r,\mathrm{x}})\cos(\widehat{s,\mathrm{x}}) + (\mathrm{x}, r)(\mathrm{x}, s)\sin(\widehat{r,\mathrm{x}})\sin(\widehat{s,\mathrm{x}}).$$

Concevons maintenant que l'on pose, pour abréger,

$$(\widehat{r,\mathrm{x}}) = a, \qquad (\widehat{s,\mathrm{x}}) = b.$$

Si les longueurs r, s sont situées d'un même côté de l'axe des x, on aura évidemment

$$(\widehat{r,s}) = \pm(a-b), \qquad \cos(\widehat{r,s}) = \cos(a-b),$$
$$(\mathrm{x}, r)(\mathrm{x}, s) = 1,$$

et, par suite, la formule (9) donnera

$$(10) \qquad \cos(a-b) = \cos a \cos b + \sin a \sin b.$$

Si, au contraire, les deux longueurs r, s sont situées de deux côtés

---

[1] *Œuvres de Cauchy*, série II, t. XIII, p. 348.

différents de l'axe des x, on aura

$$\left(\widehat{r,s}\right)=a+b \quad \text{ou} \quad \left(\widehat{r,s}\right)=2\pi-(a+b), \qquad \cos\left(\widehat{r,s}\right)=\cos(a+b),$$
$$(x,r)(x,s)=-1,$$

et, par suite, la formule (9) donnera

$$(11) \qquad \cos(a+b)=\cos a\cos b-\sin a\sin b.$$

D'ailleurs, les formules (10), (11), ainsi établies pour le cas où chacun des angles a, b est positif et inférieur à π, continueront évidemment de subsister, si l'on y fait croître ou décroître chacun de ces angles d'un multiple quelconque de π. Elles subsisteront donc pour des valeurs quelconques, positives ou négatives, de a et de b. Ajoutons que, si, dans les formules (10), (11), l'on remplace a par $\frac{\pi}{2}-a$, on en tirera immédiatement

$$(12) \qquad \sin(a+b)=\sin a\cos b+\sin b\cos a,$$
$$(13) \qquad \sin(a-b)=\sin a\cos b-\sin b\cos a.$$

Avant de terminer ce paragraphe, nous allons indiquer encore une notation qui sera employée dans le cours de ce Mémoire, conjointement avec celles que nous venons d'établir, et qui d'ailleurs est, à peu près, celle dont Lagrange a fait usage, dans le tome II de la *Mécanique analytique* (art. 48, page 61). Afin de rendre les formules plus concises et plus faciles à retenir, nous désignerons généralement par

$$[r,s]$$

la surface du parallélogramme que l'on peut construire sur les deux côtés r, s, d'un angle plan $\left(\widehat{r,s}\right)$, réduits l'un et l'autre à l'unité, et par

$$[r,s,t]$$

le volume du parallélipipède que l'on peut construire sur les trois arêtes r, s, t, d'un angle solide, réduites elles-mêmes à l'unité.

D'ailleurs, on obtiendra sans peine les valeurs de

$$[r, s], \quad [r, s, t],$$

en opérant comme il suit :

Si, après avoir construit le parallélogramme dont les côtés sont r et s, on prend r pour base de ce parallélogramme, la hauteur sera représentée par le produit

$$s \sin(\widehat{r, s}).$$

Donc l'aire du parallélogramme sera proportionnelle, pour une valeur déterminée de l'angle $(\widehat{r, s})$, au produit rs, et représentée par l'expression

$$rs \sin(\widehat{r, s}).$$

Si, dans cette expression, l'on réduit chacune des longueurs r, s à l'unité, l'aire dont il s'agit deviendra

$$(14) \qquad [r, s] = \sin(\widehat{r, s}).$$

Concevons maintenant qu'après avoir construit le parallélipipède dont les arêtes r, s, t se coupent au point O, on élève, par ce point, des perpendiculaires aux plans des trois angles

$$(\widehat{s, t}), \quad (\widehat{t, r}), \quad (\widehat{r, s}),$$

et nommons

$$R, \quad S, \quad T$$

trois longueurs mesurées sur ces trois perpendiculaires, la première du même côté que l'arête r par rapport au plan de l'angle $(\widehat{s, t})$, la seconde du même côté que l'arête s par rapport au plan de l'angle $(\widehat{t, r})$, la troisième du même côté que l'arête t par rapport au plan de l'angle $(\widehat{r, s})$. Si l'on prend pour base de ce parallélipipède le parallélogramme qui a pour côtés r et s, et pour aire le produit

$$rs \sin(\widehat{r, s}),$$

la hauteur correspondant à cette base sera évidemment

$$t \cos(\widehat{t, T}).$$

Donc le volume du parallélipipède sera, pour des valeurs déterminées des angles $(\widehat{r, s})$, $(\widehat{t, T})$, proportionnel au produit rst, et ce volume sera exprimé par le produit

$$rst \sin(\widehat{r, s}) \cos(\widehat{t, T}).$$

Enfin, si l'on réduit chacune des longueurs rst à l'unité, le volume trouvé deviendra

$$(15) \qquad [r, s, t] = \sin(\widehat{r, s}) \cos(\widehat{t, T}).$$

On obtiendra de même, en échangeant les arêtes r, s, t entre elles, deux autres valeurs de $[r, s, t]$ qui seront, avec la précédente, données par la formule

$$(16) \quad [r, s, t] = \sin(\widehat{s, t}) \cos(\widehat{r, R}) = \sin(\widehat{t, r}) \cos(\widehat{s, S}) = \sin(\widehat{r, s}) \cos(\widehat{t, T}),$$

c'est-à-dire, en d'autres termes, par l'équation (6) de la page 320 du IIIe volume.

Lorsqu'on introduit dans le calcul les deux expressions

$$[r, s], \quad [r, s, t],$$

l'aire du parallélogramme qui a pour côtés r et s, se trouve représentée par le produit

$$(17) \qquad rs[r, s]:$$

et pareillement le volume du parallélipipède qui a pour arêtes les longueurs r, s, t, se trouve représenté par le produit

$$(18) \qquad rst[r, s, t].$$

Ajoutons que les aires du triangle et du parallélogramme, qui ont pour côtés r et s, étant entre elles dans le rapport de 1 à 2, l'aire du triangle sera représentée par le produit

$$(19) \qquad \frac{1}{2} rs[r, s].$$

Pareillement les volumes du tétraèdre et du parallélipipède qui ont pour arêtes r, s et t, étant entre eux dans le rapport de 1 à 6, le volume du tétraèdre sera représenté par le produit

$$\frac{1}{6} rst[r, s, t]. \tag{20}$$

En finissant, nous indiquerons un moyen très simple de résoudre une question qu'il ne sera pas inutile de traiter ici, et nous recherchérons ce que devient l'aire exprimée par la notation $[r, s]$, quand cette aire est projetée sur un nouveau plan par exemple, sur le plan de l'angle $(\widehat{u, v})$.

Supposons que, les longueurs

$$r, \quad s, \quad u, \quad v$$

étant toutes mesurées à partir de l'origine O, on nomme

$$\rho, \quad \varsigma$$

les projections absolues et orthogonales des longueurs

$$r, \quad s$$

sur le plan de l'angle $(\widehat{u, v})$; et soit ι l'angle aigu compris entre les plans des deux angles $(\widehat{r, s})$, $(\widehat{u, v})$, ou ce qu'on appelle l'inclinaison de l'un de ces plans sur l'autre. Si l'on projette sur le plan de l'angle $(\widehat{u, v})$ le parallélogramme qui a pour côtés r et s, l'aire de la projection sera

$$\rho\varsigma \sin(\widehat{\rho, \varsigma}).$$

Mais, d'autre part, on aura évidemment

$$\rho = r\cos(\widehat{r, \rho}), \qquad \varsigma = s\cos(\widehat{s, \varsigma});$$

donc l'aire de la projection pourra être représentée généralement par le produit

$$rs\cos(\widehat{r, \rho})\cos(\widehat{s, \varsigma})\sin(\widehat{\rho, \varsigma}). \tag{21}$$

En réduisant, dans ce produit, r et s à l'unité, on obtiendra la projection de l'aire $[r, s]$ sur le plan de l'angle $(\widehat{u, v})$. Cette dernière projection sera donc exprimée par le produit

$$\cos(\widehat{r, \rho}) \cos(\widehat{s, \varsigma}) \sin(\widehat{\rho, \varsigma}). \tag{22}$$

Ce n'est pas tout. L'aire du parallélogramme qui a pour côtés r et s étant représentée par le produit

$$rs \sin(\widehat{r, s}),$$

il suffira de diviser la projection de cette aire par cette aire même, ou, en d'autres termes, par le produit (21), pour obtenir le rapport

$$\frac{\cos(\widehat{r, \rho}) \cos(\widehat{s, \varsigma}) \sin(\widehat{\rho, \varsigma})}{\sin(\widehat{r, s})}; \tag{23}$$

et l'on obtiendra encore évidemment le même rapport si l'on réduit à moitié l'aire dont il s'agit et sa projection, en leur substituant l'aire du triangle qui a pour côtés r, s, et la projection de l'aire de ce triangle. D'ailleurs, rien n'empêche d'attribuer aux côtés r, s des longueurs telles, que le troisième côté du triangle devienne parallèle au plan de l'angle $(\widehat{u, v})$, par conséquent à la droite suivant laquelle se coupent les plans des deux angles $(\widehat{r, s})$, $(\widehat{u, v})$; et si, en supposant cette condition remplie, on prend pour base du triangle ce troisième côté, il se projettera en toute grandeur sur le plan de l'angle $(\widehat{u, v})$, pour y devenir la base du triangle projeté. Alors, le triangle et sa projection offrant des bases égales, leurs aires seront entre elles dans le rapport des hauteurs correspondantes, et comme ces hauteurs seront mesurées sur des droites perpendiculaires aux deux bases, par conséquent, à la droite d'intersection des plans des deux angles $(\widehat{r, s})$, $(\widehat{u, v})$, le rapport de la seconde hauteur à la première sera précisément le cosinus de l'inclinaison des deux plans, c'est-à-dire de l'angle ι. Donc, le rapport (23) sera précisément égal à $\cos\iota$, et l'on aura, par suite,

$$\cos(\widehat{r, \rho}) \cos(\widehat{s, \varsigma}) \sin(\widehat{\rho, \varsigma}) = \sin(\widehat{r, s}) \cos\iota. \tag{24}$$

En vertu de la formule (24), la projection de l'aire $[r, s]$ sur le plan de l'angle $(\widehat{u, v})$ pourra être représentée non seulement par l'expression (22), mais encore par le produit

$$\sin(\widehat{r, s}) \cos\iota, \tag{25}$$

ou, ce qui revient au même, par le produit

$$[r, s] \cos\iota. \tag{26}$$

Il y a plus : en substituant le produit (26) au produit (22) dans l'expression (21), on obtiendra la suivante :

$$rs\left[\widehat{r, s}\right] \cos\iota, \tag{27}$$

qui devra, comme l'expression (21), représenter la projection de l'aire

$$rs\left[\widehat{r, s}\right],$$

c'est-à-dire de l'aire du triangle dont les côtés sont r et s. On se trouve ainsi ramené par un calcul très simple à cette proposition connue, que *l'aire d'un triangle tracé dans un plan est à sa projection sur un autre plan, dans le rapport de l'unité au cosinus de l'angle aigu compris entre les deux plans*.

La formule (24) coïncide évidemment avec l'équation (8) de la Note insérée à la page 131 du IIIe volume (¹). Mais on doit observer que, dans cette Note, l'équation dont il s'agit, au lieu d'être démontrée directement, avait été déduite de la proposition même que nous venons de rappeler.

II. — *Sur les résultantes formées avec les cosinus des angles compris entre deux systèmes d'axes.*

Considérons dans un plan ou dans l'espace deux systèmes d'axes rectangulaires ou obliques, chaque système étant composé de deux ou

(¹) *Œuvres de Cauchy*, série II, t. XIII, p. 149.

trois axes seulement. Supposons chacun de ces axes indéfiniment prolongé dans une direction déterminée, qui sera celle d'une certaine longueur portée à partir d'une certaine origine O, sur l'axe dont il s'agit. Enfin, nommons

$$r,\ s \quad \text{ou} \quad r,\ s,\ t$$

les longueurs ainsi mesurées, à partir d'une même origine, ou à partir d'origines diverses, sur les directions assignées aux deux ou trois axes qui composent le premier système, et

$$u,\ v \quad \text{ou} \quad u,\ v,\ w$$

les longueurs mesurées, à partir d'une même origine, ou à partir d'origines diverses, sur les directions assignées aux deux ou trois axes qui composent le second système. Les angles compris entre les axes du premier système et les axes du second système auront pour cosinus, si chaque système est composé de deux axes seulement, les quatre quantités comprises dans ce tableau

$$(1)\qquad \left\{\begin{array}{ll} \cos(\widehat{r,u}), & \cos(\widehat{r,v}), \\ \cos(\widehat{s,u}), & \cos(\widehat{s,v}); \end{array}\right.$$

et, dans le cas contraire, c'est-à-dire dans le cas où chaque système serait composé de trois axes, les neuf quantités

$$(2)\qquad \left\{\begin{array}{lll} \cos(\widehat{r,u}), & \cos(\widehat{r,v}), & \cos(\widehat{r,w}), \\ \cos(\widehat{s,u}), & \cos(\widehat{s,v}), & \cos(\widehat{s,w}), \\ \cos(\widehat{t,u}), & \cos(\widehat{t,v}), & \cos(\widehat{t,w}). \end{array}\right.$$

D'ailleurs, on pourra former une résultante à deux dimensions avec les quatre termes du tableau (1), et une résultante à trois dimensions avec les neuf termes du tableau (2). Pour abréger, nous désignerons ces deux résultantes à l'aide des notations

$$[r,\ s;\ u,\ v], \quad [r,\ s,\ t;\ u,\ v,\ w],$$

dont chacune offrira, comme on le voit, deux systèmes de quantités séparées les unes des autres, non seulement par des virgules, mais aussi par le signe ; interposé entre les deux systèmes. Il est vrai qu'au premier abord on peut être tenté de trouver ces notations trop semblables à celles que nous avons adoptées dans le premier paragraphe; mais on verra, dans le paragraphe III, que cette similitude, loin d'être un inconvénient, est un avantage très réel, et que les expressions

$$[r, s], \quad [r, s, t]$$

se trouvent comprises, comme cas particuliers, dans les expressions plus générales

$$[r, s\colon u, v], \quad [r, s, t\colon u, v, w].$$

Les notations que nous venons de proposer étant admises, on aura généralement

$$(3) \qquad [r, s\colon u, v] = \cos(\widehat{r, u})\cos(\widehat{s, v}) - \cos(\widehat{r, v})\cos(\widehat{s, u}),$$

et

$$(4) \quad [r, s, t\colon u, v, w]$$
$$= \cos(\widehat{r, u})\cos(\widehat{s, v})\cos(\widehat{t, w}) - \cos(\widehat{r, u})\cos(\widehat{s, w})\cos(\widehat{t, v})$$
$$+ \cos(\widehat{r, v})\cos(\widehat{s, w})\cos(\widehat{t, u}) - \cos(\widehat{r, v})\cos(\widehat{s, u})\cos(\widehat{t, w})$$
$$+ \cos(\widehat{r, w})\cos(\widehat{s, u})\cos(\widehat{t, v}) - \cos(\widehat{r, w})\cos(\widehat{s, v})\cos(\widehat{t, u}).$$

D'ailleurs, les deux résultantes

$$[r, s\colon u, v], \quad [r, s, t\colon u, v, w],$$

définies par les équations (3) et (4), jouissent de propriétés qu'il est utile de bien connaître, et que nous allons successivement énoncer.

Observons d'abord qu'en vertu des formules (3) et (4), chacune des résultantes

$$[r, s\colon u, v], \quad [r, s, t\colon u, v, w]$$

ne sera pas altérée, si l'on échange entre eux les deux systèmes d'axes, par conséquent les deux systèmes de longueurs

$$r, \ s \quad \text{et} \quad u, \ v$$

ou

$$r, \quad s, \quad t \qquad \text{et} \qquad u, \quad v, \quad w.$$

Mais chacune de ces résultantes changera de signe, sans changer de valeur numérique, si l'on échange entre elles deux longueurs mesurées sur deux axes appartenant au même système. On aura, par exemple,

$$(5) \qquad [s, r; u, v] = -[r, s; u, v]$$

et

$$(6) \qquad [s, r, t; u, v, w] = -[r, s, t; u, v, w].$$

Observons encore que chacune des résultantes

$$[r, s; u, v], \quad [r, s, t; u, v, w]$$

changera toujours de signe, sans changer de valeur numérique, quand on y remplacera l'une quelconque des directions

$$r, \quad s, \quad t, \qquad u, \quad v, \quad w$$

par la direction opposée. En effet, supposons que l'on substitue, par exemple, à la longueur r une longueur r', mesurée, comme la longueur r, à partir de l'origine O, mais dans une direction opposée à celle de r. Alors, dans les seconds membres des formules (3) et (4), les angles

$$(\widehat{r, u}), \quad (\widehat{r, v}), \quad (\widehat{r, w})$$

se trouveront remplacés par leurs suppléments

$$(\widehat{r', u}), \quad (\widehat{r', v}), \quad (\widehat{r', w});$$

et puisque deux angles, dont l'un est supplément de l'autre, offrent, avec le même sinus, deux cosinus égaux, aux signes près, mais affectés de signes contraires, il est clair que la substitution de r' à r aura pour effet unique de changer le signe de chaque terme dans les valeurs des résultantes

$$[r, s; u, v], \qquad [r, s, t; u, v, w].$$

On aura donc, par suite,

$$[r', s;\ u, v] = -[r, s;\ u, v], \tag{7}$$

et

$$[r', s, t;\ u, v, w] = -[r, v, t;\ u, v, w]. \tag{8}$$

Remarquons encore que les angles dont les cosinus entrent comme facteurs dans la composition des divers termes des deux résultantes

$$[r, s;\ u, v], \quad [r, s, t;\ u, v, w],$$

ne varieront pas si l'on transporte parallèlement à lui-même chacun des axes sur lesquels se mesurent les longueurs

$$r, \quad s, \quad t, \qquad u, \quad v, \quad w, \qquad \ldots.$$

En conséquence, on peut énoncer la proposition suivante :

Théorème. — *Si les longueurs*

$$r, \quad s, \quad t, \qquad u, \quad v, \quad w, \qquad \ldots$$

sont mesurées, à partir d'origines diverses, sur divers axes indéfiniment prolongés dans certaines directions, on n'altérera point les valeurs des résultantes

$$[r, s;\ u, v], \quad [r, s, t;\ u, v, w]$$

en transportant les axes dont il s'agit, parallèlement à eux-mêmes, sans changer leurs directions, de manière à donner pour origine commune aux diverses longueurs un point unique.

Eu égard à ce théorème, nous supposerons, dans les paragraphes III et IV, les diverses longueurs

$$r, \quad s, \quad t, \quad u, \quad v, \quad w, \quad \ldots,$$

toutes mesurées à partir d'une seule origine O, qui sera le sommet commun des angles plans compris entre elles, et des angles solides dont les arêtes coïncideront avec trois de ces mêmes longueurs.

Nous venons de rappeler quelques-unes des propriétés des deux résultantes

$$[r, s; u, v], \quad [r, s, t; u, v, w].$$

Une autre propriété remarquable de ces mêmes résultantes c'est que la première ne sera point altérée si chacun des angles $(\widehat{r, s})$, $(\widehat{u, v})$ vient à tourner autour du point O, sans changer de valeur, dans le plan qui le renferme, et que pareillement la seconde ne sera point altérée si chacun des angles solides construits avec les arêtes r, s, t ou u, v, w, tourne autour du point O, sans se déformer. Mais, pour établir plus aisément cette propriété, il convient d'examiner successivement le cas particulier dans lequel un des deux systèmes d'axes

$$r, \ s \quad \text{et} \quad u, \ v$$

ou

$$r, \ s, \ t \quad \text{et} \quad u, \ v, \ w,$$

se compose d'axes perpendiculaires entre eux; puis le cas général où les axes de chaque système comprennent entre eux des angles quelconques. C'est ce que nous ferons dans les deux paragraphes suivants.

III. — *Détermination de la résultante construite avec les cosinus des angles que des axes quelconques forment avec d'autres axes perpendiculaires entre eux.*

Considérons d'abord, dans un plan donné, deux axes indéfiniment prolongés à partir d'un certain point O dans deux directions déterminées. Soient

$$r, \ s$$

deux longueurs mesurées dans ces deux directions à partir de l'origine O; et supposons, dans le plan de l'angle $(\widehat{r, s})$, la position d'un point quelconque rapportée à deux axes rectangulaires des x, y, qui passent eux-mêmes par l'origine O. Enfin nommons

$$x, \ y$$

deux longueurs mesurées, à partir de cette origine, sur les axes des x, y, indéfiniment prolongés dans le sens des coordonnées positives. Les cosinus des quatre angles

$$(\widehat{r, \mathrm{x}}), \quad (\widehat{r, \mathrm{y}}),$$
$$(\widehat{s, \mathrm{x}}), \quad (\widehat{s, \mathrm{y}}),$$

que formeront les deux côtés de l'angle $(\widehat{r, s})$ avec les deux côtés de l'angle droit $(\widehat{\mathrm{x}, \mathrm{y}})$, par suite, la résultante

$$(1) \qquad [r, s;\ \mathrm{x}, \mathrm{y}] = \cos(\widehat{r, \mathrm{x}})\cos(\widehat{s, \mathrm{y}}) - \cos(\widehat{r, \mathrm{y}})\cos(\widehat{s, \mathrm{x}})$$

construite avec ces cosinus, pourront être évidemment exprimés à l'aide des sinus et cosinus des seuls angles

$$(\widehat{r, \mathrm{x}}), \quad (\widehat{s, \mathrm{y}}).$$

Si, pour plus de commodité, on commence par supposer les longueurs r, s, situées l'une et l'autre du côté des y positives, c'est-à-dire, en d'autres termes, du même côté que y, par rapport à l'axe des x, alors chacun des angles

$$(\widehat{r, \mathrm{y}}), \quad (\widehat{s, \mathrm{y}})$$

étant aigu offrira un cosinus positif; et, comme la valeur numérique de ce cosinus sera le sinus de l'angle formé par la longueur r ou s avec une direction perpendiculaire à y, on aura

$$\cos(\widehat{r, \mathrm{y}}) = \sin(\widehat{r, \mathrm{x}}), \qquad \cos(\widehat{s, \mathrm{y}}) = \sin(\widehat{s, \mathrm{x}}).$$

Donc alors la formule (1) donnera

$$[r, s;\ \mathrm{x}, \mathrm{y}] = \cos(\widehat{r, \mathrm{x}})\sin(\widehat{s, \mathrm{x}}) - \sin(\widehat{r, \mathrm{x}})\cos(\widehat{s, \mathrm{x}}),$$

ou, ce qui revient au même, eu égard à la formule (11) du paragraphe I,

$$[r, s;\ \mathrm{x}, \mathrm{y}] = \sin\left[(\widehat{s, \mathrm{x}}) - (\widehat{r, \mathrm{x}})\right].$$

Mais alors aussi, la différence

$$(\widehat{s, \mathrm{x}}) - (\widehat{r, \mathrm{x}}),$$

égale, au signe près à l'angle $(\widehat{r, s})$, sera positive ou négative, avec son sinus, suivant que le mouvement de rotation de r en s sera direct ou rétrograde. Donc la dernière des formules obtenues pourra s'écrire comme il suit

$$[r, s; \text{x}, \text{y}] = (r, s) \sin(\widehat{r, s}). \tag{2}$$

D'ailleurs l'équation (2), ainsi établie pour le cas où les longueurs r, s seraient toutes deux situées du côté des y positives, continuera de subsister, en vertu de la formule (7) du paragraphe II, jointe à la formule (2) du paragraphe I, si l'on substitue à l'une des directions r, s la direction opposée r' ou s' située du côté des y négatives, et, par suite encore, si l'on substitue en même temps r' à r et s' à s. Donc la formule (2) subsistera pour deux longueurs dont chacune pourra être située, comme l'on voudra, ou du côté des y positives, ou du côté des y négatives. D'autre part, la quantité positive $\sin(\widehat{r, s})$ représente précisément ce que devient la surface du parallélogramme construit sur les côtés r, s de l'angle $(\widehat{r, s})$, dans le cas où ces côtés sont tous deux égaux à l'unité, et l'expression

$$(r, s)$$

se réduit à $+1$ ou à -1, suivant que le mouvement de rotation de r en s est direct ou rétrograde, c'est-à-dire dirigé dans le sens du mouvement de rotation de r en s, ou dans le sens opposé. Cela posé, la formule (2) entrainera évidemment la proposition suivante :

THÉORÈME I. — *Étant donnés dans un plan, un angle droit* $(\widehat{\text{x}, \text{y}})$, *et un angle aigu, droit ou obtus* $(\widehat{r, s})$, *qui ont pour sommet commun le point* O; *si l'on détermine les quatre cosinus des autres angles*

$$(\widehat{r, \text{x}}), \quad (\widehat{r, \text{y}}),$$
$$(\widehat{s, \text{x}}), \quad (\widehat{s, \text{y}}),$$

que formeront les côtés r, s *de l'angle* $(\widehat{r, s})$ *avec les côtés* x, y *de l'angle droit* $(\widehat{\mathrm{x}, \mathrm{y}})$, *la résultante*

$$[r, s;\ \mathrm{x}, \mathrm{y}],$$

construite avec ces quatre cosinus, sera positive ou négative, suivant que les mouvements de rotation de r en s, et de x *en* y, *s'effectueront dans le même sens ou en sens contraire ; et cette résultante aura pour valeur numérique le sinus de l'angle* $(\widehat{r, s})$, *ou, ce qui revient au même, l'aire du parallélogramme que l'on peut construire sur les côtés r, s réduits l'un et l'autre à l'unité.*

Corollaire. — La valeur numérique de la résultante

$$[r, s;\ \mathrm{x}, \mathrm{y}]$$

étant indépendante non seulement de la position qu'occupent, dans le plan donné, les axes rectangulaires sur lesquels se mesurent les deux longueurs x, y, mais encore du sens dans lequel s'effectue le mouvement de rotation de x en y, il est naturel de représenter cette valeur numérique par la simple notation

$$[r, s],$$

que l'on déduit de l'expression

$$[r, s;\ \mathrm{x}, \mathrm{y}],$$

en y effaçant les deux lettres x, y, employées pour indiquer deux directions dont il n'est plus nécessaire de faire une mention expresse. Alors l'équation (2) se trouve remplacée par les deux formules

$$[r, s;\ \mathrm{x}, \mathrm{y}] = (r, s)\,[r, s], \tag{3}$$

$$[r, s] = (\widehat{r, s}), \tag{4}$$

dont la seconde reproduit précisément l'une des notations admises dans le paragraphe I.

Supposons maintenant que, le sommet O de l'angle (r, s) étant toujours pris pour origine des coordonnées, on rapporte la position d'un point quelconque de l'espace à trois axes rectangulaires des x, y, z, dont les deux premiers pourront être situés en dehors du plan de l'angle $(\widehat{r, s})$; et nommons

$$\mathrm{x},\quad \mathrm{y},\quad \mathrm{z}$$

trois longueurs mesurées, à partir de l'origine O, sur les trois axes des x, y, z, indéfiniment prolongés dans le sens des coordonnées positives. Si l'on détermine les cosinus des quatre angles

$$(\widehat{r, \mathrm{x}}),\quad (\widehat{r, \mathrm{y}}),$$
$$(\widehat{s, \mathrm{x}}),\quad (\widehat{s, \mathrm{y}}),$$

que formeront les côtés de l'angle $(\widehat{r, s})$ avec les côtés de l'angle droit $(\widehat{\mathrm{x}, \mathrm{y}})$, on pourra toujours construire avec ces cosinus une résultante

$$[r, s;\ \mathrm{x}, \mathrm{y}] = \cos(\widehat{r, \mathrm{x}})\cos(\widehat{s, \mathrm{y}}) - \cos(\widehat{r, \mathrm{y}})\cos(\widehat{s, \mathrm{x}})$$

Si d'ailleurs, après avoir projeté les longueurs

$$r,\quad s$$

sur le plan des x, y, on nomme

$$\rho,\quad \varsigma$$

deux longueurs nouvelles mesurées, à partir du point O, dans les directions mêmes des deux projections ou dans les directions opposées, on aura encore.

$$[\rho, \varsigma;\ \mathrm{x}, \mathrm{y}] = \cos(\widehat{\rho, \mathrm{x}})\cos(\widehat{\rho, \mathrm{y}}) - \cos(\widehat{\rho, \mathrm{y}})\cos(\widehat{\varsigma, \mathrm{y}}).$$

Mais, en vertu d'un théorème connu et relatif aux plans qui se coupent à angles droits [*voir* le théorème VII de la page 311 du IIIe volume ([1])], on pourra, aux deux équations qui précèdent, joindre les formules

$$\frac{\cos(\widehat{r, \mathrm{x}})}{\cos(\widehat{\rho, \mathrm{x}})} = \frac{\cos(\widehat{r, \mathrm{y}})}{\cos(\widehat{\rho, \mathrm{y}})} = \cos(\widehat{r, \rho}),$$
$$\frac{\cos(\widehat{s, \mathrm{x}})}{\cos(\widehat{\varsigma, \mathrm{x}})} = \frac{\cos(\widehat{s, \mathrm{y}})}{\cos(\widehat{\varsigma, \mathrm{y}})} = \cos(\widehat{s, \varsigma}),$$

([1]) *Œuvres de Cauchy*, série II, t. XIII, p. 349.

puisque les plans projetants, c'est-à-dire les plans des deux angles

$$(r, \rho), \quad (s, \varsigma)$$

seront tous deux perpendiculaires au plan de l'angle $(\widehat{x, y})$. Donc les deux équations dont il s'agit, combinées entre elles par voie de division, donneront

$$\frac{[r, s;\ x, y]}{[\rho, \varsigma;\ x, y]} = \cos(\widehat{r, \rho})\cos(\widehat{s, \varsigma}),$$

et l'on aura, en conséquence,

$$(5) \qquad [r, s;\ x, y] = [\rho, \varsigma;\ x, y]\cos(\widehat{r, \rho})\cos(\widehat{s, \varsigma}).$$

Enfin, les directions ρ, ς étant comprises dans le plan de l'angle $(\widehat{x, y})$ on tirera de la formule (2)

$$[\rho, \varsigma;\ x, y] = (\rho, \varsigma)\sin(\widehat{\rho, \varsigma}),$$

et, par suite, la formule (5) donnera

$$(6) \qquad [r, s;\ x, y] = (\rho, \varsigma)\sin(\widehat{\rho, \varsigma})\cos(\widehat{r, \rho})\cos(\widehat{s, \varsigma}).$$

Rien n'empêche de supposer que les deux lettres

$$\rho, \quad \varsigma$$

représentent en grandeur et en direction les projections absolues des longueurs

$$r, \quad s$$

sur le plan des x, y. Si, pour plus de commodité, on adopte cette supposition, les deux cosinus

$$\cos(\widehat{r, \rho}), \qquad \cos(\widehat{s, \varsigma})$$

seront tous deux positifs, et pour qu'ils représentent les projections absolues ρ, ς des longueurs r, s sur le plan des x, y, il suffira que chacune de ces longueurs se réduise à l'unité. Alors, le parallélogramme construit sur ces deux projections ρ, ς offrira une aire évidemment exprimée par le produit

$$\sin(\widehat{\rho, \varsigma})\cos(\widehat{r, \rho})\cos(\widehat{s, \varsigma}),$$

puisque ce parallélogramme aura pour côtés

$$\cos(\widehat{r, \rho}), \quad \cos(\widehat{s, \varsigma}),$$

et pour hauteur le produit

$$\cos(\widehat{s, \varsigma}) \sin(\widehat{\rho, \varsigma}),$$

quand on prendra pour base le premier côté $\cos(\widehat{r, \rho})$.

Quant au facteur (ρ, ς), il se réduira ou à $+1$, ou à -1, suivant que le mouvement de rotation de ρ en ς sera direct ou rétrograde, c'est-à-dire dirigé dans le sens du mouvement de rotation de x en y, ou dans le sens opposé. D'ailleurs, ρ et ς étant, par hypothèse, les projections absolues de r et de s sur le plan des x, y perpendiculaire à l'axe des z, il est clair que les mouvements de rotation de ρ en ς et de r en s s'effectueront dans le même sens autour du demi-axe des z positives, c'est-à-dire autour de la direction z. Donc, si l'on adopte les définitions et notations proposées dans le paragraphe I, le mouvement de rotation de ρ en ς sera direct ou rétrograde dans le plan des x, y, suivant que le mouvement de rotation de r en s autour de la direction z sera lui-même direct ou rétrograde dans l'espace, et l'on aura

$$(\rho, \varsigma) = (r, s, \mathrm{z}); \tag{7}$$

donc l'équation (6) pourra être présentée sous la forme

$$[r, s;\ \mathrm{x}, \mathrm{y}] = (r, s, \mathrm{z}) \sin(\widehat{\rho, \varsigma}) \cos(\widehat{r, \rho}) \cos(\widehat{s, \varsigma}), \tag{8}$$

et l'on pourra énoncer la proposition suivante :

THÉORÈME II. — *Étant donnés, dans l'espace, un angle droit* $(\widehat{\mathrm{x}, \mathrm{y}})$ *et un angle aigu, droit ou obtus* $(\widehat{r, s})$, *qui ont pour sommet commun le point* O; *si l'on distribue les cosinus des quatre angles*

$$(\widehat{r, \mathrm{x}}), \quad (\widehat{r, \mathrm{y}}),$$
$$(\widehat{s, \mathrm{x}}), \quad (\widehat{s, \mathrm{y}}),$$

que formeront les côtés de l'angle $(\widehat{r, s})$ *avec les côtés de l'angle droit*

$(\widehat{\mathrm{x}, \mathrm{y}})$, *la résultante*

$$[r, s; \mathrm{x}, \mathrm{y}],$$

construite avec ces quatre cosinus, sera positive ou négative, suivant que les mouvements de rotation de r *en* s *et de* x *en* y *autour d'une direction* z *perpendiculaire au plan de l'angle* $(\widehat{\mathrm{x}, \mathrm{y}})$, *s'effectueront dans le même sens ou en sens contraire; et cette résultante aura pour valeur numérique l'aire du parallélogramme que l'on peut construire, dans le plan de l'angle* $(\widehat{\mathrm{x}, \mathrm{y}})$, *sur les projections des côtés* r, s, *réduits l'un et l'autre à l'unité. On peut remarquer d'ailleurs que ce parallélogramme est la projection de celui que l'on pourrait construire dans l'espace sur les côtés en question.*

Concevons maintenant que, le même point O étant tout à la fois le sommet de l'angle $(\widehat{r, s})$ et de l'angle droit $(\widehat{\mathrm{x}, \mathrm{y}})$, on nomme

$$l, \quad m, \quad n$$

trois longueurs mesurées à partir du point O, la première sur la droite d'intersection des plans des deux angles $(\widehat{\mathrm{x}, \mathrm{y}})$, $(\widehat{r, s})$, et les deux dernières sur des perpendiculaires menées à cette droite dans les deux plans dont il s'agit. Supposons d'ailleurs, pour plus de commodité, chacune de ces perpendiculaires dirigée dans un sens tel, que les deux mouvements de rotation de x en y et de l en m soient de même espèce dans le plan de l'angle $(\widehat{\mathrm{x}, \mathrm{y}})$, et que les deux mouvements de rotation de r en s et de l en n soient de même espèce dans le plan de l'angle $(\widehat{r, s})$. On pourra faire tourner l'angle droit $(\widehat{\mathrm{x}, \mathrm{y}})$ dans le plan qui le renferme, de manière à l'appliquer sur l'angle droit $(\widehat{l, m})$, et à faire coïncider les deux directions

$$\mathrm{x}, \quad \mathrm{y},$$

la première avec la direction l, la seconde avec la direction m. Cela posé, on conclura du théorème II, que la valeur générale de l'expression

$$[r, s; \mathrm{x}, \mathrm{y}]$$

ne diffère pas de la valeur particulière qu'acquiert cette expression quand on y remplace x par l, et y par m. On aura donc généralement

$$[r, s;\ x, y] = [r, s;\ l, m],$$

ou ce qui revient au même,

$$[r, s;\ x, y] = \cos(\widehat{r, l})\cos(\widehat{s, m}) - \cos(\widehat{r, m})\cos(\widehat{s, l}).$$

Mais, d'autre part, le plan qui renfermera les deux directions m, n, dont chacune est perpendiculaire à la direction l, sera lui-même perpendiculaire à l, et, par suite, à tout plan qui contiendra l, par conséquent au plan de l'angle $(\widehat{r, s})$, ou, en d'autres termes, au plan des deux angles $(\widehat{r, n})$, $(\widehat{s, n})$. Donc le théorème relatif aux plans qui se coupent à angles droits, le théorème VII de la page 311 du IIIe volume donnera

$$\cos(\widehat{r, m}) = \cos(\widehat{r, n})\cos(\widehat{m, n}),$$
$$\cos(\widehat{s, m}) = \cos(\widehat{s, n})\cos(\widehat{m, n}).$$

En substituant ces valeurs de cos (r, m), cos (s, n) dans l'équation précédente

$$[r, s;\ x, y] = \cos(\widehat{r, l})\cos(\widehat{s, m}) - \cos(\widehat{r, m})\cos(\widehat{s, l}),$$

et en ayant égard à la formule

$$[r, s;\ l, n] = \cos(\widehat{r, l})\cos(\widehat{s, n}) - \cos(\widehat{r, n})\cos(\widehat{s, l}),$$

on trouvera

$$[r, s;\ x, y] = [r, s;\ l, n]\cos(\widehat{m, n}).$$

Enfin, puisque l'angle droit (l, n) sera renfermé dans le plan de l'angle $(\widehat{r, s})$, et que dans ce plan, les deux mouvements de rotation de r en s et de l en n auront, par hypothèse, la même direction, le théorème I donnera simplement

$$[r, s;\ l, n] = \sin(\widehat{r, s});$$

et, par suite, la valeur générale de la résultante $[r, s; \mathrm{x}, \mathrm{y}]$ pourra être réduite à

$$(9) \qquad [r, s; \mathrm{x}, \mathrm{y}] = \sin(\widehat{r, s}) \cos(\widehat{m, n}).$$

Donc, puisque $\sin(\widehat{r, s})$ représente l'aire $[r, s]$ du losange que l'on peut construire sur les côtés r, s réduits chacun à l'unité, on aura encore, dans l'hypothèse admise,

$$(10) \qquad [r, s; \mathrm{x}, \mathrm{y}] = [r, s] \cos(\widehat{m, n}).$$

Il est bon d'observer que l'angle $(\widehat{m, n})$ compris entre des droites m, n menées dans les plans des deux angles

$$(\widehat{\mathrm{x}, \mathrm{y}}), \quad (\widehat{r, s}),$$

perpendiculairement à la commune intersection l de ces deux plans, est égal ou à l'angle aigu qui mesure l'inclinaison du second plan sur le premier, ou au supplément de cet angle aigu. Donc le cosinus de l'angle $(\widehat{m, n})$ doit être égal, au signe près, au cosinus de l'inclinaison mutuelle des deux plans dont il s'agit; et l'on peut encore énoncer la proposition suivante :

Théorème III. — *Les mêmes choses étant posées que dans le théorème* II, *la résultante*

$$[r, s; \mathrm{x}, \mathrm{y}]$$

aura encore pour valeur numérique le produit du sinus de l'angle $(\widehat{r, s})$ *par le cosinus de l'inclinaison mutuelle des plans des deux angles* $(\widehat{r, s})$ *et* $(\widehat{\mathrm{x}, \mathrm{y}})$.

D'ailleurs, comme on l'a déjà remarqué, le premier facteur de ce produit est précisément l'aire du parallélogramme que l'on peut construire sur les deux côtés r, s réduits l'un et l'autre à l'unité.

Corollaire. — Si, en supposant que l'angle droit $(\widehat{\mathrm{x}, \mathrm{y}})$ et l'angle $(\widehat{r, s})$ ont pour sommet le même point O, on nomme T une longueur mesurée, à partir de ce point, sur une perpendiculaire au plan de l'angle $(\widehat{r, s})$, l'angle $(\widehat{T, z})$, compris entre deux droites T, z respectivement perpendiculaires aux plans des deux angles $(\widehat{x, y})$, $(\widehat{r, s})$, sera évidemment égal ou à l'inclinaison mutuelle de ces deux plans, ou au supplément de cette inclinaison; et, par suite, les cosinus des deux angles :

$$(\widehat{m, n}),\quad (\widehat{T, z})$$

offriront la même valeur numérique. Si d'ailleurs on suppose les directions T et z situées d'un même côté par rapport au plan de l'angle $(\widehat{r, s})$, les mouvements de rotation de r en s autour de la direction z, et de r en s autour de la direction T s'effectueront dans le même sens; et l'on aura en conséquence

$$(r, s, z) = (r, s, T).$$

Donc alors la résultante

$$[r, s;\ x, y],$$

qui est, en vertu de la formule (8), une quantité affectée du signe de (r, s, z), sera aussi une quantité affectée du signe de (r, s, T); et ce signe sera encore, eu égard à l'équation (9), le signe de $\cos(\widehat{m, n})$. On aura donc, dans l'hypothèse admise

$$\cos(\widehat{m, n}) = (r, s, T)\cos(\widehat{T, z}). \tag{11}$$

Ajoutons que cette dernière formule continuera évidemment de subsister, si à la direction T on substitue la direction opposée, puisque alors l'angle $(\widehat{T, z})$ étant remplacé par son supplément, les deux facteurs du produit

$$(r, s, T)\cos(\widehat{T, z})$$

changeront de signe. La formule (11) se trouvant ainsi établie pour tous les cas, l'équation (9) donnera généralement

$$[r, s;\ x, y] = (r, s, T)\sin(\widehat{r, s})\cos(\widehat{T, z}), \tag{12}$$

ou, ce qui revient au même,

$$[r, s; \mathrm{x}, \mathrm{y}] = (r, s, T)[r, s] \cos(\widehat{T, \mathrm{z}}). \tag{13}$$

Si maintenant on échange entre elles les trois directions x, y, z, en observant que les trois mouvements de rotation de x en y autour de z, de y en z autour de x, et de z en x autour de y, sont tous trois de même espèce, on obtiendra, au lieu de l'équation (12), deux équations du même genre, qui seront comprises avec elle, dans la seule formule

$$\frac{[r, s; \mathrm{y}, \mathrm{z}]}{\cos(\widehat{T, \mathrm{x}})} = \frac{[r, s; \mathrm{z}, \mathrm{x}]}{\cos(\widehat{T, \mathrm{y}})} = \frac{[r, s; \mathrm{x}, \mathrm{y}]}{\cos(\widehat{T, \mathrm{z}})} = (r, s, T) \sin(\widehat{r, s}). \tag{14}$$

Considérons, à présent, outre les axes rectangulaires des x, y, z, sur lesquels on suppose portées à partir de l'origine O les trois longueurs x, y, z, trois autres axes rectangulaires ou obliques, indéfiniment prolongés à partir du point O, dans des directions déterminées; et nommons

$$r, \quad s, \quad t$$

trois longueurs qui, ayant le point O pour origine, se mesurent dans ces trois directions. Les cosinus des neuf angles plans

$$\begin{array}{lll} (\widehat{r, \mathrm{x}}), & (\widehat{r, \mathrm{y}}), & (\widehat{r, \mathrm{z}}), \\ (\widehat{s, \mathrm{x}}), & (\widehat{s, \mathrm{y}}), & (\widehat{s, \mathrm{z}}), \\ (\widehat{t, \mathrm{x}}), & (\widehat{t, \mathrm{y}}), & (\widehat{t, \mathrm{z}}) \end{array}$$

que formeront les directions r, s, t avec les directions x, y, z, seront les éléments de calcul qui entreront dans la composition des trois résultantes à deux dimensions

$$\left\{ \begin{array}{l} [r, s; \mathrm{y}, \mathrm{z}] = \cos(\widehat{r, \mathrm{y}}) \cos(\widehat{s, \mathrm{z}}) - \cos(\widehat{r, \mathrm{z}}) \cos(\widehat{s, \mathrm{y}}), \\ [r, s; \mathrm{z}, \mathrm{x}] = \cos(\widehat{r, \mathrm{z}}) \cos(\widehat{s, \mathrm{x}}) - \cos(\widehat{r, \mathrm{x}}) \cos(\widehat{s, \mathrm{z}}), \\ [r, s; \mathrm{x}, \mathrm{y}] = \cos(\widehat{r, \mathrm{x}}) \cos(\widehat{s, \mathrm{y}}) - \cos(\widehat{r, \mathrm{y}}) \cos(\widehat{s, \mathrm{x}}), \end{array} \right. \tag{15}$$

et de la résultante à trois dimensions

$$
(16)\quad \begin{cases} [r, s, t; \mathrm{x}, \mathrm{y}, \mathrm{z}] = \cos(\widehat{r, \mathrm{x}})\cos(\widehat{s, \mathrm{y}})\cos(\widehat{t, \mathrm{z}}) - \cos(\widehat{r, \mathrm{x}})\cos(\widehat{s, \mathrm{z}})\cos(\widehat{t, \mathrm{y}}), \\ \qquad = \cos(\widehat{r, \mathrm{y}})\cos(\widehat{s, \mathrm{z}})\cos(\widehat{t, \mathrm{x}}) - \cos(\widehat{r, \mathrm{y}})\cos(\widehat{s, \mathrm{x}})\cos(\widehat{t, \mathrm{z}}), \\ \qquad = \cos(\widehat{r, \mathrm{z}})\cos(\widehat{s, \mathrm{x}})\cos(\widehat{t, \mathrm{y}}) - \cos(\widehat{r, \mathrm{z}})\cos(\widehat{s, \mathrm{y}})\cos(\widehat{t, \mathrm{x}}). \end{cases}
$$

Or, en vertu des formules (15) et (16), on aura évidemment

$$
(17)\quad [r, s, t; \mathrm{x}, \mathrm{y}, \mathrm{z}] = [r, s; \mathrm{y}, \mathrm{z}]\cos(\widehat{t, \mathrm{x}}) + [r, s; \mathrm{z}, \mathrm{x}]\cos(\widehat{t, \mathrm{y}}) + [r, s; \mathrm{x}, \mathrm{y}]\cos(\widehat{t, \mathrm{z}}).
$$

D'ailleurs, si l'on nomme T une longueur mesurée, à partir du point O, sur une perpendiculaire au plan de l'angle $(\widehat{r, s})$, les valeurs des expressions

$$
[r, s; \mathrm{y}, \mathrm{z}], \quad [r, s; \mathrm{z}, \mathrm{x}], \quad [r, s; \mathrm{x}, \mathrm{y}]
$$

pourront être déduites de la formule (14), et de cette formule combinée avec l'équation (17), on tirera la suivante :

$$
\frac{[r, s, t; \mathrm{x}, \mathrm{y}, \mathrm{z}]}{\cos(\widehat{t, \mathrm{x}})\cos(\widehat{T, \mathrm{x}}) + \cos(\widehat{t, \mathrm{y}})\cos(\widehat{T, \mathrm{y}}) + \cos(\widehat{t, \mathrm{z}})\cos(\widehat{T, \mathrm{z}})} = (r, s, T)\sin(\widehat{r, s}).
$$

Donc, en observant que, dans cette dernière, le dénominateur du premier membre est précisément égal à $\cos(\widehat{t, T})$, on trouvera

$$
\frac{[r, s, t; \mathrm{x}, \mathrm{y}, \mathrm{z}]}{\cos(\widehat{t, T})} = (r, s, T)\sin(\widehat{r, s}),
$$

et, par suite,

$$
(18)\quad [r, s, t; \mathrm{x}, \mathrm{y}, \mathrm{z}] = (r, s, T)\sin(\widehat{r, s})\cos(\widehat{t, T}).
$$

Si, pour plus de commodité, on suppose que la longueur T soit située du même côté que la longueur t par rapport au plan de l'angle $(\widehat{r, s})$, les deux mouvements de rotation de r en s autour de t, et de r en s autour de T, s'effectueront dans le même sens; en sorte qu'on aura

$$
(r, s, T) = (r, s, t).
$$

Alors aussi, dans l'équation (18) réduite à la formule

$$(19) \qquad [r, s, t; \mathrm{x}, \mathrm{y}, \mathrm{z}] = (r, s, t) \sin(\widehat{r, s}) \cos(\widehat{t, T}),$$

le facteur $\cos(\widehat{t, T})$ sera positif, puisque l'angle $(\widehat{t, T})$ sera aigu; et par suite, le produit

$$\sin(\widehat{r, s}) \cos(\widehat{t, T})$$

représentera la valeur du parallélipipède que l'on peut construire sur les arêtes r, s, t, supposées toutes réduites à l'unité [*voir* le § I]. Quant au facteur

$$(r, s, t)$$

il se réduira ou à $+1$, ou à -1, suivant que le mouvement de rotation de r en s autour de t, étant direct ou rétrograde, sera ou ne sera pas de l'espèce du mouvement de rotation de x en y autour de z. Donc la formule (19) entraînera la proposition suivante :

Théorème IV. — *Étant donné dans l'espace un angle solide dont les arêtes* x, y, z, *mesurées à partir du point fixe* O, *sont perpendiculaires entre elles, et un autre angle solide dont les arêtes* r, s, t *se coupent, au même point* O, *sous des angles quelconques, si l'on détermine les cosinus des neuf angles*

$$\begin{matrix} (\widehat{r, \mathrm{x}}), & (\widehat{r, \mathrm{y}}), & (\widehat{r, \mathrm{z}}), \\ (\widehat{s, \mathrm{x}}), & (\widehat{s, \mathrm{y}}), & (\widehat{s, \mathrm{z}}), \\ (\widehat{t, \mathrm{x}}), & (\widehat{t, \mathrm{y}}), & (\widehat{t, \mathrm{z}}), \end{matrix}$$

que formeront les arêtes r, s, t, *avec les arêtes* x, y, z, *la résultante*

$$[r, s, t; \mathrm{x}, \mathrm{y}, \mathrm{z}],$$

construite avec ces neuf cosinus, sera positive ou négative, suivant que les mouvements de rotation de x *en* y *autour de* z, *et de* r *en* s *autour de* t, *s'effectueront dans le même sens ou en sens contraire; et cette résultante aura pour valeur numérique le volume du parallélipipède, que l'on peut construire sur les arêtes* r, s, t *réduites chacune à l'unité.*

Corollaire. — La valeur numérique de la résultante

$$[r, s, t; \mathrm{x}, \mathrm{y}, \mathrm{z}]$$

étant indépendante non seulement de la position qu'occupent, dans l'espace, les axes rectangulaires sur lesquels se mesurent les trois longueurs

$$\mathrm{x}, \quad \mathrm{y}, \quad \mathrm{z},$$

mais encore du sens dans lequel s'effectue le mouvement de rotation de x en y autour de z, il est naturel de représenter cette valeur numérique par la simple notation

$$[r, s, t],$$

que l'on déduit de l'expression

$$[r, s, t; \mathrm{x}, \mathrm{y}, \mathrm{z}],$$

en y effaçant les trois lettres x, y, z, employées pour indiquer trois directions dont il n'est plus nécessaire de faire une mention expresse. Alors l'équation (19) se trouve remplacée par le système des deux formules

$$[r, s, t; \mathrm{x}, \mathrm{y}, \mathrm{z}] = (r, s, t)[r, s, t], \tag{20}$$

$$[r, s, t] = \sin(\widehat{r, s})\cos(\widehat{t, T}), \tag{21}$$

dont la seconde reproduit précisément l'une des notations admises dans le paragraphe I. Ajoutons que, si l'on nomme

$$R, \quad S, \quad T$$

trois longueurs respectivement mesurées sur des perpendiculaires aux plans des trois angles

$$(\widehat{s, t}), \quad (\widehat{t, r}), \quad (\widehat{r, s}),$$

à partir du point commun aux trois arêtes

$$r, \quad s, \quad t,$$

et situées, par rapport à ces plans, des mêmes côtés que ces trois arêtes, on pourra joindre à l'équation (21) deux autres équations qui seront comprises, avec elle, dans la seule formule

$$(22)\quad [r, s, t] = \sin(\widehat{s, t}) \cos(\widehat{r, R}) = \sin(\widehat{t, r}) \cos(\widehat{s, S}) = \sin(\widehat{r, s}) \cos(\widehat{t, T})$$

[*voir* le § I].

En terminant ce paragraphe, nous remarquerons qu'en vertu des théorèmes I, II et III, la valeur de la résultante

$$[r, s; \mathrm{x}, \mathrm{y}]$$

dépend uniquement de l'angle $(\widehat{r, s})$, de l'inclinaison du plan de cet angle sur le plan de x, y, et du sens dans lequel s'effectue, dans chacun de ces plans, le mouvement de rotation de r en s ou de x en y. Pareillement, il suit du théorème IV, que la valeur de la résultante

$$[r, s, t; \mathrm{x}, \mathrm{y}, \mathrm{z}]$$

dépend uniquement de la forme de l'angle solide qui a pour arêtes x, y, z, et du sens suivant lequel s'effectue chacun des mouvements de rotation de r en s autour de t, et de x en y autour de z. En conséquence, on peut énoncer la proposition suivante :

Théorème V. — *Les longueurs*

$$r, \quad s, \quad t; \qquad \mathrm{x}, \quad \mathrm{y}, \quad \mathrm{z}$$

étant mesurées, à partir d'une même origine O, *les trois premières dans des directions quelconques, les trois dernières sur des axes perpendiculaires entre eux, on n'altérera point la valeur de la résultante*

$$[r, s; \mathrm{x}, \mathrm{y}],$$

en faisant tourner autour du point O *chacun des angles*

$$(\widehat{r, s}), \quad (\widehat{\mathrm{x}, \mathrm{y}}),$$

supposé d'ailleurs invariable, dans le plan qui le renferme, ni la valeur de la résultante

$$[r, s, t; \mathrm{x}, \mathrm{y}, \mathrm{z}],$$

en faisant tourner autour du point O, *sans les déformer, les deux angles solides qui ont pour arêtes, d'une part, les longueurs r, s, t; et, d'autre part, les longueurs* x, y, z.

Les résultats auxquels nous sommes parvenus dans ce paragraphe étaient déjà connus. Mais les formules à l'aide desquelles on les exprimait, n'offraient pas toute la précision que l'on pouvait désirer, puisqu'elles renfermaient des doubles signes dont la détermination dépendait de certaines conditions qu'il était nécessaire de mentionner dans le discours, et d'énoncer à part. L'adoption des signes

$$(r, s), \quad (r, s, t)$$

propres à indiquer le sens des mouvements de rotation, et l'introduction de ces signes dans les formules font disparaître l'inconvénient que nous venons de signaler. Nous allons voir maintenant avec quelle facilité l'usage de ces mêmes signes permet d'établir des formules générales, qui déterminent complètement les valeurs des résultantes analogues à celles dont nous venons de nous occuper, mais relatives à deux systèmes quelconques d'axes rectangulaires ou obliques.

IV. *Détermination de la résultante construite avec les cosinus des angles que des axes donnés forment avec d'autres axes rectangulaires ou obliques.*

Considérons deux systèmes d'axes rectangulaires ou obliques, indéfiniment prolongés, à partir d'une même origine O, dans des directions déterminées sur lesquelles se mesurent, à partir du point O, pour le premier système, les longueurs

$$r, \; s \quad \text{ou} \quad r, \; s, \; t,$$

et, pour le second système, les longueurs

$$u, \; v \quad \text{ou} \quad u, \; v, \; w.$$

Si l'on suppose chaque système composé de deux axes seulement, les longueurs

$$r, \; s \quad \text{ou} \quad u, \; v,$$

mesurées sur les directions de ces deux axes, comprendront entre elles un angle plan

$$\left(\widehat{r, s}\right) \quad \text{ou} \quad \left(\widehat{u, v}\right);$$

et les cosinus des quatre angles

$$\left(\widehat{r, u}\right), \quad \left(\widehat{r, v}\right),$$
$$\left(\widehat{s, u}\right), \quad \left(\widehat{s, v}\right),$$

que formeront les directions r, s avec les directions u, v, seront les facteurs qui entreront dans la composition des divers termes de la résultante

$$(1) \qquad \left[\widehat{r, s};\ \widehat{u, v}\right] = \cos\left(\widehat{r, u}\right)\cos\left(\widehat{s, v}\right) - \cos\left(\widehat{r, v}\right)\cos\left(\widehat{s, u}\right).$$

Or la valeur de cette résultante pourra être présentée sous une forme très simple, si les deux angles

$$\left(\widehat{r, s}\right), \quad \left(\widehat{u, v}\right)$$

étant renfermés dans un même plan, l'une des directions r, s est perpendiculaire à l'une des directions u, v, en sorte qu'on ait, par exemple,

$$\left(\widehat{r, v}\right) = \frac{\pi}{2}.$$

En effet, supposons ces conditions remplies; alors on trouvera

$$\cos\left(\widehat{r, v}\right) = 0,$$

et, par suite, la formule (1) donnera

$$[r, s;\ u, v] = \cos\left(\widehat{r, u}\right)\cos\left(\widehat{s, v}\right).$$

Or, la direction v étant perpendiculaire à la direction r, on pourra, dans les formules (4) du paragraphe I, remplacer non seulement r par s ou par u, mais encore x et y par r et v; et, par suite, en considérant comme direct le mouvement de rotation de r en v, on aura

$$\cos(\widehat{u, r}) = (u, v)\sin(\widehat{u, v}), \qquad \cos(\widehat{s, v}) = (r, s)\sin(\widehat{r, s}).$$

Donc la valeur trouvée de $[r, s; u, v]$ pourra être réduite à

$$[r, s; u, v] = (r, s)(u, v)\sin(\widehat{r, s})\sin(\widehat{u, v}). \tag{2}$$

Observons d'ailleurs que la formule (2) continuera évidemment de subsister, si l'on considère comme direct, non plus le mouvement de rotation de r en v, mais le mouvement de rotation de v en r; car, pour passer d'un cas à l'autre, il suffira de changer le signe de chacun des facteurs, ce qui n'altérera pas leur produit. Ajoutons qu'en vertu de la formule (5) du paragraphe II, jointe à la formule (1) du paragraphe I, l'équation (2) subsistera encore, si l'on y échange séparément ou simultanément r avec s et u avec v. Elle subsistera donc non seulement quand r sera perpendiculaire à v, mais encore toutes les fois que l'une des directions r, s sera perpendiculaire à l'une des directions u, v. Il y a plus : on peut affirmer que la formule (2) subsiste généralement, quelles que soient dans le plan donné, c'est-à-dire dans le plan des deux angles $(\widehat{r, s})$, $(\widehat{u, v})$, les directions des longueurs

$$r, \quad s, \quad u, \quad v.$$

C'est effectivement ce que l'on démontrera sans peine, en opérant comme il suit.

Rapportons la position d'un point quelconque, dans le plan donné, à deux axes rectangulaires des x et y, qui passent par l'origine commune O des quatre longueurs r, s, u, v; et nommons

$$x, \quad y$$

deux autres longueurs mesurées, à partir du point O, sur ces deux axes indéfiniment prolongés du côté des coordonnées positives. Chacun des quatre cosinus renfermés dans le tableau

$$\begin{array}{ll} \cos(\widehat{r, u}), & \cos(\widehat{r, v}), \\ \cos(\widehat{s, u}), & \cos(\widehat{s, v}), \end{array}$$

sera déterminé par une équation de la forme

$$(3)\qquad \cos(\widehat{r, u}) = \cos(\widehat{r, x})\cos(\widehat{u, x}) + \cos(\widehat{r, y})\cos(\widehat{u, y});$$

et, en conséquence, pour obtenir chacun de ces quatre cosinus, il suffira d'ajouter entre eux les deux termes renfermés dans une même ligne horizontale du tableau

$$\begin{array}{ll} \cos(\widehat{r, x}), & \cos(\widehat{r, y}), \\ \cos(\widehat{s, x}), & \cos(\widehat{s, y}), \end{array}$$

après les avoir respectivement multipliés par les termes correspondants de l'une des lignes horizontales du tableau

$$\begin{array}{ll} \cos(\widehat{u, x}), & \cos(\widehat{u, y}), \\ \cos(\widehat{v, x}), & \cos(\widehat{v, y}). \end{array}$$

Cela posé, en ayant égard au théorème général sur les produits des résultantes [*voir* le IIe volume, page 167 ([1])], et en appliquant ce théorème aux quatre équations semblables entre elles, qui seront de la forme de l'équation (3), on trouvera

$$(4)\qquad [r, s; u, v] = [r, s; x, y][u, v; x, y].$$

Or, à l'aide de l'équation (4), que l'on peut aussi présenter sous la forme

$$(5)\qquad [r, s; x, y] = \frac{[r, s; u, v]}{[u, v; x, y]},$$

on étendra facilement la formule (2) à tous les cas possibles. En effet, on pourra d'abord, en particularisant les directions u et v, tirer de l'équation (5) la valeur de $[r, s; x, y]$. Si, pour fixer les idées, on suppose v perpendiculaire à r, et u à y, on tirera de la formule (2), déjà démontrée dans le cas où r est perpendiculaire à v,

$$[r, s; u, v] = (r, s)(u, v)\sin(\widehat{r, s})\sin(\widehat{u, v});$$

([1]) *Œuvres de Cauchy*, série II, t. XII, p. 191.

et, eu égard aux conditions

$$(\widehat{x, y}) = \frac{\pi}{2}, \qquad \sin(\widehat{x, y}) = 1, \qquad (x, y) = 1.$$

On trouvera de même, puisque u est supposé perpendiculaire à y,

$$[u, v; x, y] = (u, v) \sin(\widehat{u, v});$$

puis, en substituant les valeurs ici trouvées des deux résultantes

$$[r, s; u, v], \quad [u, v; x, y],$$

dans le second membre de la formule (4), on obtiendra l'équation

$$(6) \qquad [r, s; x, y] = (r, s) \sin(\widehat{r, s}),$$

que l'on pourrait, au reste, comme on l'a vu dans le paragraphe III, établir directement. Enfin, si l'on substitue dans le second membre de l'équation (4), la valeur précédente de $[r, s; x, y]$, et la valeur semblable de $[u, v; x, y]$, qui seront encore données par la formule

$$[u, v; x, y] = (u, v) \sin(\widehat{u, v}),$$

quelle que soit la direction attribuée à u, on sera immédiatement ramené à l'équation (2), qui sera ainsi démontrée, quelles que soient, dans le plan donné, les directions des quatre longueurs

$$r, \quad s, \quad u, \quad v.$$

Il est bon d'observer que le produit

$$(r, s)\,(u, v),$$

renfermé dans le second membre de la formule (2), se réduit simplement à $+1$ ou à -1 selon que les mouvements de rotation de r en s et de u en v s'effectuent dans le même sens ou en sens contraire. Quant aux facteurs

$$\sin(\widehat{r, s}), \quad \sin(\widehat{u, v}),$$

ils représentent précisément les aires de deux parallélogrammes que l'on peut construire sur les côtés des deux angles plans $(\widehat{r, s})$, $(\widehat{u, v})$, en supposant chacun de ces côtés réduit à l'unité.

Cela posé, la formule (23) entraînera évidemment la proposition suivante :

THÉORÈME I. — *Étant donnés, dans un plan, deux angles*

$$(\widehat{r, s}), \quad (\widehat{u, v}),$$

si l'on détermine les quatre cosinus des autres angles

$$(\widehat{r, u}), \quad (\widehat{r, v}),$$
$$(\widehat{s, u}), \quad (\widehat{s, v}),$$

que formeront entre eux les côtés des deux angles donnés, la résultante

$$[r, s; u, v],$$

construite avec ces quatre cosinus, sera positive ou négative, selon que les mouvements de rotation de r en s et de u en v s'effectueront dans le même sens ou en sens contraire; et cette résultante aura pour valeur numérique le produit des sinus des deux angles donnés, ou, ce qui revient au même, le produit des aires des deux parallélogrammes que l'on peut construire sur les côtés de ces deux angles, en supposant ces côtés réduits à l'unité.

Corollaire. — Si, comme nous l'avons déjà fait dans le paragraphe III, on désigne par

$$[r, s]$$

l'aire du parallélogramme qui a pour côtés les longueurs r, s réduites à l'unité, on aura

$$[r, s] = \sin(\widehat{r, s}), \qquad [u, v] = \sin(\widehat{u, v}),$$

et la formule (2) pourra s'écrire comme il suit :

$$[r, s; u, v] = (r, s)(u, v)[r, s][u, v]. \tag{7}$$

Supposons maintenant que les deux angles

$$(\widehat{r, s}), \quad (\widehat{u, v}).$$

ayant pour sommet commun le point O, cessent d'être situés dans un même plan; puis, en prenant le point O pour origine des coordonnées, rapportons la position d'un point quelconque de l'espace à trois axes rectangulaires des x, y, z, dont les deux premiers soient renfermés dans le plan de l'angle (u, v); et nommons

$$\mathrm{x}, \quad \mathrm{y}, \quad \mathrm{z}$$

trois longueurs mesurées à partir de l'origine O, sur ces trois axes indéfiniment prolongés dans le sens des coordonnées positives. Chacune des directions u, v étant comprise dans le plan de l'angle droit $(\widehat{\mathrm{x}, \mathrm{y}})$, la formule (3) et celles qu'on en déduit en remplaçant séparément ou simultanément r par s et u par v, continueront encore de subsister [*voir* le théorème VI de la page 311 du IIIe volume ([1])], et entraineront encore avec elles l'équation (4), en sorte qu'on aura

$$(4) \qquad [r, s; u, v] = [r, s; \mathrm{x}, \mathrm{y}][u, v; \mathrm{x}, \mathrm{y}].$$

De plus, l'angle (u, v) étant compris dans le plan de l'angle droit $(\widehat{\mathrm{x}, \mathrm{y}})$, la formule (6) donnera

$$[u, v; \mathrm{x}, \mathrm{y}] = (u, v)\sin(\widehat{u, v}).$$

D'ailleurs, si l'on adopte les définitions et notations proposées dans le paragraphe I, le mouvement de rotation de u en v sera direct ou rétrograde dans le plan des x, y, suivant que le mouvement de rotation de u en v autour de la direction z sera direct ou rétrograde dans l'espace. On aura donc

$$(u, v) = (u, v, \mathrm{z});$$

et, par suite, la valeur trouvée de la résultante $[u, v; \mathrm{x}, \mathrm{y}]$ pourra être présentée sous la forme

$$(8) \qquad [u, v; \mathrm{x}, \mathrm{y}] = (u, v, \mathrm{z})\sin(u, v),$$

([1]) *Œuvres de Cauchy*, série II, t. XIII, p. 349.

Enfin si, pour plus de commodité, on suppose la direction y, c'est-à-dire la direction du demi-axe des y positives, fixée de telle sorte que le mouvement de rotation de x en y s'effectue dans le sens du mouvement de rotation de u en v, alors l'expression (u, v) ou (u, v, z) étant réduite à l'unité, on aura simplement

$$(9) \qquad [u, v; \mathrm{x}, \mathrm{y}] = \sin(\widehat{u, v}).$$

Quant à la valeur de la résultante $[r, s;\ \mathrm{x}, \mathrm{y}]$, elle pourra être déduite de l'une quelconque des formules (8) et (9) du paragraphe III. En effet, soient

$$\rho, \quad \varsigma$$

les projections absolues des longueurs r, s sur le plan des deux angles $(\widehat{u, v})$, $(\widehat{\mathrm{x}, \mathrm{y}})$. Soient encore

$$l, \quad m, \quad n$$

trois longueurs mesurées à partir du point O, la première sur la droite d'intersection des deux angles $(\widehat{r, s})$, $(\widehat{u, v})$; la seconde sur une perpendiculaire menée à cette droite, dans le plan des deux angles $(\widehat{u, v})$, $(\widehat{\mathrm{x}, \mathrm{y}})$, et dirigée dans un sens tel, que le mouvement de rotation de l en m soit de l'espèce du mouvement de rotation de x en y; la troisième sur une perpendiculaire menée à la droite l, dans le plan de l'angle $(\widehat{r, s})$, et dirigée dans un sens tel, que le mouvement de rotation de l en n soit de l'espèce du mouvement de rotation de r en s. Enfin, soit T une longueur mesurée, à partir du point O, sur une perpendiculaire au plan de l'angle $(\widehat{r, s})$. On aura, en vertu de la formule (8) du paragraphe III,

$$(10) \qquad [r, s; \mathrm{x}, \mathrm{y}] = (r, s, z)\sin(\widehat{\rho, \varsigma})\cos(\widehat{r, \rho})\cos(\widehat{s, \varsigma});$$

puis, en supposant que, dans le plan des x, y, les mouvements de rotation de x en y et de u en v sont de même espèce, on aura encore, en vertu de la formule (9) du paragraphe cité,

$$(11) \qquad [r, s; \mathrm{x}, \mathrm{y}] = \sin(\widehat{r, s})\cos(\widehat{m, n}).$$

Cela posé, si l'on substitue dans l'équation (4), avec la valeur de $[u, v; \mathrm{x}, \mathrm{y}]$ tirée de la formule (8), la valeur de $[r, s; \mathrm{x}, \mathrm{y}]$ tirée de la formule (10), ou, avec la valeur de $[u, v; \mathrm{x}, \mathrm{y}]$ tirée de la formule (9), la valeur de $(r, s; \mathrm{x}, \mathrm{y})$ tirée de la formule (11), on obtiendra l'une des équations

$$(12)\quad [r, s; u, v] = (r, s, z)\,(u, v, z) \sin\left(\widehat{u, v}\right) \sin\left(\widehat{\rho, \varsigma}\right) \cos\left(\widehat{r, \rho}\right) \cos\left(\widehat{s, \varsigma}\right),$$

$$(13)\quad [r, s; u, v] = \sin\left(\widehat{r, s}\right) \sin\left(\widehat{u, v}\right) \cos\left(\widehat{m, n}\right).$$

Il est bon d'observer que, si l'on désigne, comme plus haut, par la notation $[r, s]$ l'aire du parallélogramme que l'on peut construire sur les côtés r, s réduits l'un et l'autre à l'unité, la formule (13) donnera

$$(14)\qquad [r, s; u, v] = [r, s]\,[u, v] \cos\left(\widehat{m, n}\right).$$

Ajoutons que, dans la formule (12), le produit

$$\sin\left(\widehat{\rho, \varsigma}\right) \cos\left(\widehat{r, \rho}\right) \cos\left(\widehat{s, \varsigma}\right)$$

représentera précisément la projection de la surface $[r, s]$ sur le plan de la surface $[u, v]$. Cela posé, les propositions qui se déduiront de la formule (12), puis de la formule (13) ou (14), et qui seront analogues aux théorèmes II et III du paragraphe III, pourront évidemment s'énoncer dans les termes suivants :

Théorème II. — *Étant donnés, dans l'espace, deux angles*

$$\left(\widehat{r, s}\right), \quad \left(\widehat{u, v}\right),$$

si l'on détermine les quatre cosinus des autres angles

$$\left(\widehat{r, u}\right), \quad \left(\widehat{r, v}\right),$$
$$\left(\widehat{s, u}\right), \quad \left(\widehat{s, v}\right),$$

que formeront entre eux les côtés des deux angles donnés, la résultante

$$[r, s; u, v],$$

construite avec ces quatre cosinus, sera positive ou négative suivant que *les mouvements de rotation de r en s, et de u en v, autour d'une droite perpendiculaire au plan de l'un des angles $(\widehat{r, s})$, $(\widehat{u, v})$ s'effectueront dans le même sens ou en sens contraire.* De plus, si dans les plans des deux angles

$$(\widehat{r, s}), \quad (\widehat{u, v}),$$

on construit deux parallélogrammes qui aient pour côtés les longueurs r et s, ou u et v, réduites chacune à l'unité, la résultante $[r, s; u, v]$ aura pour valeur numérique le produit de l'aire du premier parallélogramme par la projection de l'aire du second sur le plan du premier.

Théorème III. — *Les mêmes choses étant posées que dans le théorème* II, *la résultante $[r, s; u, v]$ aura encore pour valeur numérique le produit qu'on obtient en multipliant les aires*

$$[r, s], \quad [u, v]$$

des deux parallélogrammes ci-dessus mentionnés, par le cosinus de l'angle aigu que les plans de ces deux parallélogrammes forment entre eux.

Il ne sera pas inutile d'indiquer une forme digne de remarque, sous laquelle on peut présenter la formule (14). Concevons que des deux angles

$$[\widehat{r, s}], \quad [\widehat{u, v}]$$

ayant pour sommet commun le point O, on élève, à partir de ce point, deux perpendiculaires aux plans de ces deux angles, et nommons

$$T, \quad W$$

deux longueurs mesurées sur les directions de ces perpendiculaires, dans des sens déterminés. En considérant comme direct le mouvement de rotation de x en y autour de la direction z, on aura [*voir* la formule (8) du § III]

$$\cos(\widehat{m, n}) = (r, s, T)\cos(\widehat{T, z}).$$

D'autre part, si les mouvements de rotation de x en y et de u en v autour de la direction z sont dirigés dans le même sens, comme le suppose la formule (14), on aura encore

$$(u, v, z) = (\mathrm{x}, \mathrm{y}, \mathrm{z}) = 1,$$

et, par suite,

$$\cos(\widehat{m, n}) = (r, s, T)(u, v, z)\cos(\widehat{T, z}).$$

Enfin, les directions z et W étant toutes deux, par hypothèse, perpendiculaires au plan de l'angle $(\widehat{u, v})$ ou $(\widehat{\mathrm{x}, \mathrm{y}})$, coïncideront ou seront opposées l'une à l'autre; et par suite, le produit

$$(u, v, z)\cos(T, z)$$

ne pourra être altéré par la substitution de W à z, puisque cette substitution, si elle modifie les deux facteurs

$$(u, v, z), \quad \cos(T, z),$$

aura pour effet unique de changer le signe de chacun d'eux. On aura donc

$$(u, v, z)\cos(\widehat{T, z}) = (u, v, W)\cos(\widehat{T, W}),$$

et la valeur trouvée de $\cos(\widehat{m, n})$ pourra s'écrire comme il suit :

$$(15) \qquad \cos(\widehat{m, n}) = (r, s, T)(u, v, W)\cos(\widehat{T, W}).$$

Or, eu égard à cette dernière formule, l'équation (14) donnera

$$(16) \qquad [r, s; u, v] = (r, s, T)(u, v, W)[r, s][u, v]\cos(\widehat{T, W}).$$

Ajoutons que chacune des formules (12), (13), (14), (16) comprend évidemment, comme cas particulier, la formule (7).

Si, à partir du sommet de l'angle $(\widehat{r, s})$ on mesurait, dans une direction quelconque, une longueur t, alors, en faisant coïncider u avec r, et v avec t, on tirerait de la formule (13)

$$(17) \qquad [r, s; r, t] = \sin(\widehat{r, s})\sin(\widehat{r, t})\cos(\widehat{m, n}).$$

et comme on aurait

$$(\widehat{r, r}) = 0, \qquad \cos(\widehat{r, r}) = 1,$$

par conséquent,

$$[r, s; r, t] = \cos(\widehat{s, t}) - \cos(\widehat{r, s})\cos(\widehat{r, t}),$$

la formule (15) donnerait

$$(18) \qquad \cos(\widehat{s, t}) - \cos(\widehat{r, s})\cos(\widehat{r, t}) = \sin(\widehat{r, s})\sin(\widehat{r, t})\cos(\widehat{m, n}).$$

Mais alors aussi, m, n étant deux longueurs mesurées perpendiculairement à r, dans les plans des deux angles $(\widehat{r, t})$, $(\widehat{r, s})$, la première du côté de t, la seconde du côté de s, l'angle plan $(\widehat{r, s})$ serait la mesure de l'angle dièdre adjacent à l'arête r, dans l'angle solide qui aurait pour arêtes r, s, t. Donc, en nommant a, b, c les trois angles plans

$$(\widehat{s, t}), \quad (\widehat{t, r}), \quad (\widehat{r, s}),$$

et α, β, γ les angles dièdres opposés à ces angles plans dans l'angle solide dont il s'agit, on verrait l'équation se réduire à la formule

$$\cos a - \cos b \cos c = \sin b \sin c \cos \alpha,$$

que l'on peut considérer comme l'équation fondamentale de la trigonométrie sphérique. Ainsi, cette équation fondamentale se trouve comprise, comme cas particulier, dans la formule (13).

Considérons à présent, dans l'espace, deux systèmes d'axes dont chacun se compose de trois axes indéfiniment prolongés, à partir d'un certain point O, dans des directions déterminées. Les longueurs

$$r, \quad s, \quad t \qquad \text{ou} \qquad u, \quad v, \quad w,$$

mesurées, à partir du point O, dans ces mêmes directions, pourront être regardées comme les trois arêtes d'un angle solide, et les cosinus des neuf angles plans

$$\begin{array}{lll} (\widehat{r, u}), & (\widehat{r, v}), & (\widehat{r, w}), \\ (\widehat{s, u}), & (\widehat{s, v}), & (\widehat{s, w}), \\ (\widehat{t, u}), & (\widehat{t, v}), & (\widehat{t, w}) \end{array}$$

que formeront les directions r, s, t avec les directions u, v, w, seront les facteurs qui entreront dans la composition des divers termes de la résultante

$$(19)\quad \begin{aligned}[r, s, t;\ u, v, w] &= \cos(\widehat{r, u})\cos(\widehat{s, v})\cos(\widehat{t, w}) - \cos(\widehat{r, u})\cos(\widehat{s, w})\cos(\widehat{t, v}) \\ &+ \cos(\widehat{r, v})\cos(\widehat{s, w})\cos(\widehat{t, u}) - \cos(\widehat{r, v})\cos(\widehat{s, u})\cos(\widehat{t, w}) \\ &+ \cos(\widehat{r, w})\cos(\widehat{s, u})\cos(\widehat{t, v}) - \cos(\widehat{r, w})\cos(\widehat{s, v})\cos(\widehat{t, u}).\end{aligned}$$

Or cette résultante pourra être présentée sous une forme très simple, si l'une des directions u, v, w est perpendiculaire à deux des directions r, s, t, en sorte qu'on ait par exemple,

$$(\widehat{r, w}) = \frac{\pi}{2}, \qquad (\widehat{s, w}) = \frac{\pi}{2}.$$

En effet, supposons ces conditions remplies; alors on aura

$$\cos(\widehat{r, w}) = 0, \qquad \cos(\widehat{s, w}) = 0,$$

et, par suite, l'équation (19) donnera

$$(20)\qquad [r, s, t;\ u, v, w] = [r, s;\ u, v]\cos(\widehat{t, w});$$

puis, en désignant par

$$T, \quad W$$

deux longueurs mesurées, à partir du point O, sur des perpendiculaires aux plans des deux angles

$$(\widehat{r, s}), \quad (\widehat{u, v}),$$

on tirera de la formule (20), jointe à l'équation (16),

$$(21)\quad [r, s, t;\ u, v, w] = (r, s, T)\,(u, v, w)\sin(\widehat{r, s})\sin(\widehat{u, v})\cos(\widehat{t, w})\cos(\widehat{T, W}).$$

D'ailleurs, la direction w étant, par hypothèse, perpendiculaire, ainsi que T, aux directions r et s, se confondra ou avec la direction T, ou avec la direction opposée à T.

Donc, si dans le produit

$$\cos(\widehat{t, w}) \cos(T, W)$$

on échange entre elles les deux lettres w et T, cet échange laissera intacte la valeur de ce produit, dont les deux facteurs ne pourront subir d'autre modification qu'un changement de signe opéré simultanément dans l'un et dans l'autre. On a donc

$$\cos(\widehat{t, w}) \cos(T, W) = \cos(t, T) \cos(w, W),$$

et, par suite, la formule (21) pourra s'écrire comme il suit :

$$(22) \quad \begin{aligned} &[r, s, t; u, v, w] \\ &= (r, s, T)(u, v, W) \sin(\widehat{r, s}) \sin(\widehat{u, v}) \cos(\widehat{t, T}) \cos(\widehat{w, W}). \end{aligned}$$

Supposons maintenant, pour plus de commodité, la longueur T située, par rapport au plan de l'angle $(\widehat{r, s})$, du même côté que la longueur t, et la longueur W située, par rapport au plan de l'angle $(\widehat{u, v})$, du même côté que la longueur w. Alors non seulement on aura

$$(r, s, T) = (r, s, t), \qquad (u, v, W) = (u, v, w);$$

mais de plus, en désignant, comme on l'a déjà fait, par $[r, s, t]$ la valeur du parallélipipède qui aurait pour arêtes les longueurs r, s, t réduites chacune à l'unité, on aura, en vertu de la formule (21) du paragraphe III,

$$[r, s, t] = \sin(\widehat{r, s}) \cos(t, T), \qquad [u, v, w] = \sin(\widehat{u, v}) \cos(\widehat{w, W}).$$

Donc la formule (22) donnera

$$(23) \qquad [r, s, t; u, v, w] = (r, s, t)(u, v, w)[r, s, t][u, v, w].$$

On doit observer qu'en vertu de la formule (5) du paragraphe I, jointe à la formule (6) du paragraphe II, l'équation (23) ne sera point altérée, si l'on y échange séparément ou simultanément, d'une part, r avec s ou t, d'autre part, w avec u ou v. Donc l'équation (23) se vérifiera, non seulement quand w sera perpendiculaire à r et s, mais encore quand l'une quelconque des trois directions

$$u, \quad v, \quad w$$

sera perpendiculaire à deux quelconques des trois directions

$$r, \quad s, \quad t.$$

Il y a plus : on peut affirmer qu'elle subsistera généralement, quelles que soient les directions

$$r, \quad s, \quad t; \qquad u, \quad v, \quad w.$$

C'est du moins, ce que l'on démontrera sans peine, en opérant comme il suit.

Rapportons la position d'un point quelconque, dans l'espace, à trois axes rectangulaires des x, y, z qui passent par l'origine commune O des six longueurs

$$r, \quad s, \quad t; \qquad u, \quad v, \quad w;$$

et nommons

$$\mathrm{x}, \quad \mathrm{y}, \quad \mathrm{z}$$

trois autres longueurs mesurées, à partir du point O, sur ces trois axes indéfiniment prolongés du côté des coordonnées positives. Chacun des neuf cosinus renfermés dans le tableau

$$\begin{array}{lll}
\cos(\widehat{r, u}), & \cos(\widehat{r, v}), & \cos(\widehat{r, w}), \\
\cos(\widehat{s, u}), & \cos(\widehat{s, v}), & \cos(\widehat{s, w}), \\
\cos(\widehat{t, u}), & \cos(\widehat{t, v}), & \cos(\widehat{t, w}),
\end{array}$$

sera déterminé par une équation de la forme

$$(24) \qquad \cos(\widehat{r, u}) = \cos(\widehat{r, \mathrm{x}})\cos(\widehat{u, \mathrm{x}}) + \cos(\widehat{r, \mathrm{y}})\cos(\widehat{u, \mathrm{y}}) + \cos(\widehat{r, \mathrm{z}})\cos(\widehat{s, \mathrm{z}});$$

et, conséquemment, pour obtenir chacun de ces quatre cosinus, il suffira d'ajouter entre eux les trois termes renfermés dans une même ligne horizontale du tableau

$$\begin{array}{lll}\cos(\widehat{r, \mathrm{x}}), & \cos(\widehat{r, \mathrm{y}}), & \cos(\widehat{r, \mathrm{z}}),\\ \cos(\widehat{s, \mathrm{x}}), & \cos(\widehat{s, \mathrm{y}}), & \cos(\widehat{s, \mathrm{z}}),\\ \cos(\widehat{t, \mathrm{x}}), & \cos(\widehat{t, \mathrm{y}}), & \cos(\widehat{t, \mathrm{z}}),\end{array}$$

après les avoir respectivement multipliés par les termes correspondants de l'une des lignes horizontales du tableau

$$\begin{array}{lll}\cos(\widehat{u, \mathrm{x}}), & \cos(\widehat{u, \mathrm{y}}), & \cos(\widehat{u, \mathrm{z}}),\\ \cos(\widehat{v, \mathrm{x}}), & \cos(\widehat{v, \mathrm{y}}), & \cos(\widehat{v, \mathrm{z}}),\\ \cos(\widehat{w, \mathrm{x}}), & \cos(\widehat{w, \mathrm{y}}), & \cos(\widehat{w, \mathrm{z}}).\end{array}$$

Cela posé, en ayant égard au théorème général sur les produits des résultantes [*voir* le deuxième volume, page 167 ([1])] et en appliquant ce théorème aux neuf équations semblables entre elles qui seront de la forme de l'équation (24), on trouvera

$$(25)\qquad [r, s, t;\, u, v, w] = [r, s, t;\, \mathrm{x}, \mathrm{y}, \mathrm{z}]\,[u, v, w;\, \mathrm{x}, \mathrm{y}, \mathrm{z}].$$

Or, à l'aide de l'équation (25), que l'on pourra aussi présenter sous la forme

$$(26)\qquad [r, s, t;\, \mathrm{x}, \mathrm{y}, \mathrm{z}] = \frac{[r, s, t;\, u, v, w]}{[u, v, w;\, \mathrm{x}, \mathrm{y}, \mathrm{z}]},$$

on étendra facilement la formule (23) à tous les cas possibles. En effet, on pourra d'abord, en particularisant les directions u, v, w, tirer de l'équation (26) la valeur de $[r, s, t;\, \mathrm{x}, \mathrm{y}, \mathrm{z}]$. Si, pour fixer les idées, on suppose la direction w perpendiculaire aux deux directions r, s, et la direction v perpendiculaire aux deux directions x, y, on tirera de la formule (23), déjà démontrée dans le cas où w est perpendiculaire à r et à s,

$$[r, s, t;\, u, v, w] = (r, s, t)\,(u, v, w)\,[r, s, t]\,[u, v, w];$$

et, eu égard aux conditions

$$(\mathrm{x}, \mathrm{y}, \mathrm{z}) = 1, \qquad [\mathrm{x}, \mathrm{y}, \mathrm{z}] = 1,$$

on trouvera de même, puisque v est supposé perpendiculaire à x et

([1]) *Œuvres de Cauchy*, série II, t. XII, p. 191.

à y,

$$[u, v, w; x, y, z] = (u, v, w)[u, v, w];$$

puis, en substituant les valeurs ici trouvées de

$$[r, s, t; u, v, w], \quad [u, v, w; x, y, z]$$

dans le second membre de la formule (26), on obtiendra l'équation

$$[r, s, t; x, y, z] = (r, s, t)[r, s, t], \tag{27}$$

que l'on pourrait, au reste, comme on l'a vu dans le paragraphe III, établir directement. Enfin, si l'on substitue dans le second membre de l'équation (25), la valeur précédente de $[r, s, t;$ x, y, z$]$, et la valeur semblable de $[u, v, w;$ x, y. z$]$, qui sera encore donnée par la formule

$$[u, v, w; x, y, z] = (u, v, w)[u, v, w],$$

quelle que soit la direction attribuée à v, on sera immédiatement ramené à l'équation (23), qui sera ainsi démontrée, quelles que soient les directions

$$r, \quad s, \quad t; \qquad u, \quad v, \quad w.$$

Il est bon d'observer que le produit

$$(r, s, t)(u, v, w),$$

renfermé dans le second membre de la formule (23) se réduit à $+1$ ou à -1, selon que les mouvements de rotation de r en s autour de t, et de u en v autour de w, s'effectuent dans le même sens ou en sens contraire. Quant aux facteurs

$$[r, s, t][u, v, w],$$

ils représentent précisément les valeurs des deux parallélipipèdes que l'on peut construire, d'une part, sur les trois arêtes

$$r, \quad s, \quad t;$$

d'autre part, sur les trois arêtes

$$u, \quad v, \quad w,$$

en supposant chacune de ces six arêtes réduites à l'unité.

Cela posé, la formule (23) entraînera évidemment la proposition suivante :

Théorème IV. — *Étant donnés dans l'espace deux angles solides qui offrent le même sommet* O, *et qui ont pour arêtes, le premier les longueurs*

$$r, \quad s, \quad t,$$

le second les longueurs

$$u, \quad v, \quad w,$$

si l'on détermine les cosinus des neuf angles

$$\begin{array}{lll} (\widehat{r, u}), & (\widehat{r, v}), & (\widehat{r, w}), \\ (\widehat{s, u}), & (\widehat{s, v}), & (\widehat{s, w}), \\ (\widehat{t, u}), & (\widehat{t, v}), & (\widehat{t, w}), \end{array}$$

que formeront les arêtes

$$r, \quad s \quad t,$$

avec les arêtes

$$u, \quad v, \quad w,$$

la résultante

$$[r, s, t : u, v, w],$$

construite avec ces neuf cosinus, sera positive ou négative, suivant que les mouvements de rotation de r en s autour de t, et de u en v autour de w, s'effectueront dans le même sens ou en sens contraire; et cette résultante aura pour valeur numérique le produit des valeurs des deux parallélipipèdes que l'on peut former, d'une part, sur les arêtes r, s, t; d'autre part, sur les arêtes u, v, w, en supposant chacune de ces six arêtes réduites à l'unité.

Si les arêtes

$$u, \quad v, \quad w$$

du second angle solide se réduisent à des longueurs

$$R, \quad S, \quad T$$

mesurées sur des perpendiculaires aux trois faces du premier, c'est-à-dire, en d'autres termes, sur des perpendiculaires aux plans des trois angles

$$(\widehat{s, t}), \quad (\widehat{t, r}), \quad (\widehat{r, s}),$$

les cosinus des neuf angles formés par les arêtes du premier angle solide avec les arêtes du second seront les divers termes du tableau

$$\begin{matrix} \cos(\widehat{r, R}), & 0, & 0, \\ 0, & \cos(\widehat{s, S}), & 0, \\ 0, & 0, & \cos(\widehat{t, T}), \end{matrix}$$

et, par suite, la résultante

$$[r, s, t; R, S, T]$$

sera réduite à son premier terme

$$\cos(\widehat{r, R})\cos(\widehat{s, S})\cos(\widehat{t, T})$$

Donc alors la formule (23) donnera

$$(28)\quad \cos(\widehat{r, R})\cos(\widehat{s, S})\cos(\widehat{t, T}) = (r, s, t)(R, S, T)[r, s, t][R, S, T].$$

Si, pour plus de commodité, on suppose les trois longueurs

$$R, \quad S, \quad T$$

dirigées de manière à former, avec les longueurs correspondantes

$$r, \quad s, \quad t,$$

trois angles aigus

$$(\widehat{r, R}), \quad (\widehat{s, S}), \quad (\widehat{t, T}),$$

ou, en d'autres termes, si les longueurs

$$R, \quad S, \quad T$$

se mesurent à partir de l'origine commune des longueurs

$$r, \quad s, \quad t,$$

la première du même côté que r par rapport au plan de l'angle $(\widehat{s, t})$, la seconde du même côté que s par rapport au plan de l'angle $(\widehat{t, r})$, la troisième du même côté que t par rapport au plan de l'angle $(\widehat{r, s})$, alors,

$$(r, s, t)(R, S, T)$$

étant deux quantités de même signe, on aura

$$(r, s, t)(R, S, T) = 1,$$

et l'équation (28), réduite à la forme

$$\cos(\widehat{r, R})\cos(\widehat{s, S})\cos(\widehat{t, T}) = [r, s, t][R, S, T] \tag{29}$$

coïncidera précisément avec la formule (17) de la page 323 du troisième volume [1].

En terminant ce paragraphe, nous remarquerons qu'en vertu des théorèmes I, II, III, la valeur de la résultante

$$[r, s; u, v]$$

dépend uniquement des deux angles $(\widehat{r, s})$, $(\widehat{u, v})$, de l'inclinaison mutuelle de leurs plans, et du sens suivant lequel s'effectue, dans chacun de ces plans, le mouvement de rotation de r en s, ou de u en v. Pareillement, il suit du théorème IV, que la valeur de la résultante

$$[r, s, t; u, v, w]$$

dépend uniquement des formes des deux angles solides qui ont pour arêtes, d'une part, les trois longueurs r, s, t; d'autre part, les trois longueurs u, v, w, et du sens suivant lequel s'effectue chacun des mouvements de rotation de r en s autour de t, et de u en v autour de w. En conséquence, on peut énoncer la proposition suivante :

Théorème V. — *Les longueurs*

$$r, \quad s, \quad t; \qquad u, \quad v, \quad w$$

étant mesurées à partir d'une même origine O, *dans des directions quelconques, on n'altérera point la valeur de la résultante*

$$[r, s; u, v]$$

---

[1] *Œuvres de Cauchy*, série II, t. XIII, p. 362.

en faisant tourner autour du point O chacun des angles

$$\left[\widehat{r, s}\right], \quad \left[\widehat{u, v}\right],$$

supposé d'ailleurs invariable dans le plan qui le renferme, ni la valeur de la résultante

$$[r, s, t; u, v, w],$$

en faisant tourner autour du point O, sans les déformer, les deux angles solides qui ont pour arêtes, d'une part, les longueurs r, s, t, et, d'autre part, les longueurs u, v, w.

X. — *Sur les résultantes formées avec les coordonnées rectangulaires ou obliques de deux ou trois points.*

Supposons la position d'un point quelconque P rapportée dans l'espace à trois axes coordonnés des x, y, z; et nommons

$$\mathrm{x}, \quad \mathrm{y}, \quad \mathrm{z}$$

trois longueurs mesurées, à partir de l'origine O des coordonnées, sur ces demi-axes, indéfiniment prolongés dans le sens des coordonnées positives. Soit, d'ailleurs, r la distance de l'origine au point P, dont les coordonnées sont x, y, z. Si ces coordonnées se rapportent à des axes rectangulaires, elles seront précisément les projections algébriques et orthogonales du rayon r sur les directions x, y, z. Elles seront donc liées à r [*voir* le troisième volume, page 144 (1)] par les formules

$$x = r\cos\left(\widehat{r, \mathrm{x}}\right), \qquad y = r\cos\left(\widehat{r, \mathrm{y}}\right), \qquad z = r\cos\left(\widehat{r, \mathrm{z}}\right).$$

Soient maintenant

$$r, \quad s, \quad t$$

trois rayons vecteurs menés de l'origine O à trois points divers P, P′, P″; et, pour mieux reconnaître les coordonnées de chacun de ces points, désignons-les à l'aide de la lettre r, ou s, ou t, placée comme

(1) *Œuvres de Cauchy*, série II, t. XIII, p. 156.

indice au bas de la lettre x, y, ou z, en sorte que x_r, y_r, z_r désignent spécialement les trois coordonnées de l'extrémité du rayon r. Les extrémités des trois rayons

$$r,\quad s,\quad t$$

auront pour coordonnées les neuf quantités

$$(1)\qquad \begin{cases} x_r, & y_r, & z_r, \\ x_s, & y_s, & z_s, \\ x_t, & y_t, & z_t, \end{cases}$$

respectivement équivalentes aux neuf produits

$$(2)\qquad \begin{cases} r\cos(\widehat{r, \text{x}}), & r\cos(\widehat{r, \text{y}}), & r\cos(\widehat{r, \text{z}}); \\ s\cos(\widehat{s, \text{x}}), & s\cos(\widehat{s, \text{y}}), & s\cos(\widehat{s, \text{z}}); \\ t\cos(\widehat{t, \text{x}}), & t\cos(\widehat{t, \text{y}}), & t\cos(\widehat{t, \text{z}}). \end{cases}$$

D'ailleurs, ces produits se réduiront aux cosinus

$$(3)\qquad \begin{cases} \cos(\widehat{r, \text{x}}), & \cos(\widehat{r, \text{y}}), & \cos(\widehat{r, \text{z}}), \\ \cos(\widehat{s, \text{x}}), & \cos(\widehat{s, \text{y}}), & \cos(\widehat{s, \text{z}}), \\ \cos(\widehat{t, \text{x}}), & \cos(\widehat{t, \text{y}}), & \cos(\widehat{t, \text{z}}), \end{cases}$$

si les longueurs

$$r,\quad s,\quad t$$

se réduisent toutes à l'unité. Donc alors la résultante à deux dimensions

$$(4)\qquad x_r y_s - x_s y_r$$

formée avec celles des coordonnées de P et de P', qui se mesurent sur les axes des x et y, et la résultante à trois dimensions

$$(5)\qquad x_r y_s z_t - x_r y_t z_s + x_s y_t z_r - x_s y_r z_t + x_t y_r z_s - x_t y_s z_r,$$

formée avec les neuf coordonnées des trois points P, P', P'', se réduiront aux deux résultantes que, dans les paragraphes précédents, nous avons représentées par les notations

$$[r, s : \text{x}, \text{y}],\quad [r, s, t : \text{x}, \text{y}, \text{z}].$$

Mais, si du cas particulier où l'on suppose les trois longueurs r, s, t réduites à l'unité, on veut revenir au cas général où ces longueurs offrent des valeurs quelconques, il suffira de substituer le tableau (3) au tableau (2); il suffira donc de faire varier chaque terme de la résultante (4) ou (5), et, par conséquent, cette résultante elle-même, dans un rapport équivalent au produit rs ou rst. On aura donc, dans le cas général,

$$x_r y_s - x_s y_r = rs[r, s; \text{x}, \text{y}], \tag{6}$$

et

$$x_r y_s z_t - x_r y_t z_s + x_s y_t z_r - x_s y_r z_t + x_t y_r z_s - x_t y_s z_r = rst[r, s, t; \text{x}, \text{y}, \text{z}]. \tag{7}$$

Il ne reste plus qu'à substituer, dans ces dernières formules, les valeurs de $[r, s; \text{x}, \text{y}]$ et de $[r, s, t; \text{x}, \text{y}, \text{z}]$ obtenues dans le paragraphe III.

Supposons d'abord les deux points P, P′ situés dans le plan des x, y. Alors, de l'équation (6), jointe à la formule (3) du paragraphe III, on tirera

$$x_r y_s - x_s y_r = (r, s)\, rs[r, s]. \tag{8}$$

D'ailleurs, comme on l'a vu (§ I), le produit

$$rs[r, s]$$

représente précisément l'aire du parallélogramme qui a pour côtés les rayons vecteurs r, s. Donc la formule (8) entraînera le théorème suivant :

THÉORÈME I. — *Les positions des divers points d'un plan étant rapportées à deux axes rectangulaires des x et y, si l'on désigne par r, s les rayons vecteurs menés de l'origine O des coordonnées à deux points quelconques d'un plan, et par*

$$x_r, \quad y_r,$$
$$x_s, \quad y_s,$$

les quatre coordonnées de ces deux points, la résultante

$$x_r y_s - x_s y_r,$$

formée avec ces quatre coordonnées, sera positive ou négative, suivant que le mouvement de rotation de r en s sera direct ou rétrograde, et cette résultante aura pour valeur numérique l'aire du parallélogramme construit sur les rayons vecteurs r, s.

Supposons maintenant les points P, P′ situés hors du plan des x, y. Alors, en désignant par ρ, ς les projections absolues des longueurs r, s sur le plan des x, y, on aura

$$\rho = r\cos(\widehat{r, \rho}), \qquad \varsigma = s\cos(\widehat{s, \varsigma}),$$

et l'on tirera de l'équation (6), jointe à la formule (6) du paragraphe III,

$$x_r y_s - x_s y_r = (\rho, \varsigma)\, rs\cos(\widehat{r, \rho})\cos(\widehat{s, \varsigma})\sin(\widehat{\rho, \varsigma});$$

par conséquent,

$$(9) \qquad x_r y_s - x_s y_r = (\rho, \varsigma)\, \rho\varsigma\sin(\widehat{\rho, \varsigma}).$$

De plus, comme en désignant toujours par z une longueur mesurée à partir de l'origine sur le demi-axe des z positives, supposé perpendiculaire au plan des x, y, on aura [*voir* la formule (7) du paragraphe III]

$$(\rho, \varsigma) = (r, s, \mathrm{z}),$$

l'équation (9) pourra s'écrire comme il suit :

$$(10) \qquad x_r y_s - x_s y_r = (r, s, \mathrm{z})\, \rho\varsigma\sin(\rho, \varsigma).$$

D'ailleurs, en nommant

$$l, \quad m, \quad n$$

trois longueurs mesurées à partir de l'origine O, la première sur la droite d'intersection du plan OPP′ et du plan des x, y, les deux dernières sur des perpendiculaires élevées à cette même droite dans ces mêmes plans, et, en supposant ces perpendiculaires dirigées chacune dans un sens tel que le mouvement de rotation de l en m soit de l'espèce du mouvement de rotation de x en y, et le mouvement de rotation de l en n de l'espèce du mouvement de rotation de r en s, on tirera de l'équation (6), jointe à la formule (10) du paragraphe III,

$$(11) \qquad x_r y_s - x_s y_r = rs[r, s] \cos(\widehat{m, n}).$$

Enfin, si l'on nomme

$$T$$

une longueur mesurée à partir de l'origine O sur une perpendiculaire au plan de l'angle $(\widehat{r, s})$, on aura, en vertu de l'équation (11) du paragraphe III,

$$\cos(\widehat{m, n}) = (r, s, T) \cos(\widehat{T, z});$$

et, par suite, la formule (11) pourra s'écrire comme il suit :

$$(12) \qquad x_r y_s - x_s y_r = (r, s, T)\, rs[r, s] \cos(\widehat{T, z}).$$

Or les formules (10) et (12) entraineront évidemment les propositions suivantes :

Théorème II. — *La position d'un point dans l'espace étant rapportée à trois axes rectangulaires des x, y, z, si l'on désigne par*

$$r, \quad s$$

les rayons vecteurs menés de l'origine O *des coordonnées à deux points quelconques* P, P′, *et par*

$$x_r, \quad y_r,$$
$$x_s, \quad y_s$$

celles des coordonnées de ces deux points qui sont mesurées sur les axes des x et y, la résultante

$$x_r y_s - x_s y_r,$$

formée avec ces quatre coordonnées, sera positive ou négative suivant que le mouvement de rotation de r en s autour du demi-axe des z positives sera direct ou rétrograde; et cette résultante aura pour valeur numérique l'aire du parallélogramme construit dans le plan des x, y sur les projections des rayons vecteurs r et s.

Théorème III. — *Les mêmes choses étant posées que dans le théorème* II, *la résultante*

$$x_r y_s - x_s y_r$$

aura encore pour valeur numérique le produit que l'on obtient en multipliant l'aire du parallélogramme construit sur les rayons vecteurs r, s, par le cosinus de l'angle aigu qui mesure l'inclinaison du plan de l'angle $(\widehat{r, s})$ sur le plan des x, y.

Nota. Les valeurs numériques que les théorèmes II et III assignent à la valeur numérique de la résultante $x_r y_s - x_s y_r$ devant être égales entre elles, il suit de ces théorèmes que l'inclinaison mutuelle du plan de l'angle $(\widehat{r, s})$ et du plan des x, y, offre un cosinus équivalent au rapport qui existe entre les aires des deux parallélogrammes, ou même des deux triangles, dont les côtés sont, d'une part, les deux rayons vecteurs r, s, et, d'autre part, les projections ρ, ς de ces rayons sur le plan des x, y. On se trouve ainsi ramené de nouveau à la proposition énoncée vers la fin du paragraphe I.

Passons maintenant à l'équation (7). On tirera de cette équation, jointe à la formule (20) du paragraphe III,

$$(13) \quad x_r y_s z_t - x_r y_t z_s + x_s y_t z_r - x_s y_r z_t + x_t y_r z_s - x_t y_s z_r = (r, s, t)\, rst[r, s, t].$$

D'ailleurs, comme on l'a vu dans le paragraphe I, le produit

$$rst[r, s, t]$$

représente précisément le volume du parallélipipède qui a pour côtés r, s, t. Donc la formule (13) entraîne la proposition suivante :

Théorème IV. — *La position d'un point dans l'espace étant rapportée à trois axes rectangulaires des x, y, z, si l'on désigne par*

$$r, \quad s, \quad t$$

les rayons vecteurs menés de l'origine des coordonnées à trois points quelconques P, P′, P″, *et par*

$$x_r, \quad y_r, \quad z_r;$$
$$x_s, \quad y_s, \quad z_s;$$
$$x_t, \quad y_t, \quad z_t$$

les neuf coordonnées de ces trois points, la résultante

$$x_r y_s z_t - x_r y_t z_s + x_s y_t z_r - x_s y_r z_t + x_t y_r z_s - x_t y_s z_r,$$

formée avec ces coordonnées, sera positive ou négative suivant que le mouvement de rotation de r en s autour de t sera direct ou rétrograde, et cette résultante aura pour valeur numérique l'aire du parallélipipède construit sur les rayons vecteurs r, s, t.

Les divers résultats que nous venons d'obtenir étaient déjà connus. Mais l'adoption de signes propres à indiquer le sens des mouvements de rotation, et l'introduction de ces signes dans le calcul, ont donné aux formules une clarté, une précision nouvelles, et fait disparaître les doubles signes dont la détermination dépendait de certaines conditions que l'on était obligé de mentionner dans le discours et d'énoncer à part.

Concevons, à présent, que les axes coordonnées des x, y, z, cessant d'être rectangulaires, se coupent sous des angles quelconques et, nommons

$$\mathrm{X}, \quad \mathrm{Y}, \quad \mathrm{Z}$$

trois longueurs mesurées à partir de l'origine O des coordonnées, sur trois droites respectivement perpendiculaires aux trois plans des y, z, des z, x et des x, y. Alors les coordonnées x, y, z d'un point quelconque P se trouveront liées au rayon vecteur r, mené de l'origine à ce point [*voir* le troisième volume, page 143 ([1])], par les formules

$$(14) \qquad x = r\frac{\cos(\widehat{r, \mathrm{X}})}{\cos(\widehat{x, \mathrm{X}})}, \qquad y = r\frac{\cos(\widehat{r, \mathrm{Y}})}{\cos(\widehat{y, \mathrm{Y}})}, \qquad z = r\frac{\cos(\widehat{r, \mathrm{Z}})}{\cos(\widehat{z, \mathrm{Z}})}.$$

Si d'ailleurs on représente, comme nous l'avons fait ci-dessus, par

$$r, \quad s, \quad t$$

trois rayons vecteurs menés de l'origine O à trois points divers P, P′, P″; et si, pour mieux reconnaître les coordonnées de ces points, on les

([1]) *Œuvres de Cauchy*, Série III, t. XIII, p. 156.

désigne encore à l'aide de la lettre r, ou s, ou t, placée comme indice au bas de la lettre x, ou y, ou z, les extrémités des trois rayons

$$r, \quad s, \quad t$$

auront toujours pour coordonnées les neuf quantités

$$\begin{matrix} x_r, & y_r, & z_r; \\ x_s, & y_s, & z_s; \\ x_t, & y_t, & z_t. \end{matrix}$$

Mais ces neuf quantités, au lieu d'être respectivement équivalentes aux termes du tableau (2), se trouveront représentées par les neuf produits

$$(15) \quad \left\{ \begin{matrix} r\dfrac{\cos(\widehat{r, X})}{\cos(\widehat{x, X})}, & r\dfrac{\cos(\widehat{r, Y})}{\cos(\widehat{y, Y})}, & r\dfrac{\cos(\widehat{r, Z})}{\cos(\widehat{z, Z})}, \\ s\dfrac{\cos(\widehat{s, X})}{\cos(\widehat{x, X})}, & s\dfrac{\cos(\widehat{s, Y})}{\cos(\widehat{y, Y})}, & s\dfrac{\cos(\widehat{s, Z})}{\cos(\widehat{z, Z})}, \\ t\dfrac{\cos(\widehat{t, X})}{\cos(\widehat{x, X})}, & t\dfrac{\cos(\widehat{t, Y})}{\cos(\widehat{y, Y})}, & t\dfrac{\cos(\widehat{t, Z})}{\cos(\widehat{z, Z})}. \end{matrix} \right.$$

Cela posé, cherchons d'abord la valeur de la résultante

$$x_r y_s - x_s y_r,$$

composée avec les quatre quantités

$$(16) \quad \left\{ \begin{matrix} x_r, & x_s; \\ y_r, & y_s; \end{matrix} \right.$$

ou, ce qui revient au même, avec les quatre termes du tableau

$$(17) \quad \left\{ \begin{matrix} r\dfrac{\cos(\widehat{r, X})}{\cos(\widehat{x, X})}, & r\dfrac{\cos(\widehat{r, Y})}{\cos(\widehat{y, Y})}; \\ s\dfrac{\cos(\widehat{s, X})}{\cos(\widehat{x, X})}, & s\dfrac{\cos(\widehat{s, Y})}{\cos(\widehat{y, Y})}. \end{matrix} \right.$$

Chacun des deux produits

$$x_r y_s, \quad x_s y_r,$$

que renferme cette résultante, proviendra de la multiplication de deux termes pris à la fois dans les deux colonnes horizontales et dans les deux colonnes verticales du tableau (16) ou (17). Mais, d'une part, deux termes situés dans une même colonne horizontale du tableau (17) offrent un facteur commun, savoir le facteur r pour la première colonne horizontale, le facteur s pour la seconde; et, d'autre part, deux termes situés dans une même colonne verticale du tableau (17) offrent un diviseur commun, savoir, le diviseur $\cos(\widehat{x, X})$ pour la première colonne verticale, et le diviseur $\cos(\widehat{y, Y})$ pour la seconde. Donc les valeurs qu'on obtiendra pour les deux produits

$$x_r y_s, \quad x_s y_r,$$

en substituant le tableau (17) au tableau (16), auront pour facteur commun le produit rs, pour diviseur commun le produit $\cos(\widehat{x, X})$ $\cos(\widehat{y, Y})$; et, pour obtenir la valeur de la résultante

$$x_r y_s - x_s y_r,$$

il suffira de multiplier la résultante formée avec les quatre termes du tableau

$$(18) \qquad \begin{cases} \cos(\widehat{r, X}), & \cos(\widehat{r, Y}), \\ \cos(\widehat{s, X}), & \cos(\widehat{s, Y}), \end{cases}$$

c'est-à-dire l'expression

$$[r, s; X, Y]$$

par le rapport

$$\frac{rs}{\cos(\widehat{x, X})\cos(\widehat{y, Y})};$$

on aura donc

$$(19) \qquad x_r y_s - x_s y_r = \frac{rs}{\cos(\widehat{x, X})\cos(\widehat{y, Y})}[r, s; X, Y].$$

Pareillement, pour obtenir la valeur de la résultante

$$x_r y_s z_t - x_r y_t z_s + x_s y_t z_r - x_s y_r z_t + x_t y_r z_s - x_t y_s z_r,$$

il suffira de multiplier la résultante formée avec les divers termes du tableau

$$(20)\qquad \begin{cases} \cos(\widehat{r, X}), & \cos(\widehat{r, Y}), & \cos(\widehat{r, Z}); \\ \cos(\widehat{s, X}), & \cos(\widehat{s, Y}), & \cos(\widehat{s, Z}); \\ \cos(\widehat{t, X}), & \cos(\widehat{t, Y}), & \cos(\widehat{t, Z}); \end{cases}$$

c'est-à-dire l'expression

$$[r, s, t; X, Y, Z]$$

par le rapport

$$\frac{rst}{\cos(\widehat{x, X})\cos(\widehat{y, Y})\cos(\widehat{z, Z})},$$

on aura donc encore

$$(21)\qquad \begin{aligned} & x_r y_s z_t - x_r y_t z_s + x_s y_t z_r - x_s y_r z_t + x_t y_r z_s - x_t y_s z_r \\ & = \frac{rst}{\cos(\widehat{x, X})\cos(\widehat{y, Y})\cos(\widehat{z, Z})}[r, s, t; X, Y, Z]. \end{aligned}$$

Ce n'est pas tout. Comme X sera perpendiculaire à y et z, Y à z et x, Z à x et y, les cosinus des neuf angles

$$\begin{array}{lll} (\widehat{x, X}), & (\widehat{x, Y}), & (\widehat{x, Z}), \\ (\widehat{y, X}), & (\widehat{y, Y}), & (\widehat{y, Z}), \\ (\widehat{z, X}), & (\widehat{z, Y}), & (\widehat{z, Z}) \end{array}$$

s'évanouiront tous à l'exception de

$$\cos(\widehat{x, X}),\quad \cos(\widehat{y, Y}),\quad \cos(\widehat{z, Z}).$$

Donc, par suite, chacune des résultantes

$$[x, y; X, Y],\quad [x, y, z; X, Y, Z]$$

se réduira simplement à son premier terme, en sorte qu'on aura

$$[x, y; X, Y] = \cos(\widehat{x, X})\cos(\widehat{y, Y}),$$
$$[x, y, z; X, Y, Z] = \cos(\widehat{x, X})\cos(\widehat{y, Y})\cos(\widehat{z, Z}),$$

et les formules (19), (21) pourront s'écrire comme il suit :

$$x_r y_s - x_s y_r = \frac{[r, s; X, Y]}{[x, y; X, Y]} rs, \tag{22}$$

$$x_r y_s z_t - x_r y_t z_s + x_s y_t z_r - x_s y_r z_t + x_t y_r z_s - x_t y_s z_r = \frac{[r, s, t; X, Y, Z]}{[x, y, z; X, Y, Z]} rst. \tag{23}$$

Il ne reste plus qu'à substituer, dans ces dernières formules, les valeurs des résultantes comprises dans les seconds membres.

Or, supposons, en premier lieu, les deux points P, P′ situés dans le plan des x, y. Alors l'équation (7) du paragraphe IV, jointe à la formule $(x, y) = 1$, donnera

$$[r, s; X, Y] = (r, s)(X, Y)[r, s][X, Y],$$
$$[x, y; X, Y] = (X, Y)[x, y][X, Y].$$

On aura donc

$$\frac{[r, s; X, Y]}{[x, y; X, Y]} = (r, s)\frac{[r, s]}{[x, y]}.$$

Donc alors l'équation (22) donnera

$$x_r y_s - x_s y_r = (r, s)\frac{rs[r, s]}{[x, y]}, \tag{24}$$

et l'on pourra énoncer le théorème suivant :

Théorème V. — *Les positions des divers points d'un plan étant rapportées à deux axes rectangulaires ou obliques des x et y, si l'on désigne par* x *et* y *deux longueurs mesurées, à partir de l'origine* O *des coordonnées, sur ces axes prolongés du côté des coordonnées positives, par*

$$r, \quad s$$

les rayons vecteurs menés de la même origine à deux points P, P′ *du plan donné, et par*

$$x_r, \quad y_r,$$
$$x_s, \quad y_s$$

les quatre coordonnées de ces deux points, la résultante

$$x_r y_s - x_s y_r,$$

formée avec ces quatre coordonnées, sera positive ou négative suivant que le mouvement de rotation de r et s sera direct ou rétrograde : et cette résultante aura pour valeur numérique le rapport qui existe entre l'aire du parallélogramme construit sur les côtés r, s, et l'aire du losange que l'on peut construire sur les côtés x, y, *réduits l'un et l'autre à l'unité.*

Supposons, maintenant, les points P, P' situés hors des plans des x, y. Alors, en nommant T une longueur mesurée à partir de l'origine O, sur une perpendiculaire au plan de l'angle $(\widehat{r, s})$, et remplaçant u, v, w par X, Y, Z dans l'équation (16) du paragraphe IV, on tirera de cette équation

$$[r, s; \mathrm{X}, \mathrm{Y}] = (r, s, T)(\mathrm{X}, \mathrm{Y}, \mathrm{z})[r, s][\mathrm{X}, \mathrm{Y}]\cos(\widehat{T, \mathrm{z}});$$

puis, en remplaçant r, s, T par x, y, z, on trouvera

$$[\mathrm{x}, \mathrm{y}; \mathrm{X}, \mathrm{Y}] = (\mathrm{x}, \mathrm{y}, \mathrm{Z})(\mathrm{X}, \mathrm{Y}, \mathrm{z})[\mathrm{x}, \mathrm{y}][\mathrm{X}, \mathrm{Y}]\cos(\widehat{\mathrm{Z}, \mathrm{z}}).$$

On aura donc, par suite,

$$\frac{[r, s; \mathrm{X}, \mathrm{Y}]}{[\mathrm{x}, \mathrm{y}; \mathrm{X}, \mathrm{Y}]} = \frac{(r, s, T)}{(\mathrm{x}, \mathrm{y}, \mathrm{Z})}\,\frac{[r, s]}{[\mathrm{x}, \mathrm{y}]}\,\frac{\cos(\widehat{T, \mathrm{z}})}{\cos(\widehat{\mathrm{Z}, \mathrm{z}})},$$

et l'équation (22) donnera

$$(25)\qquad x_r y_s - x_s y_r = \frac{(r, s, T)}{(\mathrm{x}, \mathrm{y}, \mathrm{Z})}\,\frac{rs[\widehat{r, s}]}{[\mathrm{x}, \mathrm{y}]}\,\frac{\cos(\widehat{T, \mathrm{z}})}{\cos(\widehat{\mathrm{Z}, \mathrm{z}})}.$$

Si, pour plus de commodité, on suppose la longueur Z mesurée du même côté que la longueur z, c'est-à-dire du côté des z positives, le cosinus de l'angle $(\widehat{\mathrm{Z}, \mathrm{z}})$ offrira une valeur positive, égale au sinus de l'inclinaison de l'axe des z sur le plan des x, y; et, comme on aura

$$(\mathrm{x}, \mathrm{y}, \mathrm{Z}) = (\mathrm{x}, \mathrm{y}, \mathrm{z}) = 1,$$

on trouvera simplement

$$(26)\qquad x_r y_s - x_s y_r = (r, s, T)\,\frac{rs[r, s]}{[\mathrm{x}, \mathrm{y}]}\,\frac{\cos(\widehat{T, \mathrm{z}})}{\cos(\widehat{\mathrm{Z}, \mathrm{z}})}.$$

Enfin, si la longueur T est mesurée elle-même du côté des z positives, l'angle $(\widehat{T, z})$ sera l'angle aigu qui mesurera l'inclinaison du plan de l'angle $(\widehat{r, s})$ sur le plan des x, y: et, comme alors on aura

$$(r, s, T) = (r, s, z),$$

la formule (26) pourra être réduite à l'équation

$$(27) \qquad x_r y_s - x_s y_r = (r, s, z) \frac{rs[r, s]}{[x, y]} \frac{\cos(\widehat{T, z})}{\cos(\widehat{Z, z})},$$

de laquelle on déduira immédiatement la proposition suivante :

Théorème VI. — *La position d'un point dans l'espace étant rapportée à trois axes rectangulaires ou obliques des x, y, z, si l'on désigne par* x, y, z *trois longueurs mesurées à partir de l'origine* O *des coordonnées, sur ces axes, indéfiniment prolongés du côté des coordonnées positives, puis par*

$$r, \quad s$$

les rayons vecteurs menés de la même origine à deux points quelconques P, P′, *et par*

$$x_r, \quad y_r,$$
$$x_s, \quad y_s,$$

celles des coordonnées de ces deux points qui sont mesurées sur les axes des x et y, la résultante

$$x_r y_s - x_s y_r,$$

formée avec ces quatre coordonnées, sera positive ou négative suivant que le mouvement de rotation de r en s autour de la direction z sera direct ou rétrograde; et cette résultante aura pour valeur numérique le produit de deux facteurs respectivement égaux, le premier au rapport qui existe entre l'aire du parallélogramme construit sur les côtés r, s, et l'aire du losange que l'on peut construire sur les côtés x, y, *réduits à l'unité; le second au rapport qui existe entre le cosinus de l'inclinaison du plan de l'angle $(\widehat{r, s})$ sur le plan des x, y, et le sinus de l'inclinaison de l'axe des* z *sur le même plan.*

Considérons, enfin, trois points P, P′, P″ situés dans l'espace, aux extrémités des rayons vecteurs r, s, t, et supposons la position de chaque point rapportée à trois axes rectangulaires ou obliques des x, y, z. La résultante formée avec les neuf coordonnées des trois points P, P′ P″, sera déterminée par la formule (23). D'ailleurs, l'équation (23) du paragraphe IV, jointe à la formule $(x, y, z) = 1$ donnera

$$[r, s, t; X, Y, Z] = (r, s, t)(X, Y, Z)[r, s, t][X, Y, Z],$$
$$[x, y, z; X, Y, Z] = (X, Y, Z)[x, y, z][X, Y, Z].$$

On aura donc

$$\frac{[r, s, t; X, Y, Z]}{[x, y, z; X, Y, Z]} = (r, s, t)\frac{[r, s, t]}{[x, y, z]}.$$

Donc l'équation (23) donnera

$$(28)\quad x_r y_s z_t - x_r y_t z_s + x_s y_t z_r - x_s y_r z_t + x_t y_r z_s - x_t y_s z_r = (r, s, t)\frac{rst[r, s, t]}{[x, y, z]},$$

et l'on pourra énoncer le théorème suivant :

Théorème VII. — *La position d'un point dans l'espace étant rapportée à trois axes rectangulaires ou obliques des x, y, z, si l'on désigne par*

$$x, \quad y, \quad z$$

trois longueurs mesurées, à partir de l'origine O des coordonnées, sur ces trois axes indéfiniment prolongés du côté des x, y, z positives, puis par

$$r, \quad s, \quad t$$

les rayons vecteurs menés de l'origine à trois points quelconques, et par

$$x_r, \quad y_r, \quad z_r;$$
$$x_s, \quad y_s, \quad z_s;$$
$$x_t, \quad y_t, \quad z_t$$

les neuf coordonnées de ces trois points, la résultante

$$x_r y_s z_t - x_r y_t z_s + x_s y_t z_r - x_s y_r z_t + x_t y_r z_s - x_t y_s z_r,$$

formée avec ces neuf coordonnées, sera positive ou négative suivant que le mouvement de rotation de r *et* **s** *autour de* t *sera direct ou rétrograde;*

et cette résultante aura pour valeur numérique le rapport qui existe entre le volume du parallélipipède construit sur les arêtes r, s, t, et le volume du parallélipipède que l'on peut construire sur les arêtes x, y, z, *réduites chacune à l'unité.*

Il est bon d'observer que les théorèmes V, VI et VII, relatifs à des coordonnées obliques, peuvent être immédiatement déduits des théorèmes I, II, III, IV, relatifs à des coordonnées rectangulaires. En effet, les trois équations qui servent à transformer des coordonnées obliques en coordonnées rectangulaires, étant du premier degré, il suit du théorème sur les produits de résultantes, déjà mentionné, que la résultante formée avec les coordonnées de trois points choisis arbitrairement dans l'espace obtiendra successivement deux valeurs qui seront entre elles dans un rapport constant, c'est-à-dire indépendant des positions de ces mêmes points, si, l'origine des coordonnées restant immobile, on rapporte la position d'un point quelconque, d'abord à des coordonnées rectangulaires, puis à des coordonnées obliques. Ajoutons que ce principe ne cessera pas d'être exact, si, en faisant abstraction des coordonnées parallèles à l'un des axes, par exemple à l'axe des z, on considère la résultante formée, non plus avec les neuf coordonnées de trois points choisis arbitrairement dans l'espace, mais avec les quatre coordonnées de deux points, pourvu qu'en passant des coordonnées obliques aux coordonnées rectangulaires, on ne déplace pas l'axe des z. En effet, il suit de la formule (13) de la page 144 du troisième volume [1], que dans le cas où l'on passe d'un premier système de coordonnées rectilignes à un second système, sans déplacer l'un des axes, les coordonnées mesurées parallèlement aux deux autres axes entrent seules dans deux équations linéaires à l'aide desquelles la transformation s'effectue; et l'on peut appliquer séparément aux quatre coordonnées que ces deux équations servent à transformer, le théorème sur les produits de résultantes.

---

[1] *Œuvres de Cauchy*, 2ᵉ série, t. XIII, p. 156.

Cela posé, le rapport

$$\frac{x_r y_s - x_s y_r}{(r, s)\, rs[r, s]}, \tag{29}$$

qui, en vertu de la formule (8), se réduit à l'unité, pour deux points situés dans le plan des coordonnées x et y, quand ces coordonnées sont rectangulaires, pourra différer de l'unité, mais devra obtenir une valeur constante, c'est-à-dire une valeur indépendante des directions attribuées dans le plan donné aux rayons vecteurs r et s, si les coordonnées deviennent obliques. Or, si l'on fait coïncider en direction r et s avec des longueurs x et y, mesurées à partir de l'origine sur les demi-axes des x et y positives, on aura

$$x_r = r, \qquad y_r = 0,$$
$$x_s = 0, \qquad y_s = s,$$
$$(r, s) = (\mathrm{x}, \mathrm{y}) = 1, \qquad [r, s] = [\mathrm{x}, \mathrm{y}].$$

Donc alors le rapport (29) se trouvera réduit à

$$\frac{1}{[\mathrm{x}, \mathrm{y}]},$$

et le principe énoncé fournira, pour des coordonnées obliques, l'équation générale

$$\frac{x_r y_s - x_s y_r}{(r, s)\, rs[r, s]} = \frac{1}{[\mathrm{x}, \mathrm{y}]}, \tag{30}$$

qui s'accorde, comme on devait s'y attendre, avec la formule (24).

Pareillement, si, les directions r, s n'étant plus renfermées dans le plan des x, y, on nomme

$$\mathrm{z}, \quad Z, \quad T$$

trois longueurs mesurées, à partir de l'origine, la première sur un axe des z, perpendiculaire ou même oblique au plan des x, y; les deux dernières sur des perpendiculaires au plan des x, y et au plan de l'angle $(\widehat{r, s})$, le rapport

$$\frac{x_r y_s - x_s y_r}{(r, s, T)\, rs[r, s] \cos(\widehat{T, \mathrm{z}})}, \tag{31}$$

qui, en vertu de la formule (12), se réduisait à l'unité, quand les coordonnées étaient rectangulaires, pourra différer de l'unité, mais devra obtenir une valeur constante, c'est-à-dire une valeur indépendante des directions attribuées aux rayons vecteurs r et s. Or, si l'on fait coïncider, en direction, r et s avec les longueurs x, y mesurées, à partir de l'origine, sur les deux axes des x et y positives, on pourra supposer que T coïncide lui-même avec Z, et l'on aura

$$x_r = r, \qquad y_r = 0,$$
$$x_s = 0, \qquad y_s = s,$$
$$x_r y_s - x_s y_r = rs,$$
$$(r, s, T) = (r, s, \mathrm{Z}), \qquad [r, s] = (\mathrm{x}, \mathrm{y}), \qquad (T, \mathrm{z}) = (\mathrm{Z}, \mathrm{z}).$$

Donc alors le rapport (29) se trouvera réduit à

$$\frac{1}{(r, s, \mathrm{Z})[\mathrm{x}, \mathrm{y}]\cos(\mathrm{Z}, \mathrm{z})},$$

et le principe énoncé fournira, pour des coordonnées obliques, l'équation générale

$$(32) \qquad \frac{x_r y_s - x_s y_r}{(r, s, T)\, rs[r, s]\cos(T, \mathrm{z})} = \frac{1}{(r, s, \mathrm{Z})[\mathrm{x}, \mathrm{y}]\cos(\mathrm{Z}, \mathrm{z})},$$

qui s'accorde, comme on devait s'y attendre, avec la formule (25). Ajoutons que la formule (32) comprend évidemment, comme cas particulier, la formule (30).

Enfin, le rapport

$$(33) \qquad \frac{x_r y_s z_t - x_r y_t z_s + x_s y_t z_r - x_s y_r z_t + x_t y_r z_s - x_t y_s z_r}{(r, s, t)\, rst[r, s, t]},$$

qui, en vertu de la formule (13), se réduit à l'unité, quand les coordonnées sont rectangulaires, pourra différer de l'unité, mais devra encore obtenir une valeur constante, c'est-à-dire indépendante des directions r, s, t, si les coordonnées deviennent obliques. Or, si l'on fait coïncider en direction r, s, t avec des longueurs x, y, z, mesurées à partir de l'origine, sur les demi-axes des x, y, z positives, on aura

$$x_r = r, \quad y_r = 0, \quad z_r = 0,$$
$$x_s = 0, \quad y_s = s, \quad z_s = 0,$$
$$x_t = 0, \quad y_t = 0, \quad z_t = t,$$
$$x_r y_s z_t - x_r y_t z_s + x_s y_t z_r - x_s y_r z_t + x_t y_r z_s - x_t y_s z_r = rst,$$
$$(r, s, t) = (x, y, z) = 1, \quad [r, s, t] = [x, y, z];$$

donc alors le rapport (33) se trouvera réduit à

$$\frac{1}{[x, y, z]},$$

et le principe énoncé fournira, pour des coordonnées obliques, l'équation générale

$$(34) \quad \frac{x_r y_s z_t - x_r y_t z_s + x_s y_t z_r - x_s y_r z_t + x_t y_r z_s - x_t y_s z_r}{(r, s, t)\, rst [r, s, t]} = \frac{1}{[x, y, z]},$$

qui coïncide, comme on devait s'y attendre, avec la formule (28).

VI. — *Des conditions sous lesquelles les résultantes considérées dans les paragraphes précédents s'évanouissent.*

Les résultantes dont nous avons déterminé les valeurs dans les paragraphes précédents s'évanouissent sous certaines conditions, qu'il est bon de connaître, et que nous allons un instant examiner.

Considérons d'abord la résultante

$$(1) \qquad [r, s; u, v] = \cos(\widehat{r, u}) \cos(\widehat{s, v}) - \cos(\widehat{r, v}) \cos(\widehat{s, u}),$$

dont les deux termes ont pour facteurs les cosinus de quatre angles, que les directions r, s forment avec les dimensions u, v. Si les deux angles

$$(\widehat{r, s}), \quad (\widehat{u, v})$$

sont renfermés dans le même plan, ou dans des plans parallèles; alors, en vertu de la formule (2) du paragraphe IV, jointe au théorème énoncé dans le paragraphe II, on aura

$$(2) \qquad [r, s; u, v] = (r, s)(u, v) \sin(\widehat{r, s}) \sin(\widehat{u, v});$$

et, par suite, la résultante $[r, s; u, v]$ aura pour valeur numérique le produit

$$\sin(\widehat{r, s}).\quad \sin(\widehat{u, v}). \tag{3}$$

Si, au contraire, les plans des deux angles

$$(\widehat{r, s}),\quad (\widehat{u, v})$$

cessent de coïncider ou d'être parallèles entre eux ; alors, en nommant ι l'inclinaison mutuelle de ces deux plans, on conclura de la formule (13) du paragraphe IV, jointe au théorème du paragraphe II, que la résultante $[r, s; u, v]$ a pour valeur numérique le produit

$$\sin(\widehat{r, s})\sin(\widehat{u, v})\cos\iota. \tag{4}$$

En conséquence, pour faire évanouir la résultante $[r, s; u, v]$ et vérifier la condition

$$[r, s; u, v] = 0, \tag{5}$$

il est nécessaire et il suffira de réduire à zéro l'un des deux facteurs

$$\sin(\widehat{r, s}),\quad \sin(\widehat{u, v}),$$

quand les deux angles $(\widehat{r, s})$, $(\widehat{u, v})$ seront compris dans le même plan; et, dans le cas contraire, l'un des trois facteurs

$$\sin(\widehat{r, s}),\quad \sin(\widehat{u, v}),\quad \cos\iota.$$

D'ailleurs, l'équation

$$\sin(\widehat{r, s}) = 0, \tag{6}$$

de laquelle on tire

$$(\widehat{r, s}) = 0 \text{ ou } \pi,$$

exprime que les directions r, s se mesurent sur une même droite, ou du moins sur des droites parallèles; et l'équation

$$\cos\iota = 0. \tag{7}$$

de laquelle on tire

$$\iota = \frac{\pi}{2},$$

exprime que les plans des deux angles

$$(\widehat{r, s}), \quad (\widehat{u, v})$$

sont perpendiculaires entre eux. Enfin, en vertu de l'équation (1), la condition (5) pourra être présentée sous l'une quelconque des deux formes

$$\cos(\widehat{r, u})\cos(\widehat{s, v}) - \cos(\widehat{r, v})\cos(\widehat{s, u}) = 0, \tag{8}$$

$$\frac{\cos(\widehat{r, u})}{\cos(\widehat{r, v})} = \frac{\cos(\widehat{s, u})}{\cos(\widehat{s, v})}. \tag{9}$$

Cela posé, on pourra évidemment énoncer la proposition suivante :

Théorème I. — *Les longueurs u, v étant mesurées sur des droites distinctes et non parallèles, pour que deux autres longueurs r, s se mesurent ou sur la même droite, ou sur des droites parallèles, ou du moins forment entre elles un angle $(\widehat{r, s})$ dont le plan soit perpendiculaire au plan de l'angle $(\widehat{u, v})$, il est nécessaire et il suffit que les quatre cosinus*

$$\cos(r, u), \quad \cos(r, v), \quad \cos(s, u), \quad \cos(s, v)$$

représentent les quatre termes d'une proportion géométrique, de manière à vérifier la formule (9).

Corollaire. — Comme on vient de le voir, la formule (9), remarquable par son élégance et sa simplicité, se déduit immédiatement de l'équation (2), dans le cas particulier où les directions r, s sont renfermées dans le plan de l'angle $(\widehat{u, v})$. Ajoutons que, de ce cas particulier on peut aisément passer au cas général où les directions r, s sont situées hors de ce plan, à l'aide des considérations suivantes.

Soient, dans le cas général,

$$\rho, \quad \varsigma$$

les projections absolues de r et de s sur le plan de l'angle $(\widehat{u, v})$. Pour que les directions r, s se mesurent sur une même droite ou sur des droites parallèles, ou du moins forment entre elles un angle $(\widehat{r, s})$ dont le plan soit perpendiculaire au plan de l'angle $(\widehat{u, v})$, il sera nécessaire et il suffira, évidemment, que les projections ρ, ς se mesurent sur la même droite et sur des droites parallèles; par conséquent, il sera nécessaire et il suffira que l'on ait

$$\frac{\cos(\widehat{\rho, u})}{\cos(\widehat{\rho, v})} = \frac{\cos(\widehat{\varsigma, u})}{\cos(\widehat{\varsigma, v})}. \tag{10}$$

Mais, d'autre part, le plan qui renfermera les trois angles

$$(\widehat{u, v}), \quad (\widehat{\rho, u}), \quad (\widehat{\rho, v})$$

étant perpendiculaire au plan de l'angle (r, ρ), le théorème VII de la page 311 du troisième volume ([1]) donnera

$$\frac{\cos(\widehat{r, u})}{\cos(\widehat{\rho, u})} = \frac{\cos(\widehat{r, v})}{\cos(\widehat{\rho, v})} = \cos(\widehat{r, \rho}),$$

par conséquent,

$$\frac{\cos(\widehat{r, u})}{\cos(\widehat{r, v})} = \frac{\cos(\widehat{\rho, u})}{\cos(\widehat{\rho, v})},$$

et l'on trouvera, pareillement,

$$\frac{\cos(\widehat{s, u})}{\cos(\widehat{s, v})} = \frac{\cos(\widehat{\varsigma, u})}{\cos(\widehat{\varsigma, v})}.$$

Or il est clair qu'en vertu de ces dernières formules, l'équation (10) coïncidera précisément avec l'équation (9).

Considérons maintenant la résultante

$$\begin{aligned}(11)\quad [r, s, t; u, v, w] = {} & \cos(\widehat{r, u})\cos(\widehat{s, v})\cos(\widehat{t, w}) - \cos(\widehat{r, u})\cos(\widehat{s, w})\cos(\widehat{t, v}) \\ & + \cos(\widehat{r, v})\cos(\widehat{s, w})\cos(\widehat{t, u}) - \cos(\widehat{r, v})\cos(\widehat{s, u})\cos(\widehat{t, w}) \\ & + \cos(\widehat{r, w})\cos(\widehat{s, u})\cos(\widehat{t, v}) - \cos(\widehat{r, w})\cos(\widehat{s, v})\cos(\widehat{t, u}).\end{aligned}$$

([1]) *Œuvres de Cauchy*, série II, t. XIII, p. 349.

dont les six termes ont pour facteurs les cosinus des neuf angles que les directions r, s, t forment avec les directions u, v, w. En vertu de la formule (23) du paragraphe IV, jointe au théorème énoncé dans le paragraphe II, on aura

$$[r, s, t; u, v, w] = (r, s, t)(u, v, w)[r, s, t][u, v, w];$$

et, par suite, la résultante $[r, s, t; u, v, w]$ aura pour valeur numérique le produit

$$[r, s, t][u, v, w]$$

des volumes des deux parallélipipèdes, que l'on peut construire, d'une part, sur les arêtes r, s, t, d'autre part, sur les arêtes u, v, w, en supposant ces arêtes réduites chacune à l'unité, et mesurées, à partir d'une même origine, dans des directions parallèles à celles qui leur étaient assignées. En conséquence, pour faire évanouir la résultante $[r, s, t; u, v, w]$ et vérifier la condition

$$(12) \qquad [r, s, t; u, v, w] = 0,$$

il sera nécessaire et il suffira de réduire à zéro l'un des deux volumes

$$[r, s, t], \quad [u, v, w].$$

D'ailleurs, l'équation

$$(13) \qquad [r, s, t] = 0,$$

qu'on obtient en égalant à zéro le volume $[r, s, t]$, est précisément la condition nécessaire et suffisante pour que les longueurs, mesurées à partir d'un même point dans des directions parallèles à celles de r, s, t, soient renfermées dans un plan unique, ou, d'en d'autres termes, pour que les trois directions r, s, t soient parallèles à un même plan. Cela posé, on pourra évidemment énoncer la proposition suivante :

Théorème II. — *Les longueurs u, v, w étant mesurées sur des droites non parallèles à un même plan, pour que les directions des trois autres longueurs r, s, t soient, ou comprises dans un même plan, ou du moins parallèles à un même plan, il est nécessaire et il suffit que la résultante des cosinus des neuf angles que les directions r, s, t forment avec les* *directions u, v, w, s'évanouisse, ou, en d'autres termes, que l'on ait*

$$(14)\quad \begin{aligned}&\cos(\widehat{r,u})\cos(\widehat{s,v})\cos(\widehat{t,w})-\cos(\widehat{r,u})\cos(\widehat{s,w})\cos(\widehat{t,v})\\&+\cos(\widehat{r,v})\cos(\widehat{s,w})\cos(\widehat{t,u})-\cos(\widehat{r,v})\cos(\widehat{s,u})\cos(\widehat{t,w})\\&+\cos(\widehat{r,w})\cos(\widehat{s,u})\cos(\widehat{t,v})-\cos(\widehat{r,w})\cos(\widehat{s,v})\cos(\widehat{t,u})=0.\end{aligned}$$

Corollaire. — On pourrait, avec la plus grande facilité, arriver encore à la formule (14), en raisonnant comme il suit.

Rapportons les positions des divers points de l'espace à trois axes des x, y, z menés par un point quelconque O, et, en attribuant aux demi-axes des x, y, positives des directions parallèles à celles de u, v, w, nommons

$$x,\quad y,\quad z$$

les coordonnées d'une longueur z finie, mais différente de zéro, et mesurée sur une droite quelconque à partir du point O. La formule (13) de la page 143 du troisième volume ([1]) donnera

$$z\cos(\widehat{r,z})=x\cos(\widehat{r,u})+y\cos(\widehat{r,v})+z\cos(\widehat{r,w}).$$

Donc, si l'angle $(\widehat{r,z})$ se réduit à un droit, on aura simplement

$$x\cos(\widehat{r,u})+y\cos(\widehat{r,v})+z\cos(\widehat{r,w})=0.$$

D'ailleurs, pour que les directions r, s, t soient parallèles à un plan unique, il est nécessaire et il suffit qu'elles forment trois angles droits

$$(\widehat{r,z}),\quad (\widehat{s,z}),\quad (\widehat{t,z})$$

avec une direction z perpendiculaire à ce plan; par conséquent, il est nécessaire et il suffit qu'elles vérifient trois équations de la forme

$$(15)\quad \left\{\begin{aligned}&x\cos(\widehat{r,u})+y\cos(\widehat{r,v})+z\cos(\widehat{r,w})=0,\\&x\cos(\widehat{s,u})+y\cos(\widehat{s,v})+z\cos(\widehat{s,w})=0,\\&x\cos(\widehat{t,u})+y\cos(\widehat{t,v})+z\cos(\widehat{t,w})=0.\end{aligned}\right.$$

Enfin, lorsque la longueur z, comme nous le supposons ici, diffère de

[1] *Œuvres de Cauchy*, série II, t. XIII, p. 160.

zéro, les trois coordonnées

$$x, \quad y, \quad z$$

de l'extrémité de cette longueur, mesurées sur trois axes non parallèles à un même plan, ne peuvent s'évanouir à la fois; et alors les trois équations (15) ne peuvent subsister simultanément que dans le cas où les cosinus par lesquels y sont représentés les coefficients de x, y, z vérifient la formule (14).

Cherchons maintenant les conditions sous lesquelles s'évanouissent les résultantes que l'on peut construire avec les coordonnées de deux ou trois points, dont les positions sont rapportées à des axes rectangulaires ou obliques des x, y, z.

Représentons par les trois lettres

$$r, \quad s, \quad t$$

les rayons vecteurs menés de l'origine à trois points donnés, et désignons, à l'aide de ces mêmes lettres, placées comme indices au bas de x, y et z, les coordonnées de ces trois points. Enfin, soient

$$\mathrm{x}, \quad \mathrm{y}, \quad \mathrm{z}$$

trois longueurs, mesurées à partir de l'origine, sur les demi-axes des x, y, z positives, et T une autre longueur mesurée sur une perpendiculaire au plan de l'angle $(\widehat{r, s})$. Les formules (26) et (28) du paragraphe V donneront

$$x_r y_s - x_s y_r = (r, s, T) \frac{rs[r, s]}{[\mathrm{x}, \mathrm{y}]} \frac{\cos(\widehat{T, \mathrm{z}})}{\cos(\widehat{Z, \mathrm{z}})}, \tag{16}$$

et

$$x_r y_s z_t - x_r y_t z_s + x_s y_t z_r - x_s y_r z_t + x_t y_r z_s - x_t y_s z_r = (r, s, t) \frac{rst[r, s, t]}{[\mathrm{x}, \mathrm{y}, \mathrm{z}]}. \tag{17}$$

Cela posé, l'équation de condition

$$x_r y_s - x_s y_r = 0 \tag{18}$$

pourra être réduite à

$$rs[r, s] \cos(\widehat{T, \mathrm{z}}) = 0. \tag{19}$$

Donc, pour qu'elle soit vérifiée, il sera nécessaire et il suffira que l'un des facteurs

$$r, \quad s, \quad |r, s|, \quad \cos(\widehat{T, z})$$

s'évanouisse. D'ailleurs, réduire à zéro l'un des rayons vecteurs r, s, c'est supposer que l'un des points donnés coïncide avec l'origine. Quant à la condition

$$|r, s| = 0,$$

que l'on peut encore écrire comme il suit,

$$\sin(\widehat{r, s}) = 0,$$

elle exprime que les longueurs r, s se mesurent sur une même droite. Enfin, la condition

$$\cos(\widehat{T, z}) = 0$$

exprime que la direction T, perpendiculaire au plan de l'angle $(\widehat{r, s})$, est aussi perpendiculaire à l'axe des z, ou, en d'autres termes, que le plan de l'angle $(\widehat{r, s})$ passe par l'axe des z.

Quant à l'équation de condition

$$x_r y_s z_t - x_r y_t z_s + x_s y_t z_r - x_s y_r z_t + x_t y_r z_s - x_t y_s z_r = 0, \tag{20}$$

elle pourra être réduite, en vertu de la formule (17), à

$$rst[r, s, t] = 0. \tag{21}$$

Donc, pour qu'elle soit vérifiée, il sera nécessaire et il suffira que l'un des facteurs

$$r, \quad s, \quad t, \quad [r, s, t]$$

se réduise à zéro; par conséquent, il sera nécessaire et il suffira que l'un des points donnés coïncide avec l'origine, ou que le volume du parallélipipède construit sur trois arêtes parallèles à r, s, t s'évanouisse, c'est-à-dire, en d'autres termes, que les trois arêtes r, s, t deviennent parallèles à un même plan.

Eu égard aux remarques qu'on vient de faire, on pourra évidemment énoncer les propositions suivantes :

THÉORÈME III. — *La position d'un point étant rapportée à trois axes des x, y, z qui se coupent sous des angles quelconques, pour que deux points séparés de l'origine, l'un par la distance r, l'autre par la distance s, soient renfermés dans un plan qui passe par l'origine, il est nécessaire et il suffit que les coordonnées*

$$x_r, \quad y_r,$$
$$x_s, \quad y_s$$

de ces deux points, mesurées sur les axes des x et y, vérifient la condition

$$x_r y_s - x_s y_r = 0. \tag{22}$$

THÉORÈME IV. — *La position d'un point étant rapportée à trois axes des x, y, z qui se coupent sous des angles quelconques, pour que trois points séparés de l'origine par les distances*

$$r, \quad s \quad \text{et} \quad t$$

soient renfermés dans un plan qui passe par l'origine, il est nécessaire et il suffit que les coordonnées

$$x_r, \quad y_r, \quad z_r,$$
$$x_s, \quad y_s, \quad z_s,$$
$$x_t, \quad y_t, \quad z_t$$

de ces mêmes points vérifient la condition

$$x_r y_s z_t - x_r y_t z_s + x_s y_t z_r - x_s y_r z_t + x_t y_r z_s - x_t y_s z_r = 0. \tag{23}$$

On pourrait encore, avec la plus grande facilité, établir les théorèmes III et IV, en raisonnant comme il suit.

Soient toujours

$$\mathrm{x}, \quad \mathrm{y}, \quad \mathrm{z}$$

trois longueurs mesurées, à partir de l'origine, sur les demi-axes des coordonnées positives, et $\imath$ une autre longueur mesurée, à partir de la même origine, dans une direction quelconque. Si l'on représente par x, y, z les coordonnées d'un point situé dans le plan mené par cette origine perpendiculairement à $\imath$, la première des équations (15) subsistera, quand on y remplacera u, v, w par x, y, z ; r par $\imath$, et s,

η, ζ par x, y, z. On aura donc

$$(24)\qquad x\cos\left(\widehat{\iota, x}\right)+y\cos\left(\widehat{\iota, y}\right)+z\cos\left(\widehat{\iota, z}\right)=0.$$

Ajoutons que la formule (24), c'est-à-dire l'équation du plan mené par l'origine perpendiculairement à ι, se réduira simplement à

$$(25)\qquad x\cos\left(\widehat{\iota, x}\right)+y\cos\left(\widehat{\iota, y}\right)=0,$$

si ce plan passe par l'axe des z, puisque alors, ι étant perpendiculaire à z, on aura

$$\left(\widehat{\iota, z}\right)=\frac{\pi}{2},\qquad \cos\left(\widehat{\iota, z}\right)=0.$$

Cela posé, pour que les deux points séparés de l'origine par les distances r et s soient renfermés dans un plan qui passe par l'axe des z, il sera nécessaire et il suffira que leurs coordonnées

$$\begin{matrix} x_r, & y_r, \\ x_s, & y_s, \end{matrix}$$

mesurées sur les axes des x et y, vérifient deux équations semblables à l'équation (25), c'est-à-dire deux équations de la forme

$$(26)\qquad \begin{cases} x_r\cos\left(\widehat{\iota, x}\right)+y_r\cos\left(\widehat{\iota, y}\right)=0, \\ x_s\cos\left(\widehat{\iota, x}\right)+y_s\cos\left(\widehat{\iota, y}\right)=0. \end{cases}$$

Pareillement, pour que les trois points séparés de l'origine par les distances r, s, t soient renfermés dans un même plan qui passe par l'origine, il sera nécessaire et il suffira que leurs coordonnées

$$\begin{matrix} x_r, & y_r, & z_r, \\ x_s, & y_s, & z_s, \\ x_t, & y_t, & z_t, \end{matrix}$$

vérifient trois équations semblables à l'équation (24), c'est-à-dire trois équations de la forme

$$(27)\qquad \begin{cases} x_r\cos\left(\widehat{\iota, x}\right)+y_r\cos\left(\widehat{\iota, y}\right)+z_r\cos\left(\widehat{\iota, z}\right)=0, \\ x_s\cos\left(\widehat{\iota, x}\right)+y_s\cos\left(\widehat{\iota, y}\right)+z_s\cos\left(\widehat{\iota, z}\right)=0, \\ x_t\cos\left(\widehat{\iota, x}\right)+y_t\cos\left(\widehat{\iota, y}\right)+z_t\cos\left(\widehat{\iota, z}\right)=0. \end{cases}$$

Or les trois angles

$$(\widehat{\iota, \mathrm{x}}),\quad (\widehat{\iota, \mathrm{y}}),\quad (\widehat{\iota, \mathrm{z}})$$

ne pouvant être droits tous les trois, lorsque les coordonnées x, y, z se mesurent, comme on doit le supposer, sur trois axes non compris dans un même plan, les cosinus de ces trois angles ne peuvent s'évanouir à la fois; et, par suite, le système des formules (27) entraîne la condition (20).

VII. — *Sur les relations qui existent entre les coefficients des variables dans les deux espèces d'équations à l'aide desquelles on passe d'un premier système de coordonnées rectilignes à un second, et réciproquement.*

Parmi les problèmes dont la solution introduit dans le calcul des résultantes formées avec les coordonnées de deux ou trois points, on doit remarquer une question d'ailleurs facile à résoudre, celle dont l'objet est d'établir les relations qui existent entre les coefficients renfermés dans les deux espèces d'équations à l'aide desquelles on passe d'un premier système de coordonnées rectilignes à un second, et réciproquement. Occupons-nous un moment de cette question et des formules qui s'y rapportent.

D'après ce qui a été dit dans un précédent Mémoire (*voir* le IIIe volume), si l'on nomme

x, y, z les coordonnées rectilignes d'un point quelconque P, relatives à trois axes rectangulaires ou obliques, menés par une certaine origine O;

$\mathrm{x}, \mathrm{y}, \mathrm{z}$ trois longueurs mesurées, à partir de cette origine, sur les axes des x, y, z indéfiniment prolongés du côté des coordonnées positives;

X, Y, Z trois longueurs mesurées, à partir de la même origine, sur les axes conjugués, c'est-à-dire sur trois nouveaux axes respectivement perpendiculaires aux plans des y, z, des z, x et des x, y;

et si l'on représente par

$$x_{\prime},\quad y_{\prime},\quad z_{\prime},\qquad \mathrm{x}_{\prime},\quad \mathrm{y}_{\prime},\quad \mathrm{z}_{\prime},\qquad \mathrm{X}_{\prime},\quad \mathrm{Y}_{\prime},\quad \mathrm{Z}_{\prime},$$

ce que deviennent

$$x,\quad y,\quad z,\qquad \mathrm{x},\quad \mathrm{y},\quad \mathrm{z},\qquad \mathrm{X},\quad \mathrm{Y},\quad \mathrm{Z},$$

quand au système des axes donnés on substitue un nouveau système d'axes, l'origine restant la même, on aura

$$(1)\qquad \begin{cases} x_{,} = a\,x + b\,y + c\,z, \\ y_{,} = a'x + b'y + c'z, \\ z_{,} = a''x + b''y + c''z, \end{cases}$$

les valeurs des coefficients

$$a,\quad b,\quad c;\qquad a',\quad b',\quad c';\qquad a'',\quad b'',\quad c''$$

étant fournies par les équations

$$(2)\qquad \begin{cases} a = \dfrac{\cos(\widehat{\mathrm{x}, \mathrm{X}_{,}})}{\cos(\widehat{\mathrm{x}_{,}, \mathrm{X}_{,}})}, & b = \dfrac{\cos(\widehat{\mathrm{y}, \mathrm{X}_{,}})}{\cos(\widehat{\mathrm{x}_{,}, \mathrm{X}_{,}})}, & c = \dfrac{\cos(\widehat{\mathrm{z}, \mathrm{X}_{,}})}{\cos(\widehat{\mathrm{x}_{,}, \mathrm{X}_{,}})}; \\ a' = \dfrac{\cos(\widehat{\mathrm{x}, \mathrm{Y}_{,}})}{\cos(\widehat{\mathrm{y}_{,}, \mathrm{Y}_{,}})}, & b' = \dfrac{\cos(\widehat{\mathrm{y}, \mathrm{Y}_{,}})}{\cos(\widehat{\mathrm{y}_{,}, \mathrm{Y}_{,}})}, & c' = \dfrac{\cos(\widehat{\mathrm{z}, \mathrm{Y}_{,}})}{\cos(\widehat{\mathrm{y}_{,}, \mathrm{Y}_{,}})}; \\ a'' = \dfrac{\cos(\widehat{\mathrm{x}, \mathrm{Z}_{,}})}{\cos(\widehat{\mathrm{z}_{,}, \mathrm{Z}_{,}})}, & b'' = \dfrac{\cos(\widehat{\mathrm{y}, \mathrm{Z}_{,}})}{\cos(\widehat{\mathrm{z}_{,}, \mathrm{Z}_{,}})}, & c'' = \dfrac{\cos(\widehat{\mathrm{z}, \mathrm{Z}_{,}})}{\cos(\widehat{\mathrm{z}_{,}, \mathrm{Z}_{,}})}; \end{cases}$$

et, réciproquement,

$$(3)\qquad \begin{cases} x = A\,x_{,} + A'y_{,} + A''z_{,}, \\ y = B\,x_{,} + B'y_{,} + B''z_{,}, \\ z = C\,x_{,} + C'y_{,} + C''z_{,}, \end{cases}$$

les valeurs des coefficients

$$A,\quad A',\quad A'';\qquad B,\quad B',\quad B'';\qquad C,\quad C',\quad C''$$

étant fournies par les équations

$$(4)\qquad \begin{cases} A = \dfrac{\cos(\widehat{\mathrm{x}_{,}, \mathrm{X}})}{\cos(\widehat{\mathrm{x}, \mathrm{X}})}, & A' = \dfrac{\cos(\widehat{\mathrm{x}_{,}, \mathrm{Y}})}{\cos(\widehat{\mathrm{y}, \mathrm{Y}})}, & A'' = \dfrac{\cos(\widehat{\mathrm{x}_{,}, \mathrm{Z}})}{\cos(\widehat{\mathrm{z}, \mathrm{Z}})}; \\ B = \dfrac{\cos(\widehat{\mathrm{y}_{,}, \mathrm{X}})}{\cos(\widehat{\mathrm{x}, \mathrm{X}})}, & B' = \dfrac{\cos(\widehat{\mathrm{y}_{,}, \mathrm{Y}})}{\cos(\widehat{\mathrm{y}, \mathrm{Y}})}, & B'' = \dfrac{\cos(\widehat{\mathrm{y}_{,}, \mathrm{Z}})}{\cos(\widehat{\mathrm{z}, \mathrm{Z}})}; \\ C = \dfrac{\cos(\widehat{\mathrm{z}_{,}, \mathrm{X}})}{\cos(\widehat{\mathrm{x}, \mathrm{X}})}, & C' = \dfrac{\cos(\widehat{\mathrm{z}_{,}, \mathrm{Y}})}{\cos(\widehat{\mathrm{y}, \mathrm{Y}})}, & C'' = \dfrac{\cos(\widehat{\mathrm{z}_{,}, \mathrm{Z}})}{\cos(\widehat{\mathrm{z}, \mathrm{Z}})}. \end{cases}$$

D'ailleurs, la nature de ces divers coefficients est facile à reconnaître; et, d'abord, en vertu des formules (1), les coefficients renfermés dans une même ligne verticale du tableau

$$(5)\qquad \begin{cases} a, & b, & c, \\ a', & b', & c', \\ a'', & b'', & c'' \end{cases}$$

représentent évidemment ce que deviennent les coordonnées

$$x_{,},\quad y_{,},\quad z_{,}$$

du point P, quand on a réduit l'une des trois variables

$$x,\quad y,\quad z$$

à l'unité, et les deux autres à zéro, c'est-à-dire, en d'autres termes, quand on fait coïncider le point P avec l'extrémité de l'une des longueurs

$$\mathrm{x},\quad \mathrm{y},\quad \mathrm{z}$$

réduites à l'unité. Pareillement, en vertu des formules (3), les termes renfermés dans une même ligne verticale du tableau

$$(6)\qquad \begin{cases} A, & A', & A'', \\ B, & B', & B'', \\ C, & C', & C'' \end{cases}$$

représentent ce que deviennent les coordonnées

$$x,\quad y,\quad z$$

du point P, quand on fait coïncider ce point avec l'extrémité de l'une des longueurs

$$\mathrm{x}_{,},\quad \mathrm{y}_{,},\quad \mathrm{z}_{,}$$

réduites à l'unité. Ainsi, les divers coefficients renfermés dans les équations (1) et (3) se réduisent aux projections algébriques que l'on obtient quand on projette les longueurs x, y, z réduites à l'unité, sur les directions $\mathrm{x}_{,}$, $\mathrm{y}_{,}$, $\mathrm{z}_{,}$, à l'aide de plans perpendiculaires aux directions X, Y, Z, ou les longueurs $\mathrm{x}_{,}$, $\mathrm{y}_{,}$, $\mathrm{z}_{,}$ réduites à l'unité, sur les directions x, y, z, à l'aide de plans perpendiculaires aux directions X, Y, Z. Cette seule remarque fournit un moyen simple de retrouver aisément et de reproduire à volonté l'une quelconque des formules (2) ou (4). En effet, si l'on désigne par

$$r, \quad s, \quad t$$

trois longueurs, dont chacune se mesure dans une direction déterminée, la projection algébrique de r sur s, effectuée à l'aide de plans perpendiculaires à t, sera (*voir* le IIIe volume, p. 140) [1]

$$r\frac{\cos(r, t)}{\cos(s, t)}.$$

Donc, si la longueur r se réduit à l'unité, sa projection algébrique sera représentée par le rapport

$$\frac{\cos(\widehat{r, t})}{\cos(\widehat{s, t})}.$$

Cela posé, le coefficient a, par exemple, n'étant autre chose que la projection algébrique de x sur $\mathrm{x}_{\prime}$, effectuée à l'aide de plans perpendiculaires à $\mathrm{X}_{\prime}$, et correspondante à la valeur 1 de x, on aura nécessairement

$$a = \frac{\cos(\widehat{\mathrm{x}, \mathrm{X}_{\prime}})}{\cos(\widehat{\mathrm{x}_{\prime}, \mathrm{X}_{\prime}})};$$

et l'on pourra, de la même manière, en s'appuyant sur la remarque ci-dessus énoncée, reproduire isolément chacune des formules comprises dans le système des équations (2) ou (4).

D'autre part, chacune des formules (3) doit nécessairement coïncider avec l'une de celles que l'on peut obtenir en éliminant deux des coordonnées x, y, z entre les formules (1); et, réciproquement, chacune des formules (1) doit coïncider avec l'une de celles que l'on obtient en éliminant deux coordonnées $x_{\prime}$, $y_{\prime}$, $z_{\prime}$ entre les formules (3). Il y a plus : cette coïncidence doit avoir lieu, quelles que soient les valeurs attribuées aux variables x, y, z ou $x_{\prime}$, $y_{\prime}$, $z_{\prime}$; ce qui exige que les coefficients de x, y, z soient les mêmes dans les valeurs de $x_{\prime}$, $y_{\prime}$, $z_{\prime}$

(1) *Œuvres de Cauchy*, Série II, t. XIII, p. 157.

que donnent les formules (1), et dans celles que l'on tirerait des formules (3). Donc les neuf coefficients

$$a,\ b,\ c,\qquad a',\ b',\ c',\qquad a'',\ b'',\ c''$$

peuvent être exprimés en fonction des coefficients

$$A,\ B,\ C,\qquad A',\ B',\ C',\qquad A'',\ B'',\ C'';$$

et, réciproquement, chacun de ceux-ci peut être exprimé en fonction des neuf autres. En effectuant le calcul, et posant pour abréger,

$$k = ab'c'' - ab''c' + a'b''c - a'bc'' + a''bc' - a''b'c, \tag{7}$$

$$K = AB'C'' - AB''C' + A'B''C - A'BC'' + A''BC' - A''B'C, \tag{8}$$

on trouve (*voir* le IIe volume, p. 172) [1]

$$\left\{\begin{array}{lll} A = \dfrac{b'c'' - b''c'}{k}, & A' = \dfrac{b''c - bc''}{k}, & A'' = \dfrac{bc' - b'c}{k}; \\ B = \dfrac{c'a'' - c''a'}{k}, & B' = \dfrac{c''a - ca''}{k}, & B'' = \dfrac{ca' - c'a}{k}; \\ C = \dfrac{a'b'' - a''b'}{k}, & C' = \dfrac{a''b - ab''}{k}, & C'' = \dfrac{ab' - a'b}{k}; \end{array}\right. \tag{9}$$

et

$$\left\{\begin{array}{lll} a = \dfrac{B'C'' - B''C'}{K}, & a' = \dfrac{B''C - BC''}{K}, & a'' = \dfrac{BC' - B'C}{K}; \\ b = \dfrac{C'A'' - C''A'}{K}, & b' = \dfrac{C''A - CA''}{K}, & b'' = \dfrac{CA' - C'A}{K}; \\ c = \dfrac{A'B'' - A''B'}{K}, & c' = \dfrac{A''B - AB''}{K}, & c'' = \dfrac{AB' - A'B}{K}. \end{array}\right. \tag{10}$$

Mais, en vertu des remarques précédemment faites, la valeur de k donnée par la formule (7) est précisément la résultante des coordonnées des trois points l, m, n qui coïncident avec les extrémités des longueurs x, y, z, dans le cas où l'on suppose ces longueurs réduites à l'unité, et où l'on rapporte la position d'un point quelconque aux axes coordonnées de $x_{,}$, $y_{,}$, $z_{,}$. Pareillement, la valeur de K donnée par la formule (8) est précisément la résultante des coordonnées des trois points L, M, N qui coïncident avec les extrémités des longueurs x, y, z, dans le cas où l'on suppose ces longueurs réduites à l'unité, et où

---

[1] *Œuvres de Cauchy*, Série II, t. XII, p. 196.

l'on rapporte la position d'un point quelconque aux axes coordonnées des x, y, z. Enfin, si dans chaque résultante on fait entrer, non plus les neuf coordonnées de trois points mesurées sur trois axes différents, mais les quatre coordonnées de deux de ces points mesurées sur deux de ces axes, alors, à la place de chacune des résultantes

$$k \quad \text{et} \quad K,$$

on pourra obtenir neuf résultantes diverses, qui seront précisément les numérateurs des fractions comprises dans les formules (9) ou (10). Donc chacune des formules (9), (10) qui servent à exprimer les coefficients

$$A, \ B, \ C, \quad A', \ B', \ C', \quad A'', \ B'', \ C''$$

en fonction des coefficients

$$a, \ b, \ c, \quad a', \ b', \ c', \quad a'', \ b'', \ c'',$$

et réciproquement, a pour second membre le rapport entre deux résultantes à deux et à trois directions, construites avec les coordonnées de deux ou trois points. Ajoutons que la valeur de chacune de ces résultantes pourra être aisément déduite des formules établies dans le paragraphe V. Ainsi, par exemple, en vertu de la formule (28) du paragraphe V, la résultante K des coordonnées des points L, M, N, mesurées sur les axes des x, y, z, offrira une valeur numérique déterminée par l'équation

$$K = (\mathrm{x}_{,}, \mathrm{y}_{,}, \mathrm{z}_{,}) \frac{[\mathrm{x}_{,}, \mathrm{y}_{,}, \mathrm{z}_{,}]}{[\mathrm{x}, \mathrm{y}, \mathrm{z}]}, \tag{11}$$

le mouvement de rotation de x en y autour de z étant considéré comme direct, en sorte qu'on ait

$$(\mathrm{x}, \mathrm{y}, \mathrm{z}) = 1.$$

Alors, aussi, en vertu de la formule (25) du paragraphe V, la résultante

$$A'B'' - A''B'$$

des coordonnées des points L, M, mesurées sur les axes des x et y, offrira une valeur déterminée par l'équation

$$(12) \qquad A'B'' - A''B' = \frac{(x_i, y_i, Z_i)}{(x, y, Z)} \frac{[x_i, y_i]}{[x, y]} \frac{\cos(\widehat{z, Z_i})}{\cos(\widehat{z, Z})}.$$

Or les formules (11), (12), et autres semblables, fourniront évidemment un moyen facile de vérifier les équations (10). S'agit-il, par exemple, de vérifier la dernière de ces équations? On commencera par observer qu'en vertu des formules (14) et (15) du paragraphe I, on a, en supposant aigus les angles $(\widehat{z, Z})$, $(\widehat{z, Z_i})$,

$$[x, y, z] = [x, y] \cos(\widehat{z, Z}),$$
$$[x_i, y_i, z_i] = [x_i, y_i] \cos(\widehat{z_i, Z_i});$$

et, par suite, dans tous les cas possibles,

$$[x, y, z] = \frac{(x, y, Z)}{(x, y, z)} [x, y] \cos(\widehat{z, Z}) = (x, y, Z)[x, y] \cos(\widehat{z, Z}),$$
$$[x_i, y_i, z_i] = \frac{(x_i, y_i, Z_i)}{(x_i, y_i, z_i)} [x_i, y_i] \cos(\widehat{z_i, Z_i}).$$

Donc la formule (11) pourra s'écrire comme il suit :

$$(13) \qquad K = \frac{(x_i, y_i, Z_i)}{(x, y, Z)} \frac{[x_i, y_i]}{[x, y]} \frac{\cos(\widehat{z_i, Z_i})}{\cos(\widehat{z, Z})}.$$

Cela posé, il suffira évidemment de combiner entre elles, par voie de division, les équations (12) et (13), pour obtenir la formule

$$\frac{A'B'' - A''B'}{K} = \frac{\cos(\widehat{z, Z_i})}{\cos(\widehat{z_i, Z_i})},$$

ou, ce qui revient au même, eu égard à la dernière des équations (10), la formule

$$\frac{A'B'' - A''B'}{K} = c'',$$

qui coïncide précisément avec la dernière des équations (10). On pourrait, de la même manière, à l'aide des formules établies dans le paragraphe V, vérifier chacune des équations (9) ou (10). Enfin, on pourrait encore vérifier ces mêmes équations, après y avoir substitué les valeurs des divers coefficients tirées des formules (2) et (4), à l'aide des formules générales que nous avons établies dans le paragraphe IV.

Il est bon d'observer que le système des équations (9), peut être remplacé par la seule formule

$$(14)\qquad \begin{aligned} &\frac{A}{b'c''-b''c'}=\frac{B}{c'a''-c''a'}=\frac{C}{a'b''-a''b'}\\ =&\frac{A'}{b''c-bc''}=\frac{B'}{c''a-ca''}=\frac{C'}{a''b-ab''}\\ =&\frac{A''}{bc'-b'c}=\frac{B''}{ca'-c'a}=\frac{C''}{ab'-a'b}=\frac{1}{k},\end{aligned}$$

et le système des équations (10) par la seule formule

$$(15)\qquad \begin{aligned} &\frac{a}{B'C''-B''C'}=\frac{b}{C'A''-C''A'}=\frac{c}{A'B''-A''B'}\\ =&\frac{a'}{B''C-BC''}=\frac{b'}{C''A-CA''}=\frac{c'}{A''B-AB''}\\ =&\frac{a''}{BC'-B'C}=\frac{b''}{CA'-C'A}=\frac{c''}{AB'-A'B}=\frac{1}{k}.\end{aligned}$$

Ajoutons que les formules (9) et (10), ou (14) et (15), peuvent aussi être remplacées par un système de neuf équations qui soient linéaires par rapport aux coefficients renfermés dans les formules (1), comme par rapport aux coefficients renfermés dans les formules (3). Entrons, à ce sujet, dans quelques explications.

Si l'on fait coïncider successivement le point P, dont les coordonnées sont x, y, z, avec les extrémités en l, m, n des trois longueurs

$$\text{x},\quad \text{y},\quad \text{z}$$

réduites à l'unité, on obtiendra trois systèmes de valeurs de x, y, z, dont chacune comprendra les trois coefficients renfermés dans une même colonne verticale du tableau (5); et à ces trois systèmes de valeurs de x, y, z, correspondront trois systèmes de valeurs de

x, y, z, dont chacun offrira deux valeurs nulles et une valeur égale à 1. Cela posé, des équations (3), appliquées aux coordonnées des trois points l, m, n, on déduira évidemment les neuf formules

$$(16)\quad \left\{\begin{array}{lll} Aa+A'a'+A''a''=1, & Ab+A'b'+A''b''=0, & Ac+A'c'+A''c''=0, \\ Ba+B'a'+B''a''=0, & Bb+B'b'+B''b''=1, & Bc+B'c'+B''c''=0, \\ Ca+C'a'+C''a''=0, & Cb+C'b'+C''b''=0, & Cc+C'c'+C''c''=1. \end{array}\right.$$

Si, au contraire, on fait coïncider successivement le point P avec les extrémités L, M, N des trois longueurs

$$x,\quad y,\quad z,$$

réduites à l'unité, on déduira successivement des équations (1) les neuf formules

$$(17)\quad \left\{\begin{array}{lll} Aa+Bb+Cc=1, & A'a+B'b+C'c=0, & A''a+B''b+C''c=0, \\ Aa'+Bb'+Cc'=0, & A'a'+B'b'+C'c'=1, & A''a'+B''b'+C''c'=0, \\ Aa''+Bb''+Cc''=0, & A'a''+B'b''+C'c''=0, & A''a''+B''b''+C''c''=1. \end{array}\right.$$

On pourrait, avec la plus grande facilité, déduire des équations (16) ou (17) les formules (9) et (10). Veut-on, par exemple, déduire des équations (17) les équations (9), ou, ce qui revient au même, la formule (14)? Il suffira de prendre pour inconnues les coefficients renfermés dans le tableau (6), et de déterminer simultanément les trois coefficients compris dans une même colonne verticale de ce tableau. Ainsi, en particulier, les équations (17) donneront

$$Aa+Bb+Cc=1,\qquad Aa'+Bb'+Cc'=0,\qquad Aa''+Bb''+Cc''=0,$$

et l'on tirera de celle-ci, en faisant d'abord abstraction de la première,

$$\frac{A}{b'c''-b''c'}=\frac{B}{c'a''-c''a'}=\frac{C}{a'b''-a''b'};$$

puis, ensuite,

$$\begin{aligned}\frac{A}{b'c''-b''c'}=\frac{B}{c'a''-c''a'}&=\frac{C}{a'b''-a''b'}\\ &=\frac{Aa+Bb+Cc}{a(b'c''-b''c')+b(c'a''-c''a')+c(a'b''-a''b')}=\frac{1}{k}.\end{aligned}$$

On prouvera, de même, en partant des équations (17), que chacune des fractions comprises dans la formule (14) se réduit à $\frac{1}{k}$; et généralement on pourra, du système des équations (16) ou (17), déduire à volonté, ou la formule (14), ou la formule (25). D'ailleurs, pour effectuer cette déduction, il suffira de s'appuyer, comme on vient de le faire, d'une part sur la formule à laquelle on parvient quand on élimine une seule inconnue entre deux équations linéaires qui renferment trois variables, sans aucun terme constant, et, d'autre part, sur ce principe, que la valeur commune de plusieurs fractions égales ne diffère pas du résultat qu'on obtient, quand, après avoir transformé chaque fraction en multipliant ses deux termes par un même facteur, on divise la somme des numérateurs par la somme des dénominateurs. Ce qu'on vient de dire prouve encore que le système des équations (17) est équivalent au système des équations (16). Chacun de ces systèmes peut certainement être remplacé par l'autre, puisqu'il est démontré que chacun d'eux peut être remplacé à volonté ou par la formule (14), ou par la formule (15).

Si l'on voulait, non plus tirer des équations (16) ou (17) les formules (14), (15), ou, ce qui revient au même, les équations (9) et (10), mais effectuer l'opération inverse, et revenir des équations (9), (10) aux équations (16) et (17), il suffirait évidemment de combiner par voie d'addition les formules (9) et (10), après avoir multiplié les deux membres de chacune d'elles par un facteur convenablement choisi.

Observons encore que, si l'on applique le théorème sur les produits de résultantes au système des équations (16), ou au système des équations (17), on en tirera, eu égard aux formules (7), (8),

$$kK = 1. \tag{18}$$

On arriverait aussi à la même conclusion, en partant de l'équation (11). En effet, cette équation, qui suppose que l'on considère comme direct le mouvement de rotation de x en y autour de z, et que l'on a en conséquence (x, y, z) = 1, peut être, pour plus de généralité, présentée sous la forme

$$K = \frac{(\mathrm{x}_,, \mathrm{y}_,, \mathrm{z}_,)}{(\mathrm{x}, \mathrm{y}, \mathrm{z})} \frac{[\mathrm{x}_,, \mathrm{y}_,, \mathrm{z}_,]}{[\mathrm{x}, \mathrm{y}, \mathrm{z}]}, \tag{19}$$

et s'étend, sous cette dernière forme, au cas même où, la position d'un point quelconque étant rapportée aux axes des x, y, z on considérerait comme direct, non plus le mouvement de x en y autour de z, mais le mouvement de $\mathrm{x}_,$ en $\mathrm{y}_,$ autour de $\mathrm{z}_,$. D'ailleurs, en échangeant entre eux les deux systèmes d'axes, on obtiendra évidemment, à la place de la formule (19), la suivante :

$$k = \frac{(\mathrm{x}, \mathrm{y}, \mathrm{z})}{(\mathrm{x}_,, \mathrm{y}_,, \mathrm{z}_,)} \frac{[\mathrm{x}, \mathrm{y}, \mathrm{z}]}{[\mathrm{x}_,, \mathrm{y}_,, \mathrm{z}_,]}; \tag{20}$$

et il est clair que des formules (19), (20) on peut immédiatement déduire l'équation (18).

Si les deux systèmes d'axes coordonnés présentent chacun trois axes perpendiculaires l'un à l'autre, on aura

$$[\mathrm{x}, \mathrm{y}, \mathrm{z}] = 1, \qquad [\mathrm{x}_,, \mathrm{y}_,, \mathrm{z}_,] = 1,$$

et, par suite, les formules (19), (20) donneront

$$K = \frac{(\mathrm{x}_,, \mathrm{y}_,, \mathrm{z}_,)}{(\mathrm{x}, \mathrm{y}, \mathrm{z})}, \qquad k = \frac{(\mathrm{x}, \mathrm{y}, \mathrm{z})}{(\mathrm{x}_,, \mathrm{y}_,, \mathrm{z}_,)},$$

ou, ce qui revient au même,

$$K = k = (\mathrm{x}, \mathrm{y}, \mathrm{z})(\mathrm{x}_,, \mathrm{y}_,, \mathrm{z}_,). \tag{21}$$

Donc, alors, chacune des résultantes k, K se réduira simplement à l'unité, si les mouvements de rotation de x en y autour de z, et de $\mathrm{x}_,$ en $\mathrm{y}_,$ autour de $\mathrm{z}_,$, sont de même espèce, et à -1, dans le cas contraire. Alors aussi les diverses formules établies dans ce paragraphe se confondront avec les formules connues qui se rapportent à la transformation des coordonnées rectangulaires, et qui ont été rappelées dans un précédent Mémoire (*voir* le IIe volume, p. 273) [1].

Nous renverrons à un autre Mémoire la recherche des lois suivant

---

[1] *Œuvres de Cauchy*, Série II, t. XII, p. 310.

lesquelles les neuf coefficients renfermés dans les équations (1) et (3) dépendent de la forme des deux angles solides qui ont pour arêtes, d'une part x, y, z, d'autre part $x_{,}$, $y_{,}$, $z_{,}$, et de trois constantes propres à déterminer la position de l'un de ces angles solides par rapport à l'autre

Observons, en finissant, que les formules (16), (17), (18) peuvent être étendues au cas général où, à la place des équations (1) et (3), on considérerait deux équations de la même forme, mais relatives à deux systèmes de variables, dont le nombre serait le même dans les deux systèmes, et d'ailleurs aussi grand que l'on voudrait. Effectivement, les formules (22) de la page 176 au IIe volume [1], qui se rapportent à deux systèmes d'équations semblables aux équations (1) et (3), se trouvent remplacées par d'autres formules du même genre, quand on échange entre eux les coefficients qui occupent les mêmes places dans les deux systèmes d'équations; et, par conséquent, on peut, dans le cas général, obtenir deux systèmes de formules analogues aux formules (16) et (17). Ajoutons que la formule (18) se trouve comprise, comme cas particulier, dans la formule (24) de la page citée.

---

(1) *Œuvres de Cauchy*, Série II, t. XII, p. 200.

MÉMOIRE

SUR LA

THÉORIE DES ÉQUIVALENCES ALGÉBRIQUES

SUBSTITUÉE A LA THÉORIE DES IMAGINAIRES

Préliminaires.

Les géomètres, surtout ceux qui s'efforcent de contribuer aux progrès des sciences mathématiques, ont été quelquefois accusés de parler une langue qui n'a pas toujours l'avantage de pouvoir être facilement comprise, et de fonder des théories sur des principes qui manquent de clarté. Si une théorie pouvait encourir ce reproche, c'était assurément la théorie des imaginaires, telle qu'elle était généralement enseignée dans les Traités d'Algèbre. C'est pour ce motif qu'elle avait spécialement fixé mon attention dans l'ouvrage que j'ai publié, en 1821, sous le titre d'*Analyse algébrique*, et qui avait précisément pour but de donner aux méthodes toute la rigueur que l'on exige en géométrie, de manière à ne jamais recourir aux raisons tirées de la généralité de l'Algèbre. Pour remédier à l'inconvénient signalé, j'avais considéré les équations imaginaires comme des formules symboliques, c'est-à-dire comme des formules qui, prises à la lettre et interprétées d'après les conventions généralement établies, sont inexactes ou n'ont pas de sens, mais desquelles on peut déduire des résultats exacts en modifiant et altérant, selon des règles fixes, ou ces formules, ou les symboles qu'elles renferment. Cela posé, il n'y avait plus nulle nécessité de se mettre l'esprit à la torture pour chercher à découvrir ce que pouvait représenter le signe symbolique $\sqrt{-1}$, auquel les géomètres allemands substituent la lettre i. Ce signe ou cette lettre était, si je puis ainsi m'exprimer, un outil, un instrument de calcul dont l'introduction dans les formules permettait d'arriver plus rapidement à la solution très réelle des questions que l'on avait posées. Mais il est évident que les théories algébriques deviendraient beaucoup plus claires encore, et beaucoup plus faciles à saisir, qu'elles pourraient être mises à la portée de toutes les intelligences, si l'on parvenait à se débarrasser complètement des expressions imaginaires, en réduisant la lettre i à n'être plus qu'une quantité réelle. Quoiqu'une telle réduction parût invraisemblable et même impossible au premier abord, j'ai néanmoins essayé de résoudre ce singulier problème, et, après quelques tentatives, j'ai été assez heureux pour réussir. Le principe sur lequel je m'appuie semble d'autant plus digne d'attention, qu'il peut être appliqué même à la théorie des nombres, dans laquelle il conduit à des résultats qui méritent d'être remarqués. Entrons maintenant dans quelques détails.

I. — *Sur les équivalences arithmétiques et algébriques.*

Lorsque deux nombres entiers l, m, étant divisés par un troisième n, fournissent le même reste, ils sont dits *congrus* ou *équivalents*, suivant le *module* ou *diviseur* n. Pour indiquer cette circonstance, on peut écrire, avec M. Gauss,

$$l \equiv m \pmod{n}. \tag{1}$$

Pareillement, si $\varphi(x)$, $\chi(x)$ représentent deux polynomes en x, ou, en d'autres termes, deux fonctions entières de x, qui, étant divisées algébriquement par un troisième $\varpi(x)$, fournissent le même reste, on peut dire que ces polynomes sont *équivalents* entre eux, suivant le *module* ou *diviseur* $\varpi(x)$, et indiquer cette circonstance, comme l'a fait M. Kummer, en écrivant

$$\varphi(x) \equiv \chi(x) \quad [\operatorname{mod} \varpi(x)]. \tag{2}$$

On doit donc distinguer deux espèces d'équivalences, qui pourront être appelées, les unes *arithmétiques*, les autres *algébriques*, une équivalence arithmétique étant celle qui indiquera l'égalité des restes de deux divisions arithmétiques; tandis qu'une équivalence algébrique indiquera l'égalité des restes de deux divisions algébriques, le diviseur arithmétique ou algébrique demeurant le même dans les deux divisions successivement effectuées.

Pour introduire cette distinction dans les formules, et faire en sorte que les équivalences algébriques ne puissent être confondues ni avec les équivalences arithmétiques, ni avec les équations proprement dites, j'aurai recours à un nouveau signe; et quand il s'agira d'exprimer une équivalence algébrique, alors, dans le signe qui s'applique aux équations, c'est-à-dire dans le signe $=$ formé de deux traits rectilignes superposés, je remplacerai le trait supérieur, non plus par deux traits rectilignes distincts, comme on le fait dans le cas où l'on veut exprimer une équivalence, mais par un crochet trapézoïdal, ou bien encore par un trait recourbé en arc de cercle, en réservant toutefois ce dernier signe, ainsi que je l'expliquerai dans le paragraphe II, pour le cas spécial où le polynome $\varpi(x)$ se réduit à un binome de la forme x^2+1. De plus, pour éviter toute méprise, et attendu que le mot *module* a reçu dans la langue analytique un grand nombre d'acceptions diverses, je donnerai la préférence au mot *diviseur*, quand il s'agira de nommer le polynome par lequel on doit effectivement diviser les deux membres d'une équivalence algébrique. Par suite, quand j'écrirai le polynome entre parenthèses à la suite d'une équivalence, je le ferai précéder, non plus des trois lettres initiales *mod.*, mais des trois lettres initiales *div.* Cela posé, la formule

$$\varphi(x) \simeq \chi(x) \qquad [\operatorname{div} \varpi(x)] \tag{3}$$

exprimera que les deux polynomes $\varphi(x)$ et $\chi(x)$ sont équivalents entre eux, suivant le diviseur $\varpi(x)$, ou, en d'autres termes, que les deux polynomes, divisés algébriquement par $\varpi(x)$, fournissent le même reste. Cette équivalence pourra donc toujours être remplacée par une équation de la forme

$$\varphi(x) = \chi(x) + u\,\varpi(x), \tag{4}$$

u désignant une fonction entière de x.

Il est aisé de voir que des équivalences algébriques, quand elles sont toutes relatives au même diviseur, peuvent être, aussi bien que des équivalences arithmétiques, combinées entre elles par voie d'addition, de soustraction et de multiplication. Ainsi, par exemple, si, en prenant $\varpi(x)$ pour diviseur algébrique, on désigne par

$$\varphi(x),\quad \varphi_1(x),\quad \varphi_2(x),\quad \ldots,\quad \chi(x),\quad \chi_1(x),\quad \chi_2(x),\quad \ldots$$

diverses fonctions entières de x, les formules

$$\varphi(x) \equiv \chi(x),\qquad \varphi_1(x) \equiv \chi_1(x),\qquad \varphi_2(x) \equiv \chi_2(x)\qquad \ldots \tag{5}$$

entraîneront les suivantes :

$$\varphi(x) + \varphi_1(x) + \varphi_2(x) + \ldots \equiv \chi(x) + \chi_1(x) + \chi_2(x) + \ldots, \tag{6}$$

$$\varphi(x)\,\varphi_1(x)\,\varphi_2(x)\ldots \equiv \chi(x)\,\chi_1(x)\,\chi_2(x)\ldots. \tag{7}$$

Effectivement, les formules (5), présentées sous la forme d'équations véritables, deviendront

$$\left\{\begin{array}{l} \varphi\,(x) = \chi\,(x) + u\;\;\varpi(x), \\ \varphi_1(x) = \chi_1(x) + u_1\,\varpi(x), \\ \varphi_2(x) = \chi_2(x) + u_2\,\varpi(x), \\ \ldots\ldots\ldots\ldots\ldots\ldots\ldots\ldots, \end{array}\right. \tag{8}$$

u, u_1, u_2, ... étant des fonctions entières de x. Or des formules (8) combinées entre elles par voie d'addition et de multiplication, on tirera

$$\varphi(x) + \varphi_1(x) + \varphi_2(x) + \ldots = \chi(x) + \chi_1(x) + \chi_2(x) + \ldots + U\,\varpi(x), \tag{9}$$

et

$$\varphi(x)\,\varphi_1(x)\,\varphi_2(x)\ldots = \chi(x)\,\chi_1(x)\,\chi_2(x)\ldots + V\,\varpi(x), \tag{10}$$

U, V étant des fonctions entières de x déterminées par les formules

$$\begin{aligned}
\mathrm{U} &= u + u_1 + u_2 + \ldots, \\
\mathrm{V} &= u u_1 u_2 \ldots [\varpi(x)]^{n-1} \\
&\quad + [u_1 u_2 \ldots \chi(x) + u u_2 \ldots \chi_1(x) + u u_1 \ldots \chi_2(x) + \ldots][\varpi(x)]^{n-2} \\
&\quad + \ldots\ldots\ldots\ldots\ldots\ldots\ldots\ldots\ldots\ldots\ldots\ldots \\
&\quad + u \chi_1(x) \chi_2(x) \ldots + u_1 \chi(x) \chi_2(x) \ldots + u_2 \chi(x) \chi_1(x) \ldots.
\end{aligned}$$

Or la fonction entière $\varpi(x)$ étant prise pour module, les équations (9), (10) peuvent être présentées sous les formes (6) et (7). Ajoutons que si, dans la formule (7), on suppose les fonctions $\varphi(x)$, $\varphi_1(x)$, $\varphi_2(x)$ égales entre elles, on aura, en désignant par m le nombre de ces fonctions,

$$[\varphi(x)]^m \simeq [\chi(x)]^m. \tag{11}$$

De la formule (11) comparée à la formule (3), il résulte que, sans altérer une équivalence algébrique, on peut élever ses deux membres à la $m^{\text{ième}}$ puissance, quel que soit le nombre entier m.

Lorsqu'on a fait passer dans le premier membre d'une équivalence algébrique tous les termes que renfermait cette équation, elle se réduit à la forme

$$\mathrm{f}(x) \simeq 0 \qquad [\mathrm{div}\, \varpi(x)], \tag{12}$$

$\mathrm{f}(x)$ étant une fonction entière de x. Supposons maintenant que, la fonction $\varpi(x)$ étant du degré n, on nomme

$$c_0 + c_1 x + \ldots + c_{n-2} x^{n-2} + c_{n-1} x^{n-1}$$

le reste de la division algébrique de $\mathrm{f}(x)$ par $\varpi(x)$. L'équivalence (12) pourra être présentée sous la forme

$$c_0 + c_1 x + \ldots + c_{n-2} x^{n-2} + c_{n-1} x^{n-1} = 0. \tag{13}$$

Or, comme l'équation (13) devra subsister, quel que soit x, on en tirera, en posant $x = 0$,

$$c_0 = 0.$$

On aura donc encore

$$c_1 x + \ldots + c_{n-2} x^{n-2} + c_{n-1} x^{n-1} = 0;$$

puis, en divisant par x,

$$c_1 + \ldots + c_{n-2}x^{n-3} + c_{n-1}x^{n-2} = 0.$$

Cette dernière équation devant elle-même subsister, quel que soit x on en tirera

$$c_1 = 0;$$

et, en continuant de la sorte, on finira par reconnaître que la formule (13) entraîne avec elle n équations distinctes, savoir,

$$(14) \qquad c_0 = 0, \quad c_1 = 0, \quad \ldots, \quad c_{n-2} = 0, \quad c_{n-1} = 0.$$

Donc, lorsque le diviseur $\varpi(x)$ est une fonction entière du degré n, une équivalence relative à ce diviseur entraîne avec elle n équations, qu'on obtient en divisant le premier membre par $\varpi(x)$, après avoir fait passer tous les termes dans ce premier membre, et en égalant ensuite à zéro les coefficients des diverses puissances de x comprises dans le reste de la division effectuée.

Pour montrer une application très simple des principes que nous venons d'établir, considérons en particulier le cas où le diviseur $\varpi(x)$ se réduit au binome $x^n - 1$. Comme ce binome divisera la différence

$$x^{mn} - 1,$$

quel que soit d'ailleurs le nombre entier m, on aura généralement

$$(15) \qquad x^{mn} - 1 \equiv 0 \qquad (\text{div}\, x^n - 1),$$

ou, ce qui revient au même,

$$(16) \qquad x^{mn} \equiv 1;$$

puis en multipliant les deux membres de la formule (16) par x^l, on en tirera, pour des valeurs entières quelconques de l et de m,

$$(17) \qquad x^{mn+l} \equiv x^l.$$

Si, dans cette dernière formule, on attribue successivement à l les valeurs

$$1, \quad 2, \quad 3, \quad \ldots, \quad n-1,$$

on en tirera

$$(18)\qquad \left\{\begin{aligned} &x^{mn+1} \equiv x,\\ &x^{mn+2} \equiv x^2,\\ &\ldots\ldots\ldots\ldots,\\ &x^{mn+n-1} \equiv x^{n-1},\end{aligned}\right.$$

le diviseur étant toujours le binome $x^n - 1$. Soit maintenant

$$(19)\qquad f(x) = a_0 + a_1 x + a_2 x^2 + \ldots + a_n x^n + a_{n+1} x^{n+1} + \ldots + a_{2n} x^{2n} + \ldots$$

une fonction entière quelconque de x. Comme en vertu de la formule (17), on aura généralement

$$a_{mn+l}\, x^{mn+l} \equiv a_{mn+l}\, x^l \qquad (\text{div } x^n - 1);$$

l'équation (19) donnera

$$(20)\qquad \begin{aligned} f(x) \equiv\ & a_0 + a_n + a_{2n} + \ldots\\ &+ (a_1 + a_{n+1} + a_{2n+1} + \ldots)\, x\\ &+ (a_2 + a_{n+2} + a_{2n+2} + \ldots)\, x^2\\ &+ \ldots\ldots\ldots\ldots\ldots\ldots\\ &+ (a_{n-1} + a_{2n-1} + \ldots)\, x^{n-1}. \qquad (\text{div } x^n - 1).\end{aligned}$$

Cette dernière formule fait connaître immédiatement la fonction entière de x du degré $n-1$, qui représente le reste de la division algébrique de $f(x)$ par le binome $x^n - 1$. On peut d'ailleurs étendre la formule (20) au cas où, le second membre de l'équation (19) étant composé d'un nombre infini de termes, la fonction $f(x)$ serait, en vertu de cette équation même, la somme d'une série convergente ordonnée suivant les puissances entières et ascendantes de la variable x.

Considérons encore le cas où le diviseur se réduirait au binome $x^n + 1$. Comme ce binome divisera la différence

$$x^{mn} - (-1)^m,$$

quel que soit d'ailleurs le nombre entier m, on aura généralement, pour des valeurs impaires de m,

$$(21)\qquad x^{mn} + 1 \equiv 0 \qquad (\text{div } x^n + 1).$$

ou, ce qui revient au même,

$$x^{mn} \equiv -1, \tag{22}$$

et, par suite,

$$x^{mn+l} \equiv x^{l}, \tag{23}$$

l étant un nombre entier quelconque. On trouvera, au contraire, pour des valeurs paires de m,

$$x^{mn} - 1 \equiv 0 \qquad (\text{div}\ x^n + 1), \tag{24}$$

ou, ce qui revient au même,

$$x^{mn} \equiv 1, \tag{25}$$

et, par suite,

$$x^{mn+l} \equiv x^{l}. \tag{26}$$

Cela posé, il est clair qu'en prenant pour diviseur le binome $x^n + 1$, on déduira de l'équation (19), jointe aux équivalences (23) et (26), non plus la formule (20), mais la suivante :

$$\begin{aligned} \text{f}(x) \equiv\ & a_0 - a_n + a_{2n} - \ldots \\ & + (a_1 - a_{n+1} + a_{2n+1} - \ldots)x \\ & + (a_2 - a_{n+2} + a_{2n+2} - \ldots)x^2 \\ & + \ldots\ldots\ldots\ldots\ldots\ldots \\ & + (a_{n-1} - a_{2n-1} + \ldots)x^{n-1} \qquad (\text{div}\ x^n + 1). \end{aligned} \tag{27}$$

Cette dernière équivalence fait immédiatement connaître la fonction entière de x du degré $n - 1$, qui représente le reste de la division algébrique de $\text{f}(x)$ par le binome $x^n + 1$.

II. — *Substitution des équivalences algébriques aux équations imaginaires.*

Dans la théorie des équivalences algébriques substituée à la théorie des imaginaires, la lettre i cessera de représenter le signe symbolique $\sqrt{-1}$, que nous répudierons complètement, et que nous pouvons abandonner sans regret, puisqu'on ne saurait dire ce que signifie ce prétendu signe, ni quel sens on doit lui attribuer. Au contraire, nous représenterons par la lettre i une quantité réelle, mais indéterminée; et, en substituant le signe $\simeq$ au signe $=$, nous transformerons ce qu'on appelait une *équation imaginaire* en une équivalence algébrique, relative à la variable i et au diviseur i^2+1. D'ailleurs, ce diviseur restant le même dans toutes les formules, on pourra se dispenser de l'écrire. Il suffira d'admettre, comme nous le ferons effectivement, que le signe $\simeq$ indique toujours une équivalence algébrique relative au diviseur i^2+1. Cela posé, on passera sans peine des équations qui renferment une variable réelle aux équivalences qui devront remplacer les équations imaginaires. Et d'abord, comme le binome

$$i^2+1$$

divisera généralement la différence

$$i^{2m}-(-1)^m,$$

quel que soit le nombre entier m, on en conclura

$$i^{2m}-(-1)^m \simeq 0, \tag{1}$$

ou, ce qui revient au même,

$$i^{2m} \simeq (-1)^m; \tag{2}$$

puis, en multipliant par i les deux nombres de la formule (16), on trouvera encore

$$i^{2m+1} \simeq (-1)^m i. \tag{3}$$

Par suite, si l'on remplace successivement le nombre entier m par le nombre pair $2m$, et par le nombre impair $2m+1$, on tirera des formules (2) et (3),

$$i^{4m} \simeq 1, \qquad i^{4m+1} \simeq i, \qquad i^{4m+2} \simeq -1, \qquad i^{4m+3} \simeq -i. \tag{4}$$

Eu égard à ces diverses formules, si l'on nomme $f(i)$ une fonction entière de i déterminée par l'équation

$$f(i)=a_0+a_1 i+a_2 i^2+a_3 i^3+a_4 i^4+a_5 i^5+\ldots, \tag{5}$$

on aura encore

$$(6)\qquad f(i) \simeq a_0 - a_2 + a_4 - a_6 + \ldots + (a_1 - a_3 + a_5 - a_7 + \ldots)\,i.$$

Observons, au reste, qu'on pouvait déduire immédiatement les équivalences (4) et (6) des formules (23), (26), (27) du premier paragraphe en remplaçant dans ces formules le nombre n par le nombre 2, et la lettre x par la lettre i. Observons, de plus, que la formule (6) peut être étendue au cas où, le second membre de l'équation (6) étant composé d'un nombre infini de termes, la fonction $f(i)$ serait, en vertu de cette équation même, la somme d'une série convergente ordonnée suivant les puissances ascendantes et entières de la variable i.

Si la fonction $f(i)$ est le produit de deux facteurs linéaires

$$\alpha + \beta i, \quad \gamma + \delta i,$$

il sera facile de la développer suivant les puissances ascendantes de i. On aura, en effet,

$$(7)\qquad (\alpha + \beta i)(\gamma + \delta i) = \alpha\gamma + (\alpha\delta + \beta\gamma)\,i + \beta\delta i^2;$$

et, de même que l'équation (5) entraîne l'équivalence (6), de même l'équation (7) entraînera la formule

$$(8)\qquad (\alpha + \beta i)(\gamma + \delta i) \simeq \alpha\gamma - \beta\delta + (\alpha\delta + \beta\gamma)\,i.$$

Si, dans l'équivalence (7), on réduit le binome $\gamma + \delta i$ à la forme $\alpha - \beta i$, elle donnera

$$(9)\qquad (\alpha + \beta i)(\alpha - \beta i) \simeq \alpha^2 + \beta^2.$$

Ajoutons que, si dans la formule (8), on change le signe de la variable i, on trouvera

$$(10)\qquad (\alpha - \beta i)(\gamma - \delta i) \simeq \alpha\gamma - \beta\delta - (\alpha\delta + \beta\gamma)\,i.$$

Enfin, si l'on combine entre elles, par voie de multiplication, les équivalences (8) et (10), on en conclura, eu égard à la formule (9),

$$(11)\qquad (\alpha^2 + \beta^2)(\gamma^2 + \delta^2) \simeq (\alpha\gamma - \beta\delta)^2 + (\alpha\delta + \beta\gamma)^2.$$

D'ailleurs, les deux membres de la formule (11) étant indépendants de i, coïncident avec les restes qu'on obtient, en les divisant algébriquement par i^2+1. Donc le signe $\asymp$, employé pour indiquer l'égalité des restes, pourra être remplacé, dans la formule (11), par le signe $=$, et cette formule pourra être réduite à l'équation

$$(\alpha^2+\beta^2)(\gamma^2+\delta^2)=(\alpha\gamma-\beta\delta)^2+(\alpha\delta+\beta\gamma)^2, \tag{12}$$

qui, lorsqu'on attribue des valeurs entières aux quantités α, β, γ, δ, fournit, comme l'on sait, la proposition suivante :

Si l'on multiplie l'un par l'autre deux nombres entiers dont chacun soit la somme de deux carrés, le produit sera encore une somme de deux carrés.

On vient de voir que, dans la formule (11), on peut remplacer le signe $\asymp$ par le signe $=$. En général, comme dans toute équivalence relative au diviseur i^2+1, le signe $\asymp$ indique l'égalité des restes qu'on obtient en divisant deux fonctions entières de i par i^2+1, il est clair que *si les deux membres de l'équivalence se réduisent à des fonctions linéaires de i, on pourra remplacer encore le signe $\asymp$ par le signe $=$, et réduire ainsi l'équivalence proposée à une équation véritable.*

Considérons maintenant l'une quelconque des équivalences algébriques qui se rapportent au diviseur i^2+1. Si, après avoir fait passer tous les termes dans le premier membre, et réduit ainsi l'équivalence proposée à la forme

$$\mathrm{f}(i)\asymp 0, \tag{13}$$

on nomme $c_0+c_1 i$ le reste de la division algébrique de $\mathrm{f}(i)$ par i^2+1, l'équivalence (13), transformée en une équation véritable, pourra s'écrire comme il suit :

$$c_0+c_1 i=0. \tag{14}$$

D'ailleurs, l'équation (14) devant subsister, quel que soit i, on en tirera d'abord, en attribuant à i une valeur nulle.

$$c_0=1. \tag{15}$$

De plus, de la formule (14), jointe à la formule (15), on tire, quel que soit i,

$$c_1 i = 0,$$

et, par conséquent,

$$c_1 = 0. \tag{16}$$

L'équivalence (13), substituée à une équation imaginaire quelconque, entraînera donc toujours avec elle deux équations réelles (15) et (16), que l'on obtiendra en égalant à zéro la partie constante et le coefficient de i, dans le reste de la division $f(i)$ par i^2+1. Les deux équations réelles dont il s'agit sont précisément celles que l'on considérait comme pouvant être symboliquement représentées par l'équation imaginaire à laquelle nous avons substitué l'équivalence (13).

III. — *Usage des équivalences algébriques dans la trigonométrie et dans l'analyse des sections angulaires.*

Si, dans la formule (8) du paragraphe précédent, on remplace les binomes

$$\alpha + \beta i, \quad \gamma + \delta i$$

par des binomes de la forme

$$\cos x + i \sin x, \quad \cos y + i \sin y,$$

elle donnera

$$(\cos x + i \sin x)(\cos y + i \sin y) \simeq \cos x \cos y + \sin x \sin y \\ + i(\sin x \cos y + \sin y \cos x),$$

ou, ce qui revient au même,

$$(\cos x + i \sin x)(\cos y + i \sin y) \simeq \cos(x+y) + i \sin(x+y). \tag{1}$$

On peut donc énoncer la proposition suivante :

THÉORÈME I. — *Pour obtenir une expression équivalente, suivant le diviseur i^2+1, au produit d'un binome de la forme*

$$\cos x + i \sin x$$

par le binome semblable dans lequel celui-ci se transforme quand on remplace x par y, il suffit de remplacer, dans le premier binome, l'arc x par la somme $x+y$.

Corollaire. — Si, après avoir obtenu la formule (10), on multiplie les deux membres de cette formule par un troisième binome de la forme

$$\cos z + i \sin z,$$

alors, en ayant égard au théorème énoncé, on trouvera

$$(\cos x + i \sin x)(\cos y + i \sin y)(\cos z + i \sin z)$$
$$\simeq \cos(x+y+z) + i \sin(x+y+z).$$

Il y a plus; en opérant plusieurs fois de semblables multiplications, on déduira évidemment du premier théorème la proposition suivante :

Théorème II. — *Pour obtenir une expression équivalente, suivant le diviseur i^2+1, au produit du binome*

$$\cos x + i \sin x$$

par les binomes semblables dans lesquels celui-ci se transforme quand on remplace x par y ou par z, ..., il suffit de remplacer dans le binome proposé l'arc x par la somme

$$x + y + z + \ldots.$$

Corollaire. — Si, dans le théorème II, on suppose les arcs $x, y, z, \ldots$ tous égaux entre eux, alors, en désignant par n le nombre de ces arcs, on verra leur somme se réduire au produit nx, et l'on obtiendra la proposition suivante :

Théorème III. — *Si l'on divise la $n^{\text{ième}}$ puissance du binome $\cos x + i \sin x$ par i^2+1, le reste de la division sera $\cos nx + i \sin nx$.*

Tel est, dans la théorie des équivalences algébriques, l'énoncé du *théorème de Moivre*. Ajoutons qu'en vertu des conventions adoptées, ce théorème sera exprimé analytiquement par la formule

$$(\cos x + i \sin x)^n \simeq \cos nx + i \sin nx. \tag{11}$$

Voyons maintenant quelle est l'équivalence algébrique qui doit être substituée à la relation découverte par Euler, entre les sinus et cosinus et les exponentielles imaginaires.

On prouve aisément que l'exponentielle e^x peut toujours être développée en une série convergente ordonnée suivant les puissances ascendantes de x, à l'aide de la formule

$$(3) \qquad e^x = 1 + \frac{x}{1} + \frac{x^2}{1.2} + \frac{x^3}{1.2.3} + \ldots,$$

en vertu de laquelle e^x peut être considérée comme une fonction entière de x, composée d'un nombre infini de termes.

D'ailleurs, si, dans la formule (3), on remplace x par ix, on en tirera

$$(4) \qquad e^{ix} = 1 + \frac{x}{1} i + \frac{x^2}{1.2} i^2 + \frac{x^3}{1.2.3} i^3 + \ldots.$$

Cela posé, la formule (6) du paragraphe précédent donnera

$$(5) \qquad e^{ix} \simeq 1 - \frac{x^2}{1.2} + \frac{x^4}{1.2.3.4} - \ldots + i\left(\frac{x}{1} - \frac{x^3}{1.2.3} + \ldots\right).$$

Mais, d'autre part, on établit aisément les équations

$$(6) \qquad \begin{cases} \cos x = 1 - \dfrac{x^2}{1.2} + \dfrac{x^4}{1.2.3.4} - \ldots, \\ \sin x = \dfrac{x}{1} - \dfrac{x^3}{1.2.3} + \ldots. \end{cases}$$

Donc la formule (5) donnera simplement

$$(7) \qquad e^{ix} \simeq \cos x + i \sin x,$$

et l'on pourra énoncer la proposition suivante :

Théorème IV. — *Si l'exponentielle e^{ix}, développée suivant les puissances ascendantes de i, et considérée, dès lors, comme une fonction entière de i, est divisée algébriquement par le binome i^2+1, le reste de la division sera précisément le binome*

$$\cos x + i \sin x.$$

Tel est, dans la théorie des équivalences algébriques, l'énoncé du théorème d'Euler, qui, d'ailleurs, se trouve implicitement renfermé dans la formule (7).

Il importe d'observer que la transformation des formules de Moivre et d'Euler en équivalences algébriques n'empêche point de tirer de ces formules toutes celles qu'on en déduit ordinairement. Ainsi, par exemple, veut-on tirer de la formule (2) les valeurs de $\cos nx$ et de $\sin nx$ exprimées en fonctions entières de $\sin x$ et de $\cos x$? Il suffira d'observer qu'en vertu des formules (5), (6), du paragraphe II, l'équation

$$(a+bi)^n = a^n + na^{n-1}bi + \frac{n(n-1)}{1.2}a^{n-2}b^2i^2 + \ldots$$

entraînera l'équivalence

$$(8) \qquad (a+bi)^n \simeq a^n - \frac{n(n-1)}{1.2}a^{n-2}b^2 + \ldots + i\left(na^{n-1} - \frac{n(n-1)(n-2)}{1.2.3}a^{n-3}b^3 + \ldots\right),$$

et, qu'eu égard à cette dernière, dans laquelle on peut remplacer a et b par $\cos x$ et $\sin x$, la formule (2) donnera

$$(9) \quad \cos nx + i\sin nx \simeq \cos^n x - \frac{n(n-1)}{1.2}\cos^{n-2}x\sin^2 x + \ldots + i\left(n\cos^{n-1}x\sin x - \frac{n(n-1)(n-2)}{1.2.3}\cos^{n-3}x\sin^3 x + \ldots\right).$$

Or, les deux membres de l'équivalence (9) étant des facteurs linéaires de i, coïncideront avec les restes de leur division par i^2+1. Donc le signe $\simeq$, employé pour indiquer l'égalité des deux restes, pourra être remplacé, dans la formule (9), par le signe $=$, et l'on aura encore

$$(10) \quad \cos nx + i\sin nx = \cos^n x - \frac{n(n-1)}{1.2}\cos^{n-2}x\sin^2 x + \ldots + i\left(n\cos^{n-1}x\sin x - \frac{n(n-1)(n-2)}{1.2.3}\cos^{n-3}x\sin^3 x + \ldots\right).$$

Ajoutons que, l'équation (10) devant subsister pour une valeur quelconque de i, et, par conséquent, pour $i=0$, les parties indépendantes de i dans les deux membres devront être séparément égales entre elles. Donc l'équation (10) entraînera les deux équations distinctes

$$(11)\quad \begin{cases} \cos nx = \cos^n x - \dfrac{n(n-1)}{1.2}\cos^{n-2}x\sin^2 x + \ldots, \\ \sin nx = n\cos^{n-1}x\sin x - \dfrac{n(n-1)(n-2)}{1.2.3}\cos^{n-3}x\sin^3 x + \ldots. \end{cases}$$

IV. — *Sur les modules et les arguments des binomes de la forme* $\alpha+\beta i$.

On s'assure aisément que tout binome de la forme

$$\alpha+\beta i$$

peut encore être présenté sous cette autre forme

$$r(\cos t + i\sin t),$$

r étant une quantité positive. En effet, pour que les deux expressions

$$\alpha+\beta i,\quad r(\cos t + i\sin t)$$

représentent une seule et même quantité, quelle que soit d'ailleurs la valeur attribuée à i; ou, en d'autres termes, pour que i restant indéterminé, on ait toujours

$$(1)\qquad \alpha+\beta i = r(\cos t + i\sin t),$$

il suffit que r et t satisfassent aux deux équations

$$(2)\qquad \alpha = r\cos t,\qquad \beta = r\sin t.$$

Or on peut y satisfaire en posant

$$(3)\qquad r = (\alpha^2+\beta^2)^{\frac{1}{2}},$$

et prenant ensuite pour t l'un quelconque des arcs dont le sinus et le cosinus sont déterminés par les formules

$$(4)\qquad \cos t = \frac{\alpha}{r},\qquad \sin t = \frac{\beta}{r},$$

qui peuvent être vérifiées simultanément, puisqu'on en tire, eu égard à la formule (3),

$$(5)\qquad \cos^2 t + \sin^2 t = 1.$$

La valeur positive de r, fournie par l'équation (3), est ce que nous appellerons le *module* du binome $\alpha + \beta i$. L'arc t, déterminé par les formules (4), sera l'*argument* du même binome. D'ailleurs le module r, correspondant à des valeurs données α, β, offrira évidemment une valeur unique déterminée par l'équation (3), tandis que l'argument t, déterminé par le système des équations (4), offrira une infinité de valeurs représentées par les divers termes d'une progression arithmétique dont la raison sera la circonférence 2π correspondante au rayon 1.

Si le module du binome $\alpha + \beta i$ se réduit à zéro, l'équation

$$(6)\qquad r = 0,$$

que l'on pourra présenter sous la forme

$$\alpha^2 + \beta^2 = 0,$$

entraînera nécessairement les deux suivantes :

$$(7)\qquad \alpha = 0, \qquad \beta = 0.$$

et l'on arriverait encore aux mêmes conclusions, en partant soit des équations (2), soit de la formule (1). Ainsi, pour que, dans un binome de la forme $\alpha + \beta i$, les deux parties s'évanouissent, ou, en d'autres termes, pour que ce binome s'évanouisse, quel que soit i, il suffit que le module r se réduise à zéro.

Si, au lieu d'un seul binome $\alpha + \beta i$, on considère deux binomes de la même forme, savoir :

$$\alpha + \beta i \quad \text{et} \quad \gamma + \delta i,$$

et si l'on nomme r, r' les modules de ces deux binomes, en sorte qu'on ait

$$r = (\alpha^2 + \beta^2)^{\frac{1}{2}}, \qquad r' = (\gamma^2 + \delta^2)^{\frac{1}{2}},$$

la somme des deux binomes, savoir :

$$\alpha+\gamma+(\beta+\delta)i,$$

aura pour module la quantité

$$[(\alpha+\gamma)^2+(\beta+\delta)^2]^{\frac{1}{2}}=[r^2+r'^2+2(\alpha\gamma+\beta\delta)]^{\frac{1}{2}},$$

tandis que leur différence

$$\alpha-\gamma+(\beta-\delta)i$$

aura pour module la quantité

$$[(\alpha-\gamma)^2+(\beta-\delta)^2]^{\frac{1}{2}}=[r^2+r'^2-2(\alpha\gamma+\beta\delta)]^{\frac{1}{2}}.$$

Mais, d'autre part, en remplaçant δ par $-\delta$ dans la formule (11) du paragraphe II, on en tirera

$$(\alpha^2+\beta^2)(\gamma^2+\delta^2)=(\alpha\gamma+\beta\delta)^2+(\alpha\delta-\beta\gamma)^2,$$

et l'on en conclura

$$(\alpha\gamma+\beta\delta)^2<(\alpha^2+\beta^2)(\gamma^2+\delta^2),$$

ou, ce qui revient au même,

$$(\alpha\gamma+\beta\delta)^2<r^2r'^2.$$

Donc, par suite, la valeur numérique de la somme

$$\alpha\gamma+\beta\delta$$

sera inférieure au produit rr', et les modules des deux binomes

$$\alpha+\gamma+(\beta+\delta)i,\quad \alpha-\gamma+(\beta-\delta)i$$

seront tous deux compris entre la limite inférieure

$$[r^2-2rr'+r'^2]^{\frac{1}{2}}=\pm(r-r')$$

et la limite supérieure

$$[r^2+2rr'+r'^2]^{\frac{1}{2}}=r+r'.$$

En conséquence, on peut énoncer la proposition suivante :

THÉORÈME I. — *La somme de deux binomes de la forme*

$$\alpha + \beta i$$

est, ainsi que leur différence, un nouveau binome de la même forme, qui offre un module compris entre la somme et la différence de leurs modules.

Si l'on ajoute successivement les uns aux autres plusieurs binomes de la forme $\alpha + \beta i$, alors on déduira immédiatement du théorème I la proposition suivante :

THÉORÈME II. — *La somme de plusieurs binomes de la forme* $\alpha + \beta i$ *offre un module inférieur à la somme de leurs modules. Si d'ailleurs, parmi les binomes donnés, il en existe un dont le module r soit supérieur à la somme s des modules de tous les autres, la somme de tous les binomes offrira un module supérieur à la différence* $r - s$.

Pour abréger, nous appellerons *module* et *argument* d'une fonction entière de i, le module et l'argument du reste que l'on obtient quand on divise cette fonction par $i^2 + 1$. Cela posé, toute fonction entière de i offrira toujours un module unique et une infinité d'arguments représentés par les divers termes d'une progression arithmétique, dont la raison sera la circonférence 2π. D'ailleurs, les théorèmes I et II entraîneront évidemment les propositions suivantes :

THÉORÈME III. — *La somme de deux fonctions entières de i offre, ainsi que leur différence, un module compris entre la somme et la différence des modules de ces deux fonctions.*

THÉORÈME IV. — *La somme de plusieurs fonctions entières de i offre un module inférieur à la somme de leurs modules. Si d'ailleurs, parmi les fonctions données, il en existe une dont le module r soit supérieur à la somme s des modules de toutes les autres, la somme de toutes les fonctions offrira un module supérieur à la différence* $r - s$.

Si l'on multiplie l'un par l'autre deux binomes de la forme

$$\alpha + \beta i, \quad \gamma + \delta i,$$

ou aura, comme on l'a vu dans le paragraphe II, non seulement

(8) $$(\alpha+\beta i)(\gamma+\delta i)\simeq\alpha\gamma-\beta\delta+(\alpha\delta+\beta\gamma)i,$$

mais encore

(9) $$(\alpha^2+\beta^2)(\gamma^2+\delta^2)=(\alpha\gamma-\beta\delta)^2+(\alpha\delta+\beta\gamma)^2.$$

Si, d'ailleurs, on nomme, r, r' les modules des deux binomes

$$\alpha+\beta i,\quad \gamma+\delta i,$$

et ι le module du produit de ces binomes, la formule (9) pourra s'écrire comme il suit :

(10) $$r^2r'^2=\iota^2,$$

et l'on en tirera

(11) $$rr'=\iota.$$

Donc *le produit du module des deux binomes de la forme* $\alpha+\beta i$ *est égal au module de leur produit.*

Au reste, cette dernière proposition, et plusieurs autres qui s'en déduisent, peuvent encore être facilement démontrées de la manière suivante :

En vertu de la formule (7) du paragraphe précédent, on aura

(12) $$\cos t+i\sin t\simeq e^{ti};$$

et, en conséquence, l'équation (1) entraînera toujours avec elle l'équivalence

(13) $$\alpha+\beta i\simeq re^{ti},$$

dans laquelle r désigne le module et t l'argument du binome $\alpha+\beta i$. Ce binome pouvant d'ailleurs être le reste qu'on obtient quand on divise par i^2+1 une fonction entière quelconque de i, la formule (13) entraînera évidemment la proposition suivante :

Théorème V. — *Lorsqu'on prend pour diviseur algébrique le binome* i^2+1, *une fonction entière quelconque de* i *est équivalente au produit* *de son module r par l'exponentielle népérienne e^{ti}, dans laquelle t désigne l'argument de cette fonction.*

Comme, étant données plusieurs expressions de la forme

$$re^{ti}, \quad r'e^{it'}, \quad r''e^{it''}, \quad \dots,$$

le produit de ces expressions sera

$$rr'r''\dots e^{i(t+t'+t''+\dots)},$$

tandis que la $n^{ième}$ puissance de la première sera

$$r^n e^{nit};$$

le théorème V entraînera encore évidemment les propositions suivantes :

Théorème VI. — *Le produit de plusieurs fonctions entières de l'indéterminée i a pour module le produit de leurs modules, et pour argument la somme de leurs arguments.*

Théorème VII. — *La $n^{ième}$ puissance d'une fonction entière de i a pour module la $n^{ième}$ puissance du module de cette fonction, et pour argument le produit du nombre n par l'argument de la même fonction.*

Comme le module d'une quantité a indépendante de la variable i se réduit à la valeur numérique a de cette même quantité, le théorème V comprend évidemment la proposition suivante :

Théorème VIII. — *Le produit d'une fonction entière de l'indéterminée i par une quantité a indépendante de i a pour module le produit du module de la fonction par la valeur numérique* a *de la quantité a.*

Observons encore que de la formule (13), on tire non seulement l'équivalence

$$(\alpha + \beta i)^n = r^n e^{nit}, \tag{14}$$

qui s'accorde avec le théorème VII, mais encore, eu égard à la formule (12), l'équivalence

$$(\alpha+\beta i)^n \asymp r^n(\cos nt + i \sin nt), \tag{15}$$

à laquelle on parviendrait aussi en élevant à la $n^{ième}$ puissance chaque membre de la formule (1), et en ayant égard à la formule (2) du paragraphe précédent.

Supposons maintenant que l'on pose, pour abréger,

$$x = \alpha + \beta i. \tag{16}$$

Soient d'ailleurs, comme ci-dessus, r le module et t l'argument du binome $\alpha+\beta i$;

$$r \quad \text{et} \quad r^n$$

seront les modules respectifs des quantités

$$x \quad \text{et} \quad x^n,$$

qui vérifieront les formules

$$x \asymp re^{it}, \tag{17}$$

$$x^n \asymp r^n e^{nit}. \tag{18}$$

Soit encore $\mathrm{f}(x)$ une fonction entière de x, du degré n, en sorte qu'on ait

$$\mathrm{f}(x) = a_0 x^n + a_1 x^{n-1} + \ldots + a_{n-1} x + a_n. \tag{19}$$

Enfin, désignons par

$$\mathrm{a}_0, \quad \mathrm{a}_1, \quad \ldots, \quad \mathrm{a}_{n-1}, \quad \mathrm{a}_n$$

les valeurs numériques des coefficients

$$a_0, \quad a_1, \quad \ldots, \quad a_{n-1}, \quad a_n.$$

Les divers termes de la fonction $f(x)$ déterminée par l'équation (14) auront pour modules respectifs les quantités positives

$$\mathrm{a}_0 r^n, \quad \mathrm{a}_1 r^{n-1}, \quad \ldots, \quad \mathrm{a}_{n-1} r, \quad \mathrm{a}_n, \tag{20}$$

qui sont respectivement égales aux produits du facteur r^n par les divers termes de la suite

$$\mathrm{a}_0, \quad \frac{\mathrm{a}_1}{r}, \quad \ldots, \quad \frac{\mathrm{a}_{n-1}}{r^{n-1}}, \quad \frac{\mathrm{a}_n}{r^n}. \tag{21}$$

D'autre part, la fonction

$$f(x) = f(\alpha + \beta i),$$

étant divisée par le binome $i^2 + 1$ fournira un reste de la forme

$$P + Qi,$$

que l'on pourra réduire à la forme

$$R(\cos T + i \sin T),$$

en nommant R le module de la fonction, déterminé par la formule

$$(22) \qquad R = \sqrt{P^2 + Q^2},$$

et T l'argument de la même fonction déterminé par le système des deux formules

$$(23) \qquad \cos T = \frac{P}{R}, \qquad \sin T = \frac{Q}{R},$$

Observons maintenant que, pour de très grandes valeurs de r, les termes de la suite (21) étant tous très petits, à l'exception du premier, celui-ci surpassera, si r est suffisamment grand, la somme de tous les autres. Alors aussi le produit de a_0 par r^n, ou le premier terme de la suite (20), surpassera évidemment la somme des autres termes de la même suite, puisque cette seconde somme sera équivalente au produit de la première par r^n. Cela posé, on conclura immédiatement du théorème IV que le module R de la fonction

$$f(x) = f(\alpha + \beta i)$$

est non seulement inférieur à la somme

$$a_0 r^n + a_1 r^{n-1} + \ldots + a_{n-1} r + a_n,$$

mais encore supérieur, pour des valeurs de r suffisamment grandes, à la différence

$$a_0 r^n - (a_1 r^{n-1} + \ldots + a_{n-1} r + a_n);$$

en sorte qu'on a, pour de très grandes valeurs de r,

$$(24) \qquad R > r^n \left(a_0 - \frac{a_1}{r} - \frac{a_2}{r^2} - \ldots - \frac{a_{n-1}}{r^{n-1}} - \frac{a_n}{r^n} \right).$$

Or, le second membre de la formule (24), étant le produit du facteur r^n par la différence

$$\mathfrak{a}_0 - \frac{\mathfrak{a}_1}{r} - \frac{\mathfrak{a}_2}{r^2} - \ldots - \frac{\mathfrak{a}_{n-1}}{r^{n-1}} - \frac{\mathfrak{a}_n}{r^n},$$

qui s'approche indéfiniment, pour des valeurs croissantes de n, de la limite a_0, on peut affirmer que, le module r venant à croître, le module R deviendra infiniment grand, en même temps que r^n. On peut donc énoncer la proposition suivante :

Théorème IX. — *Supposons que, pour abréger, on désigne par la seule lettre x le binome $\alpha + \beta i$, dans lequel i désigne une variable indéterminée. Soit d'ailleurs* $f(x)$ *une fonction entière de x composée d'un nombre fini de termes. Si l'on fait croître indéfiniment le module r de la variable x, le module* R *de la fonction* $f(x)$ *deviendra infiniment grand, pour des valeurs infiniment grandes de r.*

V. — *Sur la substitution des racines des équivalences algébriques aux racines imaginaires des équations.*

Soit, comme dans le paragraphe précédent, $f(x)$ une fonction entière du degré n, en sorte qu'on ait

$$f(x) = a_0 x^n + a_1 x^{n-1} + \ldots + a_{n-1} x + a_n,$$

les coefficients $a_0, a_1, \ldots, a_n$ étant des quantités réelles. Les valeurs réelles de x qui satisferont à l'équation

$$(1) \qquad f(x) = 0,$$

sont ce qu'on appelle les *racines réelles* de cette équation. D'ailleurs le nombre de ces racines sera quelquefois égal, souvent inférieur au *degré n* de l'équation, et même, si ce degré est un nombre pair, toutes les racines réelles pourront disparaître à la fois. Mais si, en posant

$$(2) \qquad x = \alpha + \beta i,$$

on remplace dans la formule (1) le signe $=$ par le signe $\equiv$, cette formule, réduite à l'équivalence

$$(3) \qquad f(x) \equiv 0,$$

aura toujours des *racines*, c'est-à-dire qu'elle pourra toujours être vérifiée par des valeurs de x de la forme $\alpha + \beta i$. En d'autres termes, on pourra toujours trouver des systèmes de valeurs réelles des quantités α et β, pour lesquels se vérifie la condition

$$\text{(4)} \qquad \mathrm{f}(\alpha + \beta i) = 0.$$

Il y a plus; le nombre des racines de l'équivalence (3) sera toujours égal à n, et l'on peut énoncer les propositions suivantes :

THÉORÈME I. — *Quelles que soient les valeurs réelles attribuées aux coefficients*

$$a_0, \quad a_1, \quad \ldots, \quad a_n,$$

l'équivalence (3) *a toujours n racines, et n'en saurait avoir un plus grand nombre.*

THÉORÈME II. — *Si l'on désigne par* x_1, x_2, ..., x_n *les n racines de l'équivalence* (3), *le polynome* $\mathrm{f}(x)$ *sera équivalent au produit des facteurs linéaires*

$$x - x_1, \quad x - x_2, \quad \ldots, \quad x - x_n,$$

en sorte qu'on aura

$$\text{(5)} \qquad \mathrm{f}(x) \simeq (x - x_1)(x - x_2)\ldots(x - x_n).$$

THÉORÈME III. — *Lorsque, dans une équivalence du degré n, le coefficient* a_0 *du premier terme est réduit à l'unité, les coefficients* a_1, a_2, a_3, ..., a_n *du deuxième, du troisième, du quatrième, ..., du dernier terme, étant pris alternativement avec le signe* $-$ *et avec le signe* $+$, *sont respectivement égaux à la somme des racines, ou aux sommes des produits qu'on obtient en multipliant ces racines deux à deux, trois à trois, etc., ou enfin au produit de toutes les racines.*

On pourra aisément démontrer ces diverses propositions, et même les étendre au cas où chacun des coefficients compris dans la fonction entière $\mathrm{f}(x)$ serait remplacé par un binome de la forme $\alpha + \beta i$, si l'on part des principes établis dans le paragraphe précédent, surtout dans le paragraphe IV, et si l'on suit d'ailleurs la marche que j'ai adoptée, dans le IVe volume des *Exercices de Mathématiques*, en démontrant les propositions correspondantes de la théorie des équations. Pour que les démonstrations données alors deviennent applicables aux propositions nouvelles, il n'y a presque autre chose à faire que de remplacer le signe $=$ par le signe $\asymp$, et les mots *équation*, *égal*, etc., par les mots *équivalence*, *équivalent*, etc.

On voit maintenant quelle idée on doit se former de ce qu'on appelait les *racines imaginaires* des équations. Dans la nouvelle théorie, elles deviennent des racines réelles d'équivalences algébriques. Ainsi, par exemple, cette proposition que l'*équation binome*

$$x^4 + 1 = 0$$

a pour racines les quatre expressions imaginaires comprises dans la formule

$$\frac{\pm 1 \pm i}{\sqrt{2}},$$

i étant une racine carrée de -1, devra s'énoncer dans les termes suivants : *L'équivalence*

$$x^4 + 1 \asymp 0$$

a pour racines réelles les quatre quantités comprises dans la formule

$$\frac{\pm 1 \pm i}{\sqrt{2}}.$$

En d'autres termes, *si l'on prend pour x l'une quelconque des quantités comprises dans la formule*

$$\frac{\pm 1 \pm i}{\sqrt{2}},$$

$x^4 + 1$ *sera divisible algébriquement par* $i^2 + 1$.

Lorsque, dans une racine $x = \alpha + \beta i$ de l'équivalence (3), le coefficient β se réduit à zéro, cette équivalence, réduite à la forme

$$f(\alpha) \asymp 0,$$

entraîne évidemment l'équation

$$f(\alpha) = 0,$$

par conséquent l'équation

$$f(x) = 0.$$

On peut donc énoncer la proposition suivante :

THÉORÈME IV. — *Parmi les racines de l'équivalence* (3), *celles qui sont indépendantes de i sont en même temps des racines réelles de l'équation* (1).

Il est bon d'observer que le binome $i^2 + 1$ ne variera pas si l'on change i en $-i$. Cela posé, si les coefficients $a_0, a_1, \ldots, a_n$ étant indépendants de i, on satisfait à l'équivalence (3) par une racine x de la forme

$$\alpha + \beta i,$$

il est clair qu'on y satisfera encore par une racine x de la forme

$$\alpha - \beta i,$$

puisque, pour déduire cette seconde racine de la première, il suffit de changer i en $-i$. Donc, si en adoptant le langage généralement admis, on appelle *conjuguées* deux expressions de la forme

$$\alpha + \beta i, \quad \alpha - \beta i,$$

on pourra énoncer la proposition suivante :

THÉORÈME V. — *Lorsque dans la fonction* $f(x)$ *les coefficients sont tous indépendants de i, celles des racines de l'équivalence* (3) *qui ne deviennent pas indépendantes de i sont en nombre pair, et ces mêmes racines, prises deux à deux, sont conjuguées l'une à l'autre.*

Du théorème V on peut immédiatement déduire la proposition connue, qui s'énonce dans les termes suivants :

THÉORÈME VI. — *Si dans la fonction entière* $f(x)$ *les coefficients sont tous indépendants de i, cette fonction sera décomposable en facteurs réels du premier et du second degré.*

Lorsque la fonction $f(x)$ cesse d'être algébrique et devient transcendante, les racines de l'équivalence (3), c'est-à-dire les valeurs de x, de la forme $\alpha + \beta i$, qui vérifient cette équivalence, représentent encore ce qu'on appelait les *racines réelles* ou *imaginaires* de l'équation (3), savoir : les racines réelles quand ces valeurs deviennent indépendantes de i, et les racines imaginaires dans le cas contraire. Alors aussi les théorèmes qui se rapportaient aux racines des équations transcendantes, se transforment en théorèmes relatifs aux racines des équivalences transcendantes, et les démonstrations que l'on donne des premiers s'appliquent ordinairement aux autres, moyennant la substitution du signe $\asymp$ au signe $=$, et des mots *équivalence*, *équivalent*, etc., aux mots *équation*, *égal*, etc.

MÉMOIRE

SUR

LES PROGRESSIONS DES DIVERS ORDRES

Les progressions sont les premières séries qui aient fixé l'attention des géomètres. Il ne pouvait en être autrement. Diverses suites, dont la considération se présentait naturellement à leur esprit, telles que la suite des nombres entiers, la suite des nombres pairs, la suite des nombres impairs, offraient cela de commun, que les divers termes de chacune d'elles étaient équidifférents entre eux; et l'on se trouvait ainsi conduit à remarquer les *progressions par différence*, autrement appelées *progressions arithmétiques*. De plus, en divisant algébriquement deux binomes l'un par l'autre, ou même en divisant un monome par un binome, on voyait naître la *progression par quotient*, autrement appelée *progression géométrique*, qui offre le premier exemple d'une série ordonnée suivant les puissances entières d'une même quantité.

En réalité, une *progression arithmétique* n'est autre qu'une série simple dont le terme général se réduit à une fonction linéaire du nombre qui exprime le rang de ce terme.

Pareillement, une *progression géométrique* n'est autre chose qu'une série simple, dans laquelle le terme général se trouve représenté par une exponentielle dont l'exposant se réduit à une fonction linéaire du rang de ce même terme.

Il en résulte qu'une progression géométrique est une série simple dont le terme général a pour logarithme le terme général d'une progression arithmétique.

Il y a plus; de même qu'en Géométrie on distingue des paraboles de divers ordres, de même il semble convenable de distinguer en Analyse des *progressions* de divers ordres. En adoptant cette idée, on devra naturellement appeler *progression arithmétique de l'ordre m* une série simple dont le terme général sera une fonction du rang de ce terme, entière et du degré m.

Pareillement, il paraît naturel d'appeler *progression géométrique de l'ordre m* une série simple dans laquelle le terme général se trouve représenté par une exponentielle dont l'exposant est une fonction du rang de ce terme, entière et du degré m.

Cela posé, le terme général d'une progression géométrique de l'ordre m aura toujours pour logarithme le terme général d'une progression arithmétique du même ordre.

Les définitions précédentes étant admises, les progressions arithmétique et géométrique du premier ordre seront précisément celles que l'on avait déjà examinées d'une manière spéciale, celles-là même dont les diverses propriétés, exposées dans tous les Traités d'Algèbre, sont parfaitement connues de tous ceux qui cultivent les sciences mathématiques.

Ajoutons que les progressions arithmétiques des divers ordres, quand on les suppose formées d'un nombre fini de termes, offrent des suites que les géomètres ont souvent considérées, et que l'on apprend à sommer dans le calcul aux différences finies. Telle est, en particulier, la suite des carrés des nombres entiers; telle est encore la suite des cubes, ou, plus généralement, la suite des puissances entières et semblables de ces mêmes nombres.

Mais, entre les diverses progressions, celles qui, en raison des propriétés dont elles jouissent, méritent surtout d'être remarquées, sont les progressions géométriques des ordres supérieurs au premier. Celles-ci paraissent tout à fait propres à devenir l'objet d'une nouvelle branche d'Analyse dont on peut apprécier l'importance en songeant que la théorie des progressions géométriques du second ordre fournit immédiatement les belles propriétés des fonctions elliptiques, si bien développées par M. Jacobi.

ANALYSE.

I. — *Considérations générales.*

Une *progression arithmétique* n'est autre chose qu'une série simple, dans laquelle le terme général u_n, correspondant à l'indice n, se réduit à une fonction linéaire de cet indice, en sorte qu'on ait, pour toute valeur entière, positive, nulle ou négative de n,

$$u_n = a + bn, \tag{1}$$

a et b désignant deux constantes déterminées.

Pareillement, une *progression géométrique* n'est autre chose qu'une série simple, dans laquelle le terme général u_n, correspondant à l'indice n, se trouve représenté par une exponentielle dont l'exposant se réduit à une fonction linéaire de cet indice, en sorte qu'on ait, pour toute valeur entière, positive, nulle ou négative de n,

$$u_n = A^{a+bn}, \tag{2}$$

A, a, b désignant trois constantes déterminées. Il est d'ailleurs important d'observer que, sans diminuer la généralité de la valeur de u_n fournie par l'équation (2), on peut toujours y supposer la constante A réduite à une quantité positive, par exemple, à la base

$$e = 2,7182818\ldots$$

des logarithmes népériens.

En étendant et généralisant ces définitions, on devra généralement appeler *progression arithmétique de l'ordre m* une série simple dont le terme général u_n sera une fonction de l'indice n, entière et du degré m.

Pareillement, il paraît naturel d'appeler *progression géométrique de l'ordre m* une série simple dans laquelle le terme général u_n se trouve représenté par une exponentielle dont l'exposant se réduit à une fonction de l'indice n entière et du degré m.

Ces définitions étant admises, le terme général u_n d'une progression arithmétique de l'ordre m, exprimé en fonction de l'indice n, sera de la forme

$$(3)\qquad u_n = a_0 + a_1 n + a_2 n^2 + \ldots + a_m n^m,$$

a_0, a_1, a_2, ..., a_m étant des coefficients constants, c'est-à-dire indépendants de n.

Au contraire, le terme général d'une progression géométrique de l'ordre m sera de la forme

$$(4)\qquad u_n = \mathrm{A}^{a_0 + a_1 n + a_2 n^2 + \ldots + a_m n^m};$$

et, par conséquent, il aura pour logarithme le terme général d'une progression arithmétique de l'ordre m.

Si, pour abréger, on pose

$$x_0 = \mathrm{A}^{a_0}, \qquad x_1 = \mathrm{A}^{a_1}, \qquad \ldots, \qquad x_m = \mathrm{A}^{a_m},$$

l'équation (4) donnera

$$(5)\qquad u_n = x_0 x_1^n x_2^{n^2} \ldots x_m^{n^m}.$$

Donc le terme général d'une progression géométrique de l'ordre m peut être considéré comme équivalent au produit de $m+1$ bases diverses

$$x_0, \quad x_1, \quad x_2, \quad \ldots, \quad x_m,$$

respectivement élevées à des puissances dont les exposants

$$1, \quad n, \quad n^2, \quad \ldots, \quad n^m$$

forment une progression géométrique du premier ordre, dont la raison est précisément le nombre n.

Si au coefficient x_0 on substitue la lettre k, et aux bases x_1, x_2, x_3, ..., x_{m-1}, x_m les lettres x, y, z, ..., v, w, alors on obtiendra, pour le terme général u_n d'une progression géométrique de l'ordre m, une expression de la forme

$$(6)\qquad u_n = k x^n y^{n^2} z^{n^3} \ldots v^{n^{m-1}} w^{n^m},$$

et le terme particulier correspondant à l'indice $n = 0$ sera

$$(7)\qquad u_0 = k.$$

Donc, si l'on nomme k le terme spécial qui, dans une progression géométrique, correspond à l'indice zéro, le terme général correspondant à l'indice n, sera, dans une progression géométrique du premier ordre, de la forme

$$k x^n;$$

dans une progression géométrique du deuxième ordre, de la forme

$$k x^n y^{n^2};$$

dans une progression géométrique du troisième ordre, de la forme

$$k x^n y^{n^2} z^{n^3},$$

etc.

En terminant ce paragraphe, nous observerons que toute progression arithmétique ou géométrique peut être prolongée indéfiniment ou dans un seul sens, ou en deux sens opposés. Si u_n représente le terme général d'une telle progression, celle-ci, indéfiniment prolongée dans un seul sens, à partir du terme u_0, sera réduite à la série

$$u_0, \quad u_1, \quad u_2, \quad \ldots,$$

ou à la série

$$u_0, \quad u_{-1}, \quad u_{-2}, \quad \ldots.$$

La même progression, indéfiniment prolongée dans les deux sens, sera

$$\ldots, \quad u_{-2}, \quad u_{-1}, \quad u_0, \quad u_1, \quad u_2, \quad \ldots.$$

II. — *Sur les modules et sur les conditions de convergence des progressions géométriques des divers ordres.*

Considérons d'abord une progression géométrique de l'ordre m, dans laquelle le terme général u_n, correspondant à l'indice n, soit de la forme

$$u_n = \mathrm{A}^{n^m},$$

A désignant une quantité réelle et positive, et n une quantité entière positive, nulle ou négative. Si l'on suppose cette progression prolongée indéfiniment dans un seul sens, à partir du terme $u_0 = 1$, elle se trouvera réduite ou à la série

$$(1) \qquad 1, \quad A, \quad A^{2^m}, \quad A^{3^m}, \quad \ldots,$$

ou à la série

$$(2) \qquad 1, \quad A^{(-1)^m}, \quad A^{(-2)^m}, \quad A^{(-3)^m}, \quad \ldots.$$

Dans le premier cas, le module de la progression sera la limite vers laquelle convergera, pour des valeurs croissantes du nombre n, la quantité

$$(u_n)^{\frac{1}{n}} = A^{n^{m-1}}.$$

Dans le second cas, au contraire, le module de la progression sera la limite vers laquelle convergera, pour des valeurs croissantes du nombre n, la quantité

$$(u_{-n})^{\frac{1}{n}} = A^{(-1)^m n^{m-1}}.$$

Enfin, si l'on suppose la progression prolongée indéfiniment dans les deux sens, on obtiendra la série

$$(3) \qquad \ldots, A^{(-3)^m}, \quad A^{(-2)^m}, \quad A^{(-1)^m}, \quad 1, \quad A^1, \quad A^{2^m}, \quad A^{3^m}, \quad \ldots,$$

dont les deux modules se confondront, l'un avec le module de la série (1), l'autre avec le module de la série (2). D'ailleurs, ces deux modules, c'est-à-dire les limites des deux expressions

$$A^{n^{m-1}}, \quad A^{(-1)^m n^{m-1}},$$

se réduiront évidemment, 1° si l'on suppose $m = 1$, aux deux quantités

$$A \quad \text{et} \quad A^{-1};$$

2° si l'on suppose m impair, mais différent de l'unité, aux deux quantités

$$A^{\infty}, \quad A^{-\infty};$$

3° si l'on suppose m pair, à la seule quantité

$$A^{\infty}.$$

Ajoutons que l'on aura encore, 1° en supposant $A < 1$,

$$A^{\infty} = 0, \qquad A^{-\infty} = \infty;$$

2° en supposant $A > 1$,

$$A^{\infty} = \infty, \qquad A^{-\infty} = 0.$$

Il est maintenant facile de reconnaître dans quels cas les séries (1), (2), (3) seront convergentes. En effet, une série quelconque, indéfiniment prolongée dans un seul sens, est convergente ou divergente suivant que son module est inférieur ou supérieur à l'unité. De plus, quand la série se prolonge indéfiniment en deux sens opposés, il faut substituer au module dont il s'agit le plus grand des deux modules, et l'on peut affirmer que la série est alors convergente ou divergente, suivant que le plus grand de ses deux modules est inférieur ou supérieur à l'unité.

Cela posé, on déduira évidemment des remarques faites ci-dessus les propositions suivantes :

Théorème I. — *Soient* A *une quantité positive, et* m *un nombre impair quelconque. La progression géométrique*

$$1, \quad A, \quad A^{2^m}, \quad A^{3^m}, \quad \ldots,$$

dont le module est A *ou* A^{∞}, *sera convergente ou divergente, suivant que la base* A *sera inférieure ou supérieure à l'unité. Au contraire, la progression géométrique*

$$1, \quad A^{-1}, \quad A^{-2^m}, \quad A^{-3^m}, \quad \ldots,$$

dont le module est A^{-1} ou $A^{-\infty}$, *sera convergente ou divergente, suivant que la base* A *sera supérieure ou inférieure à l'unité. Quant à la progression*

$$\ldots, \quad A^{-3^m}, \quad A^{-2^m}, \quad A^{-1}, \quad 1, \quad A, \quad A^{2^m}, \quad A^{3^m}, \quad \ldots,$$

qui comprend tous les termes renfermés dans les deux premières, et se confond avec la série (3), *elle ne sera jamais convergente, attendu que ses deux modules, étant inverses l'un de l'autre, ne pourront devenir simultanément inférieurs à l'unité.*

Si m désigne un nombre pair, on aura non plus

$$A^{(-n)^m} = A^{-n^m},$$

mais

$$A^{(-n)^m} = A^{n^m}.$$

Donc alors la série (2) ne sera plus distincte de la série (1), et la série (3), réduite à la forme

$$\ldots,\quad A^{3^m},\quad A^{2^m},\quad A,\quad 1,\quad A^{2^m},\quad A^{3^m},\quad \ldots,$$

offrira deux modules égaux entre eux. Cela posé, on pourra évidemment énoncer la proposition suivante :

Théorème II. — *Soient* A *une quantité positive et* **m** *un nombre pair quelconque. La progression géométrique, qui offrira pour terme général* A^{n^m}, *étant prolongée indéfiniment, ou dans un seul sens, ou en deux sens opposés, sera toujours convergente si l'on a*

$$A < 1,$$

et toujours divergente si l'on a

$$A > 1.$$

Considérons maintenant une progression géométrique, et de l'ordre m, qui ait pour terme général la valeur de u_n déterminée par l'équation

$$u_n = k x^n y^{n^2} z^{n^3} \ldots v^{n^{m-1}} w^{n^m}, \tag{4}$$

le nombre des variables

$$x,\quad y,\quad z,\quad \ldots,\quad v,\quad w$$

étant précisément égal à m. Soient, d'ailleurs,

$$\mathrm{x},\quad \mathrm{y},\quad \mathrm{z},\quad \ldots,\quad \mathrm{v},\quad \mathrm{w}$$

les modules de ces mêmes variables, et k le module du coefficient k. Si l'on nomme u_n le module de u_n, on trouvera

$$\mathrm{u}_n = \mathrm{k}\,\mathrm{x}^n \mathrm{y}^{n^2} \mathrm{z}^{n^3} \ldots \mathrm{v}^{n^{m-1}} \mathrm{w}^{n^m}, \tag{5}$$

ou, ce qui revient au même,

$$\mathrm{u}_n = \mathrm{N}^{n^m}, \tag{6}$$

la valeur de N étant

$$\mathrm{N} = \mathrm{k}^{\frac{1}{n^m}} \mathrm{x}^{\frac{1}{n^{m-1}}} \mathrm{y}^{\frac{1}{n^{m-2}}} \mathrm{z}^{\frac{1}{n^{m-3}}} \ldots \mathrm{v}^{\frac{1}{n}} \mathrm{w}. \tag{7}$$

D'autre part, la progression géométrique que l'on considère étant prolongée indéfiniment, ou dans un seul sens, ou en deux sens opposés, offrira un ou deux modules représentés chacun par l'une des limites vers lesquelles convergeront, pour des valeurs croissantes de n, les deux expressions

$$(\mathrm{u}_n)^{\frac{1}{n}}, \quad (\mathrm{u}_{-n})^{\frac{1}{n}}.$$

Mais, pour des valeurs croissantes de n, la valeur de N déterminée par la formule (7), et celle qu'on déduirait de la même formule en y remplaçant n par $-n$, convergent généralement vers la limite w. Donc, eu égard à la formule (6), les limites des expressions

$$(\mathrm{u}_n)^{\frac{1}{n}}, \quad (\mathrm{u}_{-n})^{\frac{1}{n}}$$

seront généralement les mêmes que celles des expressions

$$\mathrm{w}^{n^{m-1}}, \quad \mathrm{w}^{(-1)^m n^{m-1}}.$$

En partant de cette remarque, et raisonnant comme dans le cas où le terme général de la progression géométrique se réduisait à

$$\mathrm{W}^{n^m};$$

on établira immédiatement les deux propositions suivantes :

Théorème III. — *Soit m un nombre impair quelconque. La progression géométrique et de l'ordre m, qui a pour terme général la valeur de u_n déterminée par l'équation*

$$u_n = k x^n y^{n^2} z^{n^3} \ldots v^{n^{m-1}} w^{n^m},$$

étant prolongée indéfiniment dans les deux sens, offrira généralement deux modules, inverses l'un de l'autre, et sera par conséquent divergente, à moins que le module w *de la variable w ne se réduise à l'unité. La même progression, prolongée indéfiniment dans un seul sens à partir du terme*

$$u_0 = k,$$

et réduite ainsi à l'une des séries

$$(8)\quad k, \quad kxyz\ldots vw, \quad kx^2y^4z^8\ldots v^{2^{m-1}}w^{2^m}, \quad kx^3y^9z^{27}\ldots v^{3^{m-1}}w^{3^m}, \quad \ldots,$$

$$(9)\quad k, \quad kx^{-1}yz^{-1}\ldots vw^{-1}, \quad kx^{-2}y^4z^{-8}\ldots v^{2^{m-1}}w^{-2^m}, \quad kx^{-3}y^9z^{-27}\ldots v^{3^{m-1}}w^{-3^m}, \quad \ldots,$$

sera convergente, si le module du dernier des facteurs qui renferme le second terme reste inférieur à l'unité.

En conséquence, w étant toujours le module de la variable w, la série (8) sera convergente si l'on a

$$\mathrm{w} < 1,$$

et la série (9) si l'on a

$$\mathrm{w}^{-1} < 1,$$

ou, ce qui revient au même,

$$\mathrm{w} > 1.$$

Au contraire, la série (8) sera divergente si l'on a

$$\mathrm{w} > 1,$$

et la série (9) si l'on a

$$\mathrm{w} < 1.$$

THÉORÈME IV. — *Soit m un nombre pair quelconque. La progression géométrique et de l'ordre m, qui a pour terme général*

$$u_n = k x^n y^{n^2} z^{n^3} \dots v^{n^{m-1}} w^{n^m},$$

étant prolongée indéfiniment dans les deux sens, offrira deux modules égaux et sera convergente ou divergente, suivant que le module w *de la variable* w *sera inférieur ou supérieur à l'unité.*

Les théorèmes III et IV supposent que le module w de la variable w diffère de l'unité. Si ce même module se réduisait précisément à l'unité, alors, pour savoir si la série dont u_n représente le terme général est convergente ou divergente, il faudrait recourir à la considération des modules

$$\mathrm{v}, \quad \dots, \quad \mathrm{z}, \quad \mathrm{y}, \quad \mathrm{x}$$

des autres variables, ou plutôt à la considération du premier d'entre ces modules qui ne se réduirait pas à l'unité. En suivant cette marche, on établirait généralement la proposition suivante :

THÉORÈME V. — *Soit m un nombre entier quelconque, et nommons*

$$\mathrm{x}, \quad \mathrm{y}, \quad \mathrm{z}, \quad \dots, \quad \mathrm{v}, \quad \mathrm{w}$$

les modules variables

$$x, \quad y, \quad z, \quad \ldots, \quad v, \quad w.$$

Enfin, supposons que la progression géométrique, et de l'ordre m, qui a pour terme général

$$u_n = k x^n y^{n^2} z^{n^3} \ldots v^{n^{m-1}} w^{n^m},$$

soit prolongée indéfiniment dans les deux sens. Cette progression sera convergente, si parmi les modules

$$\text{w}, \quad \text{v}, \quad \ldots, \quad \text{z}, \quad \text{y}, \quad \text{x},$$

le premier de ceux qui ne se réduisent pas à l'unité reste inférieur à l'unité et correspond à une variable dont l'exposant dans la formule (5) *soit une puissance paire de n. La même progression sera divergente si l'une de ces deux conditions n'est pas remplie.*

Le théorème V entraîne immédiatement la proposition suivante :

Théorème VI. — *Soit m un nombre impair et supérieur à l'unité. La progression géométrique et d'ordre impair, qui aura pour terme général*

$$k x^n y^{n^2} z^{n^3} \ldots v^{n^{m-1}} w^{n^m},$$

étant indéfiniment prolongée dans les deux sens, sera convergente si la dernière des variables

$$x, \quad y, \quad z, \quad \ldots, \quad v, \quad w$$

offre un module $\text{w} = 1$, *et l'avant-dernière v un module* v *inférieur à l'unité.*

Il suit des théorèmes IV et V que, parmi les progressions géométriques, celle du premier ordre est la seule qui, prolongée indéfiniment dans les deux sens, ne puisse jamais être convergente.

III. *Propriétés remarquables des progressions géométriques des divers ordres.*

Désignons par m un nombre entier quelconque, et considérons une progression géométrique de l'ordre m, dont le terme général u_n soit déterminé par la formule

$$(1) \qquad u_n = k x^n y^{n^2} z^{n^3} \dots v^{n^{m-1}} w^{n^m}.$$

On aura

$$u_0 = k, \qquad u_1 = kxyz\dots vw, \qquad \dots,$$

et par suite

$$(2) \qquad \frac{u_n}{u_0} = x^n y^{n^2} z^{n^3} \dots v^{n^{m-1}} w^{n^m}, \qquad \frac{u_{n+1}}{u_1} = \frac{x^{n+1} y^{(n+1)^2} z^{(n+1)^3} \dots v^{(n+1)^{m-1}} w^{(n+1)^m}}{xyz\dots vw},$$

puis on tirera de la dernière équation

$$(3) \qquad \frac{u_{n+1}}{u_1} = X^n Y^{n^2} Z^{n^3} \dots V^{n^{m-1}} W^{n^m},$$

les nouvelles variables X, Y, Z, ..., V, W étant liées aux variables x, y, z, ... par les formules

$$(4) \qquad \begin{cases} X = xy^2z^3\dots v^{m-1}w^m, \\ Y = yz^3\dots v^{\frac{(m-1)(m-2)}{2}} w^{\frac{m(m-1)}{2}}, \\ Z = z\dots v^{\frac{(m-1)(m-2)(m-3)}{2.3}} w^{\frac{(m-1)(m-2)}{2.3}}, \\ \dots\dots\dots\dots\dots\dots\dots\dots \\ V = vw^m, \\ W = w, \end{cases}$$

dans lesquelles les variables x, y, z, ..., v, w se trouvent élevées à des puissances dont les exposants se confondent successivement avec les nombres figurés des divers ordres. Cela posé, on conclura des équations (2) et (3), qu'il suffit de remplacer les variables x, y, z, ..., v, w, par les variables X, Y, Z, ..., V, W pour transformer le rapport

$$\frac{u_n}{u_0}$$

en une fonction nouvelle équivalente au rapport

$$\frac{u_{n+1}}{u_1}.$$

Considérons spécialement le cas où la progression géométrique est convergente. Alors, de l'observation que nous venons de faire on déduira facilement les deux théorèmes dont je joins ici les énoncés.

THÉORÈME I. — *Supposons que la série, ou plutôt la progression géométrique*

$$(5) \qquad \ldots,\ u_{-3},\ u_{-2},\ u_{-1},\ u_0,\ u_1,\ u_2,\ u_3,\ \ldots,$$

dont le terme général u_n *est déterminé par la formule* (1), *reste convergente, tandis qu'on la prolonge indéfiniment dans les deux sens, et soit*

$$(6) \qquad s = f(x, y, z, \ldots, v, w)$$

la somme de cette même progression, en sorte qu'on ait

$$(7) \quad f(x, y, z, \ldots, v, w) = \ldots + u_{-3} + u_{-2} + u_{-1} + u_0 + u_1 + u_2 + u_3 + \ldots.$$

Soient encore $X, Y, Z, \ldots, V, W$ *de nouvelles variables liées aux variables* $x, y, z, \ldots, v, w$ *par les formules* (4). *La fonction* $f(x, y, z, \ldots, v, w)$ *se trouvera reproduite par la substitution des variables nouvelles* $X, Y, Z, \ldots, V, W$ *aux variables* $x, y, z, \ldots, v, w$ *et par l'adjonction du facteur*

$$\frac{u_1}{u_0} = xyz\ldots vw$$

au résultat de cette substitution; et par conséquent la fonction $f(x, y, z, \ldots, v, w)$ *vérifiera l'équation linéaire*

$$(8) \qquad f(x, y, z, \ldots, v, w) = xyz\ldots vw\, f(X, Y, Z, \ldots, V, W).$$

THÉORÈME II. — *Les mêmes choses étant posées que dans le théorème I, la factorielle* P[1] *déterminée par l'équation*

$$(9) \quad P = \left(1 + \frac{u_1}{u_0}\right)\left(1 + \frac{u_2}{u_1}\right)\left(1 + \frac{u_3}{u_2}\right)\cdots\left(1 + \frac{u_{-1}}{u_0}\right)\left(1 + \frac{u_{-2}}{u_{-1}}\right)\left(1 + \frac{u_{-3}}{u_{-2}}\right)\cdots$$

sera encore une fonction de $x, y, z, \ldots, v, w$, *qui se trouvera reproduite par la substitution des variables* $X, Y, Z, \ldots, V, W$ *aux variables* $x, y,$

---

[1] Je suppose ici que, pour abréger, on désigne sous le nom de *factorielles* des produits composés d'un nombre fini ou infini de facteurs.

$z, \ldots, v, w$, *et par l'adjonction du facteur*

$$\frac{u_1}{u_0} = xyz\ldots vw$$

au résultat de cette substitution. Donc, si, pour plus de commodité, on désigne par

$$(10) \qquad P = F(x, y, z, \ldots, v, w)$$

la valeur de P que fournit l'équation (3), la fonction $F(x, y, z, \ldots, v, w)$ aura la propriété de vérifier l'équation linéaire

$$(11) \qquad F(x, y, z, \ldots, v, w) = xyz\ldots vw\, F(X, Y, Z, \ldots, V, W).$$

IV. — *Nouvelles formules relatives aux progressions géométriques des divers ordres, et aux fonctions qui se reproduisent par substitution.*

Aux formules générales établies dans le paragraphe précédent, on peut en joindre quelques autres, qui méritent encore d'être remarquées, celles-ci se déduisent immédiatement de plusieurs nouveaux théorèmes relatifs aux fonctions qui se reproduisent par substitution. Ces nouveaux théorèmes peuvent s'énoncer comme il suit :

Théorème I. — *Concevons que l'indice n représente, au signe près, un nombre entier. Soit, de plus,*

$$u_n$$

une fonction de l'indice n et des variables $x, y, z, \ldots$. Enfin, supposons que les divers valeurs de u_n, savoir,

$$(1) \qquad \ldots, \; u_{-3}, \; u_{-2}, \; u_{-1}, \; u_0, \; u_1, \; u_2, \; u_3, \; \ldots,$$

forment une série convergente prolongée indéfiniment dans les deux sens. Si, en substituant aux variables $x, y, z, \ldots$ d'autres variables $X, Y, Z, \ldots$, qui soient des fonctions connues et déterminées des premières, on transforme généralement u_n en u_{n+1}, alors la somme

$$(2) \qquad s = \ldots + u_{-2} + u_{-1} + u_0 + u_1 + u_2 + \ldots$$

de la série (1) sera une fonction de $x, y, z, \ldots$ qui se trouvera reproduite par la substitution dont il s'agit.

Démonstration. — En effet, désignons, pour plus de commodité, par $f(x, y, z, \ldots)$ la somme s de la série (1). On aura non seulement

$$f(x, y, z, \ldots) = \Sigma u_n,$$

la somme qu'indique le signe Σ s'étendant à toutes les valeurs entières positives, nulles et négatives de n, mais encore, en vertu de l'hypothèse admise,

$$f(X, Y, Z, \ldots) = \Sigma u_{n+1};$$

et comme évidemment, Σu_{n+1} ne diffère pas de Σu_n, on trouvera définitivement

$$(3) \qquad f(x, y, z, \ldots) = f(X, Y, Z, \ldots).$$

THÉORÈME II. — *Les mêmes choses étant posées que dans le théorème précédent, la factorielle* P *déterminée par l'équation*

$$(4) \qquad P = \ldots(1+u_{-2})(1+u_{-1})(1+u_0)(1+u_1)(1+u_2)\ldots$$

sera encore une fonction de $x, y, z, \ldots$ qui se trouvera reproduite par la substitution des variables $X, Y, Z, \ldots$ aux variables $x, y, z, \ldots$.

Démonstration. — En effet, représentons, pour plus de commodité, par $F(x, y, z, \ldots)$ la factorielle P. L'équation (4) donnera

$$F(x, y, z, \ldots) = \ldots(1+u_{-2})(1+u_{-1})(1+u_0)(1+u_1)(1+u_2)\ldots;$$

puis on en conclura, en remplaçant $x, y, z, \ldots$ par $X, Y, Z, \ldots$,

$$F(X, Y, Z, \ldots) = \ldots(1+u_{-1})(1+u_0)(1+u_1)(1+u_2)(1+u_3)\ldots;$$

et, par suite,

$$(5) \qquad F(x, y, z, \ldots) = F(X, Y, Z, \ldots).$$

Supposons maintenant que les deux modules de la série (1), prolongée indéfiniment dans les deux sens, soient, l'un inférieur, l'autre supérieur à l'unité; de sorte que, la série (1) étant divergente, les deux séries

$$u_0, \quad u_1, \quad u_2, \quad u_3, \quad \ldots,$$

$$\frac{1}{u_{-1}}, \quad \frac{1}{u_{-2}}, \quad \frac{1}{u_{-3}}, \quad \ldots,$$

soient l'une et l'autre convergentes. Alors, à la place du théorème II, on obtiendra évidemment la proposition suivante :

Théorème III. — *Supposons que la série* (1), *qui a pour terme général* u_n, *étant prolongée indéfiniment dans les deux sens, les deux modules de cette série qui correspondent, l'un à des valeurs positives, l'autre à des valeurs négatives de l'indice* n, *soient, le premier inférieur, le second supérieur à l'unité. Si, en substituant aux variables* $x, y, z, \ldots$ *d'autres variables* $X, Y, Z, \ldots$ *qui soient des fonctions connues des premières, on transforme généralement* u_m *en* u_{n+1}, *alors la factorielle* P *déterminée par l'équation*

$$(6) \qquad P = \ldots\left(1+\frac{1}{u_{-2}}\right)\left(1+\frac{1}{u_{-1}}\right)(1+u_0)(1+u_1)(1+u_2)\ldots$$

sera une fonction de $x, y, z, \ldots$ *qui se trouvera reproduite par la substitution des variables* $X, Y, Z, \ldots$ *aux variables* $x, y, z, \ldots$ *et par l'adjonction du facteur* u_0 *au résultat de cette substitution même.*

Démonstration. — En effet, représentons, pour plus de commodité, par $F(x, y, z, \ldots)$ la factorielle P. L'équation (6) donnera

$$F(x, y, z, \ldots) = \ldots\left(1+\frac{1}{u_{-2}}\right)\left(1+\frac{1}{u_{-1}}\right)(1+u_0)(1+u_1)(1+u_2)\ldots,$$

puis on en tirera, en remplaçant $x, y, z, \ldots$ par $X, Y, Z, \ldots$,

$$F(X, Y, Z, \ldots) = \ldots\left(1+\frac{1}{u_{-1}}\right)\left(1+\frac{1}{u_0}\right)(1+u_1)(1+u_2)(1+u_3)\ldots,$$

et par suite

$$(7) \qquad F(x, y, z, \ldots) = u_0\, F(X, Y, Z, \ldots).$$

Considérons maintenant une progression géométrique, et de l'ordre m, dont le terme général u_n, correspondant à l'indice n, soit déterminé par une équation de la forme

$$(8) \qquad u_n = x y^n z^{n^2} \ldots v^{n^{m-1}} w^{n^m}.$$

On tirera de cette équation

$$(9) \qquad u_{n+1} = X Y^n Z^{n^2} \ldots V^{n^{m-1}} W^{n^m}.$$

les valeurs des variables

$$X, \quad Y, \quad Z, \quad \ldots, \quad V, \quad W$$

étant liées à celles des variables

$$x, \quad y, \quad z, \quad \ldots, \quad v, \quad w$$

par les formules

$$(10)\qquad \begin{cases} X = xyz\ldots vw, \\ Y = xy^2z^3\ldots v^{m-1}w^m, \\ Z = xy^3z^6\ldots v^{\frac{(m-1)(m-2)}{2}}w^{\frac{m(m-1)}{2}}, \\ \ldots\ldots\ldots\ldots\ldots\ldots\ldots\ldots\ldots\ldots\ldots\ldots \\ V = vw^m, \\ W = w. \end{cases}$$

Cela posé, on déduira évidemment des théorèmes I, II et III les propositions suivantes :

Théorème IV. — *Supposons que la progression géométrique et de l'ordre m, qui a pour terme général*

$$u_n = xy^n z^{n^2}\ldots v^{n^{m-1}}w^{n^m},$$

reste convergente, dans le cas où elle est indéfiniment prolongée dans les deux sens; et soit

$$s = \mathrm{f}(x, y, z, \ldots, v, w)$$

la somme de cette progression géométrique. Alors, en nommant $X, Y, Z, \ldots$ des variables nouvelles liées aux variables $x, y, z, \ldots$ par la formule (10), *on aura*

$$(11)\qquad \mathrm{f}(x, y, z, \ldots, v, w) = \mathrm{f}(X, Y, Z, \ldots, V, W).$$

Théorème V. — *Les mêmes choses étant posées que dans le théorème précédent, si l'on représente par*

$$\mathrm{F}(x, y, z, \ldots, v, w)$$

la factorielle

$$\ldots(1+u_{-2})(1+u_{-1})(1+u_0)(1+u_1)(1+u_2)\ldots$$

on aura encore

$$(12)\qquad \mathrm{F}(x, y, z, \ldots, v, w) = \mathrm{F}(X, Y, Z, \ldots, V, W).$$

THÉORÈME VI. — *Supposons que, la progression géométrique et de l'ordre m, qui a pour terme général*

$$u_n = xy^n z^{n^2} \dots v^{n^{m-1}} w^{n^m},$$

étant prolongée indéfiniment dans les deux sens, les deux modules de cette progression, qui correspondent, l'un à des valeurs positives, l'autre à des valeurs négatives de n, soient, le premier inférieur, le second supérieur à l'unité. Alors, en nommant X, Y, Z, ... *des variables nouvelles liées aux variables* x, y, z, ... *par les formules* (10), *et en désignant par* $F(x, y, z, \dots, v, w)$ *la factorielle*

$$\left(1 + \frac{1}{u_{-2}}\right)\left(1 + \frac{1}{u_{-1}}\right)(1 + u_0)(1 + u_1)(1 + u_2)\dots,$$

on trouvera

$$F(x, y, z, \dots, v, w) = u_0 F(X, Y, Z, \dots, V, W).$$

Dans le cas particulier où les progressions que l'on considère sont du second ordre, les divers théorèmes que nous venons d'énoncer, joints aux propositions fondamentales du calcul des résidus, fournissent le moyen d'établir un grand nombre de formules dignes de remarque, et relatives aux fonctions elliptiques. Si l'on suppose, au contraire, qu'il s'agisse de progressions géométriques d'un ordre supérieur au second, alors, à la place des formules qui se rapportent à la théorie des fonctions elliptiques, on obtiendra des formules plus générales que je développerai dans d'autres Mémoires.

MÉMOIRE

SUR

LE CHANGEMENT DES VARIABLES

DANS LES INTÉGRALES

I. — *Considérations générales.*

Considérons d'abord une intégrale simple ou de la forme

$$S = \int_{x'}^{x''} \Omega \, dx, \tag{1}$$

x étant une variable réelle et Ω une fonction réelle de x, qui demeure continue entre les limites $x = x'$, $x = x''$. Supposons d'ailleurs que dans cette intégrale on veuille substituer à la variable x une nouvelle variable x liée à x par une certaine équation

$$F = 0; \tag{2}$$

et soient x', x'' les deux valeurs de x correspondantes aux valeurs x', x'' de x. On aura, en regardant x comme fonction de x,

$$dx = D_{\mathrm{x}} x \, d\mathrm{x};$$

puis on en conclura

$$\int_{x'}^{x''} \Omega \, dx = \int_{\mathrm{x}'}^{\mathrm{x}''} \Omega \, D_{\mathrm{x}} x \, d\mathrm{x}, \tag{3}$$

pourvu que, en vertu de l'équation (2), chacune des variables x, x reste fonction continue de l'autre, du moins entre les limites de l'intégration, c'est-à-dire pourvu qu'entre ces limites les deux quantités x, x varient simultanément par degrés insensibles, et que, pour des valeurs croissantes de l'une, l'autre soit toujours croissante ou décroissante. On aura donc, sous cette condition,

$$(4) \qquad \mathcal{S} = \int_{\mathrm{x}'}^{\mathrm{x}''} \Omega \, \mathrm{D}_{\mathrm{x}} x \, d\mathrm{x};$$

et alors, pour substituer, dans l'intégrale proposée $\mathcal{S}$, la variable x à la variable x, il suffira, 1° de remplacer dx par dx, en multipliant la fonction sous le signe $\int$ par le facteur $\mathrm{D}_{\mathrm{x}} x$; 2° de substituer aux limites données de la variable x les limites correspondantes de la nouvelle variable x.

Si la condition énoncée n'était pas remplie, il deviendrait nécessaire, avant d'effectuer le changement de variable, de décomposer l'intégrale donnée $\mathcal{S}$ en plusieurs parties, pour chacune desquelles cette condition se vérifierait. Alors l'intégrale $\mathcal{S}$, relative à la variable x, se trouverait remplacée, non plus par une seule, mais par plusieurs intégrales relatives à la nouvelle variable x, et serait équivalente à la somme de ces dernières intégrales.

Il importe d'observer que, dans le second membre de la formule (3) ou (4), x est considérée comme une fonction de x complètement déterminée en vertu de l'équation (2). Si, pour chaque valeur réelle de x, l'équation (2) fournissait plusieurs valeurs réelles de x, on devrait se borner à considérer une seule de ces dernières.

La substitution de x à x ne pourrait plus avoir lieu si à une valeur de x comprise entre les limites x', x'' ne correspondait pas toujours, en vertu de l'équation (2), au moins une valeur réelle de x.

Observons encore que, si l'on suppose $x' < x''$, le facteur $\mathrm{D}_{\mathrm{x}} x$ sera, dans la formule (3) ou (4), une quantité affectée du même signe que la différence $\mathrm{x}'' - \mathrm{x}'$. Donc, si l'on désigne par a la plus petite et par b la plus grande des deux quantités x', x'', si d'ailleurs on nomme Θ la valeur numérique de $\mathrm{D}_{\mathrm{x}} x$, en sorte qu'on ait

$$(5) \qquad \Theta = \sqrt{(\mathrm{D}_{\mathrm{x}} x)^2},$$

on trouvera

$$\int_{x'}^{x''} \Omega \, \mathrm{D}_{x} x \, dx = \int_{a}^{b} \Omega \Theta \, dx,$$

et l'équation (4) pourra être remplacée par celle-ci :

$$\mathfrak{S} = \int_{a}^{b} \Omega \Theta \, dx. \tag{6}$$

Considérons maintenant une intégrale multiple de la forme

$$\mathfrak{S} = \int_{x'}^{x''} \int_{y'}^{y''} \int_{z'}^{z''} \cdots \int_{u'}^{u''} \int_{v'}^{v''} \int_{w'}^{w''} \Omega \, dw \, dv \, du \ldots dz \, dy \, dx, \tag{7}$$

Ω étant une fonction réelle et continue des n variables réelles x, y, z, ..., u, v, w, et les limites de chaque intégration pouvant dépendre des variables auxquelles se rapportent les intégrations suivantes. Alors, les limites x', x'' étant des quantités constantes, les limites y', y'' pourront être fonctions de x, les limites z', z'' fonctions de x, y, ... les limites w', w'' fonctions de x, y, z, ..., u, v. D'ailleurs, l'intégrale $\mathfrak{S}$ demeurant la même, au signe près, quand on échange entre elles les deux limites assignées à une même variable, par exemple x' et x'', ou y' et y'', ..., ou enfin w' et w'', on pourra se borner à considérer le cas où x' serait inférieur à x'', y' à y'', z' à z'', ..., w' à w''; et il est clair que, dans ce cas, $\mathfrak{S}$ pourra être regardée comme une somme d'éléments infiniment petits correspondant aux divers systèmes de valeurs de x, y, z, ..., qui vérifieront simultanément les conditions

$$\left\{ \begin{array}{llllll} x > x', & y > y', & z > z', & \ldots, & u > u', & v > v', \quad w > w', \\ x < x'', & y < y'', & z < z'', & \ldots, & u < u'', & v < v'', \quad w < w''. \end{array} \right. \tag{8}$$

Si les variables x, y, z, ... se réduisent à une seule, ou à deux, ou à trois, ..., et représentent des coordonnées rectilignes, ou polaires, ou de toute autre nature, alors les divers systèmes des valeurs de x, y, z, ..., pour lesquels les conditions (8) seront vérifiées, correspondront à des points situés sur une certaine ligne ou sur une certaine surface, ou renfermés dans un certain volume, par conséquent à des points compris dans un certain *lieu géométrique;* et l'intégrale $\mathcal{S}$ sera complètement déterminée quand on connaîtra ce lieu géométrique avec la fonction Ω. Si le nombre des variables $x, y, z, \ldots, u, v, w$ devient supérieur à 3, les divers systèmes des valeurs de $x, y, z, \ldots, u, v, w$, pour lesquels se vérifieront les conditions (8), n'appartiendront plus à un lieu géométrique, mais à ce que nous appellerons un *lieu analytique*, et l'intégrale $\mathcal{S}$ sera encore une intégrale multiple complètement déterminée, quand on connaîtra ce lieu analytique avec la fonction Ω. Cela posé, on reconnaîtra sans peine qu'à l'intégrale $\mathcal{S}$ on peut substituer une intégrale ou une somme d'intégrales de même forme, mais dans lesquelles l'ordre des intégrations ne serait plus le même, pourvu que l'on remplace les conditions (8) par d'autres conditions du même genre, mais de nature telle, que les divers systèmes de valeurs $x, y, z, \ldots, u, v, w$, correspondants aux divers éléments des intégrales nouvelles, se réduisent aux divers systèmes de valeurs de $x, y, z, \ldots, u, v, w$, propres à vérifier les conditions (8), c'est-à-dire, en d'autres termes, pourvu que les lieux analytiques correspondants aux nouvelles intégrales, étant réunis les uns aux autres, reproduisent ensemble le lieu analytique correspondant à l'intégrale $\mathcal{S}$. En joignant à ce principe les règles ci-dessus rappelées et relatives au changement de variable dans les intégrales simples, on pourra changer aussi les variables que renferme une intégrale multiple. On pourra, par exemple, dans l'intégrale $\mathcal{S}$, substituer aux variables $x, y, z, \ldots, u, v, w$ des variables nouvelles $\mathrm{x}, \mathrm{y}, \mathrm{z}, \ldots, \mathrm{u}, \mathrm{v}, \mathrm{w}$, liées aux premières par un système d'équations données

$$(9)\qquad X=0, \quad Y=0, \quad Z=0, \quad \ldots, \quad U=0, \quad V=0, \quad W=0.$$

Entrons à ce sujet dans quelques détails.

J'observe d'abord que les valeurs de $x, y, z, \ldots, u, v, w$, tirées des équations (9), devront être réduites à des fonctions réelles continues et déterminées de $\mathrm{x}, \mathrm{y}, \mathrm{z}, \ldots, \mathrm{u}, \mathrm{v}, \mathrm{w}$, du moins entre les limites indiquées par les lieux analytiques correspondants aux intégrales nouvelles. Si, pour chaque système de valeurs réelles de $\mathrm{x}, \mathrm{y}, \mathrm{z}, \ldots, \mathrm{u}, \mathrm{v}, \mathrm{w}$, les équations (9) fournissaient plusieurs systèmes de valeurs réelles de $x, y, z, \ldots, u, v, w$, on devrait se borner à considérer un seul de ces derniers systèmes.

La substitution des variables $\mathrm{x}, \mathrm{y}, \mathrm{z}, \ldots, \mathrm{u}, \mathrm{v}, \mathrm{w}$ aux variables $x, y, z, \ldots, u, v, w$ ne pourrait plus avoir lieu si, à un système de valeurs de $x, y, z, \ldots, u, v, w$, comprises entre les lignes des intégrations, ne correspondait pas toujours, en vertu des formules (9), au moins un système de valeurs réelles de $\mathrm{x}, \mathrm{y}, \mathrm{z}, \ldots, \mathrm{u}, \mathrm{v}, \mathrm{w}$.

D'ailleurs, la substitution des variables nouvelles $\mathrm{x}, \mathrm{y}, \mathrm{z}, \ldots, \mathrm{u}, \mathrm{v}, \mathrm{w}$ aux variables anciennes $x, y, z, \ldots, u, v, w$, sera une opération complexe, décomposable en plusieurs autres, dans chacune desquelles une seule des variables nouvelles sera substituée à l'une des anciennes; et puisqu'on peut toujours, sans altérer la fonction sous le signe $\int$, intervertir l'ordre des intégrations relatives à des variables données, on pourra supposer, dans chaque opération particulière, que la variable ancienne à laquelle on substitue une variable nouvelle est précisément celle à laquelle se rapporte la première intégration. Donc chaque opération particulière se réduira toujours à un changement de variable dans une intégrale simple, c'est-à-dire à une opération en vertu de laquelle la fonction sous le signe $\int$ se trouvera multipliée par un certain facteur. Ajoutons que ce facteur sera toujours positif si dans chaque intégrale nouvelle, aussi bien que dans l'intégrale $\mathcal{S}$, l'intégration relative à chaque variable s'effectue entre deux limites, dont la seconde surpasse la première.

Cela posé, concevons qu'en opérant, comme on vient de le dire, sur l'intégrale $\mathcal{S}$, on substitue successivement la variable nouvelle w à la variable w, puis la variable nouvelle v à la variable v, puis la variable nouvelle u à la variable $u, \ldots$, puis enfin la variable nouvelle x à la variable x. Lorsque dans l'intégrale $\mathcal{S}$, relative aux variables $x, y, z, \ldots, u, v, w$, on substituera w à w, on devra laisser invariables $x, y, z, \ldots$. D'ailleurs, considérant $x, y, z, \ldots, u, v, w$ comme des fonctions déterminées de x, y, z, . . . , u, v, w, on a généralement

$$\begin{aligned}
dx &= D_{\mathrm{x}} x\, d\mathrm{x} + D_{\mathrm{y}} x\, d\mathrm{y} + \ldots + D_{\mathrm{v}} x\, d\mathrm{v} + D_{\mathrm{w}} x\, d\mathrm{w},\\
dy &= D_{\mathrm{x}} y\, d\mathrm{x} + D_{\mathrm{y}} y\, d\mathrm{y} + \ldots + D_{\mathrm{v}} y\, d\mathrm{v} + D_{\mathrm{w}} y\, d\mathrm{w},\\
&\ldots\ldots\ldots\ldots\ldots\ldots\ldots\ldots\ldots\ldots\ldots,\\
dv &= D_{\mathrm{x}} v\, d\mathrm{x} + D_{\mathrm{y}} v\, d\mathrm{y} + \ldots + D_{\mathrm{v}} v\, d\mathrm{v} + D_{\mathrm{w}} v\, d\mathrm{w},\\
dw &= D_{\mathrm{x}} w\, d\mathrm{x} + D_{\mathrm{y}} w\, d\mathrm{y} + \ldots + D_{\mathrm{v}} w\, d\mathrm{v} + D_{\mathrm{w}} w\, d\mathrm{w}.
\end{aligned}$$

Donc, si l'on se borne à faire varier w avec x, y, z, ... u, v, w, en laissant $x, y, z, \ldots, u, v, w$ invariables, on trouvera

$$\begin{aligned}
0 &= D_{\mathrm{x}} x\, d\mathrm{x} + D_{\mathrm{y}} x\, d\mathrm{y} + \ldots + D_{\mathrm{v}} x\, d\mathrm{v} + D_{\mathrm{w}} x\, d\mathrm{w},\\
0 &= D_{\mathrm{x}} y\, d\mathrm{x} + D_{\mathrm{y}} y\, d\mathrm{y} + \ldots + D_{\mathrm{v}} y\, d\mathrm{v} + D_{\mathrm{w}} y\, d\mathrm{w},\\
&\ldots\ldots\ldots\ldots\ldots\ldots\ldots\ldots\ldots\ldots\ldots\\
0 &= D_{\mathrm{x}} v\, d\mathrm{x} + D_{\mathrm{y}} v\, d\mathrm{y} + \ldots + D_{\mathrm{v}} v\, d\mathrm{v} + D_{\mathrm{w}} v\, d\mathrm{w},\\
dw &= D_{\mathrm{x}} w\, d\mathrm{x} + D_{\mathrm{y}} w\, d\mathrm{y} + \ldots + D_{\mathrm{v}} w\, d\mathrm{v} + D_{\mathrm{w}} w\, d\mathrm{w},
\end{aligned}$$

et l'on en conclura

$$dw = \frac{S(\pm D_{\mathrm{x}} x\, D_{\mathrm{y}} y \ldots D_{\mathrm{v}} v\, D_{\mathrm{w}} w)}{S(\pm D_{\mathrm{x}} x\, D_{\mathrm{y}} y \ldots D_{\mathrm{v}} v)}\, d\mathrm{w}. \tag{10}$$

Donc le facteur positif par lequel on devra multiplier la fonction sous le signe $\int$, quand on substituera w à w et $d\mathrm{w}$ à dw, ne sera autre chose que la valeur numérique du rapport

$$\frac{S(\pm D_{\mathrm{x}} x\, D_{\mathrm{y}} y \ldots D_{\mathrm{v}} v\, D_{\mathrm{w}} w)}{S(\pm D_{\mathrm{x}} x\, D_{\mathrm{y}} y \ldots D_{\mathrm{v}} v)}.$$

D'autre part, lorsqu'après avoir substitué w à w, on voudra substituer encore v à v et $d\mathrm{v}$ à dv, en considérant v comme la variable à laquelle se rapporterait la première intégration, on devra se borner à faire varier v avec x, y, z, . . . , u, v, en laissant invariables $x, y, z, \ldots, u$ et w. Donc alors le rapport de dv à $d\mathrm{v}$ sera déterminé par les équations

$$\begin{aligned}
0 &= D_{\mathrm{x}} x\, d\mathrm{x} + D_{\mathrm{y}} x\, d\mathrm{y} + \ldots + D_{\mathrm{v}} x\, d\mathrm{v},\\
0 &= D_{\mathrm{x}} y\, d\mathrm{x} + D_{\mathrm{y}} y\, d\mathrm{y} + \ldots + D_{\mathrm{v}} y\, d\mathrm{v},\\
&\ldots\ldots\ldots\ldots\ldots\ldots\ldots\ldots,\\
0 &= D_{\mathrm{x}} u\, d\mathrm{x} + D_{\mathrm{y}} u\, d\mathrm{y} + \ldots + D_{\mathrm{v}} u\, d\mathrm{v},\\
dv &= D_{\mathrm{x}} v\, d\mathrm{x} + D_{\mathrm{y}} v\, d\mathrm{y} + \ldots + D_{\mathrm{v}} v\, d\mathrm{v},
\end{aligned}$$

desquelles on tirera

$$(11)\qquad dv = \frac{S(\pm D_x x\, D_y y \ldots D_u u\, D_v v)}{S(\pm D_x x\, D_y y \ldots D_u u)}\, d\mathrm{v}.$$

Donc le facteur positif par lequel on devra multiplier la fonction sous le signe $\int$, quand on substituera v à v, ne sera autre chose que la valeur numérique du rapport

$$\frac{S(\pm D_x x\, D_y y \ldots D_u u\, D_v v)}{S(\pm D_x x\, D_y y \ldots D_u u)}.$$

En continuant ainsi, et désignant par

$$\Theta,\quad \Theta',\quad \ldots,\quad \Theta^{(n-2)},\quad \Theta^{(n-1)}$$

les valeurs numériques des résultantes

$$S(\pm D_x x\, D_y y \ldots D_v v\, D_w w),\quad S(\pm D_x x\, D_y y \ldots D_v v),\quad \ldots,\quad S(\pm D_x x\, D_y y),\quad D_x x,$$

on conclura définitivement que si, dans l'intégrale $\mathfrak{S}$, on substitue successivement w à w, puis v à v, ..., puis y à y, puis enfin x à x, les facteurs positifs par lesquels la fonction sous le signe $\int$ devra être successivement multipliée se réduiront aux rapports

$$\frac{\Theta}{\Theta'},\quad \frac{\Theta'}{\Theta''},\quad \ldots,\quad \frac{\Theta^{(n-2)}}{\Theta^{(n-1)}},\quad \Theta^{(n-1)}.$$

Donc le facteur Θ équivalent au produit de tous ces rapports sera le facteur positif par lequel la fonction sous le signe $\int$ se trouvera définitivement multipliée, quand on aura substitué aux anciennes variables $x, y, z, \ldots, u, v, w$ les variables nouvelles x, y, z, ..., u, v, w; et l'on peut énoncer la proposition suivante :

Théorème I. — *Concevons que, dans l'intégrale multiple*

$$\mathfrak{S} = \int_{x'}^{x''}\int_{y'}^{y''}\int_{z'}^{z''}\cdots\int_{u'}^{u''}\int_{v'}^{v''}\int_{w'}^{w''} \Omega\, dw\, dv\, du \ldots dz\, dy\, dx;$$

Ω désigne une fonction réelle de n variables réelles $x, y, z, \ldots, u, v, w$,

prises chacune entre deux limites dont la seconde surpasse la première; les deux limites de chaque variable pouvant d'ailleurs dépendre des variables auxquelles se rapportent les intégrations non encore effectuées. Si aux variables $x, y, z, \ldots, u, v, w$ on veut substituer n variables nouvelles $\mathrm{x}, \mathrm{y}, \mathrm{z}, \ldots, \mathrm{u}, \mathrm{v}, \mathrm{w}$, *dont les premières soient des fonctions déterminées, on devra, en remplaçant dans l'intégrale proposée $dx, dy, dz, \ldots, du, dv, dw$ par* $d\mathrm{x}, d\mathrm{y}, d\mathrm{z}, \ldots, d\mathrm{u}, d\mathrm{v}, d\mathrm{w}$, *multiplier la fonction sous le signe $\int$ par la valeur numérique Θ de la résultante*

$$(12) \qquad S(\pm D_{\mathrm{x}}x\, D_{\mathrm{y}}y\, D_{\mathrm{z}}z \ldots D_{\mathrm{u}}u\, D_{\mathrm{v}}v\, D_{\mathrm{w}}w),$$

formée avec les divers termes du tableau

$$(13) \qquad \begin{cases} D_{\mathrm{x}}x, & D_{\mathrm{y}}x, & D_{\mathrm{z}}x, & \ldots, & D_{\mathrm{w}}x, \\ D_{\mathrm{x}}y, & D_{\mathrm{y}}y, & D_{\mathrm{z}}y, & \ldots, & D_{\mathrm{w}}y, \\ D_{\mathrm{x}}z, & D_{\mathrm{y}}z, & D_{\mathrm{z}}z, & \ldots, & D_{\mathrm{w}}z, \\ \ldots, & \ldots, & \ldots, & \ldots, & \ldots, \\ D_{\mathrm{x}}w, & D_{\mathrm{y}}w, & D_{\mathrm{z}}w, & \ldots, & D_{\mathrm{w}}w, \end{cases}$$

puis égaler l'intégrale proposée à une intégrale ou à une somme d'intégrales de la forme

$$(14) \qquad \iiint \cdots \iiint \Omega\Theta\, d\mathrm{w}\, d\mathrm{v}\, d\mathrm{u} \ldots d\mathrm{z}\, d\mathrm{y}\, d\mathrm{x},$$

en choisissant les limites des intégrations de telle sorte que chaque variable croisse quand elle passe de la première limite à la seconde, et que les lieux analytiques correspondants aux intégrales nouvelles reproduisent le lieu analytique correspondant à l'intégrale donnée. On peut encore exprimer cette dernière condition en disant que les divers systèmes de valeurs de $x, y, z, \ldots, u, v, w$ correspondants aux divers éléments des nouvelles intégrales, doivent se réduire précisément aux divers systèmes pour lesquels se vérifient les conditions (8).

Le théorème précédent comprend les règles établies par les géomètres, spécialement par Lagrange et par M. Jacobi pour le changement des variables dans les intégrales multiples.

Lorsque les variables anciennes $x, y, z, \ldots, u, v, w$ s'expriment en fonction des variables nouvelles x, y, z, ..., u, v, w, de telle sorte que de celles-ci la dernière seulement entre dans w, les deux dernières seulement dans v, les trois dernières seulement dans u, etc., alors les formules (10), (11), etc., se réduisent évidemment aux suivantes :

$$dw = D_w w\, dw, \qquad dv = D_v v\, dv, \qquad \ldots, \qquad dx = D_x x\, dx,$$

et, en conséquence, le facteur Θ, par lequel on doit multiplier la fonction sous le signe $\int$, quand on substitue les nouvelles variables aux anciennes, se réduit à la valeur numérique du produit

$$D_x x\, D_y y\, D_z z \ldots D_u u\, D_v v\, D_w w. \tag{15}$$

On arriverait à la même conclusion en observant que, dans l'hypothèse admise, le tableau (13) se réduit au suivant :

$$\left\{\begin{matrix} D_x x, & D_y x, & D_z x, & \ldots, & D_w x, \\ 0, & D_y y, & D_z y, & \ldots, & D_w y, \\ 0, & 0, & D_z z, & \ldots, & D_w z, \\ .., & .., & \ldots., & \ldots, & \ldots., \\ 0, & 0, & 0, & \ldots, & D_w w, \end{matrix}\right. \tag{16}$$

et la résultante

$$S(\pm D_x x\, D_y y\, D_z z \ldots D_u u\, D_v v\, D_w w)$$

au seul terme

$$D_x x\, D_y y\, D_z z \ldots D_u u\, D_v v\, D_w w.$$

Ajoutons que la même résultante se réduirait encore à ce terme unique si le tableau (13) se réduisait au suivant :

$$\left\{\begin{matrix} D_x x, & 0, & 0, & \ldots, & 0, \\ D_x y, & D_y y, & 0, & \ldots, & 0, \\ D_x z, & D_y z, & D_z z, & \ldots, & 0, \\ \ldots., & \ldots. & \ldots. & \ldots. & .. \\ D_x w, & D_y w, & D_z w, & \ldots, & D_w w, \end{matrix}\right. \tag{17}$$

c'est-à-dire, si des anciennes variables, exprimées en fonction des nouvelles, la première x renfermait x seulement, tandis que x et y seules entreraient dans y; x, y et z seules dans z, etc. On peut donc énoncer encore la proposition suivante :

THÉORÈME II. — *Les mêmes choses étant posées que dans le théorème I, si d'ailleurs les valeurs de $x, y, z, \ldots, u, v, w$, exprimées en fonction des variables nouvelles* $\mathrm{x}, \mathrm{y}, \mathrm{z}, \ldots, \mathrm{u}, \mathrm{v}, \mathrm{w}$, *renferment seulement, la première, la variable* x; *la deuxième, les deux variables* x, y; *la troisième, les trois variables* $\mathrm{x}, \mathrm{y}, \mathrm{z}$; *etc.; alors le facteur positif* Θ, *par lequel on devra multiplier la fonction sous le signe* $\int$, *quand on substituera les nouvelles variables aux anciennes, se réduira simplement à la valeur numérique du produit*

$$D_{\mathrm{x}} x \, D_{\mathrm{y}} y \, D_{\mathrm{z}} z \ldots D_{\mathrm{u}} u \, D_{\mathrm{v}} v \, D_{\mathrm{w}} w.$$

Remarquons encore que, dans le cas particulier où les variables $x, y, z, \ldots, u, v, w$ sont liées par des équations linéaires aux variables nouvelles $\mathrm{x}, \mathrm{y}, \mathrm{z}, \ldots, \mathrm{u}, \mathrm{v}, \mathrm{w}$, le facteur Θ se réduit évidemment à une quantité constante.

Remarquons enfin que les principes ci-dessus exposés entraînent la proposition suivante :

THÉORÈME III. — *Si la fonction placée sous le signe* $\int$, *dans une intégrale multiple relative aux variables* $x, y, z, \ldots, u, v, w$, *doit être multipliée par le facteur* Θ *quand on substitue au système* $x, y, z, \ldots, u, v, w$ *un autre système* $\mathrm{x}, \mathrm{y}, \mathrm{z}, \ldots, \mathrm{u}, \mathrm{v}, \mathrm{w}$, *et par* Θ' *quand on substitue au second système* $\mathrm{x}, \mathrm{y}, \mathrm{z}, \ldots, \mathrm{u}, \mathrm{v}, \mathrm{w}$, *un troisième système* $\mathfrak{x}, \mathfrak{y}, \mathfrak{z}, \ldots, \mathfrak{u}, \mathfrak{v}, \mathfrak{w}$, *cette même fonction devra être multipliée par le produit* $\Theta\Theta'$ *quand on passera directement du premier système* $x, y, z, \ldots, u, v, w$ *au troisième système* $\mathfrak{x}, \mathfrak{y}, \mathfrak{z}, \ldots, \mathfrak{u}, \mathfrak{v}, \mathfrak{w}$.

D'ailleurs ce théorème, ainsi que les précédents, continuerait évidemment de subsister, si plusieurs variables appartenaient à la fois aux divers systèmes que l'on considère.

II. — *Applications diverses des principes exposés dans le premier paragraphe.*

Pour montrer une application des principes établis dans le paragraphe I, supposons que, Ω étant une fonction réelle de n variables réelles $x, y, z, \ldots, u, v, w$, et r une autre variable, réelle et positive, liée aux premières par la formule

$$(1) \qquad x^2+y^2+z^2+\ldots+u^2+v^2+w^2=r^2,$$

on étende l'intégrale

$$(2) \qquad \mathcal{S}=\iiint\cdots\iiint \Omega\, dw\, dv\, du \ldots dz\, dy\, dx$$

à tous les systèmes des valeurs de $x, y, z, \ldots, u, v, w$ pour lesquels r demeure compris entre les limites

$$(3) \qquad r=r', \qquad r=r''.$$

Si l'on pose

$$(4) \quad x=\alpha_1 r, \quad y=\alpha_2 r, \quad z=\alpha_3 r, \quad \ldots, \quad u=\alpha_{n-2} r, \quad v=\alpha_{n-1} r, \quad w=\alpha_n r,$$

les nouvelles variables

$$\alpha_1, \quad \alpha_2, \quad \ldots, \quad \alpha_n,$$

devront, eu égard à l'équation (1), vérifier la condition

$$(5) \qquad \alpha_1^2+\alpha_2^2+\ldots+\alpha_n^2=1,$$

à laquelle on satisfera en prenant

$$(6) \qquad \begin{cases} \alpha_1 = \cos\varphi_1, \\ \alpha_2 = \sin\varphi_1 \cos\varphi_2, \\ \ldots\ldots\ldots\ldots\ldots\ldots, \\ \alpha_{n-1} = \sin\varphi_1 \sin\varphi_2 \ldots \sin\varphi_{n-2} \cos\varphi_{n-1}, \\ \alpha_n = \sin\varphi_1 \sin\varphi_2 \ldots \sin\varphi_{n-2} \sin\varphi_{n-1}. \end{cases}$$

Si d'ailleurs on assujettit les angles $\varphi_1, \varphi_2, \ldots, \varphi_{n-2}$ à demeurer compris entre les limites 0, π, et l'angle φ_{n-1} à demeurer compris entre les limites $-\pi$, $+\pi$; alors à tout système de valeurs de $x, y, z, \ldots, u, v, w$, pour lequel se vérifiera la condition (1), correspondra toujours un système unique de valeurs de $\alpha_1, \alpha_2, \ldots, \alpha_n$, pour lequel se vérifiera la condition (5); et, par suite, si aux variables $x, y, z, \ldots, u, v, w$ on substitue les variables $r, \varphi_1, \varphi_2, \ldots, \varphi_{n-1}$, on aura, en vertu du théorème I du paragraphe I,

$$(7) \qquad \mathcal{S}=\int_{-\pi}^{\pi}\int_0^{\pi}\cdots\int_0^{\pi}\int_{r'}^{r''} \Omega\Theta\, dr\, d\varphi_1 \ldots d\varphi_{n-2}\, d\varphi_{n-1},$$

Θ désignant un facteur positif que l'on déterminera sans peine en opérant comme il suit.

Comme, en laissant invariables $x, y, z, \ldots, u, v$, on tire de la formule (1),

$$w\,dw = r\,dr,$$

par conséquent

$$dw = \frac{dr}{\alpha_n},$$

il est clair que, si l'on substitue r à w et dr à dw, on devra, dans l'intégrale $\mathcal{S}$, multiplier la fonction placée sous le signe $\int$ par la valeur numérique du rapport $\frac{1}{\alpha_n}$. Si l'on substitue ensuite α_1 à x, α_2 à y, ..., α_{n-1} à v, on devra évidemment, en vertu des formules (4), remplacer

$$dx, \quad dy, \quad \ldots, \quad dv$$

par

$$r\,d\alpha_1, \quad r\,d\alpha_2, \quad \ldots, \quad r\,d\alpha_{n-1};$$

et, en conséquence, remplacer le produit

$$dx\,dy\ldots dv$$

par le produit

$$r^{n-1}\,d\alpha_1\,d\alpha_2\ldots d\alpha_{n-1}.$$

Donc, si aux variables $x, y, z, \ldots, u, v, w$ on substitue les variables $r, \alpha_1, \alpha_2, \ldots, \alpha_{n-1}$, on devra, dans l'intégrale $\mathcal{S}$, multiplier la fonction Ω par la valeur numérique du rapport

$$\frac{r^{n-1}}{\alpha_n}.$$

D'autre part, si, dans une intégrale multiple, relative aux variables $\alpha_1, \alpha_2, \ldots, \alpha_{n-1}$, on substitue à celles-ci les angles $\varphi_1, \varphi_2, \ldots, \varphi_{n-1}$ liés avec elles par les équations (6), on devra, en vertu du théorème II du paragraphe I, multiplier la fonction sous le signe $\int$ par la valeur numérique du produit

$$\mathrm{D}_{\varphi_1}\alpha_1\,\mathrm{D}_{\varphi_2}\alpha_2\ldots\mathrm{D}_{\varphi_{n-1}}\alpha_{n-1},$$

qui peut être réduit à la forme

$$(-1)^{n-1}\Theta\alpha_n,$$

la valeur de θ étant positive et déterminée par l'équation

$$\theta = \sin^{n-2}\varphi_1 \sin^{n-3}\varphi_2 \ldots \sin^3\varphi_{n-3} \sin\varphi_{n-2}. \tag{8}$$

Cela posé, on conclura du théorème III (§ I), qu'en substituant aux variables $x, y, z, \ldots, u, v, w$ les variables $r, \varphi_1, \varphi_2, \ldots, \varphi_{n-1}$, on doit, avec M. Jacobi, multiplier la fonction sous le signe $\int$ par le facteur

$$\Theta = \theta r^{n-1}. \tag{9}$$

Donc la formule (2) pourra être réduite à

$$\mathcal{S} = \int_{-\pi}^{\pi} \int_0^{\pi} \cdots \int_0^{\pi} \int_{r'}^{r''} \Omega \theta r^{n-1}\, dr\, d\varphi_1 \ldots d\varphi_{n-2}\, d\varphi_{n-1}. \tag{10}$$

Concevons maintenant que les n variables $x, y, z, \ldots, u, v, w$, soient liées à n autres variables x, y, z, ..., u, v, w par des équations linéaires de la forme

$$\left\{\begin{aligned} x &= a\mathrm{x} + a_1\mathrm{y} + a_2\mathrm{z} + \ldots + a_{n-1}\mathrm{w}, \\ y &= b\mathrm{x} + b_1\mathrm{y} + b_2\mathrm{z} + \ldots + b_{n-1}\mathrm{w}, \\ z &= c\mathrm{x} + c_1\mathrm{y} + c_2\mathrm{z} + \ldots + c_{n-1}\mathrm{w}, \\ &\ldots\ldots\ldots\ldots\ldots\ldots\ldots\ldots\ldots, \\ w &= h\mathrm{x} + h_1\mathrm{y} + h_2\mathrm{z} + \ldots + h_{n-1}\mathrm{w}. \end{aligned}\right. \tag{11}$$

Pour que l'on ait identiquement

$$x^2 + y^2 + z^2 + \ldots + u^2 + v^2 + w^2 = \mathrm{x}^2 + \mathrm{y}^2 + \mathrm{z}^2 + \ldots + \mathrm{u}^2 + \mathrm{v}^2 + \mathrm{w}^2, \tag{12}$$

il suffira que les coefficients

$$a, b, c, \ldots, h; \quad a_1, b_1, c_1, \ldots, h_1; \quad \ldots, \quad a_{n-1}, b_{n-1}, c_{n-1}, \ldots, h_{n-1},$$

vérifient les conditions

$$\left\{\begin{aligned} &a^2+b^2+\ldots+h^2=1, \quad aa_1+bb_1+\ldots+hh_1=0, \quad \ldots, \quad a\,a_{n-1}+b\,b_{n-1}+\ldots+h\,h_{n-1}=0, \\ &\qquad a_1^2+b_1^2+\ldots+h_1^2=1, \quad \ldots, \quad a_1a_{n-1}+b_1b_{n-1}+\ldots+h_1h_{n-1}=0, \\ &\qquad\qquad \ldots, \quad \ldots\ldots\ldots\ldots\ldots\ldots, \\ &\qquad\qquad\qquad a_{n-1}^2+b_{n-1}^2+\ldots+h_{n-1}^2=1. \end{aligned}\right.$$

D'ailleurs, si aux conditions (13) on joint la formule (24) du Mémoire sur les sommes alternées connues sous le nom de *résultantes* (t. II,

p. 176) [1], on en conclura

$$\Theta^2 = 1,$$

et, par suite,

$$\Theta = 1, \tag{14}$$

Θ désignant la valeur numérique de la somme

$$S(\pm a b_1 c_2 \ldots h_{n-1});$$

et, eu égard aux formules (11), cette dernière somme ne différera pas de la suivante :

$$S(\pm D_{\mathrm{x}} x D_{\mathrm{y}} y \ldots D_{\mathrm{w}} w).$$

Enfin, la formule (12), jointe à l'équation (1), donnera

$$\mathrm{x}^2 + \mathrm{y}^2 + \mathrm{z}^2 + \ldots + \mathrm{u}^2 + \mathrm{v}^2 + \mathrm{w}^2 = r^2. \tag{15}$$

Cela posé, il résulte du théorème I du paragraphe I, que si les conditions (13) sont remplies, on pourra, dans la formule (2), substituer immédiatement aux variables $x, y, z, \ldots, u, v, w$ les variables nouvelles $\mathrm{x}, \mathrm{y}, \mathrm{z}, \ldots, \mathrm{u}, \mathrm{v}, \mathrm{w}$ liées aux premières par les formules (11), en sorte qu'on aura

$$\iint \cdots \iint \Omega \, dw \, dv \ldots dy \, dx = \iint \cdots \iint \Omega \, d\mathrm{w} \, d\mathrm{v} \ldots d\mathrm{y} \, d\mathrm{x}, \tag{16}$$

les intégrations étant étendues à tous les systèmes de valeurs de x, $y, \ldots, v, w$ ou de $\mathrm{x}, \mathrm{y}, \ldots, \mathrm{v}, \mathrm{w}$ pour lesquels la variable positive r, liée avec les premières par la formule (1) ou (15), demeure comprise entre les limites r', r''.

Il importe d'observer que des formules (11) jointes aux équations (13), on tire immédiatement

$$\left\{\begin{array}{l} \mathrm{x} = a \quad x + b \quad y + c \quad z + \ldots + h \quad w, \\ \mathrm{y} = a_1 \; x + b_1 \; y + c_1 \; z + \ldots + h_1 \; w, \\ \mathrm{z} = a_2 \; x + b_2 \; y + c_2 \; z + \ldots + h_2 \; w, \\ \ldots\ldots\ldots\ldots\ldots\ldots\ldots\ldots\ldots\ldots, \\ \mathrm{w} = a_{n-1} x + b_{n-1} y + c_{n-1} z + \ldots + h_{n-1} w. \end{array}\right. \tag{17}$$

[1] *Œuvres de Cauchy*, série II, t. XII, p. 201.

Remarquons encore que l'on peut satisfaire d'une infinité de manières aux conditions (13), par des valeurs réelles des coefficients

$$a,\ b,\ \ldots,\ h;\quad a_1,\ b_1,\ \ldots,\ h_1;\quad a_{n-1},\ b_{n-1},\ \ldots,\ h_{n-1}.$$

En effet, après avoir choisi des valeurs réelles de a, b, c, ..., h propres à vérifier la formule

$$(18)\qquad a^2+b^2+c^2+\ldots+h^2=1,$$

on pourra satisfaire, par des valeurs réelles de a_1, b_1, c_1, ..., h_1, aux deux conditions

$$(19)\qquad aa_1+bb_1+cc_1+\ldots+hh_1=0,\qquad a_1^2+b_1^2+c_1^2+\ldots+h_1^2=1,$$

qui se réduiront simplement à

$$aa_1+bb_1=0,\qquad a_1^2+b_1^2=1,$$

si les coefficients a_1, b_1, c_1, ..., h_1 sont tous supposés nuls à l'exception des deux premiers, et qui donneront alors

$$\frac{a_1}{b}=\frac{b_1}{-a}=\pm\frac{1}{\sqrt{a^2+b^2}}.$$

Il y a plus : à la première des équations (19) on pourra joindre $n-1$ équations de même forme, c'est-à-dire $n-1$ équations en vertu desquelles $n-1$ fonctions linéaires et homogènes de a_1, b_1, c_1, ..., arbitrairement choisies, se réduiront à zéro; et de ces $n-1$ équations nouvelles, réunies à la première des équations (19), on en tirera une autre de la forme

$$(20)\qquad \frac{a_1}{A}=\frac{b_1}{B}=\frac{c_1}{C}=\ldots=\frac{h_1}{H},$$

A, B, C, ..., H étant des quantités connues; puis de l'équation (20), jointe à la seconde des formules (19), on conclura

$$(21)\qquad \frac{a_1}{A}=\frac{b_1}{B}=\frac{c_1}{C}=\ldots=\frac{h_1}{H}=\pm\frac{1}{\sqrt{A^2+B^2+C^2+\ldots+H^2}}.$$

Les valeurs de a_1, b_1, c_1, ..., h_1 étant ainsi déterminées, on prouvera, par des raisonnements semblables, que l'on peut encore satisfaire, par des valeurs réelles de $a_2, b_2, c_2, \ldots, h_2$, aux trois équations

$$(22)\quad \left\{\begin{array}{l} aa_2 + bb_2 + \ldots + hh_2 = 0, \\ a_1 a_2 + b_1 b_2 + \ldots + h_1 h_2 = 0, \\ a_2^2 + b_2^2 + \ldots + h_2^2 = 1; \end{array}\right.$$

dont les deux premières peuvent être jointes à $n-2$ équations de même forme, arbitrairement choisies; et, en continuant de la sorte, on finira par obtenir, pour les coefficients

$$a_2, b_2, \ldots, h_2; \quad a_3, b_3, \ldots, h_3; \quad a_{n-1}, b_{n-1}, \ldots, h_{n-1},$$

des valeurs réelles qui seront propres à vérifier les formules (13), quand on les joindra aux valeurs réelles et arbitrairement choisies des coefficients $a, b, c, \ldots, h$.

Concevons à présent qu'en attribuant aux coefficients $a, b, c, \ldots, h$ l'un quelconque des systèmes de valeurs réelles pour lesquels se vérifie la condition (18), on réduise Ω à une fonction réelle et continue du polynome

$$ax + by + cz + \ldots + hw,$$

en sorte que cette fonction étant désignée à l'aide de la lettre caractéristique f, on ait

$$\Omega = \mathrm{f}(ax + by + cz + \ldots + hw).$$

L'équation (16) donnera

$$(23)\quad \iint \cdots \int \mathrm{f}(ax + by + \ldots + hw)\, dw \ldots dy\, dx = \iint \cdots \int \mathrm{f}(\mathrm{x})\, d\mathrm{w} \ldots d\mathrm{y}\, d\mathrm{x}.$$

Si d'ailleurs, dans chaque membre de la formule (23), on substitue aux variables $x, y, z, \ldots, w$, ou $\mathrm{x}, \mathrm{y}, \mathrm{z}, \ldots, \mathrm{w}$, la variable r liée avec elles par l'équation (1) ou (15), et des angles auxiliaires $\varphi_1, \varphi_2, \ldots, \varphi_{n-1}$ liés encore à ces mêmes variables par des équations semblables aux formules (4) et (6), chaque membre prendra la forme de l'intégrale multiple que présente l'équation (10); et en posant, pour abréger,

$$(24)\quad \omega = a\alpha_1 + b\alpha_2 + \ldots + h\alpha_n,$$

on trouvera

$$(25)\qquad \int_{-\pi}^{\pi}\int_{0}^{\pi}\cdots\int_{0}^{\pi}\int_{r'}^{r''}\theta\, r^{n-1}\,\mathrm{f}(\omega r)\,dr\,d\varphi_1\ldots d\varphi_{n-2}\,d\varphi_{n-1}$$
$$=\int_{-\pi}^{\pi}\int_{0}^{\pi}\cdots\int_{0}^{\pi}\int_{r'}^{r''}\theta\, r^{n-1}\,\mathrm{f}(\alpha_1 r)\,dr\,d\varphi_1\ldots d\varphi_{n-2}\,d\varphi_{n-1},$$

la valeur de θ étant toujours celle que détermine la formule (8); puis en différentiant les deux membres par rapport à r'', et posant après la différentiation $r''=1$, on aura simplement

$$(26)\qquad \int_{-\pi}^{\pi}\int_{0}^{\pi}\cdots\int_{0}^{\pi}\int_{0}^{\pi}\theta\,\mathrm{f}(\omega)\,d\varphi_1\,d\varphi_2\ldots d\varphi_{n-2}\,d\varphi_{n-1}$$
$$=\int_{-\pi}^{\pi}\int_{0}^{\pi}\cdots\int_{0}^{\pi}\int_{0}^{\pi}\theta\,\mathrm{f}(\alpha_1)\,d\varphi_1\,d\varphi_2\ldots d\varphi_{n-2}\,d\varphi_{n-1}.$$

D'ailleurs si, en désignant par m, n des nombres entiers quelconques, et par φ un angle variable, on pose

$$\alpha=\cos\varphi,$$

on aura généralement

$$\int_{0}^{\pi}\sin^{m-1}\varphi\cos^{n-1}\varphi\,d\varphi=\int_{-1}^{1}\alpha^{n-1}(1-\alpha^2)^{\frac{m-2}{2}}\,d\alpha=\frac{\Gamma\left(\frac{m}{2}\right)\Gamma\left(\frac{n}{2}\right)}{\Gamma\left(\frac{m+n}{2}\right)};$$

puis on en conclura

$$\int_{-\pi}^{\pi}\sin^{m-1}\varphi\,d\varphi=\frac{\pi^{\frac{1}{2}}\Gamma\left(\frac{m}{2}\right)}{\Gamma\left(\frac{m+1}{2}\right)};$$

et, par suite, eu égard à la formule (8), on trouvera

$$\int_{-\pi}^{\pi}\int_{0}^{\pi}\cdots\int_{0}^{\pi}\theta\,d\varphi_2\ldots d\varphi_{n-2}\,d\varphi_{n-1}=\frac{2\pi^{\frac{n-1}{2}}}{\Gamma\left(\frac{n-1}{2}\right)}\sin^{n-2}\varphi_1.$$

Donc la formule (26) pourra être réduite à

$$(27)\qquad \int_{-\pi}^{\pi}\int_{0}^{\pi}\cdots\int_{0}^{\pi}\int_{0}^{\pi}\theta\,\mathrm{f}(\omega)\,d\varphi_1\,d\varphi_2\ldots d\varphi_{n-2}\,d\varphi_{n-1}$$
$$=\frac{2\pi^{\frac{n-1}{2}}}{\Gamma\left(\frac{n-1}{2}\right)}\int_{-1}^{1}(1-\alpha^2)^{\frac{n-3}{2}}\,\mathrm{f}(\alpha)\,d\alpha.$$

On ne doit pas oublier que, dans la formule (24), $a, b, c, \ldots, h$ désignent des coefficients arbitraires assujettis seulement à vérifier la condition

$$a^2 + b^2 + c^2 + \ldots + h^2 = 1.$$

Si, en nommant k une quantité réelle quelconque, on remplaçait a, $b, c, \ldots, h$ par $\frac{a}{k}, \frac{b}{k}, \frac{c}{k}, \cdots$ et $f(\alpha)$ par $f(k\alpha)$, alors, à la place de la formule (27) on obtiendrait la suivante :

$$(28) \quad \begin{aligned} &\int_{-\pi}^{\pi} \int_0^{\pi} \cdots \int_0^{\pi} \int_0^{\pi} \theta\, f(\omega)\, d\varphi_1\, d\varphi_2 \ldots d\varphi_{n-2}\, d\varphi_{n-1} \\ &= \frac{2\pi^{\frac{n-1}{2}}}{\Gamma\left(\frac{n-1}{2}\right)} \int_{-1}^{1} (1-\alpha^2)^{\frac{n-3}{2}} f(k\alpha)\, d\alpha, \end{aligned}$$

la valeur de ω étant toujours déterminée par la formule (24), et a, b, $c, \ldots, h$ étant des coefficients arbitraires, mais liés au coefficient k par la formule

$$(29) \quad a^2 + b^2 + c^2 + \ldots + h^2 = k^2.$$

Lorsque, dans la formule (28), on pose $n = 3$, alors en écrivant φ, χ au lieu de φ_1, φ_2, et α, β, γ au lieu de $\alpha_1, \beta_2, \gamma_3$, on trouve simplement

$$(30) \quad \int_{-\pi}^{\pi} \int_0^{\pi} \sin\varphi\, f(a\alpha + b\beta + c\gamma)\, d\varphi\, d\chi = 2\pi \int_{-1}^{1} f(k\alpha)\, d\alpha,$$

les variables auxiliaires α, β, γ étant liées aux angles φ, χ par les formules

$$(31) \quad \alpha = \cos\varphi, \qquad \beta = \sin\varphi \cos\chi, \qquad \gamma = \sin\varphi \sin\chi,$$

et les coefficients arbitraires a, b, c étant liés au coefficient k par l'équation

$$(32) \quad a^2 + b^2 + c^2 = k^2.$$

La formule (30) reproduit le théorème à l'aide duquel M. Poisson a intégré l'équation du mouvement des fluides élastiques.

Si, dans la formule (28) on prend

$$f(x) = x^m,$$

m étant un nombre pair quelconque, l'intégrale que renferme le second membre sera réduite au produit de k^m par la suivante

$$\int_{-1}^{1} x^m (1-x^2)^{\frac{n-3}{2}} dx = \frac{\Gamma\left(\frac{m+1}{2}\right)\Gamma\left(\frac{n-1}{2}\right)}{\Gamma\left(\frac{m+n}{2}\right)},$$

et la formule (28) donnera

$$(33)\quad \int_{-\pi}^{\pi}\int_{0}^{\pi}\cdots\int_{0}^{\pi}\int_{0}^{\pi} \theta\omega^m\, d\varphi_1\, d\varphi_2 \ldots d\varphi_{n-2}\, d\varphi_{n-1} = 2\pi^{\frac{n-1}{2}} \frac{\Gamma\left(\frac{m+1}{2}\right)}{\Gamma\left(\frac{m+n}{2}\right)} k^m.$$

Mais, d'autre part, en supposant n impair, on aura

$$\frac{\Gamma\left(\frac{m+n}{2}\right)}{\Gamma\left(\frac{m+1}{2}\right)} = \frac{m+n-2}{2}\cdots\frac{m+3}{2}\,\frac{m+1}{2} = D_\iota^{\frac{n-1}{2}}\iota^{\frac{m+n-2}{2}}$$

ι devant être réduit à l'unité, après les différentiations indiquées par la caractéristique D_ι. Cela posé, on tirera de la formule (33)

$$(34)\quad k^m = \frac{1}{2\pi^{\frac{n-1}{2}}} D_\iota^{\frac{n-1}{2}} \int_{-\pi}^{\pi}\int_{0}^{\pi}\cdots\int_{0}^{\pi}\int_{0}^{\pi} \iota^{\frac{n-2}{2}}\theta(\omega\sqrt{\iota})^m\, d\varphi_1\, d\varphi_2 \ldots d\varphi_{n-2}\, d\varphi_{n-1}.$$

Cette dernière formule subsistant, quel que soit le nombre pair m, continuera de subsister, si l'on y remplace par k^m une fonction paire $f(k)$ développable suivant les puissances ascendantes de k^2, pourvu que l'on remplace en même temps, dans le second membre, $(\omega\sqrt{\iota})^m$ par $f(\omega\sqrt{\iota})^n$. On aura donc encore, en supposant n impair, et $f(k)$ développable suivant les puissances ascendantes de k^2,

$$(35)\quad f(k) = \frac{1}{2\pi^{\frac{n-1}{2}}} D_\iota^{\frac{n-1}{2}} \int_{-\pi}^{\pi}\int_{0}^{\pi}\cdots\int_{0}^{\pi}\int_{0}^{\pi} \iota^{\frac{n-2}{2}}\theta\, f(\omega\sqrt{\iota})\, d\varphi_1\, d\varphi_2 \ldots d\varphi_{n-2}\, d\varphi_{n-1}.$$

pourvu que, les valeurs de ω, k étant déterminées par les formules

$$k^2 = a^2 + b^2 + c^2 + \ldots + h^2, \qquad \omega = a\alpha_1 + b\alpha_2 + c\alpha_3 + \ldots + h\alpha_n,$$

et les variables $\alpha_1, \alpha_2, \ldots, \alpha_n$ étant liées aux angles $\varphi_1, \varphi_2, \ldots, \varphi_{n-1}$ par les équations (6), on pose $\iota = 1$, après les différentiations indiquées par la lettre caractéristique D_ι.

MÉMOIRE

SUR

LES VALEURS MOYENNES DES FONCTIONS

D'UNE OU DE PLUSIEURS VARIABLES.

Considérons d'abord une fonction Ω d'une seule variable x, et supposons que cette fonction reste continue entre deux valeurs données de la variable. Si, après avoir interposé entre ces deux valeurs d'autres valeurs équidistantes, dont le nombre représenté par $n-1$ soit très considérable, on cherche les diverses valeurs de la fonction Ω correspondantes aux $n-1$ valeurs données de la variable x, la moyenne arithmétique entre ces valeurs de Ω se transformera, quand le nombre n deviendra infini, en ce que nous nommerons la *valeur moyenne* de la fonction Ω, et cette valeur moyenne sera le rapport des deux intégrales définies relatives à x, dans lesquelles les fonctions sous le signe $\int$ seront Ω et l'unité. Pour plus de commodité, je désignerai cette valeur moyenne de Ω à l'aide de la lettre caractéristique M, et je placerai au-dessous et au-dessus du signe M, les limites de la variable, suivant l'usage adopté pour les intégrales définies.

Concevons maintenant que Ω représente une fonction de plusieurs variables $x, y, \ldots,$ qui reste continue pour les systèmes de valeurs de $x, y, \ldots,$ comprises entre certaines limites. Le rapport entre les deux intégrales définies qui, étant relatives à $x, y, \ldots,$ et prises entre les limites données, renfermeront sous le signe $\int$ la fonction Ω et l'unité, sera la limite vers laquelle convergera la moyenne arithmétique entre les valeurs de Ω qui correspondront à des éléments égaux de la seconde intégrale. Pour cette raison le rapport dont il s'agit sera nommé la *valeur moyenne* de la fonction Ω, et je désignerai encore cette valeur moyenne à l'aide de la lettre caractéristique M, en indiquant au-dessous et au-dessus du signe M les limites des diverses intégrations.

Concevons, maintenant, que les intégrations doivent être étendues à tous les systèmes de valeurs des variables $x, y, z, \ldots$ qui réduisent une certaine fonction r de ces mêmes variables à une quantité comprise entre deux limites données a, b. On pourra rechercher ce que devient la valeur moyenne de la fonction Ω dans le cas particulier où les deux limites a, b se réduisent à une seule. Dans ce cas, qui mérite d'être remarqué, nous pourrons nous borner à indiquer au-dessus du signe M la limite a de la fonction r, en ayant soin, d'ailleurs, d'écrire au-dessous du même signe les diverses variables $x, y, z, \ldots$, auxquelles se rapportent les intégrations.

Comme nous le montrerons plus tard, la considération des valeurs moyennes des fonctions d'une ou de plusieurs variables peut être utilement employée dans la solution de plusieurs problèmes d'analyse, spécialement dans l'intégration des équations linéaires aux dérivées partielles.

Analyse.

Supposons que l'on fasse varier $x, y, z, \ldots$, entre les limites

$$x = x_0, \quad x = x_1; \quad y = y_0, \quad y = y_1; \quad z = z_0, \quad z = z_1; \quad \ldots,$$

y_0, y_1 pouvant être des fonctions de x, et z_0, z_1 des fonctions de x, y, etc. Soit d'ailleurs Ω une fonction de x, ou de x, y, etc., qui reste continue entre les limites dont il s'agit. La valeur moyenne de Ω entre ces limites sera

$$\mathop{\mathbf{M}}_{x=x_0}^{x=x_1} \Omega = \frac{\int_{x_0}^{x_1} \Omega\, dx}{\int_{x_0}^{x_1} dx},$$

ou

$$\underset{x=x_0,\, y=y_0}{\overset{x=x_1,\, y=y_1}{\mathbf{M}}} \Omega = \frac{\displaystyle\int_{x_0}^{x_1}\int_{y_0}^{y_1} \Omega\, dy\, dx}{\displaystyle\int_{x_0}^{x_1}\int_{y_0}^{y_1} dy\, dx}, \quad \cdots\cdot$$

Cela posé, on établira facilement la proposition suivante :

THÉORÈME I. — *Soit* Ω *une fonction réelle de n variables réelles* $x, y, z, \ldots$. *Si à celles-ci on substitue n autres variables réelles* $\mathrm{x}, \mathrm{y}, \mathrm{z}, \ldots$ *qui soient liées aux premières par n équations linéaires,* Ω *considérée comme fonction de* $x, y, z, \ldots$ *ou de* $\mathrm{x}, \mathrm{y}, \mathrm{z}, \ldots$, *conservera dans les deux cas la même valeur moyenne, pourvu que les limites assignées au second système de variables correspondent aux limites assignées au premier système.*

Démonstration. — En effet, quand on transformera chaque intégrale relative aux variables $x, y, z, \ldots$, en substituant à celles-ci les variables $\mathrm{x}, \mathrm{y}, \mathrm{z}, \ldots$, la fonction sur le signe $\int$ sera multipliée, comme l'on sait, par le facteur

$$\Theta = \mathrm{S}(\pm \mathrm{D}_{\mathrm{x}} x\, \mathrm{D}_{\mathrm{y}} y\, \mathrm{D}_{\mathrm{z}} z \ldots).$$

Si d'ailleurs, les variables $x, y, z, \ldots$ sont liées par des équations linéaires aux variables $\mathrm{x}, \mathrm{y}, \mathrm{z}, \ldots$, le facteur Θ se réduira simplement à une constante. Donc alors ce facteur pourra être placé en dehors des signes d'intégration, puis effacé comme facteur commun des deux termes du rapport qui représentera la valeur de Ω.

Soit maintenant $r = \mathrm{f}(x, y, z, \ldots)$ une nouvelle fonction, réelle aussi bien que Ω, et supposons que l'on cherche la moyenne entre les valeurs de Ω correspondantes à toutes les valeurs de $x, y, z, \ldots$ pour lesquelles la fonction r demeure comprise entre deux limites données a, b. Désignons d'ailleurs à l'aide de la notation

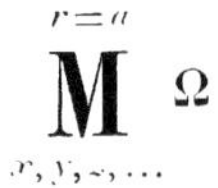

ce que devient cette moyenne quand la différence $b - a$ s'évanouit.

On aura, en vertu du théorème précédent, et en supposant toujours x, y, z, ... liées à x, y, z, ... par des équations linéaires,

$$\underset{x,y,z,\ldots}{\overset{r=a}{\mathbf{M}}}\Omega = \underset{\mathrm{x},\mathrm{y},\mathrm{z},\ldots}{\overset{r=a}{\mathbf{M}}}\Omega. \tag{1}$$

Supposons, pour fixer les idées, que la variable r, étant positive, soit liée aux n variables x, y, z, ..., par une équation de la forme

$$r^2 = x^2 + y^2 + z^2 + \ldots. \tag{2}$$

Si l'on nomme A la moyenne entre les diverses valeurs de Ω correspondantes aux divers systèmes de valeurs de x, y, z, ..., pour lesquels r demeure comprise entre les limites positives a, b, on aura

$$\mathrm{A} = \frac{\iiint \ldots \Omega\, dz\, dy\, dx}{\iiint \ldots dz\, dy\, dx}, \tag{3}$$

les intégrations s'étendant à tous ces systèmes. Si d'ailleurs on pose, comme dans le Mémoire précédent,

$$x = \alpha_1 r, \qquad y = \alpha_2 r, \qquad z = \alpha_3 r, \qquad \ldots, \tag{4}$$

les variables α_1, α_2, α_3, ..., α_n, liées aux n variables x, y, z, ... par les formules (4), devront, eu égard à l'équation (2), vérifier la condition

$$\alpha_1^2 + \alpha_2^2 + \ldots + \alpha_n^2 = 1. \tag{5}$$

D'ailleurs, pour satisfaire à cette condition, il suffira de prendre

$$\left\{\begin{aligned} \alpha_1 &= \cos\varphi_1,\\ \alpha_2 &= \sin\varphi_1 \cos\varphi_2,\\ &\ldots\ldots\ldots\ldots\ldots\ldots,\\ \alpha_{n-1} &= \sin\varphi_1 \sin\varphi_2 \ldots \sin\varphi_{n-2} \cos\varphi_{n-1},\\ \alpha_n &= \sin\varphi_1 \sin\varphi_2 \ldots \sin\varphi_{n-2} \sin\varphi_{n-1}. \end{aligned}\right. \tag{6}$$

Il y a plus : si l'on assujettit les angles φ_1, φ_2, ..., φ_{n-2} à demeurer compris entre les limites o, π et l'angle φ_{n-1} à demeurer compris entre les limites $-\pi$, π; alors, pour chaque système de valeurs de α_1, α_2, ..., α_n propres à vérifier la condition (5), on obtiendra toujours un système unique de valeurs de φ_1, φ_2, ..., α_{n-1}. Cela posé, si l'on fait, pour abréger,

$$(7)\qquad \theta = \sin^{n-2}\varphi_1 \sin^{n-3}\varphi_2 \ldots \sin^2\varphi_{n-3} \sin\varphi_{n-2},$$

et si, en opérant comme dans le Mémoire précédent, on substitue, dans les deux intégrales que renferme la formule (3), les variables φ_1, φ_2, ..., φ_{n-2}, φ_{n-1}, r aux n variables x, y, z, ..., on trouvera

$$(8)\qquad A = \frac{\int_{-\pi}^{\pi}\int_0^{\pi}\cdots\int_0^{\pi}\int_a^b \theta\Omega r^{n-1}\,dr\,d\varphi_1\ldots d\varphi_{n-2}\,d\varphi_{n-1}}{\int_{-\pi}^{\pi}\int_0^{\pi}\cdots\int_0^{\pi}\int_0^b \theta r^{n-1}\,dr\,d\varphi_1\ldots d\varphi_{n-2}\,d\varphi_{n-1}}.$$

Concevons maintenant que, dans l'équation (8), on pose $b=a$; alors le second membre de cette équation se présentera sous la forme $\frac{0}{0}$; et pour obtenir sa véritable valeur, il suffira de remplacer le rapport des deux intégrales qu'il renferme par le rapport de leurs dérivées relatives à b, puis de poser, dans ce dernier rapport, $b=a$; et comme la valeur de A ainsi obtenue sera précisément la valeur moyenne de Ω, désignée par la notation

$$\underset{x,y,z,\ldots}{\overset{r=a}{\mathbf{M}}}\ \Omega,$$

nous devons conclure que l'on aura

$$(9)\qquad \underset{x,y,z,\ldots}{\overset{r=a}{\mathbf{M}}}\ \Omega = \frac{\int_{-\pi}^{\pi}\int_0^{\pi}\cdots\int_0^{\pi}\theta\Omega\,d\varphi_1\ldots d\varphi_{n-2}\,d\varphi_{n-1}}{\int_{-\pi}^{\pi}\int_0^{\pi}\cdots\int_0^{\pi}\theta\,d\varphi_1\ldots d\varphi_{n-2}\,d\varphi_{n-1}}.$$

D'autre part, comme en désignant par m un nombre entier quelconque, on a généralement

$$(10)\qquad \int_0^{\pi}\sin^{m-1}\varphi\,d\varphi = \frac{\pi^{\frac{1}{2}}\Gamma\left(\frac{m}{2}\right)}{\Gamma\left(\frac{m+1}{2}\right)},$$

on trouvera, eu égard à l'équation (7),

$$(11)\qquad \int_{-\pi}^{\pi}\int_{0}^{\pi}\cdots\int_{0}^{\pi}\theta\, d\varphi_1\ldots d\varphi_{n-2}\, d\varphi_{n-1} = \frac{2\pi^{\frac{n}{2}}}{\Gamma\left(\frac{n}{2}\right)};$$

donc la formule (9) pourra être réduite à

$$(12)\qquad \underset{x,y,z,\ldots}{\overset{r=a}{\mathbf{M}}}\,\Omega = \frac{\Gamma\left(\frac{n}{2}\right)}{2\pi^{\frac{n}{2}}}\int_{-\pi}^{\pi}\int_{0}^{\pi}\cdots\int_{0}^{\pi}\theta\Omega\, d\varphi_1\ldots d\varphi_{n-2}\, d\varphi_{n-1}.$$

Considérons maintenant, d'une manière spéciale, le cas où l'on a

$$a = 1.$$

Dans ce cas la fonction de $x, y, z, \ldots$, désignée par Ω, se réduit pour $r = 1$, en vertu des formules (4), à une fonction des variables

$$\alpha_1, \quad \alpha_2, \quad \ldots, \quad \alpha_n;$$

et, en substituant cette dernière fonction à la première, on réduit la moyenne

$$\underset{x,y,z,\ldots}{\overset{r=1}{\mathbf{M}}}\,\Omega,$$

à la forme

$$\underset{\alpha_1,\alpha_2,\ldots,\alpha_n}{\overset{\rho=1}{\mathbf{M}}}\,\Omega,$$

ρ étant une variable nouvelle liée aux variables $\alpha_1, \alpha_2, \ldots, \alpha_n$ par l'équation

$$(13)\qquad \rho^2 = \alpha_1^2 + \alpha_2^2 + \ldots + \alpha_n^2.$$

Donc, en considérant Ω comme une fonction des n variables α_1, $\alpha_2, \ldots, \alpha_n$, et supposant ρ lié à celles-ci par l'équation (13), on aura

$$(14)\qquad \underset{\alpha_1,\alpha_2,\ldots,\alpha_n}{\overset{\rho=1}{\mathbf{M}}}\,\Omega = \frac{\Gamma\left(\frac{n}{2}\right)}{2\pi^{\frac{n}{2}}}\int_{-\pi}^{\pi}\int_{0}^{\pi}\cdots\int_{0}^{\pi}\theta\Omega\, d\varphi_1\, d\varphi_2\ldots d\varphi_{n-2}\, d\varphi_{n-1},$$

pourvu que, dans le second membre de la formule (14), on regarde

$\alpha_1, \alpha_2, \ldots, \alpha_n, \theta$ comme des fonctions de $\varphi_1, \varphi_2, \ldots, \varphi_{n-1}$ déterminées par les formules (6) et (7).

Concevons, à présent, que $u_1, u_2, \ldots, u_n$ étant des coefficients réels, on pose

$$(15) \qquad \omega = u_1\alpha_1 + u_2\alpha_2 + \ldots + u_n\alpha_n.$$

Soit, d'ailleurs, k une quantité positive liée aux coefficients u_1, $u_2, \ldots, u_n$ par la formule

$$(16) \qquad k^2 = u_1^2 + u_2^2 + \ldots + u_n^2;$$

et nommons $F(k)$ une fonction paire de k, développable suivant les puissances ascendantes de k^2. En vertu de la formule (35) du précédent Mémoire, on aura, pour des valeurs impaires de n,

$$(17) \quad F(k) = \frac{1}{2\pi^{\frac{n-1}{2}}} D_\iota^{\frac{n-1}{2}} \int_{-\pi}^{\pi}\int_0^{\pi}\ldots\int_0^{\pi} \theta\,\iota^{\frac{n-2}{2}} F(\omega\sqrt{\iota})\,d\varphi_1\ldots d\varphi_{n-2}\,d\varphi_{n-1},$$

pourvu que l'on pose $\iota = 1$, après les différentiations indiquées par la caractéristique D_ι. Donc, eu égard à la formule (14), on aura encore

$$(18) \qquad F(k) = \frac{\pi^{\frac{1}{2}}}{\Gamma\left(\frac{n}{2}\right)} \underset{\alpha_1, \alpha_2, \ldots, \alpha_n}{\overset{\rho=1}{\mathbf{M}}} D_\iota^{\frac{n-1}{2}}\left[\iota^{\frac{n-2}{2}} F(\omega\sqrt{\iota})\right].$$

Concevons maintenant que $F(k)$ désigne une fonction de k, paire ou impaire, mais développable suivant les puissances ascendantes de k. Alors l'expression

$$\underset{\alpha=-1}{\overset{\alpha=1}{\mathbf{M}}} F(k\alpha) = \frac{1}{2}\int_{-1}^{1} F(k\alpha)\,d\alpha$$

représentera une fonction paire de k, développable suivant les puissances ascendantes de k^2; et à la formule (18) on devra substituer celle qu'on en déduit quand on remplace dans le premier membre $F(k)$ par $\underset{\alpha=-1}{\overset{\alpha=1}{\mathbf{M}}} F(k\alpha)$, et, dans le second membre, l'expression

$$D_\iota^{\frac{n-1}{2}}\left[\iota^{\frac{n-2}{2}} F(\omega\sqrt{\iota})\right],$$

par l'expression

$$(19)\qquad D_\iota^{\frac{n-1}{2}}\left[\iota^{\frac{n-2}{2}}\underset{\alpha=-1}{\overset{\alpha=1}{\mathbf{M}}}\mathrm{F}(\omega\alpha\sqrt{\iota})\right],$$

ou, ce qui revient au même, par la suivante :

$$(20)\qquad \frac{1}{2}D_\iota^{\frac{n-1}{2}}\left[\iota^{\frac{n-2}{2}}\int_{-1}^{1}\mathrm{F}(\omega\alpha\sqrt{\iota})\,d\alpha\right],$$

dans laquelle on devra toujours réduire ι à l'unité, après les différentiations indiquées par la caractéristique D_ι. D'ailleurs, si l'on remplace $\mathrm{F}(k)$ par k^m, m étant un nombre pair quelconque, l'expression (20), réduite à

$$\frac{1}{2}D_\iota^{\frac{n-1}{2}}\left[\iota^{\frac{n-2}{2}}\int_{-1}^{1}(\omega\alpha\sqrt{\iota})^m\,d\alpha\right],$$

sera équivalente au produit

$$\frac{1}{2}\,\frac{m+n-2}{2}\cdots\frac{m+5}{2}\,\frac{m+3}{2}\,\omega^m\iota^{\frac{m-1}{2}},$$

ou, ce qui revient au même, à l'expression

$$\frac{1}{2\iota}D_\iota^{\frac{n-3}{2}}\left[\iota^{\frac{n-2}{2}}(\omega\sqrt{\iota})^m\right].$$

On aura donc, pour des valeurs paires de m,

$$\frac{1}{2}D_\iota^{\frac{n-1}{2}}\left[\iota^{\frac{n-2}{2}}\int_{-1}^{1}(\omega\alpha\sqrt{\iota})^m\,d\alpha\right]=\frac{1}{2\iota}D_\iota^{\frac{n-3}{2}}\left[\iota^{\frac{n-2}{2}}(\omega\sqrt{\iota})^m\right],$$

ou, ce qui revient au même,

$$D_\iota^{\frac{n-1}{2}}\left[\iota^{\frac{n-1}{2}}\underset{\alpha=-1}{\overset{\alpha=1}{\mathbf{M}}}(\omega\alpha\sqrt{\iota})^m\right]=\frac{1}{2\iota}D_\iota^{\frac{n-3}{2}}\left[\iota^{\frac{n-2}{2}}(\omega\sqrt{\iota})^m\right].$$

Eu égard à cette dernière formule, dans laquelle le facteur $\frac{1}{2\iota}$ se réduira simplement à $\frac{1}{2}$ pour $\iota=1$, on tirera de l'équation (18), quand on y remplacera $\mathrm{F}(k)$ par $\underset{\alpha=-1}{\overset{\alpha=1}{\mathbf{M}}}\mathrm{F}(k\alpha)$, en supposant $\mathrm{F}(k)$ développable suivant les puissances ascendantes de k,

$$(21)\qquad \mathop{\mathbf{M}}_{\alpha=-1}^{\alpha=1} \mathrm{F}(k\alpha) = \frac{\pi^{\frac{1}{2}}}{2\Gamma\left(\frac{n}{2}\right)} \mathop{\mathbf{M}}_{\alpha_1,\alpha_2,\ldots,\alpha_n}^{\rho=1} \mathrm{D}_\iota^{\frac{n-3}{2}}\left[\iota^{\frac{n-2}{2}}\mathrm{F}(\omega\sqrt{\iota})\right].$$

En résumé, on peut énoncer les deux propositions suivantes :

Théorème II. — *Soient $\alpha_1, \alpha_2, \ldots, \alpha_n$, n variables réelles; soit encore*

$$\omega = u_1\alpha_1 + u_2\alpha_2 + \ldots + u_n\alpha_n$$

une fonction linéaire de ces variables, les coefficients $u_1, u_2, \ldots, u_n$ étant réels, et posons

$$\rho = \sqrt{\alpha_1^2 + \alpha_2^2 + \ldots + \alpha_n^2}, \qquad k = \sqrt{u_1^2 + u_2^2 + \ldots + u_n^2}.$$

Soit enfin $\mathrm{F}(k)$ *une fonction paire de k, développable suivant les puissances ascendantes de k^2. On aura pour des valeurs impaires de n,*

$$\mathrm{F}(k) = \frac{\pi^{\frac{1}{2}}}{\Gamma\left(\frac{n}{2}\right)} \mathop{\mathbf{M}}_{\alpha_1,\alpha_2,\ldots,\alpha_n}^{\rho=1} \mathrm{D}_\iota^{\frac{n-1}{2}}\left[\iota^{\frac{n-2}{2}}\mathrm{F}(\omega\sqrt{\iota})\right],$$

pourvu qu'après avoir effectué les différentiations indiquées par la caractéristique D_ι *on réduise le paramètre ι à l'unité. On aura d'ailleurs, comme l'on sait,*

$$\Gamma\left(\frac{n}{2}\right) = \frac{1.3.5\ldots(n-2)}{2^{\frac{n-1}{2}}}\pi^{\frac{1}{2}}.$$

Théorème III. — *Les mêmes choses étant posées que dans le théorème précédent, si l'on nomme* $\mathrm{F}(k)$ *une fonction développable suivant les puissances ascendantes de k, on aura*

$$\mathop{\mathbf{M}}_{\alpha=-1}^{\alpha=1} \mathrm{F}(k\alpha) = \frac{2\pi^{\frac{1}{2}}}{2\Gamma\left(\frac{n}{2}\right)} \mathop{\mathbf{M}}_{\alpha_1,\alpha_2,\ldots,\alpha_n}^{\rho=1} \mathrm{D}_\iota^{\frac{n-3}{2}}\left[\iota^{\frac{n-2}{2}}\mathrm{F}(\omega\sqrt{\iota})\right],$$

pourvu qu'après les différentiations indiquées par la caractéristique D_ι *on réduise ι à l'unité.*

NOTE SUR L'EMPLOI

DES

THÉORÈMES RELATIFS AUX VALEURS MOYENNES DES FONCTIONS

DANS L'INTÉGRATION DES ÉQUATIONS DIFFÉRENTIELLES ET AUX DÉRIVÉES PARTIELLES

Supposons d'abord l'inconnue ϖ déterminée en fonction du temps t par une équation différentielle de la forme

$$D_t^2 \varpi = k^2 \varpi, \tag{1}$$

k étant une quantité constante. Si l'on nomme ϖ_0, ϖ_1 les valeurs de ϖ et $D_t \varpi$ correspondant à une valeur nulle de t, l'intégrale générale de l'équation (1) sera

$$\varpi = \frac{e^{kt} + e^{-kt}}{2} \varpi_0 + \frac{e^{kt} - e^{-kt}}{2k} \varpi_1,$$

ou, ce qui revient au même,

$$\varpi = D_t \underset{\alpha=-1}{\overset{\alpha=1}{\mathbf{M}}} t e^{kt\alpha} \varpi_0 + \underset{\alpha=-1}{\overset{\alpha=1}{\mathbf{M}}} t e^{kt\alpha} \varpi_1. \tag{2}$$

Si d'ailleurs la quantité k^2 est la somme des carrés de plusieurs autres quantités $u_1, u_2, \ldots, u_n$, en sorte qu'on ait

$$k^2 = u_1^2 + u_2^2 + \ldots + u_n^2, \tag{3}$$

on pourra dans la formule (2), remplacer l'exponentielle $e^{kt\alpha}$ par une autre dans laquelle l'exposant soit réduit à une fonction linéaire de $u_1, u_2, \ldots, u_n$. En effet, supposons d'abord que n soit un nombre impair. Alors, en désignant par

$$\alpha_1, \quad \alpha_2, \quad \ldots, \quad \alpha_n$$

n variables auxiliaires, et posant

$$(4) \qquad \omega = u_1\alpha_1 + u_2\alpha_2 + \ldots + u_n\alpha_n, \qquad \rho^2 = \alpha_1^2 + \alpha_2^2 + \ldots + \alpha_n^2,$$

on tirera de l'équation (2), combinée avec la formule (21) du précédent Mémoire,

$$(5) \qquad \begin{aligned} \varpi = {} & \frac{\pi^{\frac{1}{2}}}{2\Gamma\left(\frac{n}{2}\right)} \mathrm{D}_t \mathop{\mathbf{M}}_{\alpha_1, \alpha_2, \ldots, \alpha_n}^{\rho=1} t \mathrm{D}_\iota^{\frac{n-3}{2}} \left[\iota^{\frac{n-2}{2}} e^{\omega t \sqrt{\iota}}\right] \varpi_0 \\ & + \frac{\pi^{\frac{1}{2}}}{2\Gamma\left(\frac{n}{2}\right)} \mathop{\mathbf{M}}_{\alpha_1, \alpha_2, \ldots, \alpha_n}^{\rho=1} t \mathrm{D}_\iota^{\frac{n-3}{2}} \left[\iota^{\frac{n-2}{2}} e^{\omega t \sqrt{\iota}}\right] \varpi_1, \end{aligned}$$

ι devant être réduit à l'unité, après les différentiations indiquées par la caractéristique D_ι. Si n était pair, ou, ce qui revient au même, si, n étant impair, k^2 était de la forme

$$(6) \qquad k^2 = u_1^2 + u_2^2 + \ldots + u_{n-1}^2,$$

il suffirait, pour revenir au cas précédent, de joindre à la formule (3) l'équation

$$(7) \qquad u_n = 0,$$

en vertu de laquelle la valeur de ω serait réduite à

$$(8) \qquad \omega = u_1\alpha_1 + u_2\alpha_2 + \ldots + u_{n-1}\alpha_{n-1}.$$

Concevons maintenant que, $x, y, z, \ldots$ étant de nouvelles variables indépendantes, k^2 se transforme en une fonction de $\mathrm{D}_x, \mathrm{D}_y, \mathrm{D}_z, \ldots$ entière et du second degré, représentée par $\mathrm{F}(\mathrm{D}_x, \mathrm{D}_y, \mathrm{D}_z)$. L'équation (1), ou, en d'autres termes, la formule

$$(9) \qquad \mathrm{D}_t^2 \varpi = \mathrm{F}(\mathrm{D}_x, \mathrm{D}_y, \mathrm{D}_z, \ldots)\varpi,$$

sera une équation aux dérivées partielles, linéaire et du second ordre, qui déterminera l'inconnue ϖ considérée comme fonction de $x, y, z, \ldots, t$, quand on connaîtra les valeurs initiales de ϖ et $D_t\varpi$. Soient $\varpi_0(x, y, z, \ldots)$, $\varpi_1(x, y, z, \ldots)$ ces valeurs initiales. L'intégrale générale de l'équation (1) ou (9) sera représentée par la formule symbolique

$$(10) \qquad \varpi = D_t \mathop{\mathbf{M}}_{\alpha=-1}^{\alpha=1} t e^{kt\alpha} \varpi_0(x, y, z, \ldots) + \mathop{\mathbf{M}}_{\alpha=-1}^{\alpha=1} t e^{kt\alpha} \varpi_1(x, y, z, \ldots),$$

analogue à l'équation (2). Soient d'ailleurs

$$u = D_x, \qquad v = D_y, \qquad w = D_z, \qquad \ldots$$

On aura

$$(11) \qquad k^2 = F(u, v, w, \ldots);$$

et, si n désigne le nombre des variables $x, y, z, \ldots$, la valeur de k^2 déterminée par l'équation (11) pourra être généralement réduite à la forme

$$(12) \qquad k^2 = u_1^2 + u_2^2 + \ldots + u_n^2,$$

$u_1, u_2, \ldots, u_n$ étant des fonctions linéaires de $u, v, w, \ldots$, en sorte qu'on aura

$$(13) \qquad \begin{cases} u_1 = a_1 u + b_1 v + c_1 w + \ldots + l_1, \\ u_2 = a_2 u + b_2 v + c_2 w + \ldots + l_2, \\ \ldots\ldots\ldots\ldots\ldots\ldots\ldots\ldots\ldots, \\ u_n = a_n u + b_n v + c_n w + \ldots + l_n, \end{cases}$$

$a_1, b_1, c_1, \ldots, l_1$; $a_2, b_2, c_2, \ldots, l_2$; $\ldots$; $a_n, b_n, c_n, \ldots, l_n$ étant des coefficients qui seront tous réels si la fonction $F(x, y, z, \ldots)$ est du nombre de celles qui restent positives pour des valeurs quelconques de $x, y, z, \ldots$. Admettons cette dernière hypothèse. Alors, pour déduire de la formule (5) l'intégrale générale de l'équation (1), il suffira de remplacer dans cette formule ϖ_0 et ϖ_1 par $\varpi_0(x, y, z, \ldots)$ et $\varpi_1(x, y, z, \ldots)$. D'autre part, en vertu des formules (13) jointes à la première des équations (4), on aura

$$(14) \qquad \omega = \alpha u + \beta v + \gamma w + \ldots + \lambda,$$

les valeurs de $\alpha, \beta, \gamma, \ldots, \lambda$ étant

$$(15)\qquad \begin{cases} \alpha = a_1\alpha_1 + a_2\alpha_2 + \ldots + a_n\alpha_n, \\ \beta = b_1\alpha_1 + b_2\alpha_2 + \ldots + b_n\alpha_n, \\ \lambda = l_1\,\alpha_1 + l_2\,\alpha_2 + \ldots + l_n\,\alpha_n. \end{cases}$$

Enfin, en désignant par $\varpi(x, y, z, \ldots)$ une fonction arbitraire de x, $y, z, \ldots$, on aura, en vertu du théorème de Taylor, eu égard à la formule (14),

$$(16)\qquad e^{\omega t\sqrt{\iota}}\varpi(x, y, z, \ldots) = e^{\lambda t\sqrt{\iota}}\varpi(x + \alpha t\sqrt{\iota}, y + \beta t\sqrt{\iota}, \ldots).$$

Donc l'intégrale générale de l'équation (9) sera

$$(17)\qquad \varpi = \frac{\pi^{\frac{1}{2}}}{2\Gamma\left(\frac{n}{2}\right)} \mathrm{D}_t \mathop{\mathbf{M}}_{\alpha_1, \alpha_2, \ldots, \alpha_n}^{\rho=1} t\mathrm{D}_\iota^{\frac{n-3}{2}}\left[\iota^{\frac{n-2}{2}} e^{\lambda t\sqrt{\iota}}\varpi_0(x + \alpha t\sqrt{\iota}, y + \beta t\sqrt{\iota}, \ldots)\right]$$
$$+ \frac{\pi^{\frac{1}{2}}}{2\Gamma\left(\frac{n}{2}\right)} \mathop{\mathbf{M}}_{\alpha_1, \alpha_2, \ldots, \alpha_n}^{\rho=1} t\mathrm{D}_\iota^{\frac{n-3}{2}}\left[\iota^{\frac{n-2}{2}} e^{\lambda t\sqrt{\iota}}\varpi_1(x + \alpha t\sqrt{\iota}, y + \beta t\sqrt{\iota}, \ldots)\right],$$

ι devant être réduit à l'unité après les différentiations indiquées par la caractéristique D_ι.

La formule (17) conduit aisément à la connaissance des lois des phénomènes dont l'étude exige l'intégration d'équations semblables à la formule (9). Supposons, pour fixer les idées, que $x, y, z, \ldots$ représentent des coordonnées d'une ou plusieurs sortes. Supposons encore que l'équation (9) soit homogène, et que, par suite, $l_1, l_2, \ldots, l_n, \gamma$ s'évanouissent. Supposons enfin que les valeurs de l'inconnue ϖ et de sa dérivée soient insensibles au premier instant pour des valeurs de $x, y, z, \ldots$ sensiblement différentes de zéro. Alors, en vertu de la formule (17), la valeur de ϖ ne sera sensible au bout du temps t que pour des valeurs de $x, y, z, \ldots$ qui vérifieront sensiblement les formules

$$(18)\qquad x + \alpha t = 0, \qquad y + \beta t = 0, \qquad z + \gamma t = 0, \qquad \ldots.$$

Soient, d'ailleurs,

$$(19)\qquad \alpha_1 = \mathrm{a}_1\alpha + \mathrm{b}_1\beta + \mathrm{c}_1\gamma + \ldots, \qquad \alpha_2 = \mathrm{a}_2\alpha + \mathrm{b}_2\beta + \mathrm{c}_2\gamma + \ldots,$$

les valeurs de $\alpha_1, \alpha_2, \ldots$ tirées des formules (15). L'équation

$$\alpha_1^2 + \alpha_2^2 + \ldots + \alpha_n^2 = 1, \tag{20}$$

jointe aux formules (18), (19), donnera

$$\begin{aligned}(\mathrm{a}_1 x + \mathrm{b}_1 y + \mathrm{c}_1 z + \ldots)^2 + (\mathrm{a}_2 x + \mathrm{b}_2 y + \mathrm{c}_2 z + \ldots)^2 + \ldots \\ + (\mathrm{a}_n x + \mathrm{b}_n y + \mathrm{c}_n z \ldots)^2 = t^2,\end{aligned} \tag{21}$$

et l'équation (21) devra être vérifiée sensiblement, au bout du temps t, par tous les systèmes des valeurs $x, y, z, \ldots$ pour lesquelles l'inconnue ϖ conservera une valeur sensible.

Si λ cessait de s'évanouir, les conclusions auxquelles nous venons de parvenir ne subsisteraient, en général, que pour des valeurs peu considérables de t.

Si la formule (9) se réduit à l'équation du mouvement des fluides élastiques, la formule (17) reproduira l'intégrale connue de cette équation, et la formule (21) sera l'équation de la surface sphérique mobile qui représentera l'onde sonore.

MÉMOIRE

SUR

LES QUANTITÉS GÉOMÉTRIQUES.

La théorie des équivalences algébriques, à laquelle se rapporte un des précédents Mémoires, n'est pas la seule qui puisse être utilement substituée à la théorie des expressions imaginaires. On peut encore, avec avantage, remplacer ces expressions par les *quantités géométriques*, dont l'emploi donne à l'algèbre non seulement une clarté, une précision nouvelle, mais encore une plus grande généralité. Entrons, à ce sujet, dans quelques détails.

La théorie des expressions imaginaires a été, à diverses époques, envisagée sous divers points de vue. Dès l'année 1806, M. l'abbé Buée et M. Argand, en partant de cette idée que $\sqrt{-1}$ est un signe de perpendicularité, avaient donné des expressions imaginaires une interprétation géométrique, contre laquelle des objections spécieuses ont été proposées. Plus tard, M. Argand et d'autres auteurs, particulièrement MM. Français, Faure, Mourey, Vallès, etc., ont publié des recherches (¹) qui avaient pour but de développer ou de modifier l'interprétation dont il s'agit. Dans mon *Analyse algébrique*, publiée en 1821, je m'étais contenté de faire voir qu'on peut rendre

(¹) Une grande partie des résultats de ces recherches avait été, à ce qu'il paraît, obtenue, même avant le siècle présent et dès l'année 1786, par un savant modeste, M. Henri-Dominique Truel, qui, après les avoir consignés dans divers manuscrits, les a communiqués, vers l'année 1810, à M. Augustin Normand, constructeur de vaisseaux au Havre.

rigoureuse la théorie des expressions et des équations imaginaires, en considérant ces expressions et ces équations comme *symboliques*. Mais, après de nouvelles et mûres réflexions, le meilleur parti à prendre me paraît être d'abandonner entièrement l'usage du signe $\sqrt{-1}$, et de remplacer la théorie des expressions *imaginaires* par la théorie des quantités que j'appellerai *géométriques*, en mettant à profit les idées émises et les notations proposées non seulement par les auteurs déjà cités, mais aussi par M. de Saint-Venant, dans un Mémoire digne de remarque, sur les *sommes algébriques*. C'est ce que j'essaierai d'expliquer dans les paragraphes suivants, qui offriront une sorte de résumé des travaux faits sur cette matière, reproduits dans un ordre méthodique, avec des modifications utiles, sous une forme simple et nouvelle en quelques points.

I. — *Définitions, notations.*

Menons, dans un plan fixe, et par un point fixe O pris pour *origine* ou *pôle*, un axe polaire OX. Soient d'ailleurs r la distance de l'origine O à un autre point A du plan fixe, et p l'angle polaire, positif ou négatif, décrit par un rayon mobile, qui, en tournant autour de l'origine O dans un sens ou dans un autre, passe de la position OX à la position OA.

Nous appellerons *quantité géométrique*, et nous désignerons par la notation r_p le rayon vecteur OA dirigé de O vers A. La longueur de ce rayon, représentée par la lettre r, sera nommée la *valeur numérique* ou le *module* de la quantité géométrique r_p; l'angle p, qui indique la direction du rayon vecteur OA, sera l'*argument* ou l'*azimut* de cette même quantité. Deux quantités géométriques seront *égales* entre elles, lorsqu'elles représenteront le même rayon vecteur. Donc, puisqu'un tel rayon revient toujours à la même position, quand on le fait tourner autour de l'origine dans un sens ou dans un autre, de manière que chacun de ses points décrive une ou plusieurs circonférences du cercle, il est clair que si l'on désigne par k une quantité entière quelconque, positive, nulle ou négative, et par π le rapport de la circonférence au diamètre, une équation de la forme

$$R_p = r_p$$

entraînera toujours les deux suivantes :

$$R = r, \qquad P = p + 2k\pi,$$

et, par suite, les formules

$$\cos P = \cos p, \qquad \sin P = \sin p.$$

Enfin, nous conviendrons de mesurer les longueurs absolues sur l'axe polaire OX, en sorte qu'on aura identiquement

$$r_0 = r.$$

Quant à la quantité géométrique r_π (¹), elle se mesurera aussi bien que r_0, sur l'axe polaire OX, mais en sens inverse, et, par suite, la notation r_π pourra être censée représenter ce qu'on nomme, en algèbre, une *quantité négative*.

Cela posé, la notion de *quantité géométrique* comprendra, comme cas particulier, la notion de *quantité algébrique*, positive ou négative, et, à plus forte raison, la notion de *quantité arithmétique* ou de *nombre*, renfermée elle-même, comme cas particulier, dans la notion de quantité algébrique.

Ajoutons que, pour plus de généralité, on pourra désigner encore, sous le nom de *quantité géométrique*, et à l'aide de la notation r_p, une longueur r mesurée dans le plan fixe donné, à partir d'un point quelconque, mais dans une direction qui forme avec l'axe fixe OX, ou avec un axe parallèle, l'angle polaire p. Alors le point à partir duquel se mesurera la longueur r, et le point auquel elle aboutira, seront l'*origine* et l'*extrémité* de cette longueur.

(¹) En général, les notations

$$r_p, \quad r_{p+\pi}$$

représenteront deux longueurs mesurées sur la même droite, mais dans des *directions opposées*.

II. — *Sommes, produits et puissances entières des quantités géométriques.*

Après avoir défini les quantités géométriques, il est encore nécessaire de définir les diverses fonctions de ces quantités, spécialement leurs sommes, leurs produits et leurs puissances entières, en choisissant des définitions qui s'accordent avec celles que l'on admet dans le cas où il s'agit simplement de quantités algébriques. Or, cette condition sera remplie, si l'on adopte les conventions que nous allons indiquer.

Étant données plusieurs quantités géométriques,

$$r_p, \quad r'_{p'}, \quad r''_{p''}, \quad \ldots$$

représentées en grandeur et en direction par les rayons vecteurs

$$\text{OA}, \quad \text{OA}', \quad \text{OA}'', \quad \ldots$$

qui joignent le pôle O aux points A, A′, A″, ..., concevons que l'on mène par l'extrémité A du rayon vecteur OA une droite AB égale et parallèle au rayon vecteur OA′, puis, par le point B une droite BC égale et parallèle au rayon vecteur OA″, ...; et joignons le pôle O au dernier sommet K de la portion de polygone OABC...HK construite comme on vient de le dire. On obtiendra le dernier côté OK d'un polygone fermé dont les premiers côtés seront OA, AB, BC, ..., HK. Or, ce dernier côté OK sera ce que nous appellerons la *somme* des quantités géométriques données, et ce que nous indiquerons par la juxtaposition de ces quantités, liées l'une à l'autre par le signe +, comme on a coutume de le faire pour une somme de quantités algébriques. En conséquence, si l'on nomme R la valeur numérique du rayon vecteur OK, et P l'angle polaire formé par ce rayon avec l'axe polaire, on aura

$$R_P = r_p + r'_{p'} + r''_{p''} + \ldots. \tag{1}$$

Observons d'ailleurs que les côtés OA, AB, BC, ..., HK, du polygone ABCD...HK, peuvent être censés représenter eux-mêmes les quantités géométriques désignées par les notations $r_p, r'_{p'}, r''_{p''}, \ldots$ Donc, *pour obtenir la somme de plusieurs quantités géométriques, il suffit de porter, l'une après l'autre, les diverses longueurs qu'elles représentent, dans les directions indiquées par les divers arguments, en prenant pour origine de chaque longueur nouvelle l'extrémité de la longueur précédente, puis de joindre l'origine de la première longueur à l'extrémité de la dernière, par une droite qui représentera en grandeur et en direction la somme cherchée.*

Si l'on projette orthogonalement les divers côtés du polygone OABC...HK sur l'axe polaire, la projection algébrique du dernier côté OK sera évidemment la somme des projections algébriques de tous les autres, ou, ce qui revient au même, la somme des projections algébriques des rayons vecteurs OA, OA', OA'', ... Donc l'équation (1) entraînera la suivante :

$$R\cos P = r\cos p + r'\cos p' + r''\cos p'' + \ldots \tag{2}$$

On trouvera de même en projetant les divers côtés du polygone OABC...HK, non plus sur l'axe polaire, mais sur un axe fixe, perpendiculaire à celui-ci :

$$R\sin P = r\sin p + r'\sin p' + r''\sin p'' + \ldots \tag{3}$$

Les équations (2) et (3) fournissent le moyen de déterminer aisément le module R et l'argument P de la somme de plusieurs quantités géométriques.

Si l'on considère seulement deux rayons vecteurs OA, OA', représentés en grandeur et en direction par les quantités géométriques r'_p, $r''_{p'}$, la somme de ces dernières sera, en vertu de la définition admise, une troisième quantité géométrique propre à représenter en grandeur et en direction la diagonale OK du parallélogramme construit sur les rayons vecteurs donnés. En d'autres termes, elle sera le troisième côté d'un triangle qui aura pour premier côté le rayon vecteur OA, le second côté AK étant égal et parallèle au rayon vecteur OA'. D'ailleurs, dans ce triangle, le côté OK, représenté en grandeur par le module de la somme $r_p + r'_{p'}$, sera compris entre la somme et la différence des deux autres côtés, représentés en grandeur par les modules r et r'. On peut donc énoncer la proposition suivante :

THÉORÈME I. — *Le module de la somme de deux quantités géométriques est toujours compris entre la somme et la différence de leurs modules.*

Il est bon d'observer que le module de la somme de deux quantités géométriques $r'_p, r'_{p'}$ pourrait atteindre les limites qui lui sont assignées par le théorème précédent, et se réduirait effectivement à la somme ou à la différence des modules r, r', si les rayons vecteurs OA, OA′ étaient dirigés suivant une même droite, dans le même sens ou en sens opposés.

Le théorème I entraîne évidemment le suivant :

THÉORÈME II. — *Le module de la somme de plusieurs quantités géométriques ne peut surpasser la somme de leurs modules.*

On peut, au reste, déduire directement ce théorème II de cette seule considération, que dans un polygone fermé OABC...HK, le dernier côté OK ne peut surpasser la somme de tous les autres.

Ce que nous nommerons le *produit* de plusieurs quantités géométriques, ce sera une nouvelle quantité géométrique qui aura pour module le produit de leurs modules, et pour argument la somme de leurs arguments. Nous indiquerons le produit de plusieurs quantités géométriques,

$$r_p, \quad r'_{p'}, \quad r''_{p''}, \quad \ldots,$$

à l'aide des notations que l'on emploie dans le cas où il s'agit de quantités algébriques, par exemple, en plaçant ces quantités à la suite les unes des autres, sans les faire précéder d'aucun signe. Cela posé, on aura, d'après la définition énoncée,

$$(4) \qquad r_p r'_{p'} r''_{p''} \ldots = (r r' r'' \ldots)_{p+p'+p''+\ldots}$$

On sait que, pour multiplier par un facteur donné la somme de plusieurs nombres ou de plusieurs quantités algébriques, il suffit de multiplier chaque terme de la somme par le facteur dont il s'agit. La somme R_p de plusieurs quantités géométriques $r_p, r'_{p'}, \ldots$ jouit de la même propriété. Pour le prouver, il suffit de voir que l'équation (1) continuera de subsister, si l'on multiplie les divers termes

$$R_p, \quad r_p, \quad r'_{p'}, \quad r''_{p''}, \quad \ldots$$

par un facteur géométrique ρ_ϖ. Or, en premier lieu, si le module ρ se réduit à l'unité, il suffira, pour effectuer la multiplication dont il s'agit, d'ajouter l'argument ϖ à chacun des arguments $P, p, p', p'', \ldots$. Mais cette opération revient à faire tourner autour de l'origine chacun des rayons vecteurs

$$R_p, \quad r_p, \quad r'_{p'}, \quad \ldots,$$

et, par suite, le polygone OABC...HK, dont la construction fournit la valeur de R_p, en faisant décrire à chaque rayon vecteur l'angle ϖ; elle laissera donc subsister l'équation (1), qui deviendra

$$R_{P+\varpi} = r_{p+\varpi} + r'_{p'+\varpi} + r''_{p''+\varpi} + \ldots. \tag{5}$$

En second lieu, on pourra, sans altérer les directions des côtés du polygone OABC...HK, le transformer en un polygone semblable, en faisant varier ses côtés dans le rapport de 1 à ρ, et l'on pourra ainsi, de la formule (5), déduire l'équation

$$(R\rho)_{P+\varpi} = (r\rho)_{p+\varpi} + (r'\rho)_{p'+\varpi} + \ldots,$$

qui peut être présentée sous la forme

$$r_\varpi R_P = \rho_\varpi r_p + \rho_\varpi r'_{p'} + \ldots. \tag{6}$$

On peut donc énoncer la proposition suivante :

Théorème III. — *Pour multiplier la somme*

$$r_p + r'_{p'} + \ldots$$

de plusieurs quantités géométriques $r_p, r'_{p'} \ldots$ *par le facteur géométrique* ρ_ϖ, *il suffit de multiplier chacun des termes qui la composent par ce même facteur.*

Ce théorème une fois établi, on en déduit immédiatement la proposition plus générale dont voici l'énoncé :

Théorème IV. — *Le produit de plusieurs sommes de quantités géométriques est la somme des produits partiels que l'on peut former avec les divers termes de ces mêmes sommes, en prenant un facteur dans chacune d'elles.*

Soit maintenant m un nombre entier quelconque. Le produit de m facteurs égaux à la quantité géométrique r_p est ce que nous appellerons la $m^{\text{ième}}$ *puissance* de cette quantité, et ce que nous indiquerons, suivant l'usage adopté pour les quantités algébriques, par la notation

$$r_p^m.$$

Cela posé, l'équation (4) entraînera évidemment la formule

$$r_p^m = (r^m)_{mp}; \tag{7}$$

et l'on étendra sans peine aux puissances entières de quantités géométriques les propositions connues et relatives aux puissances entières de quantités algébriques. Ainsi, par exemple, en désignant par m, n deux nombres entiers, on aura

$$r_p^m r_p^n = r_p^{m+n}, \tag{8}$$

$$(r_p^m)^n = r_p^{mn}. \tag{9}$$

Ainsi encore, on conclura du théorème IV que la formule de Newton, relative au développement de la puissance entière d'un binome, subsiste dans le cas même où ce binome est la somme de deux quantités géométriques.

Deux quantités géométriques seront dites *opposées* l'une à l'autre, lorsque leur somme sera nulle, et *inverses* l'une de l'autre, lorsque leur produit sera l'unité. D'après ces définitions, la quantité géométrique $r_{p+\pi}$ ou $-r_p$ sera l'opposée de r_p. De plus, si l'on étend les formules (7), (8) au cas même où l'exposant m devient nul ou négatif, on aura identiquement

$$r_p^0 = 1,$$

et la quantité géométrique r_p^{-1} ne sera autre chose que l'inverse de r_p. Pareillement, r_p^{-m} sera l'inverse de r_p^m, et l'on aura

$$r_p^{-m} = (r^{-m})_{-mp}. \tag{10}$$

Suivant l'usage adopté pour les quantités algébriques, une quantité géométrique pourra quelquefois être représentée par une seule lettre.

III. — *Différences, quotients et racines de quantités géométriques.*

Pour les quantités géométriques comme pour les quantités algébriques, la soustraction, la division, l'extraction des racines ne seront autre chose que les opérations inverses de l'addition, de la multiplication, de l'élévation aux puissances. Par suite, les résultats de ces opérations inverses, désignés sous les noms de différences, de quotients, de racines, se trouveront complètement définis. Ainsi, en particulier :

La *différence* entre deux quantités géométriques sera ce qu'il faut ajouter à la seconde pour obtenir la première;

Le *quotient* d'une quantité géométrique par une autre sera le facteur qui, multiplié par la seconde, reproduit la première:

La *racine* $n^{\text{ième}}$ d'une quantité géométrique, n étant un nombre entier quelconque, sera un facteur dont la $n^{\text{ième}}$ puissance reproduira la quantité dont il s'agit.

De ces définitions on déduira immédiatement les propositions suivantes :

THÉORÈME I. — *Pour soustraire une quantité géométrique, il suffit d'ajouter la quantité opposée.*

THÉORÈME II. — *Pour diviser par une quantité géométrique, il suffit de multiplier par la quantité inverse.*

Les différences et quotients de quantités géométriques s'indiqueront à l'aide des notations usitées pour les quantités algébriques. Ainsi la différence des deux quantités géométriques R_P, r_p, sera désignée par la notation

$$R - r_p,$$

et le rapport ou quotient qu'on obtient en divisant la première par la seconde, sera exprimé par la notation

$$\frac{R_P}{r_p}.$$

Lorsque, dans une somme ou différence de quantités géométriques, quelques-unes s'évanouiront, on pourra se dispenser de les écrire. Donc, la somme et la différence des quantités géométriques o et r_p pourront être représentées simplement par $+r_p$ et $-r_p$; et l'on aura, eu égard au théorème I,

$$+r = r_p, \qquad -r = r_{p+\pi}.$$

Si, dans la dernière des deux formules précédentes, on pose $p = 0$, elle donnera

$$r_\pi = -r_0 = -r.$$

Soit maintenant ρ_ϖ la racine $n^{\text{ième}}$ de r_p : l'équation

$$(1) \qquad \rho_\varpi^n = r_p$$

donnera

$$(\rho^n)_{n\varpi} = r_p,$$

et, par suite (*voir* le § I),

$$(2) \qquad \rho^n = r, \qquad n\varpi = p + 2k\pi,$$

k désignant une quantité entière, positive, nulle ou négative; puis on en conclura

$$(3) \qquad \rho = r^{\frac{1}{n}}, \qquad \varpi = \frac{p}{n} + \frac{2k\pi}{n},$$

$$(4) \qquad \rho_\varpi = \left(r^{\frac{1}{n}}\right)_{\frac{p}{n} + \frac{2k\pi}{n}}.$$

En vertu de la seconde des formules (3), l'angle polaire

$$\varpi = \frac{p}{n} + \frac{2k\pi}{n}$$

pourra être un terme quelconque de la progression arithmétique dont la raison serait $\frac{2\pi}{n}$, l'un des termes étant $\frac{p}{n}$. Il en résulte qu'une même quantité géométrique r_p offrira n racines du degré n, toutes comprises dans la formule

$$(5)\qquad \left(r^{\frac{1}{n}}\right)_{\frac{p}{n}+\frac{2k\pi}{n}},$$

et représentées par des rayons vecteurs égaux, menés du pôle à n points qui diviseront une même circonférence en parties égales. Ajoutons que, l'expression (5) reprenant exactement la même valeur, lorsqu'on fait croître ou décroître le rapport $\frac{k}{n}$ d'une ou de plusieurs unités, par conséquent, lorsqu'on fait croître ou décroître k de n ou d'un multiple de n, il suffira, pour obtenir les diverses valeurs de cette expression, de prendre successivement pour k les divers termes de la suite

$$(6)\qquad 0,\quad 1,\quad 2,\quad \ldots,\quad n-1.$$

Si p se réduit à zéro, et r à l'unité, on aura simplement

$$r_p = 1_0 = 1.$$

Alors les diverses valeurs de l'expression (5), réduites à la forme

$$(7)\qquad 1_{\frac{2k\pi}{n}},$$

ne seront autre chose que les racines $n^{\text{ièmes}}$ de l'unité, représentées par les divers termes de la suite

$$(8)\qquad 1_0 = 1,\quad 1_{\frac{2\pi}{n}},\quad 1_{\frac{4\pi}{n}},\quad \ldots,\quad 1_{\frac{2(n-1)\pi}{n}}.$$

Il est bon d'observer que, parmi ces termes, deux au plus se réduiront à des quantités algébriques, savoir : le premier terme $1_0 = 1$, et, quand n sera pair, le terme $1_\pi = -1$, que l'on obtiendra en posant $k = \frac{n}{2}$. De plus, comme on aura

$$\frac{2(n-1)\pi}{n} = 2\pi - \frac{2\pi}{n},\qquad \frac{2(n-2)\pi}{n} = 2\pi - \frac{4\pi}{n},\qquad \ldots,$$

et, par conséquent,

$$\mathrm{I}_{\frac{2(n-1)\pi}{n}} = \mathrm{I}_{-\frac{2\pi}{n}}, \qquad \mathrm{I}_{\frac{2(n-2)\pi}{n}} = \mathrm{I}_{-\frac{4\pi}{n}}, \qquad \ldots,$$

il est clair que les diverses racines de l'unité pourront être représentées non seulement par les divers termes de la suite (8), mais encore, si n est impair, par les termes de la suite

$$(9) \qquad \mathrm{I}_{-\frac{(n-1)\pi}{n}}, \quad \ldots, \quad \mathrm{I}_{-\frac{4\pi}{n}}, \quad \mathrm{I}_{-\frac{2\pi}{n}}, \quad \mathrm{I}, \quad \mathrm{I}_{\frac{2\pi}{n}}, \quad \mathrm{I}_{\frac{4\pi}{n}}, \quad \ldots, \quad \mathrm{I}_{\frac{(n-1)\pi}{n}},$$

et, si n est pair, par les termes de la suite

$$(10) \qquad \mathrm{I}_{-\frac{(n-2)\pi}{n}}, \quad \ldots, \quad \mathrm{I}_{-\frac{4\pi}{n}}, \quad \mathrm{I}_{-\frac{2\pi}{n}}, \quad \mathrm{I}, \quad \mathrm{I}_{\frac{2\pi}{n}}, \quad \mathrm{I}_{\frac{4\pi}{n}}, \quad \ldots, \quad \mathrm{I}_{\frac{(n-2)\pi}{n}}, \quad -\mathrm{I}.$$

Si, par exemple, on attribue successivement à n les valeurs

$$2, \quad 3, \quad 4, \quad 5, \quad \ldots,$$

on trouvera pour *racines carrées* de l'unité les deux quantités algébriques

$$-\mathrm{I}, \quad +\mathrm{I};$$

pour *racines cubiques* de l'unité, la seule quantité algébrique I, et les deux quantités géométriques

$$\mathrm{I}_{-\frac{2\pi}{3}}, \quad \mathrm{I}_{\frac{2\pi}{3}};$$

pour *racines quatrièmes* de l'unité, les deux quantités algébriques I, $-\mathrm{I}$, et les deux quantités géométriques

$$\mathrm{I}_{-\frac{\pi}{2}}, \quad \mathrm{I}_{\frac{\pi}{2}},$$

liées entre elles par la formule

$$\mathrm{I}_{-\frac{\pi}{2}} = -\mathrm{I}_{\frac{\pi}{2}},$$

etc.

Si, dans l'expression (5), on posait $k=0$, cette expression, réduite à

$$\left(r^{\frac{1}{n}}\right)_{\frac{p}{n}},$$

représenterait une seule des racines $n^{\text{ièmes}}$ de r_p. Or, il suffira de multiplier celle-ci par l'une des valeurs de $1_{\frac{2k\pi}{n}}$, c'est-à-dire, par l'une quelconque des racines $n^{\text{ièmes}}$ de l'unité, pour reproduire l'expression (5), propre à représenter l'une quelconque des racines $n^{\text{ièmes}}$ de r_p, attendu que l'on aura généralement

$$\left(r^{\frac{1}{n}}\right)_{\frac{p}{n}+\frac{2k\pi}{n}} = \left(r^{\frac{1}{n}}\right)_{\frac{p}{n}} 1_{\frac{2k\pi}{n}}.$$

On peut donc énoncer la proposition suivante :

THÉORÈME III. — *Pour obtenir les diverses racines $n^{\text{ièmes}}$ d'une quantité géométrique, il suffit de multiplier successivement l'une quelconque d'entre elles par les diverses racines $n^{\text{ièmes}}$ de l'unité.*

IV. — *Fonctions entières. Équations algébriques.*

Nous appellerons *fonction entière* d'une quantité géométrique, une somme de termes proportionnels à des puissances entières et positives de cette quantité. Le degré de la puissance la plus élevée sera le *degré* de la fonction. Cela posé, si l'on désigne par z une quantité géométrique variable, et par Z une fonction de z entière et du degré n, la forme générale de la fonction Z sera

$$Z = a + bz + cz^2 + \ldots + gz^{n-1} + hz^n, \tag{1}$$

$a, b, c, \ldots, g, h,$ désignant des coefficients constants, dont chacun pourra être une quantité géométrique. Ajoutons que l'on pourra encore écrire l'équation (1) comme il suit :

$$Z = z^n(h + gz^{-1} + \ldots + cz^{-n+2} + bz^{-n+1} + az^{-n}). \tag{2}$$

Si n se réduisait à zéro, la fonction entière Z se réduirait à la constante a. Dans toute autre hypothèse, la fonction Z sera variable avec z, et son module deviendra infini avec le module de z. En effet, posons

$$z = r_p, \qquad Z = R_P;$$

soit, de plus, h le module de la constante h, et concevons que le module r de z vienne à croître indéfiniment; on verra décroître indéfiniment les modules de $z^{-1}, z^{-2}, \ldots, z^{-n}$, et, par suite, le polynome

$$h + gz^{-1} + \ldots + az^{-n}$$

s'approchera indéfiniment de la limite h. Donc, pour de très grandes valeurs de r, le module de ce polynome différera très peu du module h de la constante h, et le module R de Z, eu égard à la formule (2), différera très peu du module de hz^n, c'est-à-dire du produit

$$\mathrm{h}\, r^n.$$

Donc le module R de Z deviendra indéfiniment grand avec le module r de z; et *à une valeur finie du module R de la fonction Z ne pourra jamais correspondre qu'une valeur finie du module r de la variable Z.*

Concevons maintenant que l'on attribue à la variable z une valeur finie, puis à cette valeur finie un accroissement

$$\zeta = \rho_{\varpi},$$

dont le module ρ soit très petit; et en désignant cet accroissement par Δz, nommons ΔZ l'accroissement correspondant de la fonction Z. Pour obtenir $Z + \Delta Z$, il suffira de remplacer z par $z + \zeta$, dans le second membre de l'équation (1), où chaque terme pourra être développé, à l'aide de la formule du binome, en une suite ordonnée selon les puissances entières et ascendantes de ζ. En opérant ainsi et réunissant les termes semblables, on obtiendra le développement de $Z + \Delta Z$ en une suite de termes proportionnels aux puissances entières de ζ, d'un degré inférieur ou égal à n. Si, de cette suite, on retranche la fonction Z représentée par le terme indépendant de ζ, on obtiendra un reste qui sera divisible algébriquement par ζ, et qui représentera le développement de ΔZ. Nommons ζ^m la plus petite des puissances de ζ, comprises dans ce développement. Le quotient que produira la division de ΔZ par ζ^m, sera une fonction entière de ζ qui se réduira, pour une valeur nulle de ζ, à une limite finie et différente de zéro.

Soient $\mathfrak{R}_{\mathfrak{p}}$ ce quotient, et $\mathcal{R}_{\mathfrak{T}}$ la limite dont il s'agit. On aura non seulement

$$\zeta''' = (\rho''')_{m\varpi},$$

mais encore

$$\Delta Z = \mathfrak{R}_{\mathfrak{p}}\,\zeta''' = (\mathfrak{R}\rho''')_{\mathfrak{p}+m\varpi},$$

et pour des valeurs décroissantes de ρ, l'argument $\mathfrak{P}+m\varpi$ de ΔZ convergera vers la limite $\mathfrak{T}+m\varpi$. Cela posé, nommons A et B les extrémités de deux rayons vecteurs qui, partant du pôle O, soient représentés en grandeur et en direction par les deux quantités géométriques

$$Z, \quad Z+\Delta Z.$$

La longueur AB, représentée géométriquement par ΔZ, et numériquement par le module $\mathfrak{R}\rho'''$, se mesurera dans une direction qui formera l'angle $\mathfrak{P}+m\varpi$ avec l'axe polaire. Si, d'ailleurs, on fait croître le module ρ à partir de zéro, le point B, d'abord appliqué sur le point A, décrira un arc dont la droite AB sera la corde; et la tangente menée à cet arc par le point A formera, avec l'axe polaire, un angle égal non plus à la somme $\mathfrak{P}+m\varpi$, mais à sa limite $\mathfrak{T}+m\varpi$. Or, évidemment, la distance OB sera plus petite que la distance OA, si le point B est intérieur à la circonférence de cercle décrite du pôle O comme centre avec le rayon OA; et l'on peut ajouter que cette dernière condition sera certainement remplie, pour de très petites valeurs du module ρ, si la tangente menée par le point A à l'arc AB forme un angle obtus avec le prolongement du rayon OA, ou, en d'autres termes, si l'angle polaire Π, déterminé par la formule

$$\Pi = \mathfrak{T} + m\varpi - P, \tag{3}$$

offre un cosinus négatif; ce qui aura lieu, par exemple, si l'on a $\Pi = \pi$. Mais, après avoir choisi arbitrairement pour Π un angle dont le cosinus soit négatif, on pourra toujours satisfaire à l'équation (3), en attribuant à ϖ une valeur convenable, puisque, pour y parvenir, il suffira de prendre

$$\varpi = \frac{\Pi + P - \mathfrak{T}}{m}. \tag{4}$$

Donc, en définitive, si le module R de Z, correspondant à une valeur finie de la variable z, n'est pas nul, on pourra modifier cette valeur de manière à faire décroître le module R. En conséquence, la plus petite valeur que pourra prendre le module R ne pourra différer de zéro. Mais quand R s'évanouira, la valeur de z, d'après ce qui a été dit plus haut, devra rester finie, et, puisqu'une telle valeur vérifiera l'équation

$$Z = 0,$$

on pourra énoncer la proposition suivante :

Théorème I. — *Soient z une quantité géométrique variable, et Z une fonction entière de z. On pourra toujours satisfaire, par une ou plusieurs valeurs finies de z, à l'équation*

$$Z = 0. \tag{5}$$

Une valeur finie de z, qui vérifie l'équation (5), est ce qu'on nomme une *racine* de cette équation. Soit z' une telle racine, la fonction Z s'évanouira avec la différence $z - z'$; et si le degré n de cette fonction surpasse l'unité, elle sera le produit de $z - z'$ par une autre fonction entière qui devra s'évanouir à son tour pour une nouvelle valeur z'' de z, et sera, en conséquence, divisible par $z - z''$. En continuant ainsi, on finira par établir la proposition suivante :

Théorème II. — *Soit z une quantité géométrique variable, et*

$$Z = a + bz + cz^2 + \ldots + gz^{n-1} + hz^n$$

une fonction entière de z du degré n. L'équation

$$Z = 0$$

admettra n racines; et si l'on nomme

$$z', \quad z'', \quad \ldots, \quad z^{(n)}$$

ces mêmes racines, on aura identiquement, quel que soit z,

$$Z = h(z - z')(z - z'')\ldots(z - z^{(n)}), \tag{6}$$

en sorte que la fonction z sera le produit de la constante h par les *facteurs linéaires*

$$z - z', \quad z - z'', \quad \ldots, \quad z - z^{(n)}.$$

Il est bon d'observer que, dans le cas où l'équation (5) se vérifie, le terme hz^n de la fonction z équivaut à la somme de tous les autres, prise en signe contraire. Donc alors le module $\mathrm{h}r^n$ de ce terme doit être égal ou inférieur à la somme des modules de tous les autres; et si l'on nomme $\mathrm{b}, \mathrm{c}, \ldots, \mathrm{g}, \mathrm{h}$ les modules des coefficients $b, c, \ldots, g, h$, on doit avoir

$$(7) \qquad \mathrm{a} + \mathrm{b}r + \mathrm{c}r^2 + \ldots + \mathrm{g}r^{n-1} - \mathrm{h}r^n = \text{ ou } > 0.$$

Or, cette dernière condition peut s'écrire comme il suit :

$$(8) \qquad \frac{\mathrm{a}}{r^n} + \frac{\mathrm{b}}{r^{n-1}} + \frac{\mathrm{c}}{r^{n-2}} + \ldots + \frac{\mathrm{g}}{r} - \mathrm{h} = \text{ ou } > 0.$$

D'ailleurs, le premier membre de la formule (8) varie, en décroissant, par degrés insensibles, et passe de la limite ∞ à la limite $-\mathrm{h}$, tandis que r croît et varie par degrés insensibles en passant de zéro à l'infini. Donc ce premier membre s'évanouira pour une certaine valeur de r qui vérifiera l'équation

$$(9) \qquad \mathrm{a} + \mathrm{b}r + \mathrm{c}r^2 + \ldots + \mathrm{g}r^{n-1} - \mathrm{h}r^n = 0;$$

et si l'on nomme I la racine positive unique de l'équation (9), la condition (7) ou (8) donnera $r < \mathrm{I}$. On peut donc énoncer la proposition suivante :

Théorème III. — *Les mêmes choses étant admises que dans le théorème* II, *chacune des racines de l'équation proposée offrira un module inférieur à la racine positive unique de l'équation auxiliaire qu'on obtient lorsqu'on remplace, dans la proposée, chaque terme par son module, en affectant du signe — le terme qui renferme la plus haute puissance de l'inconnue, et tous les autres du signe* $+$.

Lorsque, dans la fonction entière z, tous les termes s'évanouissent, à l'exception des termes extrêmes a et hz^n, la formule (5), réduite à *l'équation binome*

$$a + h z^n = 0, \tag{10}$$

donne

$$z^n = -\frac{a}{h}, \tag{11}$$

et ses diverses racines ne sont autres que les racines $n^{\text{ièmes}}$ du rapport $-\frac{a}{h}$.

V. — *Sur la résolution des équations algébriques.*

Considérons toujours une équation algébrique

$$Z = 0, \tag{1}$$

dont le premier membre

$$Z = a + bz + cz^2 + \ldots + gz^{n-1} + hz^n \tag{2}$$

soit une fonction entière de la variable

$$z = r_p,$$

les coefficients $a, b, c, \ldots, g, h$ pouvant être eux-mêmes des quantités géométriques. Comme on l'a prouvé dans le précédent paragraphe, cette équation admettra généralement n racines, c'est-à-dire que l'on pourra généralement assigner à z, n valeurs pour lesquelles la fonction Z s'évanouira. *Résoudre* l'équation, c'est déterminer ces racines en commençant par l'une quelconque d'entre elles; et la condition à laquelle une méthode de résolution devra satisfaire, sera de fournir chaque racine avec telle approximation que l'on voudra. Or le caractère d'une racine est de réduire à zéro la fonction Z avec son module R; et si des valeurs successives de z correspondent à des valeurs de R qui décroissent sans cesse, en s'approchant indéfiniment de la limite zéro, ces valeurs de z formeront une série dont le terme général convergera vers une racine de l'équation (1). Donc, pour résoudre cette équation, il suffira de faire décroître indéfiniment le module R, et l'on pourra considérer comme appropriée à ce but toute méthode qui permettra de substituer à une valeur finie quelconque de z une autre valeur qui fournisse un module sensiblement plus petit de la fonction Z. D'ailleurs, si, de ces deux valeurs de z, la première n'est pas nulle, on pourra considérer la seconde comme composée de deux parties dont l'une serait précisément la première valeur de z, à laquelle s'ajouterait une valeur particulière d'une variable nouvelle qui aurait commencé par être nulle. Donc on peut admettre comme méthode de résolution tout procédé qui permet d'assigner à une variable z comprise dans une fonction entière Z, une valeur à laquelle corresponde un module R de Z sensiblement inférieur au module du terme constant a, qu'on obtient en posant, dans cette fonction, $z = 0$.

Cela posé, concevons que, la valeur générale de Z étant donnée par l'équation (2), on considère d'abord le cas où le coefficient b de z diffère de zéro. Si la variable z passe d'une valeur nulle à une valeur très peu différente de zéro, la fonction Z passera de la valeur a à une valeur peu différente de a, et représentée approximativement par le binome

$$a + bz.$$

Si, d'ailleurs, le module de a est très petit relativement au module de b, l'équation (1) offrira, pour l'ordinaire, une racine très rapprochée de zéro, et cette racine se confondra sensiblement avec celle de l'équation binome

$$a + bz = 0, \tag{3}$$

ou, ce qui revient au même, avec la quantité géométrique ρ_ϖ déterminée par la formule

$$\rho_\varpi = -\frac{a}{b}. \tag{4}$$

On pourra donc alors prendre ordinairement la quantité ρ_ϖ pour *valeur approchée* de l'une des racines de l'équation (1), et c'est en cela que consiste la *méthode d'approximation linéaire* ou *newtonienne*. Toutefois, la valeur ρ_ϖ attribuée à la variable z ne pourra être admise comme valeur approchée d'une racine qu'autant qu'elle fournira un module R de Z inférieur au module de a.

Si, en posant

$$z = \rho_\varpi, \tag{5}$$

on obtient un module de Z supérieur au module de a, on pourra substituer à la valeur précédente de z une autre valeur de la forme

$$z = r_\varpi, \tag{6}$$

r étant inférieur à ρ, et convenablement choisi. Effectivement, soient

$$\mathrm{a},\ \mathrm{b},\ \mathrm{c},\ \ldots,\ \mathrm{g},\ \mathrm{h}$$

les modules des coefficients

$$a,\ b,\ c,\ \ldots,\ g,\ h.$$

Le module de

$$a + bz,$$

qui se réduisait à

$$\mathrm{a} - \mathrm{b}\rho = 0$$

lorsqu'on prenait $z = \rho_\varpi$, deviendra

$$\mathrm{a} - \mathrm{b}r > 0, \tag{7}$$

lorsqu'on posera $z = r_\varpi$; alors aussi le module de la somme

$$cz^2 + \ldots + gz^{n-1} + hz^n$$

sera, en vertu du théorème II du paragraphe II, égal ou inférieur à la quantité positive

$$\mathrm{c}r^2 + \ldots + \mathrm{g}r^{n-1} + \mathrm{h}r^n,$$

et par suite le module du polynome

$$Z = a + bz + cz^2 + \ldots + gz^{n-1} + hz^n$$

sera égal ou inférieur à la quantité positive

$$\mathrm{a} - \mathrm{b}r + \mathrm{c}r^2 + \ldots + \mathrm{g}r^{n-1} + \mathrm{h}r^n,$$

ou, ce qui revient au même, à la différence

$$\mathrm{a} - r(\mathrm{b} - \mathrm{c}r - \ldots - \mathrm{g}r^{n-2} - \mathrm{h}r^{n-1}). \tag{8}$$

Donc le module R de Z sera inférieur au module a de la constante a, si l'on détermine z à l'aide de l'équation (6), en assujettissant le module r à vérifier non seulement la condition (7), mais encore la suivante :

$$(9)\qquad \mathrm{b} - \mathrm{c}r - \ldots - \mathrm{g}r^{n-2} - \mathrm{h}r^{n-1} > 0.$$

D'ailleurs, si l'on nomme r la racine positive unique de l'équation

$$(10)\qquad \mathrm{b} - \mathrm{c}r - \ldots - \mathrm{g}r^{n-2} - \mathrm{h}r^{n-1} = 0,$$

il suffira, pour satisfaire simultanément aux conditions (7) et (9), que le module r devienne inférieur au plus petit des deux nombres ρ et r. En conséquence, on peut énoncer la proposition suivante :

Théorème I. — *Soient*

$$Z = a + bz + cz^2 + \ldots + gz^{n-1} + hz^n$$

une fonction entière de la variable $z = r_p$, *et*

$$\mathrm{a},\quad \mathrm{b},\quad \mathrm{c},\quad \ldots,\quad \mathrm{g},\quad \mathrm{h}$$

les modules des coefficients

$$a,\quad b,\quad c,\quad \ldots,\quad g,\quad h.$$

Supposons, d'ailleurs, que, les coefficients a, b *n'étant pas nuls, on nomme* ρ_ϖ *la racine de l'équation binome*

$$a + bz = 0,$$

et r *la racine positive unique de l'équation*

$$\mathrm{b} - \mathrm{c}r - \ldots - \mathrm{g}r^{n-2} - \mathrm{h}r^{n-1} = 0.$$

Pour rendre le module de la fonction Z *inférieur au module de son premier terme* a, *il suffira de poser* $p = \varpi$, *et d'attribuer au module* r *de* z *une valeur inférieure au plus petit des deux nombres* ρ, r.

Nous avons ici supposé que, dans la fonction Z, le coefficient de z ne se réduisait pas à zéro. Mais ce coefficient et d'autres encore pourraient s'évanouir. Admettons cette hypothèse, ou, ce qui revient au même, supposons la fonction Z déterminée, non plus par l'équation (2), mais par une équation de la forme

$$(11)\qquad Z = a + bz^l + cz^m + \ldots + hz^n,$$

les nombres l, m, ..., n formant une suite croissante. Alors, si le module de a était très petit relativement au module de b, on pourrait, dans une première approximation, réduire pour l'ordinaire l'équation algébrique

$$Z = 0$$

à l'équation binome

$$a + bz^l = 0. \tag{12}$$

De plus, en raisonnant comme ci-dessus, on établirait à la place du théorème I, la proposition suivante :

Théorème II. — *Soient*

$$Z = a + bz^l + cz^m + \ldots + hz^n$$

une fonction entière de la variable $z = r_p$, *et*

$$\mathrm{a}, \quad \mathrm{b}, \quad \mathrm{c}, \quad \ldots, \quad \mathrm{h}$$

les modules des coefficients

$$a, \quad b, \quad c, \quad \ldots, \quad h.$$

Supposons, d'ailleurs, que les nombres l, m, ..., n *forment une suite croissante, et que, les coefficients* a, b *n'étant pas nuls, on nomme* ρ_ϖ *l'une quelconque des racines de l'équation binome*

$$a + bz^l = 0, \tag{12}$$

et r *la racine positive unique de l'équation*

$$\mathrm{b} - \mathrm{c}\,r^{m-l} - \ldots - \mathrm{h}\,r^{n-l} = 0. \tag{13}$$

Pour rendre le module de la fonction Z *inférieur au module de son premier terme* a, *il suffira de poser* $p = \varpi$, *et d'attribuer au module* r *de* z *une valeur inférieure au plus petit des deux nombres* ρ, r.

En s'appuyant sur les théorèmes I et II, on pourra, d'une valeur nulle de z, déduire une série d'autres valeurs auxquelles correspondront des valeurs sans cesse décroissantes du module R de la fonction Z. Si ces valeurs décroissantes de R s'approchent indéfiniment de zéro, les valeurs correspondantes de z convergeront vers une limite qui sera certainement une racine de l'équation (1). Mais il peut arriver aussi que les valeurs de R successivement obtenues décroissent sans s'approcher indéfiniment de zéro. C'est ce que l'on reconnaîtra sans peine en essayant d'appliquer les théorèmes énoncés à la résolution d'équations très simples, par exemple d'équations du second degré.

En effet, considérons le cas où, Z étant du second degré l'on aurait,

$$Z = a + bz + cz^2. \tag{14}$$

Supposons, d'ailleurs, que a, b, c étant les modules de a, b, c, on ait

$$a = \mathrm{a}, \qquad b = -\mathrm{b}, \qquad c = \mathrm{c}.$$

La valeur de Z deviendra

$$Z = \mathrm{a} - \mathrm{b}z + \mathrm{c}z^2; \tag{15}$$

et les racines ρ_ϖ, r des équations

$$\mathrm{a} - \mathrm{b}z = 0, \qquad \mathrm{b} - \mathrm{c}r = 0$$

seront

$$\rho_\varpi = \frac{\mathrm{a}}{\mathrm{b}}, \qquad \mathrm{r} = \frac{\mathrm{b}}{\mathrm{c}},$$

de sorte qu'on aura encore

$$\rho = \frac{\mathrm{a}}{\mathrm{b}}, \qquad 1_\varpi = 1.$$

Si, d'ailleurs, ρ est supérieur à r, ou, ce qui revient au même, si l'on a

$$\mathrm{ac} - \mathrm{b}^2 > 0; \tag{16}$$

alors, pour obtenir un module de Z inférieur au module a, il suffira, en vertu du théorème I, de poser

$$z = \theta \mathrm{r}, \tag{17}$$

θ désignant un nombre entier inférieur à l'unité, mais qui pourra varier arbitrairement entre les limites 0, 1; et comme, en posant

$$z = \theta \mathrm{r} + \zeta, \tag{18}$$

on trouvera

$$Z = \mathrm{a}' - \mathrm{b}'\zeta + c\zeta^2, \tag{19}$$

les valeurs de a', b' étant

$$a' = a - \theta(1-\theta)br, \qquad b' = (1-2\theta)b; \tag{20}$$

il est clair qu'à la valeur zéro de ζ, ou, ce qui revient au même, à la valeur θr de z correspondra un module de Z, inférieur au module a, et représenté par a'. Il y a plus : comme des formules (20), jointes à la condition (16), on tirera

$$a'c - b'^2 > 0, \tag{21}$$

il suffira d'appliquer le théorème I à la valeur générale de Z, que détermine non plus l'équation (15), mais l'équation transformée (19), pour démontrer que le module de Z décroîtra encore si la nouvelle variable ζ passe de la valeur zéro à la valeur

$$\theta \frac{b'}{c} = \theta \Theta r,$$

Θ étant déterminé par la formule

$$\Theta = 1 - 2\theta,$$

ou, ce qui revient au même, si la variable z passe de la valeur θr à la valeur $\theta r(1+\Theta)$. En continuant ainsi, on reconnaîtra que, pour obtenir des valeurs décroissantes du module de Z, il suffit de prendre pour valeurs successives de z les divers termes de la suite

$$0, \quad \theta r, \quad \theta r(1+\Theta), \quad \theta r(1+\Theta+\Theta^2), \quad \ldots. \tag{22}$$

Or le terme général de cette suite converge vers la limite

$$\theta r(1+\Theta+\Theta^2+\ldots) = \frac{\theta}{1-\Theta} r = \frac{1}{2} r,$$

et comme, en supposant remplie la condition (16), on trouve, pour $z = \frac{1}{2} r = \frac{1}{2} \frac{b}{c}$,

$$Z = a - \frac{1}{4} \frac{b^2}{c} > \frac{3}{4} a,$$

il est clair que, dans cette hypothèse, la limite vers laquelle converge le terme général de la série (22) ne peut être une racine de l'équation du second degré

$$a - bz + cz^2 = 0. \tag{23}$$

On arriverait aux mêmes conclusions en formant la série des valeurs décroissantes du module R de Z, qui correspondraient aux valeurs successives de la variable z, et l'on reconnaîtrait ainsi que le terme général de cette nouvelle série, au lieu de s'approcher indéfiniment de zéro, converge vers la limite

$$a-(1-\theta)rb(1+\Theta^2+\Theta^4+\ldots)=a-\frac{\theta(1-\theta)}{1-\Theta^2}br=a-\frac{1}{4}br,$$

par conséquent vers la limite $a-\frac{1}{4}\frac{b^2}{c}$, supérieure à $\frac{3}{4}a$.

La limite vers laquelle converge le terme général de la série (22) n'étant pas une racine de l'équation (21), on pourrait être tenté de regarder le calcul de cette limite comme inutile à la résolution de cette équation. Mais cette opinion serait une erreur; car si l'on décompose la variable z en deux parties dont la première soit la limite trouvée, ou en d'autres termes, si l'on pose

$$z=\frac{1}{2}r+\zeta,$$

il suffira de substituer à la variable z la nouvelle variable ζ, pour réduire l'équation (23) à l'équation binome

$$a'+c\zeta^2=0, \tag{24}$$

la valeur a' étant

$$a'=a-\frac{1}{4}\frac{b^2}{c}.$$

D'ailleurs, les deux racines de l'équation (24) ne sont autres que les deux racines carrées du rapport $-\frac{a'}{c}$.

Généralement, si, au lieu d'une équation du second degré, on considère une équation de degré quelconque, la série des valeurs de z, successivement déduites des règles que nous avons énoncées, et correspondant à des valeurs décroissantes du module R de Z, pourra converger vers une limite qui, n'étant pas une racine de l'équation donnée, ne fasse pas évanouir le module R. Mais alors il suffira d'attribuer à cette limite un accroissement représenté par une nouvelle variable ζ; puis de substituer ζ à z, pour obtenir, à la place de l'équation donnée, une équation transformée, de laquelle on pourra déduire, par l'application des mêmes règles, une nouvelle série de valeurs de ζ, et par conséquent une nouvelle série de valeurs de z, correspondant à de nouvelles valeurs décroissantes du module R.

En continuant de la sorte, c'est-à-dire en déduisant, s'il est nécessaire, des règles énoncées plusieurs séries de valeurs de z, en déterminant d'ailleurs avec une approximation suffisante les limites vers lesquelles convergent les termes généraux de ces séries, et en transformant l'équation donnée par l'introduction de variables nouvelles qui, ajoutées à ces limites, reproduisent la variable z, on pourra non seulement diminuer sans cesse, mais encore rapprocher indéfiniment de zéro le module R; par conséquent, on finira par résoudre l'équation donnée avec une approximation aussi grande que l'on voudra. Il y a plus : cette méthode de résolution peut encore servir à démontrer l'existence des racines. Lorsqu'on veut l'employer à cet usage, il n'est pas absolument nécessaire de considérer les équations auxiliaires (3) et (10), ou (12) et (13); il suffit d'observer que l'on satisfait aux conditions requises, par exemple aux conditions (7) et (9), en attribuant au module $\mathfrak{r}$ de z une valeur infiniment petite; et l'on se trouve ainsi ramené au théorème I du paragraphe IV, par une démonstration qui est précisément celle qu'en a donnée M. Argand dans un article que renferme le volume IV des *Annales* de M. Gergonne, pages 135 et suivantes [1]. C'est encore à cette démonstration que se réduit celle que M. Legendre a proposée pour le même théorème dans la seconde édition de la *Théorie des nombres*. D'ailleurs M. Legendre observe qu'en diminuant continuellement le module d'une fonction entière par des opérations semblables, répétées convenablement, on parviendra, en définitive, à une valeur de ce module aussi petite que l'on voudra; il présente, en conséquence, ce décroissement graduel comme

---

[1] J'ai en ce moment sous les yeux un exemplaire de l'ouvrage dont cet article offre le résumé. Cet ouvrage, qui a pour titre : *Essai sur une manière de représenter les quantités imaginaires dans les constructions géométriques*, porte la date de 1806. Le nom de l'auteur, *Robert Argand, de Genève*, est écrit à la main.

méthode de résolution pour les équations algébriques, et surtout comme propre à fournir une première valeur approchée d'une racine d'une telle équation. Mais le moyen qu'il propose pour conduire le calculateur à ce but laisse beaucoup à désirer, et consiste à faire décroître le module de la fonction entière Z, en attribuant à la variable z une valeur égale au produit d'un coefficient très petit, par la racine de l'équation (3), ou par une racine de l'équation (12). Du reste, il n'explique pas comment on doit s'y prendre pour obtenir un coefficient d'une petitesse telle, que le module Z décroisse effectivement, et ne parle pas de l'équation (10) ou (13), qui permet de répondre à cette question. Ajoutons que, même en ayant égard à l'équation (10) ou (13), et en suivant la méthode ci-dessus tracée, on peut être exposé à un travail long et pénible, si l'on n'a pas soin de choisir convenablement les quantités que la méthode laisse indéterminées; par exemple, le nombre désigné par θ dans la formule (18). Supposons, pour fixer les idées, que l'équation (23) se réduise à la suivante :

$$2 - z + z^2 = 0.$$

Alors, le rapport $\frac{\mathrm{b}}{\mathrm{c}}$ ou r étant réduit à l'unité, le $n^{\text{ième}}$ terme de la série (22) sera

$$\theta(1 + \Theta + \Theta^2 + \ldots + \Theta^{n-2}) = \theta \frac{1 - \Theta^{n-1}}{1 - \Theta} = \frac{1}{2} - \frac{1}{2}\Theta^{n-1},$$

et convergera, pour des valeurs croissantes de n, vers la limite $\frac{1}{2}$. Mais il s'approchera très lentement de cette limite, si l'on attribue au nombre θ une valeur peu différente de zéro, à laquelle correspondra une valeur de Θ peu différente de l'unité. Donc alors on devra prolonger fort loin la série (22), avant d'obtenir un terme sensiblement égal à cette limite; et l'on peut ajouter que les valeurs de R, correspondantes aux valeurs successives de z, décroîtront très lentement. A la vérité, dans le cas présent, on peut déterminer directement la limite cherchée. Mais il n'en sera plus de même quand l'équation donnée sera d'un degré supérieur au second; et généralement le calcul des valeurs successives de z deviendra pénible, si le module R décroît très lentement tandis que l'on passe d'une valeur de z à la suivante : ce qui obligera le calculateur d'effectuer une longue suite d'opérations avant que ce module devienne sensiblement nul.

On évitera ces inconvénients, ou, du moins, on les atténuera notablement si, en appliquant à une fonction entière Z le théorème I ou II, on attribue à la variable z un module r qui, sans dépasser la plus petite des limites indiquées ρ et r, fasse décroître, autant qu'il sera possible, le module de Z. D'ailleurs, lorsque le coefficient de z dans Z étant différent de zéro, on attribue à la variable z, avec l'argument ϖ, un module égal et inférieur au plus petit des nombres ρ, r, le module de Z ne dépasse pas la somme (8), savoir :

$$\mathrm{a} - r(\mathrm{b} - \mathrm{c}r - \ldots - \mathrm{g}r^{n-2} - \mathrm{h}r^{n-1}), \tag{8}$$

dont la valeur minimum, inférieure à a, correspond à la valeur maximum du produit

$$r(\mathrm{b} - \mathrm{c}r - \ldots - \mathrm{g}r^{n-2} - \mathrm{h}r^{n-1}). \tag{25}$$

Enfin, le produit (25), dont les deux facteurs s'évanouissent, le premier quand on pose $r = 0$, le second quand on pose $r = \mathrm{r}$, aura pour *maximum* une valeur positive correspondante à une valeur ι de r, qui vérifiera la condition

$$\iota < \mathrm{r}.$$

Cela posé, la quantité ι, inférieure à r, sera la valeur de r à laquelle correspondra la valeur *minimum* de la somme (8), que le module de Z ne dépassera point si l'on a $r < \rho$. On se trouvera donc naturellement conduit à substituer, dans le théorème I, ι à r; on pourra même réduire le module r de z à celle des deux quantités ρ, ι qui fournira le plus petit module de Z; et l'on obtiendra ainsi, pour la résolution des équations algébriques, la méthode nouvelle et très simple qui fera l'objet de l'article suivant.

MÉTHODE NOUVELLE

POUR LA

RÉSOLUTION DES ÉQUATIONS ALGÉBRIQUES

Soit toujours

$$(1)\qquad Z = a + bz + cz^2 + \ldots + gz^{n-1} + hz^n$$

une fonction entière de la variable

$$z = r_p.$$

Comme on l'a expliqué dans le Mémoire précédent, on pourra résoudre une équation algébrique quelconque à l'aide de tout procédé qui fournira pour la variable z une valeur à laquelle correspondra un module R de la fonction Z, sensiblement inférieur au module a du premier terme a.

Cela posé, considérons d'abord le cas où, la valeur de Z étant donnée par l'équation (1), le coefficient b de z diffère de zéro. Alors une méthode de résolution très simple pourra évidemment se déduire du théorème que nous allons énoncer.

Théorème I. — *Soient*

$$(1)\qquad Z = a + bz + cz^2 + \ldots + gz^{n-1} + hz^n$$

une fonction entière de la variable $z = r_p$, et

$$\text{a},\quad \text{b},\quad \text{c},\quad \ldots,\quad \text{g},\quad \text{h},$$

les modules des coefficients

$$a,\quad b,\quad c,\quad \ldots,\quad g,\quad h.$$

Supposons d'ailleurs que, les coefficients a, b n'étant pas nuls, on nomme ρ_ϖ la racine de l'équation binome

$$(2) \qquad a + bz = 0,$$

et τ la valeur de r pour laquelle le produit

$$(3) \qquad r(\mathrm{b} - \mathrm{c}r - \ldots - \mathrm{g}r^{n-2} - \mathrm{h}r^{n-1})$$

devient un maximum, *ou, ce qui revient au même, la racine positive unique de l'équation*

$$(4) \qquad \mathrm{b} - 2\mathrm{c}r - \ldots - (n-1)\mathrm{g}r^{n-2} - n\mathrm{h}r^{n-1} = 0.$$

Pour rendre le module de la fonction Z inférieur au module de son premier terme a, il suffira de réduire ce module R à la plus petite des deux valeurs qu'on obtient quand on pose successivement

$$z = \rho_\varpi, \qquad z = \tau_\varpi.$$

Démonstration. — Lorsque, l'argument de z étant égal à ϖ, le module de z est égal ou inférieur à ρ, le module du binome $a + bz$ se réduit à la différence

$$\mathrm{a} - \mathrm{b}r;$$

par conséquent, le module de Z ne surpasse pas la somme

$$(5) \qquad \mathrm{a} - \mathrm{b}r + \mathrm{c}r^2 + \ldots + \mathrm{g}r^{n-1} + \mathrm{h}r^n.$$

D'autre part, le produit (3), qui croîtra en passant d'une valeur nulle à sa valeur maximum, tandis que r croîtra depuis zéro jusqu'à τ, sera toujours positif dans cet intervalle. Donc, pour $r =$ ou $< \tau$, on aura

$$(6) \qquad \mathrm{c}r^2 + \ldots + \mathrm{g}r^{n-1} + \mathrm{h}r^n < \mathrm{b}r.$$

Or il résulte immédiatement de cette dernière formule que, si l'on réduit le module r au plus petit des deux nombres ρ, τ, la somme (5), et à plus forte raison le module R de Z, offriront des valeurs inférieures au module a. Donc le plus petit des modules de Z, correspondant aux valeurs ρ_ϖ, τ_ϖ de z, sera certainement inférieur au module a.

Corollaire. — Il est bon d'observer que, si l'on considère le produit (3) comme fonction de r, ce produit, qui croît toujours avec r quand on fait varier r entre les limites o, $\mathfrak{r}$, offrira dans cet intervalle une dérivée toujours positive. Donc, pour $r < \mathfrak{r}$, on aura toujours

$$\mathrm{b} - 2\mathrm{c}r - \ldots - (n-1)\mathrm{g}r^{n-2} - n\mathrm{h}r^{n-1} > 0,$$

ou, ce qui revient au même,

$$\mathrm{b}r - 2\mathrm{c}r^2 - \ldots - (n-1)\mathrm{g}r^{n-1} - n\mathrm{h}r^n > 0;$$

puis on en conclura

$$(7) \quad \mathrm{b}r - \mathrm{c}r^2 - \ldots - \mathrm{g}r^{n-1} - \mathrm{h}r^n > \mathrm{c}r^2 + \ldots + (n-2)\mathrm{g}r^{n-1} + (n-1)\mathrm{h}r^n.$$

Or, en vertu de cette dernière formule, qui entraîne évidemment avec elle la condition (6), le module a surpassera la somme (5) d'une quantité supérieure au nombre α déterminé par la formule

$$(8) \qquad \alpha = \mathrm{c}r^2 + \ldots + (n-2)\mathrm{g}r^{n-1} + (n-1)\mathrm{h}r^n.$$

Donc, par suite, le module R de Z deviendra inférieur à la différence $\mathrm{a} - \alpha$, si l'on pose $z = r_\varpi$ en prenant pour r le plus petit des deux nombres ρ, $\mathfrak{r}$; et, à plus forte raison, si l'on réduit le module R à la plus petite des deux valeurs qu'il acquiert quand on pose successivement $z = \rho_\varpi$, $z = \mathfrak{r}_\varpi$.

Ajoutons que le nombre α ne s'évanouira jamais, si ce n'est dans le cas particulier où, les coefficients $c, \ldots, g, h$ s'évanouissant tous simultanément, le polynome Z se trouverait réduit au binome $a + bz$. D'ailleurs, dans ce cas particulier, l'équation algébrique $Z = 0$ se réduirait précisément à l'équation binome $a + bz = 0$, dont la racine est $z = \rho_\varpi = -\frac{a}{b}\cdot$

Considérons maintenant le cas où dans la fonction Z, le coefficient de z s'évanouirait; ou, ce qui revient au même, supposons cette fonction déterminée, non plus par la formule (1), mais par une équation de la forme

$$Z = a + bz^l + cz^m + \ldots + hz^n.$$

Alors, au théorème I, on pourra substituer la proposition suivante :

THÉORÈME II. — *Soient*

$$(9) \qquad Z = a + b z^l + c z^m + \ldots + h z^n,$$

une fonction entière de la variable $z = r_p$, *et*

$$\text{a}, \quad \text{b}, \quad \text{c}, \quad \ldots, \quad \text{h},$$

les modules des coefficients

$$a, \quad b, \quad c, \quad \ldots, \quad h.$$

Supposons d'ailleurs que les nombres $l, m, \ldots, n$ *forment une suite croissante, et que, les coefficients* a, b, *n'étant pas nuls, on nomme* ρ_ϖ, *l'une quelconque des racines de l'équation binome*

$$(10) \qquad a + b z^l = 0.$$

Enfin, soit $\imath$ *la valeur de* r, *pour laquelle le produit*

$$(11) \qquad r^l(\text{b} - \text{c} r^{m-l} - \ldots - \text{h} r^{n-l})$$

devient un maximum, *ou, ce qui revient au même, la racine positive unique de l'équation*

$$(12) \qquad l\,\text{b} - m\,\text{c}\,r^{m-l} - \ldots - n\,\text{h}\,r^{n-l} = 0.$$

Pour rendre le module de la fonction Z *inférieur au module de son premier terme* a, *il suffira de réduire ce module à la plus petite des deux valeurs qu'il obtient quand on pose successivement*

$$z = \rho_\varpi, \qquad z = \imath_\varpi.$$

Démonstration. — Lorsque, l'argument de z étant égal à ϖ, le module de z est égal ou inférieur à ρ, le module du binome $a + b z^l$ se réduit à la différence

$$\text{a} - \text{b} r^l;$$

par conséquent, le module de Z ne surpasse pas la somme

$$(13) \qquad \text{a} - \text{b} r^l + \text{c} r^m + \ldots + \text{h} r^n.$$

D'autre part, le produit (11), qui croîtra en passant d'une valeur nulle à sa valeur maximum, tandis que r croîtra depuis zéro jusqu'à ι, sera toujours positif dans cet intervalle. Donc, pour $r =$ ou $< \iota$, on aura

$$(14) \qquad \mathrm{c}\, r^{m} + \ldots + \mathrm{h}\, r^{n} < \mathrm{b}\, r^{l}.$$

Or, il résulte immédiatement de cette dernière formule que, si l'on réduit le module r au plus petit des deux nombres ρ, ι, la somme (13) et à plus forte raison le module de Z, offriront des valeurs inférieures au module a. Donc le plus petit des modules de Z correspondants aux valeurs ρ_ϖ, ι_ϖ de z, sera certainement inférieur au module a.

Corollaire. — Il est bon d'observer que, si l'on considère le produit (11) comme une fonction de r, ce produit, qui croît toujours avec r entre les limites o, ι, offrira dans cet intervalle une dérivée toujours positive. Donc, pour $r < \iota$, on aura toujours

$$(15) \qquad l\,\mathrm{b}\, r^{l-1} - m\,\mathrm{c}\, r^{m-1} - \ldots - n\,\mathrm{h}\, r^{n-1} > 0,$$

ou, ce qui revient au même,

$$l\,\mathrm{b}\, r^{l} - m\,\mathrm{c}\, r^{m} - \ldots - n\,\mathrm{h}\, r^{n} > 0;$$

puis on en conclura

$$(16) \qquad \mathrm{b}\, r^{l} - \mathrm{c}\, r^{m} - \ldots - \mathrm{h}\, r^{n} > \left(\frac{m}{l} - 1\right)\mathrm{c}\, r^{m} + \ldots + \left(\frac{n}{l} - 1\right)\mathrm{h}\, r^{n}.$$

Or, en vertu de cette dernière formule, qui entraîne évidemment avec elle la condition (14), le module a surpassera la somme (13) d'une quantité supérieure au nombre α déterminé par la formule

$$(17) \qquad \alpha = \left(\frac{m}{l} - 1\right)\mathrm{c}\, r^{m} + \ldots + \left(\frac{n}{l} - 1\right)\mathrm{h}\, r^{n}.$$

Donc, par suite, le module R de Z deviendra inférieur à la quantité $\mathrm{a} - \alpha$, si l'on pose $z = r_\varpi$, en prenant pour r le plus petit des deux nombres ρ, ι, et à plus forte raison si l'on réduit le module R à la plus petite des deux valeurs qu'il acquiert quand on pose successivement $z = \rho_\varpi$, $z = \iota_\varpi$. Ajoutons que le nombre α ne s'évanouira jamais, si ce n'est dans le cas particulier où, les coefficients $c, \ldots, g, h$ s'évanouissant tous simultanément, le polynome Z se trouverait réduit au binome $a+bz^l$. D'ailleurs dans ce cas particulier, l'équation $Z=0$ se réduirait précisément à l'équation binome $a+bz^l=0$, dont les racines se confondent avec les racines de degré l du rapport $-\frac{a}{b}$, l'une d'elles étant ρ_ϖ.

L'application du théorème I ou II aux fonctions entières, qui représentent les premiers membres d'une équation algébrique et de ses transformées successives, fournit, pour la résolution de cette équation, une méthode et des formules précises qui ne renferment plus de quantités indéterminées et arbitraires, analogues au nombre θ du Mémoire précédent. A la vérité, pour déduire cette méthode des principes exposés dans le Mémoire précédent, il suffit d'attribuer aux indéterminées dont il s'agit des valeurs spéciales, en prenant, par exemple, $\theta=\frac{1}{2}$. Mais comme ces valeurs spéciales sont précisément celles qui font décroître plus rapidement le module de la fonction entière donnée, ou, du moins, certains nombres que ce module ne dépasse point, elles seront aussi généralement celles qui rendront les approximations plus rapides.

Supposons, pour fixer les idées, que l'on applique la nouvelle méthode à la formule (23) de la page 177 ([1]), c'est-à-dire à l'équation du second degré

$$\mathrm{a}-\mathrm{b}z+\mathrm{c}z^2=0,$$

en supposant toujours

$$\mathrm{ac}-\mathrm{b}^2>0.$$

On trouvera

$$\rho_\varpi=\frac{\mathrm{a}}{\mathrm{b}},\qquad \iota_\varpi=\iota=\frac{1}{2}\frac{\mathrm{b}}{\mathrm{c}},\qquad \alpha=\mathrm{c}\iota^2;$$

puis, en prenant

$$z=\iota+\zeta,$$

et faisant, pour abréger, $\mathrm{a}'=\mathrm{a}-\alpha$, on obtiendra immédiatement la transformée

$$\mathrm{a}'+\mathrm{c}\zeta^2=0,$$

dont les deux racines coïncident avec les racines carrées du rap-

([1]) *Voir* ce Tome, p. 198.

port $-\frac{a'}{c}\cdot$ On retrouvera donc aussi l'équation (24) de la page 199; et, ce qu'il importe de remarquer, on aura été conduit à cette équation, non plus par la recherche de la limite vers laquelle converge le terme général d'une série formée avec des valeurs successives de la variable z, mais par la détermination d'une seule valeur de cette même variable.

S'il arrivait que la fonction Z offrît, à la suite de son premier terme a, un ou plusieurs autres termes dont les coefficients fussent sensiblement nuls, on pourrait, en se servant du théorème I ou II pour déterminer un module de Z inférieur à celui de a, faire abstraction de ces mêmes termes, sauf à constater ensuite que le module trouvé de Z, quand on a égard aux termes omis, reste inférieur au module de a. Cette remarque permet d'employer la nouvelle méthode à la résolution d'une équation numérique donnée, dans le cas même où l'application rigoureuse des théorèmes I et II aux premiers membres des transformées de cette équation ferait décroître très lentement, après un certain nombre d'opérations, les modules de ces premiers membres.

On sait que l'on peut toujours ramener la résolution d'une équation algébrique au cas où cette équation n'offre pas de racines égales. D'ailleurs, lorsque à l'aide de la nouvelle méthode on sera parvenu à une valeur très approchée ω d'une racine simple d'une équation algébrique

$$Z = 0,$$

alors, en posant

$$z = \omega + \zeta, \tag{18}$$

on transformera Z en une fonction de ζ dans laquelle le terme constant sera sensiblement nul, tandis que le coefficient de ζ différera sensiblement de zéro. Quant au coefficient de ζ^n, il se réduira précisément au coefficient de z^n dans la fonction Z. Donc, dans l'hypothèse admise, on trouvera

$$Z = \mathfrak{a} + \mathfrak{b}\zeta + \mathfrak{c}\zeta^2 + \ldots + \mathfrak{g}\zeta^{n-2} + h\zeta^n, \tag{19}$$

$\mathfrak{a}, \mathfrak{b}, \mathfrak{c}, \ldots, \mathfrak{g}$ désignant de nouveaux coefficients dont le premier $\mathfrak{a}$ offrira un module très petit, tandis que le module de $\mathfrak{b}$ différera sensiblement de zéro. Donc alors, en vertu du théorème I, il faudra, pour rendre le module de Z inférieur au module de $\mathfrak{a}$, poser

$$\mathfrak{a} + \mathfrak{b}\zeta = 0, \tag{20}$$

ou, ce qui revient au même,

$$\zeta = -\frac{\mathfrak{a}}{\mathfrak{b}}; \tag{21}$$

et, par suite, la nouvelle valeur approchée de la racine simple qui différait peu de ω, sera celle que détermine la formule

$$z = \omega - \frac{\mathfrak{a}}{\mathfrak{b}}. \tag{22}$$

Ainsi *la nouvelle méthode, appliquée à la résolution d'une équation algébrique qui n'offre pas de racines égales, finira par coïncider, après un certain nombre d'opérations, avec la méthode linéaire ou newtonienne.*

ADDITION AU MÉMOIRE PRÉCÉDENT

La méthode que nous avons appliquée dans le Mémoire précédent à la réduction du module d'une fonction entière de la variable z, peut subir une modification qu'il est bon de connaître, et que nous allons indiquer.

Soient toujours

$$Z = a + bz + cz^2 + \ldots + gz^{n-1} + hz^n = R_p$$

une fonction entière de la variable $z = r_p$, et

$$\mathrm{a}, \quad \mathrm{b}, \quad \mathrm{c}, \quad \ldots, \quad \mathrm{g}, \quad \mathrm{h}$$

les modules des coefficients

$$a, \quad b, \quad c, \quad \ldots, \quad g, \quad h.$$

Soit encore

$$\rho_\varpi = -\frac{a}{b}$$

la racine unique de l'équation linéaire

$$a + bz = 0,$$

en sorte qu'on ait

$$\rho = \frac{\mathrm{a}}{\mathrm{b}},$$

et posons

$$\begin{aligned} Q &= c + \ldots + gz^{n-3} + hz^{n-2}, \\ \mathrm{C} &= \mathrm{c} + \ldots + \mathrm{g}\rho^{n-3} + \mathrm{h}\rho^{n-2}. \end{aligned}$$

On aura

$$Z = a + bz + Qz^2. \tag{1}$$

Cela posé, lorsqu'on prendra $z = r_\varpi$, le module r étant égal ou inférieur à ρ, on obtiendra évidemment un module de Q égal ou inférieur à C, et, par suite, un module de Z égal ou inférieur à la somme

$$(2)\qquad \mathrm{a} - \mathrm{b}r + \mathrm{C}r^2.$$

Or, la valeur minimum de cette somme, savoir,

$$\mathrm{a} - \frac{1}{4}\frac{\mathrm{b}^2}{\mathrm{C}},$$

est inférieure, quand b ne s'évanouit pas, au module a, et correspond à un module ι de z déterminé par la formule

$$\iota = \frac{\mathrm{b}}{2\mathrm{C}}.$$

Donc, si l'on a $\iota < \rho$, ou, ce qui revient au même,

$$(3)\qquad \mathrm{C} > \frac{1}{2}\frac{\mathrm{b}^2}{\mathrm{a}},$$

il suffira de poser $\zeta = \iota_\varpi$ pour obtenir un module de Z inférieur à a. Si, au contraire, on a $\iota > \rho$, ou, ce qui revient au même,

$$\mathrm{C} < \frac{1}{2}\frac{\mathrm{b}^2}{\mathrm{a}},$$

il suffira de poser $z = \rho_\varpi$ pour obtenir un module de Z inférieur à

$$\mathrm{C}\rho^2 = \mathrm{C}\frac{\mathrm{a}^2}{\mathrm{b}^2},$$

et, par conséquent, à

$$\frac{1}{2}\mathrm{a}.$$

Ainsi, en résumé, on peut énoncer la proposition suivante :

Théorème I. — *Soit*

$$Z = a + bz + cz^2 + \ldots + gz^{n-1} + hz^n$$

une fonction entière de la variable z. Soient encore a, b, c, ..., g, h *les modules des coefficients $a, b, c, \ldots, g, h$ [a et b étant supposés distincts de zéro], et ρ_ϖ la racine unique de l'équation linéaire*

$$a + bz = 0;$$

enfin, prenons

$$\mathrm{C} = \mathrm{c} + \ldots + \mathrm{g}\rho^{n-3} + \mathrm{h}\rho^{n-2}$$

et

$$\iota = \frac{\mathrm{b}}{2\mathrm{C}}.$$

Il suffira de poser $\zeta = \rho_\varpi$ si l'on a $\rho < \iota$, et $\zeta = \iota_\varpi$ si l'on a $\rho > \iota$, pour abaisser le module R de Z au-dessous d'une limite inférieure au module a *de a; savoir, dans le premier cas, au-dessous de la limite* $\frac{1}{2}\mathrm{a}$, *et, dans le second cas, au-dessous de la limite* $\mathrm{a} - \frac{\mathrm{b}^2}{4\mathrm{C}}$.

Il pourrait arriver qu'un ou plusieurs des coefficients b, c, ... se réduisent à zéro. Alors, à l'aide de raisonnements semblables à ceux dont nous avons fait usage, on obtiendrait, à la place du théorème I, la proposition suivante :

Théorème II. — *Soit*

$$Z = a + bz^l + cz^m + \ldots + hz^n$$

une fonction entière de la variable z. Soient encore a, b, c, ..., h *les modules des coefficients $a, b, c, \ldots, h$, et ρ_ϖ l'une des racines de l'équation binome*

$$a + bz^l = 0;$$

enfin, prenons

$$\mathrm{C} = \mathrm{c} + \ldots + \mathrm{h}\rho^{n-m}$$

et

$$\iota = \left(\frac{l}{m}\frac{\mathrm{b}}{\mathrm{C}}\right)^{\frac{1}{m-l}}$$

Il suffira de poser $z = \rho_\varpi$, si l'on a $\rho < \iota$, et $z = \iota_\varpi$, si l'on a $\rho < \iota$, pour abaisser le module R de Z au-dessous d'une limite inférieure au module a *de a, savoir, dans le premier cas, au-dessous de la limite* $\frac{l}{m}\mathrm{a}$ [1], *et, dans le second cas, au-dessous de la limite* $\mathrm{a} - \frac{m-1}{m}\mathrm{b}\iota^l$,

---

[1] La limite dont il s'agit se présente d'abord sous la forme $\mathrm{C}\rho^m$; mais l'équation

$$\mathrm{b}l = m\mathrm{C}\iota^{m-l}$$

Les deux théorèmes que nous venons d'établir fournissent, pour la réduction du module d'une fonction entière quelconque, et, par suite, pour la résolution des équations de tous les degrés, une méthode facilement applicable, puisqu'en la suivant, on a seulement à résoudre des équations linéaires ou des équations binomes. Ajoutons qu'après un certain nombre d'opérations, cette méthode nouvelle finit toujours par coïncider avec la méthode linéaire ou newtonienne, quand on a réduit, comme on peut toujours le faire, l'équation proposée à n'avoir que des racines inégales entre elles.

---

jointe à la condition $\rho < 1$, donne

$$\mathrm{b}\, l > m\,\mathrm{C}\rho^{m-l},$$

et, comme on a d'ailleurs

$$\mathrm{a} = \mathrm{b}\rho^{l},$$

on tire des deux dernières formules, combinées entre elles par voie de multiplication,

$$\mathrm{a}\, l > m\,\mathrm{C}\rho^{m};$$

par conséquent,

$$\mathrm{C}\rho^{m} < \frac{l}{m}\,\mathrm{a}.$$

MÉMOIRE

SUR

QUELQUES DÉFINITIONS GÉNÉRALEMENT ADOPTÉES

EN ARITHMÉTIQUE ET EN ALGÈBRE

Comme je l'ai remarqué dans l'*Analyse algébrique*, quelques définitions généralement adoptées en arithmétique et en algèbre, spécialement la définition d'un *produit* et la définition d'une *puissance*, ne peuvent être bien comprises qu'à l'aide de développements et d'explications qui font disparaître ce que ces définitions offrent, au premier abord, de vague et d'indéterminé. En effet, dire que, *pour obtenir un produit, il faut opérer sur le multiplicande, comme on opère sur l'unité pour obtenir le multiplicateur*, c'est donner de ce produit une définition qui, pour devenir claire et précise, exige que l'on explique quelles sont les opérations à effectuer.

D'autre part, comme Euler l'a montré, l'arithmétique et l'algèbre s'appuient sur deux notions fondamentales, qui se présentent naturellement à l'esprit, dès que l'on veut comparer deux grandeurs entre elles, savoir, les notions de *rapport arithmétique* et de *rapport géométrique*.

En effet, deux grandeurs de même espèce peuvent être comparées entre elles sous deux points de vue différents.

La mesure de la seconde grandeur comparée à la première, est un *nombre* qui représente le *rapport* (1) *géométrique* de l'une à l'autre. L'*inverse* de ce nombre ou de ce rapport est la mesure de la première

---

(1) Lorsque le mot *rapport* est employé seul, il désigne généralement, comme l'on sait, un rapport géométrique.

grandeur comparée à la seconde. Lorsque les deux grandeurs sont égales, leur rapport direct ou indirect se réduit à l'unité de nombre.

L'augmentation ou la diminution qu'il faut faire subir à la première grandeur pour obtenir la seconde, est une *quantité positive* ou *négative* qui représente le *rapport arithmétique* de la seconde à la première. La *quantité opposée* est la diminution ou l'augmentation qu'il faut faire subir à la seconde grandeur pour obtenir la première. Lorsque deux grandeurs sont égales, leur rapport arithmétique est une grandeur *nulle*, dont la mesure est le nombre *zéro*.

Ces notions de rapport arithmétique et de rapport géométrique étant une fois admises, les quatre opérations fondamentales de l'arithmétique et de l'algèbre, savoir, l'addition, la soustraction, la multiplication, la division, peuvent être aisément définies en termes clairs et précis. En effet, on peut dire que la *soustraction* et la *division* se bornent à déterminer les rapports *arithmétique* et *géométrique* de deux grandeurs, l'*addition* et la *multiplication*, à déterminer l'une des grandeurs, quand on connaît l'autre avec le rapport arithmétique ou géométrique de l'une à l'autre.

On peut aussi, de la notion de rapport arithmétique ou géométrique, passer immédiatement, comme l'on sait, à celle des proportions et des progressions, puis à la notion des puissances des nombres et de leurs degrés ou exposants. Les définitions et les théorèmes que l'on obtient alors étant bien connus, je me bornerai à les rappeler en peu de mots.

Une *proportion arithmétique* ou *géométrique* n'est autre chose que l'*égalité de deux rapports arithmétiques* ou *géométriques*.

Une *progression arithmétique* ou *géométrique* est une suite dans laquelle le rapport arithmétique ou géométrique de chaque terme au précédent, se réduit à un nombre ou à une quantité constante, que l'on nomme le *rapport* ou la *raison* de la progression dont il s'agit.

De la définition même des progressions arithmétiques et géométriques, on déduit immédiatement les propositions suivantes :

THÉORÈME I. — *Dans toute progression arithmétique dont un terme se réduit à zéro, le terme suivant est la raison même de la progression. De plus, le rapport arithmétique de deux termes est encore un terme de la progression; et, pour obtenir le rapport arithmétique d'un terme quelconque à l'un des termes précédents, il suffit d'ajouter la raison à elle-même autant de fois qu'il y a d'unités dans le nombre des termes intermédiaires.*

THÉORÈME II. — *Dans toute progression géométrique dont un terme se réduit à l'unité, le terme suivant est la raison même de la progression. De plus, le rapport géométrique de deux termes est encore un terme de la progression; et, pour obtenir le rapport géométrique d'un terme quelconque à l'un des termes précédents, il suffit de multiplier la raison par elle-même autant de fois qu'il y a d'unités dans le nombre des termes intermédiaires.*

De ces deux théorèmes on tire encore le suivant :

THÉORÈME III. — *Étant données une progression arithmétique dont un terme se réduit à zéro, et une progression géométrique dont un terme se réduit à l'unité, si l'on fait correspondre aux termes de l'une les termes de l'autre, de telle sorte qu'au terme zéro de la progression arithmétique, corresponde le terme* 1 *de la progression géométrique, alors le rapport arithmétique entre deux termes de la progression arithmétique et le rapport géométrique entre les deux termes correspondants de la progression géométrique, seront deux nouveaux termes qui appartiendront respectivement aux deux progressions indéfiniment prolongées, et qui correspondront encore l'un à l'autre.*

Concevons, en particulier, que, la raison de la progression arithmétique étant réduite à l'unité, la raison de la progression géométrique soit une quantité positive représentée par la lettre A. Les divers termes de la progression arithmétique se réduiront aux quantités entières

$$\ldots,\quad -3,\quad -2,\quad -1,\quad 0,\quad 1,\quad 2,\quad 3,\quad \ldots \tag{1}$$

et les termes correspondants de la progression géométrique seront

$$\ldots,\quad \frac{1}{AAA},\quad \frac{1}{AA},\quad \frac{1}{A},\quad 1,\quad A,\quad AA,\quad AAA,\quad \ldots \tag{2}$$

Alors aussi, n étant l'un quelconque des termes de la progression arithmétique, le terme correspondant de la progression géométrique sera ce que l'on nomme la *puissance entière* de A, du *degré* marqué par l'*exposant* n, et ce que l'on désigne par la notation A^n. Cela posé, on aura non seulement

$$(3) \qquad A^0 = 1,$$

mais encore

$$(4) \qquad \ldots, \quad A^1 = A, \quad A^2 = AA, \quad A^3 = AAA, \quad \ldots,$$

et

$$(5) \qquad \ldots, \quad A^{-1} = \frac{1}{A}, \quad A^{-2} = \frac{1}{AA}, \quad A^{-3} = \frac{1}{AAA}, \quad \ldots.$$

En vertu des formules (4) et (5), si n est positif et représente en conséquence un nombre entier, la $n^{\text{ième}}$ puissance de A, représentée par la notation A^n, ne sera autre chose que le produit de n facteurs égaux à A, et l'on aura, de plus,

$$A^{-n} = \frac{1}{A^n}.$$

Ajoutons que, si m, n représentent deux quantités entières quelconques, on aura, en vertu du troisième théorème,

$$(6) \qquad \frac{A^m}{A^n} = A^{m-n}.$$

Donc le *rapport géométrique de deux puissances entières de* A *est encore une puissance entière dont l'exposant se réduit au rapport arithmétique des exposants des deux premières.*

Supposons maintenant que, n étant un nombre entier quelconque, on choisisse le nombre a de manière à vérifier l'équation

$$(7) \qquad a^n = A;$$

alors a sera ce que l'on nomme la *racine* $n^{\text{ième}}$ de A, et ce que l'on représente par la notation $\sqrt[n]{A}$. Posons d'ailleurs pour abréger,

$$\alpha = \frac{1}{n},$$

et concevons qu'aux progressions (1), (2) on substitue les suivantes :

$$(8) \qquad \ldots,\ -3\alpha,\ -2\alpha,\ -\alpha,\ 0,\ \alpha,\ 2\alpha,\ 3\alpha,\ \ldots,$$
$$(9) \qquad \ldots,\ \mathrm{a}^{-3},\ \mathrm{a}^{-2},\ \mathrm{a}^{-1},\ 1,\ \mathrm{a},\ \mathrm{a}^{2},\ \mathrm{a}^{3},\ \ldots.$$

Les termes

$$(10) \qquad \ldots,\ -3n\alpha,\ -2n\alpha,\ -n\alpha,\ \alpha,\ n\alpha,\ 2n\alpha,\ 3n\alpha,\ \ldots$$

de la progression (8) se réduiront évidemment à ceux qui composent la progression (1), et les termes correspondants de la progression (9) à ceux qui composent la progression (2), c'est-à-dire aux puissances entières de A. On a été conduit, par cette remarque, à généraliser la notion des puissances des nombres, en l'étendant au cas où les degrés de ces puissances cessent d'être des quantités entières; et à dire qu'un terme quelconque de la progression (9) est la *puissance* de A du *degré* marqué par le terme correspondant à la progression (8). D'ailleurs, ν étant un terme quelconque de la progression (8), on est convenu d'indiquer encore, à l'aide de la notation A^{ν}, la puissance de A du degré marqué par l'exposant ν. Cela posé, comme l'exposant de a dans un terme de la progression (9) est le produit du terme correspondant de la progression (8), par le nombre entier $n = \frac{1}{\alpha}$, on aura toujours

$$(11) \qquad \mathrm{A}^{\nu} = \mathrm{a}^{n\nu}.$$

On trouvera par exemple, en posant $\nu = \frac{1}{n}$,

$$(12) \qquad \mathrm{A}^{\frac{1}{n}} = \mathrm{a} = \sqrt[n]{\mathrm{A}},$$

puis, en désignant par m un entier quelconque, distinct de n,

$$(13) \qquad \mathrm{A}^{\frac{m}{n}} = \mathrm{a}^{m} = (\sqrt[n]{\mathrm{A}})^{m},$$

et

$$(14) \qquad \mathrm{A}^{-\frac{m}{n}} = \mathrm{a}^{-m} = \frac{1}{\mathrm{a}^{m}} = \frac{1}{\mathrm{A}^{\frac{m}{n}}}.$$

Ainsi, les puissances de A, des degrés marqués par les exposants $\frac{1}{n}$,

$\frac{m}{n}$, $-\frac{m}{n}$ ne seront autre chose que la racine $n^{\text{ième}}$ de A, la $m^{\text{ième}}$ puissance de cette racine, et le nombre inverse de cette puissance. De plus a^m étant le produit de n facteurs égaux à a, il est clair que a^{mn} représentera le produit de mn facteurs égaux à a, par conséquent le produit de m facteurs égaux à $a^n = A$, ou bien encore le produit de n facteurs égaux à $a^m = A^{\frac{m}{n}}$. Donc, par suite, on aura

$$\left(A^{\frac{m}{n}}\right)^n = A^m; \tag{15}$$

donc, si l'on pose

$$B = A^{\frac{m}{n}}, \tag{16}$$

on aura encore

$$B^n = A^m, \tag{17}$$

en sorte que les équations (16), (17) fourniront toujours la même valeur pour le nombre B. Enfin, en désignant par μ, ν deux quelconques des termes de la progression (8), on aura, en vertu du troisième théorème,

$$\frac{a^{n\mu}}{a^{n\nu}} = a^{n(\mu-\nu)},$$

ou, ce qui revient au même,

$$\frac{A^\mu}{A^\nu} = A^{\mu-\nu}. \tag{18}$$

Comme on peut, sans changer la valeur d'une fraction, multiplier ses deux termes par un même facteur, il en résulte qu'un nombre fractionnaire quelconque μ peut être présenté sous diverses formes. Mais on démontre aisément qu'à ces diverses formes répond une seule valeur de A^μ. En effet, soient m, n les nombres entiers dont le rapport géométrique $\frac{m}{n}$ représente le nombre fractionnaire μ réduit à sa plus simple expression. Les fractions équivalentes au rapport $\frac{m}{n}$ seront de la forme $\frac{km}{kn}$, k pouvant être un nombre entier quelconque. D'ailleurs, si l'on pose

$$B = A^{\frac{m}{n}},$$

on en conclura, comme ci-dessus,

$$B^n = A^m,$$

puis, en élevant les deux membres à la puissance entière du degré k,

$$B^{kn} = A^{km},$$

ou, ce qui revient au même,

$$B = A^{\frac{km}{kn}}.$$

On aura donc

$$A^{\frac{km}{kn}} = A^{\frac{m}{n}}. \tag{19}$$

Ajoutons que de l'équation (19) on tirera

$$\frac{1}{A^{\frac{km}{kn}}} = \frac{1}{A^{\frac{m}{n}}},$$

ou, ce qui revient au même,

$$A^{-\frac{km}{kn}} = A^{-\frac{m}{n}}. \tag{20}$$

Or, il suit immédiatement des formules (19) et (20), qu'à un exposant fractionnaire μ, positif ou même négatif, correspond toujours une seule valeur de A^{μ}. Ajoutons qu'en vertu de la formule (18), *le rapport géométrique de deux puissances fractionnaires de* A *est encore une puissance fractionnaire dont l'exposant se réduit au rapport arithmétique des exposants des deux premières.*

Il suit évidemment de la formule (7), que la raison A de la progression (2), et la raison a de la progression (9), sont toutes deux supérieures ou toutes deux inférieures à l'unité. Les deux progressions sont *croissantes* dans le premier cas, *décroissantes* dans le second; *par conséquent les puissances entières et fractionnaires d'un nombre donné* A *croissent ou décroissent pour des valeurs croissantes de l'exposant, suivant que ce nombre est supérieur ou inférieur à l'unité.*

Concevons maintenant que, dans la formule (7), le nombre n devienne de plus en plus grand. Il est aisé de voir que la valeur de a, déterminée par cette formule, s'approchera indéfiniment de l'unité.

En effet, il suit de cette formule même, 1° que les deux nombres a, A seront tous deux supérieurs ou tous deux inférieurs à l'unité ; que l'on aura

$$\frac{A-1}{a-1} = \frac{a^n - 1}{a-1} = 1 + a + a^2 + \ldots + a^{n-1}. \tag{21}$$

De plus, on tirera de la formule (21), 1° en supposant $A>1$, et, par suite, $a>1$,

$$\frac{A-1}{a-1} > n; \tag{22}$$

par conséquent,

$$a - 1 < \frac{A-1}{n},$$

et

$$a < 1 + \frac{A-1}{n}; \tag{23}$$

2° en supposant $A<1$, et, par suite, $a<1$,

$$\frac{1-A}{1-a} < n, \tag{24}$$

par conséquent,

$$1 - a > \frac{1-A}{n},$$

et

$$a < 1 - \frac{1-A}{n}. \tag{25}$$

Or, il résulte évidemment de la formule (23) ou (25), que le nombre a s'approchera indéfiniment de l'unité, si, en attribuant au nombre A une valeur constante, on fait croître indéfiniment le nombre entier n.

Soit maintenant b un nombre quelconque, entier ou fractionnaire, ou même irrationnel. Si ce nombre n'est pas un des termes de la progression (9), il sera du moins compris entre deux termes consécutifs

$$a^\lambda, \quad a^{\lambda+1},$$

que l'on pourra aussi présenter sous les formes

$$\text{A}^{\lambda\alpha}, \quad \text{A}^{(\lambda+1)\alpha},$$

et qui pourront être censés exprimer deux valeurs approchées du nombre b. D'ailleurs n venant à croître indéfiniment, le rapport

$$\frac{a^{\lambda+1}}{a^{\lambda}} = a,$$

et, à plus forte raison, le rapport

$$\frac{b}{a^{\lambda}} = \frac{b}{\text{A}^{\lambda\alpha}}$$

se rapprocheront indéfiniment de l'unité. Donc alors $\text{A}^{\lambda\alpha}$ convergera vers une limite égale à b. Mais, si l'on appelle μ la limite vers laquelle convergera, dans la même hypothèse, le produit $\lambda\alpha$, on devra naturellement représenter, par la notation A^{μ}, la limite vers laquelle convergera la puissance fractionnaire $\text{A}^{\lambda\alpha}$. Donc, en adoptant cette dernière convention, on aura

$$b = \text{A}^{\mu}.$$

On pourra donc alors représenter un nombre quelconque b par une expression de la forme A^{μ}, μ étant une quantité positive ou négative, entière ou fractionnaire, ou même irrationnelle. Ajoutons que, si la valeur numérique de μ est irrationnelle, la progression (9) ne renfermera jamais le nombre b ou A^{μ}, mais seulement des valeurs approchées de ce nombre. Dans le même cas, A^{μ} sera ce qu'on nomme une *puissance irrationnelle* de A. Le *degré* ou *l'exposant* de cette puissance sera la quantité irrationnelle μ.

Remarquons, enfin, que l'équation (18), qui subsiste pour des valeurs fractionnaires quelconques des exposants μ et ν, continuera nécessairement de subsister, si ces exposants, après s'être approchés indéfiniment de certaines limites irrationnelles, atteignent ces mêmes limites. On peut donc étendre la formule

$$(26) \qquad \frac{\text{A}^{\mu}}{\text{A}^{\nu}} = \text{A}^{\mu-\nu}$$

au cas où les exposants μ, ν deviennent irrationnels, et, en conséquence on peut énoncer la proposition suivante :

THÉORÈME IV. — *Le rapport géométrique entre deux puissances quelconques d'un nombre donné* A *est encore une puissance de* A *dont l'exposant se réduit au rapport arithmétique des exposants des deux premières.*

L'équation (26) peut encore être présentée sous une autre forme, qu'il est bon de rappeler, et qu'on obtient en exprimant la différence $\mu - \nu$ par une seule lettre. En effet, si l'on pose

$$\mu - \nu = x,$$

et si d'ailleurs on substitue à la lettre ν la lettre y, on aura $\mu = x + y$, et l'équation (26) réduite à la formule

$$\frac{A^{x+y}}{A^y} = A^x$$

donnera

$$A^{x+y} = A^x A^y. \tag{27}$$

Alors aussi, à la place du quatrième théorème, on en obtiendra un autre qui, au fond, sera le même, et s'énoncera comme il suit :

THÉORÈME V. — *Le produit de deux puissances quelconques d'un nombre donné* A *est encore une puissance de* A *qui a pour exposant la somme des exposants des deux premières.*

Le théorème IV ou V exprime la propriété la plus remarquable des puissances d'un nombre, et même cette propriété suffit pour les caractériser, en sorte qu'on peut énoncer la propriété suivante :

THÉORÈME VI. — *Supposons que, x étant une quantité quelconque positive ou négative, on se serve de la notation $[x]$ pour désigner une autre quantité qui varie avec x par degrés insensibles. Si l'on a, pour des valeurs quelconques des quantités x, y,*

$$[x][y] = [x+y], \tag{28}$$

on aura aussi

$$[x] = [1]^x. \tag{29}$$

Démonstration. — On tirera successivement de la formule (5), en désignant par $x, y, z, \ldots, u, v, w$, des quantités quelconques

$$[x][y][z] = [x+y][z] = [x+y+z],$$

et, généralement,

$$[x][y][z]\ldots[u][v][w] = [x+y+z+\ldots+u+v+w];$$

puis, en désignant par n le nombre des quantités $x, y, z, \ldots, u, v, w$, et supposant toutes ces quantités égales entre elles,

$$[x]^n = [nx]. \tag{30}$$

D'ailleurs, on tirera de l'équation (30), 1° en posant $x = 1$,

$$[n] = [1]^n; \tag{31}$$

3° et en posant $x = \frac{1}{n}$,

$$\left[\frac{1}{n}\right]^n = [1],$$

et, par conséquent,

$$\left[\frac{1}{n}\right] = [1]^{\frac{1}{n}}; \tag{32}$$

2° en désignant par m un nombre entier distinct de n, et posant $x = \frac{1}{m}$,

$$\left[\frac{n}{m}\right] = \left[\frac{1}{m}\right]^n;$$

par conséquent, eu égard à la formule (32),

$$\left[\frac{n}{m}\right] = [1]^{\frac{n}{m}}; \tag{33}$$

puis, en faisant varier la fraction $\frac{m}{n}$ de manière à ce qu'elle s'approche indéfiniment d'un nombre donné ν, on tirera de la formule (33)

$$[\nu] = [1]^\nu. \tag{34}$$

On trouvera, en particulier, en posant $\nu = 0$, dans la formule (34)

$$[0] = 1. \tag{35}$$

Enfin, en posant dans la formule (28)

$$x = \nu, \qquad y = -\nu,$$

on en tirera

$$[\nu][-\nu] = 1;$$

par conséquent,

$$[-\nu] = \frac{1}{[\nu]} = \frac{1}{[1]^\nu} = [1]^{-\nu}; \tag{36}$$

et il résulte évidemment des formules (34), (36), que si l'on attribue à x une valeur réelle quelconque $\pm \nu$, on aura

$$[x] = [1]^x.$$

MÉMOIRE SUR QUELQUES THÉORÈMES

CONCERNANT

LES MOYENNES ARITHMÉTIQUES ET GÉOMÉTRIQUES

LES PROGRESSIONS, ETC.

I. — *Notions relatives aux moyennes arithmétiques et géométriques.*

La *moyenne arithmétique* entre n quantités données est la $n^{ième}$ partie de leur somme.

La *moyenne géométrique* entre n nombres donnés est la $n^{ième}$ racine de leur produit.

D'autre part, *la somme de n quantités est évidemment comprise entre les produits qu'on obtient quand on multiplie par n la plus petite et la plus grande de ces quantités.*

Pareillement, *le produit de n nombres est compris entre les $n^{ièmes}$ puissances du plus petit et du plus grand de ces nombres.*

Donc, par suite, *la moyenne arithmétique entre plusieurs quantités est toujours renfermée entre la plus petite et la plus grande de ces quantités.*

Pareillement, *la moyenne géométrique entre plusieurs nombres est toujours renfermée entre le plus petit et le plus grand de ces nombres.*

En partant de ces principes, on établira divers théorèmes d'algèbre qui seront successivement énoncés dans les paragraphes suivants :

II. — *Sur les progressions géométriques, et sur les moyennes arithmétiques entre leurs termes.*

Considérons d'abord une progression géométrique dont le premier terme soit l'unité, et dont la raison r soit une quantité positive quelconque. Les divers termes, dont nous supposerons le nombre représenté par la lettre n, seront respectivement

$$1, \quad r, \quad r^2, \quad \ldots, \quad r^{n-1};$$

et, si l'on désigne par s_n la somme de ces termes, on aura

$$s_n = 1 + r + r^2 + \ldots + r^{n-1} = \frac{1 - r^n}{1 - r}. \tag{1}$$

D'ailleurs, le plus petit et le plus grand des termes dont il s'agit seront les deux termes extrêmes

$$r, \quad r^{n-1}.$$

Donc, en vertu des principes exposés dans le paragraphe I, la somme S_n sera comprise entre les produits qu'on obtient, quand on multiplie ces deux termes par n, et l'on pourra énoncer la proposition suivante :

THÉORÈME I. — *La somme*

$$s_n = \frac{1 - r^n}{1 - r}$$

des n termes de la progression géométrique

$$1, \quad r, \quad r^2, \quad \ldots, \quad r^{n-1}$$

est comprise entre les limites

$$n \quad \text{et} \quad nr^{n-1}.$$

Nous avons ici supposé que le premier terme de la progression géométrique donnée était l'unité. Supposons maintenant que ce premier terme soit une quantité quelconque k, la raison étant toujours positive et représentée par r. Les divers termes de la progression deviendront

$$k, \quad kr, \quad kr^2, \quad \ldots, \quad kr^{n-1},$$

et leur somme que je représenterai par S_n sera évidemment égale à ks_n. Elle sera donc comprise entre les limites nk, nkr^{n-1}, et à la place du théorème I, on obtiendra la proposition suivante :

THÉORÈME II. — *r étant un nombre quelconque, et k une quantité quelconque positive ou négative, la somme*

$$S_n = k\frac{1-r^n}{1-r}$$

des n termes de la progression géométrique

$$k, \quad kr, \quad kr^2, \quad \ldots, \quad kr^{n-1},$$

est comprise entre les limites

$$nk, \quad nkr^{n-1}.$$

Si l'on divise la somme S_n des termes de la progression géométrique donnée par leur nombre n, on obtiendra la moyenne arithmétique entre ces mêmes termes. En vertu du deuxième théorème, cette moyenne arithmétique, que je désignerai par R_n, et que détermine la formule

$$R_n = \frac{S_n}{n},$$

sera comprise entre les deux termes extrêmes

$$k, \quad kr^{n-1}$$

de la progression géométrique. Si l'on suppose, en particulier, $k=1$, on aura $S_n = s_n$, par conséquent,

$$R_n = \frac{s_n}{n},$$

ou, ce qui revient au même,

$$R_n = \frac{1+r+r^2+\ldots+r^{n-1}}{n} = \frac{1}{n}\,\frac{1-r^n}{1-r}, \tag{2}$$

et la quantité R_n, c'est-à-dire la moyenne arithmétique entre les divers termes de la progression géométrique

$$1, \quad r, \quad r^2, \quad \ldots, \quad r^{n-1},$$

sera comprise entre les termes extrêmes

$$1, \quad r^{n-1}.$$

La moyenne arithmétique R_n, déterminée par la formule (2), possède encore une propriété remarquable dont l'énoncé fournit le théorème suivant :

THÉORÈME III. — *Si le nombre entier n vient à croître, la moyenne arithmétique*

$$R_n = \frac{1}{n}\,\frac{1-r^n}{1-r},$$

entre les divers termes de la progression géométrique

$$1, \quad r, \quad r^2, \quad \ldots, \quad r^{n-1},$$

croîtra ou décroîtra suivant que la raison r sera supérieure ou inférieure à l'unité.

Démonstration. — Soit

$$m = n + l$$

un nombre entier supérieur à n, en sorte que l soit positif. On aura non seulement

$$R_n = \frac{1 + r + r^2 + \ldots + r^{n-1}}{n},$$

mais encore

$$R_{n+l} = \frac{1 + r + r^2 + \ldots + r^{n+l-1}}{n+l},$$

ou, ce qui revient au même,

$$R_{n+l} = \frac{1 + r + r^2 + \ldots + r^{n-1}}{n+l} + \frac{r^n + r^{n+1} + \ldots + r^{n+l-1}}{n+l},$$

par conséquent

$$R_{n+l} - R_n = \frac{r^n + r^{n+1} + \ldots + r^{n+l-1}}{n+l} - \frac{l}{n}\,\frac{1 + r + \ldots + r^{n-1}}{n+l},$$

ou, ce qui revient au même,

$$\frac{R_{n+l} - R_n}{l} = \frac{r^n}{n+l}\Delta, \tag{3}$$

la valeur de Δ étant

$$(4) \qquad \Delta = \frac{1 + r + \ldots + r^{l-1}}{l} - \frac{r^{-1} + r^{-2} + \ldots + r^{-n}}{n}.$$

Or, l'unité étant inférieure aux puissances positives et supérieure aux puissances négatives de r, quand on a $r > 1$, et il est clair que, dans cette hypothèse, les deux moyennes arithmétiques dont la différence équivaut à Δ en vertu de la formule (4), seront, la première supérieure, la seconde inférieure à l'unité. On aura donc alors

$$\Delta > 0 \quad \text{et, par suite,} \quad R_{n+l} > R_n.$$

Mais le contraire aura lieu, si l'on suppose $r < 1$, et, dans ce dernier cas, les formules (4) et (3) donnent

$$\Delta < 0 \quad \text{et, par conséquent,} \quad R_{n+l} < R_n.$$

III. — *Sur les progressions arithmétiques, et sur les moyennes géométriques entre leurs termes.*

Considérons maintenant une progression arithmétique dont tous les termes soient positifs. Si l'on nomme a le premier terme, b la raison, n le nombre des termes, ceux-ci seront respectivement

$$a, \quad a+b, \quad \ldots, \quad a+(n-2)b, \quad a+(n-1)b;$$

et, en nommant P_n le produit de tous ces termes, on aura

$$(1) \qquad P_n = a(a+b)\ldots[a+(n-2)b][a+(n-1)b].$$

D'ailleurs le plus petit et le plus grand des termes dont il s'agit seront les deux termes extrêmes

$$a, \quad a+(n-1)b.$$

Donc, en vertu des principes exposés dans le paragraphe I, le produit P_n sera compris entre les $n^{\text{ièmes}}$ puissances de ces deux termes, et l'on pourra énoncer la proposition suivante :

Théorème I. — *Le produit P_n des n termes de la progression arithmé-*

tique

$$a, \quad a+b, \quad \ldots, \quad a+(n-2)b, \quad a+(n-1)b,$$

supposés tous positifs, est compris entre les limites

$$a^n, \quad [a+(n-1)b]^n.$$

Au reste, on peut obtenir deux limites plus rapprochées qui comprennent entre elles le produit P_n en suivant la marche que je vais indiquer.

Je remarquerai d'abord que, si l'on désigne la somme de deux nombres par k, et leur différence par l, ces deux nombres auront pour valeurs respectives les deux expressions

$$\frac{k+l}{2}, \quad \frac{k-l}{2},$$

et pour produit l'expression

$$\frac{k^2-l^2}{4}$$

qui décroît sans cesse pour des valeurs croissantes de l. Ce produit sera donc inférieur ou tout au plus égal à $\left(\frac{k}{2}\right)^2$, c'est-à-dire au carré de la demi-somme des deux nombres, et deviendra le plus petit possible, quand la différence l sera la plus grande possible.

Cela posé, concevons que l'on multiplie le produit P_n par lui-même, après avoir renversé l'ordre des facteurs. Le carré P_n^2 ainsi obtenu pourra être considéré comme le produit de n facteurs, dont chacun serait fourni par la multiplication de deux termes placés à égales distances des extrêmes dans la progression

$$a, \quad a+b, \quad \ldots, \quad a+(n-2)b, \quad a+(n-1)b,$$

c'est-à-dire par la multiplication des deux termes de la forme

$$a+mb, \quad a+(n-m-1)b,$$

m étant un nombre entier égal ou inférieur à n. D'ailleurs, d'après la remarque faite tout à l'heure, le produit de deux semblables termes sera toujours inférieur au carré de leur demi-somme

$$a + \frac{n-1}{2} b,$$

et toujours égal ou supérieur au produit des termes extrêmes

$$a, \quad a + (n-1)b.$$

Donc, par suite, P_n^2 sera compris entre les limites inférieure et supérieure

$$a^n[a + (n-1)b]^n, \quad \left(a + \frac{n-1}{2} b\right)^{2n},$$

et le produit P_n lui-même entre les racines carrées de ces limites. On pourra donc énoncer encore la proposition suivante :

Théorème II. — *Le produit P_n des termes de la progression arithmétique*

$$a, \quad a+b, \quad \ldots, \quad a+(n-2)b, \quad a+(n-1)b,$$

supposés tous positifs, est compris entre les limites inférieure et supérieure :

$$a^{\frac{n}{2}}[a + (n-1)b]^{\frac{n}{2}}, \quad \left(a + \frac{n-1}{2} b\right)^n.$$

Corollaire 1. — Si l'on suppose a et b réduits à l'unité, on conclura du deuxième théorème que le produit

$$1.2.3\ldots n$$

est compris entre les limites inférieure et supérieure

$$n^{\frac{n}{2}}, \quad \left(\frac{n+1}{2}\right)^n.$$

Corollaire 2. — Si l'on suppose

$$a = 1 \quad \text{et} \quad b = -\frac{1}{m},$$

m étant un nombre entier égal ou supérieur à n, on conclura du deuxième théorème que le produit

$$\left(1 - \frac{1}{m}\right)\left(1 - \frac{2}{m}\right)\cdots\left(1 - \frac{n-1}{m}\right)$$

est compris entre les limites inférieure et supérieure

$$\left(1-\frac{n-1}{m}\right)^{\frac{n}{2}}, \quad \left(1-\frac{n-1}{2m}\right)^{n}.$$

On aura donc

$$(2) \qquad \left(1-\frac{1}{m}\right)\left(1-\frac{2}{m}\right)\cdots\left(1-\frac{n-1}{m}\right) > \left(1-\frac{n-1}{m}\right)^{\frac{n}{2}}.$$

D'autre part, si l'on pose

$$r = 1-\frac{n-1}{m},$$

n étant égal ou inférieur à m, le nombre r sera inférieur à l'unité. On aura, par suite, en vertu du théorème I du paragraphe II,

$$\frac{1-r^n}{1-r} \text{ ou } \leqq n,$$

ou même, si n est un nombre pair,

$$(3) \qquad \frac{1-r^{\frac{n}{2}}}{1-r} = \text{ ou } < \frac{n}{2}.$$

Il y a plus : si n est un nombre impair supérieur à l'unité, on aura nécessairement $n > 2$, et le troisième théorème du paragraphe II donnera, pour $r < 1$,

$$\frac{1}{n}\,\frac{1-r^n}{1-r} < \frac{1}{2}\,\frac{1-r^2}{1-r},$$

par conséquent,

$$\frac{1-r^n}{1-r^2} < \frac{n}{2};$$

puis, en remplaçant dans cette dernière formule r par $r^{\frac{1}{2}}$, on trouvera

$$\frac{1-r^{\frac{n}{2}}}{1-r} < \frac{n}{2}.$$

Donc, si n désigne l'un quelconque des nombres entiers supérieurs à l'unité, la formule (3), que l'on peut encore écrire comme il suit,

$$(4) \qquad r^{\frac{n}{2}} = \text{ ou } > 1-\frac{n}{2}(1-r)$$

subsistera généralement pour $r < 1$. Elle subsistera donc alors pour

$$r = 1 - \frac{n-1}{m},$$

de sorte qu'on aura

$$(5) \qquad \left(1 - \frac{n-1}{m}\right)^{\frac{n}{2}} = \text{ou} < 1 - \frac{n(n-1)}{2m}.$$

Or, des formules (2) et (5) réunies, on déduit immédiatement la proposition suivante :

Théorème III. — *m, n étant deux nombres entiers dont le second n surpasse l'unité, en demeurant inférieur à $m+1$, le produit*

$$\left(1 - \frac{1}{m}\right)\left(1 - \frac{2}{m}\right)\cdots\left(1 - \frac{n-1}{m}\right)$$

des n termes de la progression arithmétique

$$1, \quad 1 - \frac{1}{m}, \quad 1 - \frac{2}{m}, \quad \ldots, \quad 1 - \frac{n-1}{m}$$

ne pourra s'abaisser au-dessous de la limite inférieure

$$1 - \frac{n(n-1)}{2m},$$

qu'il atteindra seulement dans le cas particulier où l'on aura $n = 2$.

Si l'on extrait la racine $n^{\text{ième}}$ du produit P_n déterminé par la formule (1), on obtiendra la moyenne géométrique entre les divers termes de la progression arithmétique

$$a, \quad a+b, \quad \ldots, \quad a+(n-2)b, \quad a+(n-1)b.$$

En nommant A_n cette moyenne géométrique, on déduira immédiatement du théorème II la proposition suivante :

Théorème IV. — *La moyenne géométrique*

$$A_n = \{a(a+b)\ldots[a+(n-1)b]\}^{\frac{1}{n}}$$

entre les termes de la progression arithmétique

$$a, \quad a+b, \quad \ldots, \quad a+(n-2)b, \quad a+(n-1)b,$$

supposés tous positifs, est comprise entre les limites inférieure et supérieure

$$a^{\frac{1}{2}}[a+(n-1)b]^{\frac{1}{2}}, \quad a+\frac{n-1}{2}b.$$

Si l'on suppose a et b réduits à l'unité, alors, à la place du théorème IV, on obtiendra la proposition suivante :

THÉORÈME V. — *La moyenne géométrique*

$$[1.2.3\ldots n]^{\frac{1}{n}}$$

entre les nombres entiers

$$1, \quad 2, \quad 3, \quad \ldots, \quad n$$

est comprise entre les limites inférieure et supérieure

$$n^{\frac{1}{2}}, \quad \frac{n+1}{2}.$$

IV. — *Conséquences diverses des principes établis dans les paragraphes précédents.*

On peut, des principes établis dans les paragraphes précédents, déduire diverses conséquences qui méritent d'être remarquées. Ainsi, en particulier, si, en désignant par r un nombre quelconque, et par n un nombre entier, l'on pose

$$R_n = \frac{1}{n}\,\frac{1-r^n}{1-r},$$

si, d'ailleurs, on nomme m un autre entier inférieur à n, alors, en vertu du troisième théorème du paragraphe II, on aura, pour $r<1$,

$$R_n < R_m,$$

ou, ce qui revient au même,

$$\frac{R_n}{R_m} < 1,$$

et pour $r>1$,

$$R_n > R_m,$$

ou, ce qui revient au même,

$$\frac{R_n}{R_m} > 1.$$

Comme on aura d'ailleurs, dans l'un ou l'autre cas,

$$\frac{R_n}{R_m} = \frac{m}{n}\,\frac{1 - r^n}{1 - r^m} = \frac{m}{n}\,\frac{r^n - 1}{r^m - 1},$$

on devra conclure que, si n surpasse m, on aura, pour $r < 1$

$$(1) \qquad \frac{1 - r^n}{1 - r^m} < \frac{n}{m},$$

et, pour $r > 1$,

$$(2) \qquad \frac{r^n - 1}{r^m - 1} > \frac{n}{m}.$$

Si, maintenant, on remplace, dans les formules (1) et (2), r par $r^{\frac{1}{m}}$, ces formules seront réduites, la première à

$$(3) \qquad \frac{1 - r^{\frac{n}{m}}}{1 - r} < \frac{n}{m};$$

la seconde à

$$(4) \qquad \frac{r^{\frac{n}{m}} - 1}{r - 1} > \frac{n}{m}.$$

Enfin rien n'empêchera de concevoir que, dans la formule (3) ou (4), la fraction $\frac{n}{m}$, devenue variable, s'approche indéfiniment d'un certain nombre ν rationnel ou irrationnel, mais supérieur à l'unité, et alors, en remplaçant $\frac{n}{m}$ par ν, on trouvera encore, pour $r < 1$,

$$(5) \qquad \frac{1 - r^\nu}{1 - r} < \nu,$$

et, pour $r > 1$,

$$(6) \qquad \frac{r^\nu - 1}{r - 1} > \nu.$$

Ajoutons que, si l'on remplace r par $\frac{1}{r}$, on tirera, 1° de la formule (5), pour $\frac{1}{r} < 1$, $r > 1$,

$$(7) \qquad \frac{r^\nu - 1}{r - 1} < \nu r^{\nu - 1};$$

2° de la formule (6), pour $\frac{1}{r} > 1$, $r < 1$,

$$\frac{1 - r^{\nu}}{1 - r} > \nu r^{\nu - 1} \tag{8}$$

Or, il suit évidemment des formules (5) et (8), ou (6) et (7), que le rapport

$$\frac{1 - r^{\nu}}{1 - r}$$

sera toujours compris entre les limites

$$\nu \quad \text{et} \quad \nu r^{\nu - 1},$$

si le nombre ν est supérieur à l'unité.

Au reste, en raisonnant toujours de la même manière, on arriverait encore aux mêmes conclusions, si la fraction $\frac{n}{m}$ et la limite ν de cette fraction étaient supposées non plus supérieures, mais inférieures à l'unité. Seulement alors, le théorème III du paragraphe II donnerait, pour $r < 1$,

$$R_n > R_m,$$

pour $r > 1$,

$$R_n < R_m;$$

et, par suite, dans les diverses formules obtenues, on devrait remplacer le signe $<$ par le signe $>$, et réciproquement.

Cela posé, on pourra énoncer la proposition suivante :

Théorème I. — *r et ν étant deux nombres quelconques, le rapport*

$$\frac{r^{\nu} - 1}{r - 1} = \frac{1 - r^{\nu}}{1 - r}$$

sera compris entre les limites

$$\nu \quad \text{et} \quad \nu r^{\nu - 1}.$$

Concevons maintenant que, x, y étant des nombres distincts, on pose

$$y = rx;$$

on en conclura

$$y^\nu = r^\nu x^\nu$$

et l'on aura, par suite,

$$y - x = (r - 1)x, \qquad y^\nu - x^\nu = (r^\nu - 1)x^\nu,$$

$$\frac{y^\nu - x^\nu}{y - x} = \frac{r^\nu - 1}{r - 1} x^{\nu-1}.$$

Donc, eu égard au premier théorème, le rapport

$$\frac{y^\nu - x^\nu}{y - x}$$

sera compris entre les limites

$$\nu x^{n-1}, \quad \nu r^{\nu-1} x^{\nu-1},$$

dont la seconde coïncide avec le produit $\nu y^{\nu-1}$; et l'on pourra énoncer la proposition suivante :

Théorème II. — x, y, ν *étant trois nombres quelconques, le rapport*

$$\frac{y^\nu - x^\nu}{y - x}$$

sera toujours compris entres les limites

$$\nu x^{\nu-1}, \quad \nu y^{\nu-1}.$$

Si, en désignant par Δx un accroissement attribué à la variable x, et par $\Delta(x^\nu)$ l'accroissement correspondant de x^ν, on pose

$$y = x + \Delta x,$$

on aura

$$y^\nu = x^\nu + \Delta(x^\nu),$$

et, par suite,

$$\frac{y^\nu - x^\nu}{y - x} = \frac{\Delta(x^\nu)}{\Delta x},$$

puis, en faisant converger Δx vers la limite zéro, on conclura du deuxième théorème que la limite du rapport des différences $\frac{\Delta(x^\nu)}{\Delta x}$ est le produit $\nu x^{\nu-1}$. D'ailleurs cette limite est précisément ce qu'on nomme le *rapport différentiel* de x^ν à x, ou la dérivée de x^ν différentié par rapport à x, et ce que l'on désigne par la notation

$$\frac{d(x^\nu)}{dx} \quad \text{ou} \quad D_x(x^\nu).$$

Ainsi l'on peut, du deuxième théorème, déduire immédiatement la formule

$$(9) \qquad \frac{d(x^\nu)}{dx} = D_x(x^\nu) = \nu x^{\nu-1},$$

de laquelle on tire

$$(10) \qquad d(x^\nu) = \nu x^{\nu-1}\, dx.$$

Réciproquement, de la formule (10), supposée connue, on pourrait revenir au second théorème, en s'appuyant sur une proposition énoncée dans le deuxième Volume de cet Ouvrage. En effet, si, en attribuant à x une valeur constante, on fait varier y à partir de $y = x$, les différences

$$y - x, \quad y^\nu - x^\nu$$

seront deux grandeurs coexistantes qui s'évanouiront simultanément; et leur rapport différentiel, représenté par la notation

$$\frac{d(y^n)}{dy},$$

se confondra, en vertu de la formule (9), avec le produit $\nu y^{\nu-1}$. Or, ce produit, qui se réduira simplement à $\nu x^{\nu-1}$, quand on posera $y = x$, croîtra ou décroîtra sans cesse, tandis que l'on fera croître la valeur numérique de la différence $y - x$. Donc les valeurs extrêmes de ce produit, représentées par

$$\nu x^{\nu-1}, \quad \nu y^{\nu-1},$$

devront, en vertu d'un théorème énoncé à la page 190 du deuxième Volume [1], comprendre entre elles le rapport

$$\frac{y^\nu - x^\nu}{y - x}$$

des deux grandeurs coexistantes

$$y - x, \quad y^\nu - x^\nu.$$

---

[1] *Œuvres de Cauchy*, S. II, t. XII, p. 217.

MÉMOIRE

SUR

LA QUANTITÉ GÉOMÉTRIQUE $i = 1_{\frac{\pi}{2}}$

ET SUR

LA RÉDUCTION D'UNE QUANTITÉ GÉOMÉTRIQUE QUELCONQUE À LA FORME $x + yi$

Soient r, p les *coordonnées polaires* d'un point A renfermé dans un certain plan, r étant le rayon vecteur OA mesuré à partir du *pôle* O sur une droite qui forme avec l'*axe polaire* OX l'*angle polaire* p. D'après ce qui a été dit à la page 158 ([1]), le rayon vecteur OA sera représenté en grandeur et en direction par la *quantité géométrique* r_p, dont r sera le *module*, et p l'*argument*.

Cela posé, l'argument p pourra être l'un quelconque des angles décrits par un rayon vecteur mobile qui, d'abord dirigé suivant l'axe polaire, tournerait autour du pôle, de manière à prendre définitivement la direction OP. Or, ces angles forment évidemment une progression arithmétique, dont la raison équivaut à quatre angles droits mesurés par la circonférence dont le rayon est l'unité, c'est-à-dire par le nombre 2π. Mais, parmi ces mêmes angles, un seul est renfermé entre les limites $-\pi$, $+\pi$, les autres se déduisant de celui-ci par l'addition ou la soustraction des divers multiples de 2π. Ajoutons que, si l'argument p est considéré comme positif quand le rayon vecteur

---

([1]) *Œuvres de Cauchy*, ce tome, p. 176.

mobile a tourné dans un certain sens avant de parvenir à la position OP, le même argument deviendra négatif, quand le rayon vecteur mobile aura tourné en sens contraire. Le mouvement de rotation sera *direct* dans la première hypothèse, et *rétrograde* dans la seconde.

Enfin, lorsque le signe $+$ ou $-$, qui sert à indiquer l'addition ou la soustraction, sera placé devant r_p, l'expression

$$+r_p \quad \text{ou} \quad -r_p$$

ainsi obtenue représentera la longueur r mesurée à partir du pôle dans la direction qui forme avec l'axe polaire l'angle p, ou dans la direction opposée, en sorte qu'on aura [page 164] (¹)

$$(1) \qquad +r_p = r_p, \qquad -r_p = r_{p+\pi} = r_{p-\pi}.$$

Dans le cas particulier où le module r se réduit à l'unité, la quantité géométrique r_p, réduite à la forme 1_p, représente la longueur 1 mesurée à partir du pôle dans la direction qui forme avec l'axe polaire l'angle p. Si à cette direction on substituait la direction opposée, alors, à la place de la quantité géométrique 1_p, on obtiendrait la quantité opposée

$$(2) \qquad 1_{p+\pi} = 1_{p-\pi} = -1_p.$$

Si la direction donnée coïncide avec celle de l'axe polaire, ou avec la direction opposée, la quantité géométrique 1_p sera réduite à l'une des quantités algébriques

$$1_0 = 1, \qquad 1_\pi = 1_{-\pi} = +1.$$

Si, au contraire, la droite sur laquelle se mesure la longueur 1 devient perpendiculaire à l'axe polaire, alors l'expression 1_p se trouvera réduite à l'une des quantités géométriques

$$1_{\frac{\pi}{2}}, \qquad 1_{-\frac{\pi}{2}} = -1_{\frac{\pi}{2}}.$$

La première de ces quantités, c'est-à-dire la longueur 1, mesurée dans la direction que prend un rayon vecteur mobile doué d'un mouvement de rotation direct, et primitivement dirigé suivant l'axe polaire, au moment où il devient pour la première fois perpendiculaire à cet axe,

(¹) *Œuvres de Cauchy*, ce tome, p. 184.

sera dorénavant désignée par la lettre i. Eu égard à cette convention, l'on aura

$$(3) \qquad \mathrm{i} = 1_{\frac{\pi}{2}}, \quad -\mathrm{i} = -1_{\frac{\pi}{2}} = 1_{-\frac{\pi}{2}},$$

et

$$\mathrm{i}^2 = \left(1_{\pm\frac{\pi}{2}}\right)^2 = 1_{\pm\pi},$$

ou, ce qui revient au même,

$$(4) \qquad \mathrm{i}^2 = -1.$$

Donc les quantités géométriques i et — i représenteront les racines carrées de — 1 ; et, comme on tirera de la formule (4),

$$\mathrm{i}^4 = (-1)^2,$$

par conséquent

$$(5) \qquad \mathrm{i}^4 = 1,$$

il est clair que i et — i représenteront encore les deux racines quatrièmes et non algébriques de l'unité. Cette conclusion ne diffère pas au fond de la remarque faite à la page 167 ([1]).

En résumé, i et — i sont les deux racines de l'équation binome

$$(6) \qquad z^2 = -1,$$

à laquelle il est impossible de satisfaire tant que l'on prend pour z une quantité algébrique, puisque le carré de toute quantité positive ou négative est nécessairement positif. Si l'équation (6) devient résoluble, dans le cas où l'on prend pour z une quantité géométrique, cela tient à ce que la définition donnée en algèbre du produit de deux quantités se généralise quand ces quantités cessent d'être algébriques, et permet au produit

$$zz = z^2$$

de deux facteurs égaux d'acquérir une valeur négative.

Concevons maintenant que l'on détermine la position du point A, non plus à l'aide des coordonnées polaires r et p, mais à l'aide de deux coordonnées rectangulaires x et y mesurées à partir du pôle : 1° sur

---

([1]) *Œuvres de Cauchy*, ce tome, p. 186.

l'axe polaire; 2° sur une perpendiculaire à cet axe. Supposons, d'ailleurs, que l'on compte les x positives dans la direction correspondant à une valeur nulle de l'angle polaire p, et les y positives dans la direction correspondant à l'angle polaire $\frac{\pi}{2}$. Les coordonnées x, y, ou, ce qui revient au même, les projections algébriques du rayon vecteur r sur les axes des x et des y, se réduiront, pour $r = 1$, à ce qu'on nomme le *cosinus* et le *sinus* de l'angle polaire p; et, comme, pour passer de ce cas particulier au cas où r acquiert une valeur quelconque, il suffit de faire varier x et y dans le rapport de 1 à r, on aura généralement

$$(7) \qquad x = r \cos p, \qquad y = r \sin p.$$

Il est facile d'exprimer la quantité géométrique r_p en fonction des coordonnées rectangulaires x, y : et, d'abord, il est clair que, si l'une de ces coordonnées s'évanouit, la valeur numérique de l'autre sera précisément la valeur du rayon r. Dans la même hypothèse, l'expression 1_p se réduira évidemment à 1 ou à -1, si le rayon r se mesure dans le sens des x positives ou des x négatives; à i ou à $-$i, si r se mesure dans le sens des y positives ou des y négatives. On en conclut aisément que la quantité géométrique

$$(8) \qquad r_p = 1_p r,$$

exprimée en fonction des coordonnées x, y, sera représentée en grandeur et en direction par l'abscisse x, si l'on a $y = 0$, et par le produit yi, si l'on a $x = 0$.

Si des deux coordonnées x, y aucune ne s'évanouit, alors

$$x \quad \text{et} \quad y\text{i}$$

représenteront évidemment, en grandeur et en direction, non plus la longueur r mesurée sur une droite correspondant à l'angle polaire p, mais seulement les projections algébriques de cette longueur sur les axes des x et des y. Quant à la longueur elle-même, elle sera la diagonale du rectangle construit sur les deux projections. Elle sera donc [page 160] la somme des deux quantités géométriques x, yi, en sorte qu'on aura

$$(9)\qquad r_p = x + yi.$$

Si le rayon r se réduit à l'unité, on aura

$$(10)\qquad x = \cos p, \qquad y = \sin p.$$

Donc alors la formule (9) donnera

$$(11)\qquad 1_p = \cos p + i \sin p.$$

Si, au contraire, le rayon r diffère de l'unité, on tirera de la formule (9) jointe aux équations (7), ou bien encore de la formule (8) jointe à la formule (11),

$$(12)\qquad r_p = r(\cos p + i \sin p).$$

Concevons maintenant que, r, p étant les coordonnées rectangulaires, et x, y les coordonnées polaires du point A, on pose, pour abréger,

$$(13)\qquad z = r_p = x + yi,$$

la quantité géométrique z sera ce que nous appellerons l'*affixe* de ce point. Si l'on désigne par R, P les coordonnées polaires, par X, Y les coordonnées rectangulaires, et par Z l'affixe d'un second point B, on aura encore

$$(14)\qquad Z = R_p = X + Yi.$$

Si les deux points coïncident, on aura non seulement

$$(15)\qquad Z = z,$$

ou, ce qui revient au même,

$$(16)\qquad X + Yi = x + yi,$$

mais encore

$$(17)\qquad X = x, \qquad Y = y.$$

Réciproquement, si l'équation (15) se vérifie, les points A, B coïncideront, et, par suite, la formule (15) ou (16) entraînera les équations (17). On peut donc énoncer la proposition suivante :

THÉORÈME I. — *Lorsque deux quantités géométriques sont égales, l'équation qui exprime leur égalité peut être remplacée par deux équations entre quantités algébriques, savoir : par les équations qu'on obtient, quand on égale entre elles, dans les quantités géométriques données, les parties purement algébriques, puis les quantités algébriques qui représentent les coefficients de i.*

Observons encore que l'équation (15), présentée sous la forme

$$R_P = r_p, \tag{18}$$

donnera [*voir* la page 158]

$$R = r, \tag{19}$$

$$P = p + 2k\pi, \tag{20}$$

k étant une quantité quelconque, et, par suite,

$$\cos P = \cos p, \qquad \sin P = \sin p. \tag{21}$$

Comme on aura d'ailleurs

$$1_P = \cos P + i \sin P, \tag{22}$$

il est clair que des formules (11) et (22), jointes aux équations (21), on tirera

$$1_P = 1_p. \tag{23}$$

On arriverait encore à la même conclusion, en divisant par $R = r$ les deux membres de l'équation (18) présentée sous la forme

$$1_P R = 1_p r.$$

En résumé, la position d'un point dans un plan peut être complètement déterminée, non seulement par le système de deux coordonnées rectangulaires, mais aussi par l'affixe de ce même point; en sorte que l'égalité de deux affixes entraîne la coïncidence des points correspondants avec l'égalité de leurs abscisses, de leurs ordonnées, et de leurs distances au pôle.

Nous appellerons *points conjugués* deux points placés symétriquement par rapport à l'axe polaire, ou, ce qui revient au même, deux points situés à égales distances de cet axe sur une droite perpendiculaire à l'axe. Nous appellerons encore *quantités géométriques* conjuguées celles qui représenteront les affixes de deux points conjugués. Cela posé, deux quantités géométriques conjuguées offriront évidemment, avec des modules égaux, des arguments égaux au signe près, mais affectés de signes contraires, et si l'une est de la forme

$$r_p = x + yi = r(\cos p + i \sin p), \tag{24}$$

l'autre sera de la forme

$$r_{-p} = x - yi = r(\cos p - i \sin p). \tag{25}$$

Comme on aura d'ailleurs

$$r_p r_{-p} = r^2, \tag{26}$$

on pourra énoncer la proposition suivante :

Théorème II. — *Le produit de deux quantités géométriques conjuguées est le carré du module de chacune d'elles.*

Remarquons encore que des formules (24), (25), (26), on tire

$$r^2 = (x + yi)(x - yi), \tag{27}$$

puis, en ayant égard à la formule (4),

$$r^2 = x^2 + y^2. \tag{28}$$

L'équation (5) exprime simplement que le *carré du rayon vecteur r est la somme des carrés de ses deux projections*, et reproduit ainsi le théorème de géométrie suivant lequel, dans un triangle rectangle, *le carré de l'hypoténuse équivaut à la somme des carrés des autres côtés.* Ajoutons que l'on tire de la formule (27)

$$\frac{1}{x + yi} = \frac{x - yi}{r^2} = \frac{x - yi}{x^2 + y^2}; \tag{29}$$

et que l'équation (29) réduit immédiatement à la forme $X - Y\mathrm{i}$ le rapport de l'unité à la quantité géométrique $x + y\mathrm{i}$, ou, ce qui revient au même, la quantité géométrique inverse de $x + y\mathrm{i}$.

Si le module r des deux quantités géométriques r_p, r_{-p} se réduisait à l'unité, elles deviendraient respectivement

$$1_p = \cos p + \mathrm{i} \sin p, \qquad 1_{-p} = \cos p - \mathrm{i} \sin p.$$

Les principes exposés dans le Mémoire sur les quantités géométriques permettent d'effectuer aisément, sur ces quantités réduites à la forme r_p, les diverses opérations de l'Algèbre; spécialement l'addition, la soustraction, la multiplication, la division, et l'élévation à des puissances entières. Pour effectuer les mêmes opérations sur les quantités géométriques réduites à la forme $x + y\mathrm{i}$, il suffira évidemment d'appliquer les règles auxquelles on aurait recours, si les quantités données étaient algébriques, en ayant égard aux formules (4) et (29), et en se rappelant que, *diviser par une quantité géométrique, c'est multiplier par la quantité inverse*. [*Voir* la page 164 ([1]).] On trouvera, par exemple,

$$(30) \qquad (x + y\mathrm{i}) + (x' + y'\mathrm{i}) + \ldots = x + x' + \ldots + (y + y' + \ldots)\mathrm{i};$$

$$(31) \qquad x' + y'\mathrm{i} - (x + y\mathrm{i}) = x' - x + (y' - y)\mathrm{i};$$

$$(32) \qquad (x + y\mathrm{i})(x' + y'\mathrm{i}) = xx' - yy' + (xy' + x'y)\mathrm{i};$$

$$(33) \qquad \frac{x' + y'\mathrm{i}}{x + y\mathrm{i}} = \frac{(x - y\mathrm{i})(x' + y'\mathrm{i})}{x^2 + y^2} = \frac{xx' + yy' + (xy' - x'y)\mathrm{i}}{x^2 + y^2},$$

puis, en désignant par n un nombre entier quelconque, et appliquant au développement de $(x + y\mathrm{i})^n$ la formule de Newton, on trouvera encore

$$(34) \qquad \begin{aligned}(x + y\mathrm{i})^n = {} & x^n - \frac{n(n-1)}{1.2} x^{n-2} y^2 + \ldots \\ & + \left(\frac{n}{1} x^{n-1} y - \frac{n(n-1)(n-2)}{1.2.3} x^{n-3} y^3 + \ldots\right)\mathrm{i}.\end{aligned}$$

Eu égard à l'équation (34), on pourra aisément réduire à la forme $X + Y\mathrm{i}$ une *fonction entière* Z de la quantité géométrique $z = x + y\mathrm{i}$,

---

([1]) *Œuvres de Cauchy*, ce tome, p. 178

c'est-à-dire une expression de la forme

$$Z = a + bz + cz^2 + \ldots + gz^{n-1} + hz^n, \tag{35}$$

les coefficients $a, b, c, \ldots, g, h$ étant des quantités quelconques algébriques ou géométriques. Ajoutons que l'on pourra réduire encore à la forme $X + Yi$ une *fonction rationnelle* de z, c'est-à-dire le rapport de deux fonctions entières de z, en ayant égard non seulement à la formule (34), mais aussi à l'équation (33).

MÉMOIRE SUR LES AVANTAGES

QUE PRÉSENTE

L'EMPLOI DES QUANTITÉS GÉOMÉTRIQUES

DANS LA TRIGONOMÉTRIE RECTILIGNE.

Comme on l'a vu dans l'article précédent, les deux quantités géométriques

$$1_p, \quad 1_{-p}$$

sont liées au sinus et au cosinus de l'angle p par les formules

$$(1) \qquad 1_p = \cos p + i \sin p, \quad 1_{-p} = \cos p - i \sin p,$$

dont la seconde est ce que devient la première quand on change p en $-p$. D'ailleurs, de ces deux formules on tire immédiatement les suivantes :

$$(2) \qquad \cos p = \frac{1_p + 1_{-p}}{2}, \qquad \sin p = \frac{1_p - 1_{-p}}{2i},$$

qui servent à exprimer le cosinus et le sinus de l'angle p, à l'aide des seules quantités géométriques 1_p, 1_{-p}; et l'on peut ajouter que les équations (1), (2) fournissent le moyen le plus court d'établir un grand nombre de formules de trigonométrie rectiligne. Entrons à ce sujet dans quelques détails.

D'abord, il est clair que les propriétés des expressions de la forme 1_p feront connaître, eu égard aux formules (1), des propriétés correspondantes des sinus et des cosinus. Ainsi, par exemple, l'équation

$$(3) \qquad 1_p 1_{-p} = 1$$

pourra s'écrire comme il suit,

$$(\cos p + \mathrm{i} \sin p)(\cos p - \mathrm{i} \sin p) = 1,$$

et se réduira définitivement à la formule

$$(4) \qquad \cos^2 p + \sin^2 p = 1,$$

qui exprime la relation existante entre le sinus et le cosinus d'un angle quelconque p. Pareillement, l'équation

$$(5) \qquad 1_{p+p'} = 1_p 1_{p'}$$

donnera

$$\cos(p + p') + \mathrm{i} \sin(p + p') = (\cos p + \mathrm{i} \sin p)(\cos p' + \mathrm{i} \sin p'),$$

ou, ce qui revient au même,

$$\begin{aligned} &\cos(p + p') + \mathrm{i} \sin(p + p') \\ &\quad = \cos p \cos p' - \sin p \sin p' + \mathrm{i}(\sin p \cos p' + \sin p' \cos p), \end{aligned}$$

et pourra être remplacée [page 217] par le système des deux formules

$$(6) \qquad \begin{cases} \cos(p + p') = \cos p \cos p' - \sin p \ \sin p', \\ \sin(p + p') = \sin p \cos p' + \sin p' \cos p, \end{cases}$$

qui servent à exprimer le cosinus et le sinus de la somme de deux arcs en fonction des cosinus et des sinus de ces mêmes arcs. Si l'on veut obtenir les cosinus et les sinus, non plus de la somme, mais de la différence des arcs donnés, il suffira de remplacer p' par $-p'$ dans les formules (6), desquelles on tirera

$$(7) \qquad \begin{cases} \cos(p - p') = \cos p \cos p' + \sin p \ \sin p', \\ \sin(p - p') = \sin p \cos p' - \sin p' \cos p. \end{cases}$$

Enfin, n étant un nombre entier quelconque, l'équation

$$(8) \qquad 1_{np} = (1_p)^n$$

sera l'expression la plus simple du théorème de Moivre, puisque, en vertu de cette équation, l'on aura

$$(9) \qquad \cos np + \mathrm{i} \sin np = (\cos p + \mathrm{i} \sin p)^n.$$

Si, après avoir développé le second membre de la formule (9) suivant les puissances ascendantes de i, on égale entre elles, dans les deux membres, les quantités purement algébriques, puis les quantités qui représenteront les coefficients de i, on retrouvera les formules connues

$$(10)\quad \begin{cases} \cos np = \cos^n p - \dfrac{n(n-1)}{1.2}\cos^{n-2}p\sin^2 p + \ldots, \\ \sin np = \dfrac{n}{1}\cos^{n-1}p\sin p - \dfrac{n(n-1)(n-2)}{1.2.3}\cos^{n-3}p\sin^3 p + \ldots, \end{cases}$$

que l'on peut encore écrire comme il suit :

$$(11)\quad \begin{cases} \cos np = \cos^n p\left[1 - \dfrac{n(n-1)}{1.2}\tan^2 p + \ldots\right], \\ \sin np = \cos^n p\left[\dfrac{n}{1}\tan p - \dfrac{n(n-1)(n-2)}{1.2.3}\tan^3 p + \ldots\right]. \end{cases}$$

D'ailleurs on tirera immédiatement des équations (11)

$$(12)\quad \tan np = \frac{\dfrac{n}{1}\tan p - \dfrac{n(n-1)(n-2)}{1.2.3}\tan^3 p + \ldots}{1 - \dfrac{n(n-1)}{1.2}\tan^2 p + \ldots}.$$

Les formules (10) développent le cosinus et le sinus de l'arc np en fonctions entières du sinus et du cosinus de l'arc p. Si l'on veut, au contraire, développer les $n^{\text{ièmes}}$ puissances de $\cos p$ et de $\sin p$ en séries de termes proportionnels aux cosinus et aux sinus des multiples de p, il suffira de recourir aux formules (2), desquelles on tirera

$$(13)\qquad \cos^n p = \left(\frac{1_p + 1_{-p}}{2}\right)^n, \qquad \sin^n p = \left(\frac{1_p - 1_{-p}}{2i}\right)^n.$$

En développant les seconds membres des équations (13), et ayant égard à la formule (5), on trouvera

$$(14)\quad \begin{cases} \cos^n p = \dfrac{1_{np} + \dfrac{n}{1}1_{\overline{n-2}.p} + \ldots + \dfrac{n}{1}1_{-\overline{n-2}.p} + 1_{-np}}{2^n}, \\ \sin^n p = \dfrac{1_{np} - \dfrac{n}{1}1_{\overline{n-2}.p} + \ldots + \left[\ldots - \dfrac{n}{1}1_{-\overline{n-2}.p} + 1_{-np}\right](-1)^n}{2^n i^n}. \end{cases}$$

De ces dernières équations, on peut immédiatement revenir aux formules connues. On en tire, en effet, eu égard aux formules (1), pour des valeurs paires de n,

$$(15)\quad \begin{cases} \cos^n p = \dfrac{\cos np + \dfrac{n}{1}\cos(n-2)p + \ldots + \dfrac{1}{2}\,\dfrac{n(n-1)\ldots\left(\dfrac{n}{2}+1\right)}{1.2\ldots\dfrac{n}{2}}}{2^{n-1}}, \\[2ex] \sin^n p = \dfrac{\cos np - \dfrac{n}{1}\cos(n-2)p + \ldots + (-1)^{\frac{n}{2}}\dfrac{1}{2}\,\dfrac{n(n-1)\ldots\left(\dfrac{n}{2}+1\right)}{1.2\ldots\dfrac{n}{2}}}{(-1)^{\frac{n}{2}}2^{n-1}}, \end{cases}$$

et, pour des valeurs impaires de n,

$$(16)\quad \begin{cases} \cos^n p = \dfrac{\cos np + \dfrac{n}{1}\cos(n-2)p + \ldots + \dfrac{n(n-1)\ldots\left(\dfrac{n+1}{2}\right)}{1.2\ldots\dfrac{n-1}{2}}\cos p}{2^{n-1}}, \\[2ex] \sin^n p = \dfrac{\sin np - \dfrac{n}{1}\sin(n-2)p + \ldots + (-1)^{\frac{n-1}{2}}\dfrac{n(n-1)\ldots\left(\dfrac{n+1}{2}\right)}{1.2\ldots\dfrac{n-1}{2}}\sin p}{(-1)^{\frac{n-1}{2}}2^{n-1}}. \end{cases}$$

Lorsque, dans l'équation (5), on prend

$$p' = -\frac{p}{2},$$

on en tire

$$1_{\frac{p}{2}} = 1_p 1_{-\frac{p}{2}};$$

par conséquent,

$$(17)\qquad 1_p = \frac{1_{\frac{p}{2}}}{1_{-\frac{p}{2}}} = \frac{\cos\dfrac{p}{2} + \mathrm{i}\sin\dfrac{p}{2}}{\cos\dfrac{p}{2} - \mathrm{i}\sin\dfrac{p}{2}}.$$

Si, d'ailleurs, on pose

$$t = \operatorname{tang}\frac{p}{2} = \frac{\sin\dfrac{p}{2}}{\cos\dfrac{p}{2}},$$

on aura

$$\sin\frac{p}{2} = t\cos\frac{p}{2},$$

et, par suite, la formule (17) donnera

$$(18) \qquad 1_p = \frac{1+t\mathrm{i}}{1-t\mathrm{i}}.$$

En vertu de cette dernière formule, toute fonction entière, ou même rationnelle de 1_p, pourra être transformée en une fonction rationnelle de

$$t = \tang\frac{p}{2}.$$

Il y a plus : comme, en vertu de l'équation (3), jointe à la formule (18), on aura

$$(19) \qquad 1_{-p} = \frac{1-t\mathrm{i}}{1+t\mathrm{i}},$$

il est clair que toute fonction rationnelle de 1_p et de 1_{-p} pourra encore être transformée en une fonction rationnelle de t. On trouvera, par exemple, en ayant égard aux équations (2),

$$(20) \qquad \cos p = \frac{1-t^2}{1+t^2}, \qquad \sin p = \frac{2t}{1+t^2}.$$

Étant données deux directions déterminées par deux angles polaires p, p', on peut demander la valeur de la quantité positive Π propre à représenter l'angle aigu ou obtus, mais inférieur à deux droits, qui se trouve compris entre ces mêmes directions. Or, il est clair que cette quantité se réduira toujours à l'un des quatre angles compris dans les deux formules

$$2k\pi \pm (p'-p),$$

k ou $-k$ étant un nombre entier. Donc, par suite, on aura

$$(21) \qquad \cos\Pi = \cos(p'-p) = \frac{1_{p'-p} + 1_{p-p'}}{2},$$

ou, ce qui revient au même,

$$(22) \qquad \cos\Pi = \frac{1_{p'}1_{-p} + 1_p 1_{-p'}}{2}.$$

Telle est l'équation qui sert à exprimer la valeur de cos Π à l'aide des quantités géométriques 1_p, $1_{p'}$ et de leurs conjuguées 1_{-p}, $1_{-p'}$.

Dans ce qui précède, nous nous sommes bornés à considérer des quantités géométriques dont les modules étaient réduits à l'unité. La considération de celles qui offrent des modules distincts de l'unité fournit aussi des démonstrations très simples de diverses formules de trigonométrie rectiligne, comme nous allons le faire voir.

Soient d'abord r, r' deux rayons vecteurs mesurés à partir du pôle dans les directions que déterminent les angles polaires p, p'; et nommons A, B les extrémités de ces rayons vecteurs. Si l'on multiplie le rayon vecteur r par le cosinus de la quantité positive Π propre à représenter l'angle aigu ou obtus compris entre les deux rayons, le produit ainsi obtenu $r \cos \Pi$ représentera la *projection algébrique* du rayon vecteur r sur le rayon vecteur r'. Pareillement, $r' \cos \Pi$ représentera la projection algébrique du rayon vecteur r. Cela posé, le produit de l'un des rayons par la projection algébrique de l'autre sera

$$rr' \cos \Pi.$$

Or, en multipliant par rr' les deux membres de la formule (22), on trouvera

$$rr' \cos \Pi = \frac{r'_{p'} r_{-p} + r_p r'_{-p'}}{2}; \tag{23}$$

et les quatre quantités géométriques

$$r_p, \quad r'_{p'}, \quad r_{-p}, \quad r'_{-p'}$$

seront évidemment les affixes des deux points A, B et de ceux qui leur sont conjugués. En conséquence, on pourra énoncer la proposition suivante :

Théorème. — *Deux rayons vecteurs étant mesurés à partir du pôle dans deux directions données, le produit du premier rayon par la projection algébrique du second rayon sur le premier, et le produit du second rayon par la projection algébrique du premier sur le second, seront égaux à la demi-somme des deux produits dont chacun a pour facteurs les affixes de l'extrémité de l'un des rayons et du point conjugué à l'extrémité de l'autre.*

Corollaire. — Souvent on désigne à l'aide de la notation $(\widehat{r, r'})$ l'angle aigu ou obtus compris entre les deux rayons vecteurs r, r' mesurés dans deux directions données. Si l'on adopte cette notation, la formule (23) deviendra

$$rr' \cos(\widehat{r, r'}) = \frac{r'_{p'} r_{-p} + r_p r'_{-p'}}{2}, \tag{24}$$

et l'on en tirera

$$r'_{p'} r_{-p} + r_p r'_{-p'} = 2rr' \cos(\widehat{r, r'}). \tag{25}$$

Soit, maintenant, R_p la somme des deux quantités géométriques r_p, $r'_{p'}$. D'après ce qui a été dit à la page 160 ([1]), la quantité géométrique R_p représentera, en grandeur et en direction, la diagonale OC du parallélogramme qui aura pour côtés les rayons vecteurs OA, OB, et pour sommets, d'une part le point O, d'autre part, les trois points A, B, C dont les affixes sont respectivement

$$r_p, \quad r'_{p'}, \quad R_P.$$

D'ailleurs, si à ces trois derniers points on substitue leurs conjugués, c'est-à-dire les trois points dont les affixes sont

$$r_{-p}, \quad r'_{-p'}, \quad R_{-P},$$

on obtiendra un second parallélogramme égal au premier, ces deux parallélogrammes étant deux figures symétriques par rapport à l'axe polaire. Donc R_{-p} sera encore la somme des deux quantités géométriques r_{-p}, $r'_{-p'}$; et l'équation

$$R_P = r_p + r'_{p'} \tag{26}$$

entraînera la suivante,

$$R_{-P} = r_{-p} + r'_{-p'}. \tag{27}$$

Or, des formules (26) et (27), combinées entre elles par voie de mul-

([1]) *Œuvres de Cauchy*, ce tome, p. 176.

tiplication, on tire, eu égard à l'équation (25), la formule connue

$$R^2 = r^2 + r'^2 + 2rr' \cos(\widehat{r, r'}). \tag{28}$$

Soient, maintenant,

$$r_p, \quad r'_{p'}, \quad r''_{p''}, \quad \ldots$$

des quantités géométriques en nombre quelconque, et

$$A, \quad A', \quad A'', \quad \ldots$$

les points dont elles représentent les affixes. Pour obtenir la somme R_p de ces quantités géométriques, il suffira, d'après ce qui a été dit [page 160], de mener par l'extrémité A du rayon vecteur OA, une droite AB égale et parallèle au rayon vecteur OA', puis par le point B une droite BC égale et parallèle au rayon vecteur OA'', etc., puis enfin de joindre le pôle O à l'extrémité K de la dernière des droites successivement tracées, et de fermer ainsi le polygone OABC ... HK par un dernier côté OK qui représentera, en grandeur et en direction, la somme cherchée. D'ailleurs, si aux sommets A, B, C, ..., H, K, on substitue les points conjugués à ces mêmes sommets, alors, à la place du polygone OABC ... HK, on obtiendra celui auquel on peut le superposer en faisant subir au plan qui le renferme une demi-révolution autour de l'axe polaire; et il est clair que, dans le nouveau polygone, le dernier côté, représenté en grandeur et en direction par R_{-p}, sera la somme, non plus des quantités géométriques données

$$r_p, \quad r'_{p'}, \quad r''_{p''}, \quad \ldots$$

mais de leurs conjuguées

$$r_{-p}, \quad r'_{-p'}, \quad r''_{-p''}, \quad \ldots.$$

Donc l'équation

$$R_p = r_p + r'_{p'} + r''_{p''} + \ldots \tag{29}$$

entraînera la suivante

$$R_{-p} = r_{-p} + r'_{-p'} + r''_{-p''} + \ldots. \tag{30}$$

Or, des équations (29) et (30), combinées entre elles par voie de multiplication, on déduira immédiatement, eu égard à l'équation (25), la formule connue

$$(31)\quad \begin{aligned} R^2 = r^2 + r'^2 + r''^2 + \ldots &+ 2rr' \cos(\widehat{r, r'}) + 2rr'' \cos(\widehat{r, r''}) + \ldots \\ &+ 2r'r'' \cos(\widehat{r', r''}) + \ldots \\ &+ \ldots\ldots\ldots\ldots\ldots\ldots \end{aligned}$$

Parmi les formules auxquelles on parvient quand on considère des quantités géométriques dont le module diffère de l'unité, on doit remarquer encore l'équation qui fournit la somme des n premiers termes d'une progression géométrique. Si, pour plus de simplicité, on suppose le premier terme réduit à l'unité, et si l'on représente la raison par r_p, l'équation dont il s'agit sera

$$(32)\qquad 1 + r_p + r_p^2 + \ldots + r_p^{n-1} = \frac{1 - r_p^n}{1 - r_p}.$$

Cette équation subsistant, quelles que soient les valeurs du module r et de l'argument p, on peut y remplacer p par $-p$. On trouvera ainsi

$$(33)\qquad 1 + r_{-p} + r_{-p}^2 + \ldots + r_{-p}^{n-1} = \frac{1 - r_{-p}^n}{1 - r_{-p}}.$$

D'autre part, on a

$$(1 - r_p)(1 - r_{-p}) = 1 - 2r\cos p + r^2.$$

Par conséquent on peut, dans les formules (32) et (33), remplacer les rapports

$$\frac{1}{1 - r_p}, \quad \frac{1}{1 - r_{-p}}$$

par les rapports

$$\frac{1 - r_{-p}}{1 - 2r\cos p + r^2}, \quad \frac{1 - r_p}{1 - 2r\cos p + r^2}.$$

Cela posé, les formules (32) et (33) donneront

$$(34)\qquad 1 + r_p + r_p^2 + \ldots + r_p^{n-1} = \frac{1 - r_{-p} - r_p^n + r^2 r_p^{n-1}}{1 - 2r\cos p + r^2},$$

$$(35)\qquad 1 + r_{-p} + r_{-p}^2 + \ldots + r_{-p}^{n-1} = \frac{1 - r_p - r_{-p}^n + r^2 r_{-p}^{n-1}}{1 - 2r\cos p + r^2}.$$

Chacune de ces dernières équations se partage en deux autres, lorsqu'on égale entre elles, dans les deux membres, les parties purement algébriques et celles qui constituent les coefficients de i. Alors, en ayant égard aux formules

$$(36)\qquad \begin{cases} r_p^n = 1_{np}\, r^n = r^n(\cos np + \mathrm{i}\sin np), \\ r_{-p}^n = 1_{-np}\, r^n = r^n(\cos np - \mathrm{i}\sin np), \end{cases}$$

on trouve

$$(37)\qquad \begin{aligned} &1 + r\cos p + r^2\cos 2p + \ldots + r^{n-1}\cos(n-1)p \\ &= \frac{1 - r\cos p - r^n\cos np + r^{n+1}\cos(n-1)p}{1 - 2r\cos p + r^2}, \end{aligned}$$

et

$$(38)\qquad \begin{aligned} &r\sin p + r^2\sin 2p + \ldots + r^{n-1}\sin(n-1)p \\ &= \frac{r\sin p - r^n\sin np + r^{n+1}\sin(n-1)p}{1 - 2r\cos p + r^2}. \end{aligned}$$

Lorsqu'on suppose

$$r < 1,$$

le module r^n de r_p^n décroît pour des valeurs croissantes de n, et devient infiniment petit, tandis que le nombre n devient infiniment grand. Donc, alors, en vertu de la formule (32), la somme des n premiers termes de la progression géométrique

$$(39)\qquad 1,\quad r_p,\quad r_p^2,\quad r_p^3,\quad \ldots,$$

s'approche indéfiniment, pour des valeurs croissantes de n, de la limite

$$(40)\qquad s = \frac{1}{1 - r_p}.$$

C'est ce qu'on exprime en disant que la progression géométrique se réduit, pour $r < 1$, à une série convergente qui a pour somme la limite s. Alors aussi, les formules (32), (33) donnent

$$(41)\qquad 1 + r_p + r_p^2 + \ldots = \frac{1}{1 - r_p},$$

$$(42)\qquad 1 + r_{-p} + r_{-p}^2 + \ldots = \frac{1}{1 - r_{-p}},$$

et les formules (37), (38) donnent

$$(43)\qquad 1 + r\cos p + r^2\cos 2p + \ldots = \frac{1 - r\cos p}{1 - 2r\cos p + r^2},$$

$$(44)\qquad r\sin p + r^2\sin 2p + \ldots = \frac{r\sin p}{1 - 2r\cos p + r^2}.$$

Il est bon d'observer qu'en vertu de l'équation (41), jointe à la première des formules (36), 1_{np} sera le coefficient de r^n dans le développement du rapport $\frac{1}{1 - r_p}$ en une série ordonnée suivant les puissances ascendantes et entières du module r. Donc, par suite, 1_{np} sera le coefficient de $\frac{1}{r}$, dans le développement du rapport

$$\frac{1}{(1 - r_p)\,r^{n+1}},$$

et, en adoptant les notations du calcul des résidus, on tirera de la formule (41)

$$(45)\qquad 1_{np} = \mathcal{E}\,\frac{1}{(1 - r_p)\,(r^{n+1})},$$

ou, ce qui revient au même,

$$(46)\qquad 1_{np} = \mathcal{E}\,\frac{1 - r_{-p}}{(1 - 2r\cos p + r^2)\,(r^{n+1})}.$$

Si, dans les deux membres de cette dernière formule, on égale entre elles les quantités purement algébriques et celles qui représentent les coefficients de i, on trouvera

$$(47)\qquad \cos np = \mathcal{E}\,\frac{1 - r\cos p}{(1 - 2r\cos p + r^2)\,(r^{n+1})},$$

et

$$(48)\qquad \sin np = \mathcal{E}\,\frac{r\sin p}{(1 - 2r\cos p + r^2)\,(r^{n+1})}.$$

On pourrait d'ailleurs déduire immédiatement les formules (47) et (48) des équations (43), (44). Ajoutons que les équations (47) et (48) pourront encore être présentées sous les formes

$$(49)\qquad \cos np = \mathcal{E}\,\frac{1}{2}\left(1+\frac{1-r^2}{1-2r\cos p+r^2}\right)\frac{1}{((r^{n+1}))},$$

$$(50)\qquad \sin np = \sin p\,\mathcal{E}\,\frac{r}{1-2r\cos p+r^2}\,\frac{1}{((r^{n+1}))}.$$

Nous avons rappelé plus haut les deux équations qui se déduisent immédiatement du théorème de Moivre, et qui transforment le cosinus et le sinus de l'arc np en fonctions entières du cosinus de l'arc p. Si, au théorème de Moivre, on substitue l'équation (46), ou, ce qui revient au même, les équations (49) et (50), on pourra en déduire immédiatement celles qui transforment $\cos np$ et $\frac{\sin np}{\sin p}$ en fonctions entières de $\cos p$. Effectivement, comme on a

$$(51)\qquad \frac{1}{1-2r\cos p+r^2} = \sum_{m=0}^{m=\infty}\frac{(2r\cos p)^m}{(1+r^2)^{m+1}},$$

on conclura des formules (49) et (50) que le coefficient des $\cos^m p$ se réduit, dans le développement de $\cos np$, à

$$(52)\qquad 2^{m-1}\,\mathcal{E}\,\frac{1-r^2}{(1+r^2)^{m+1}}\,\frac{1}{((r^{n-m+1}))},$$

et, dans le développement du rapport $\frac{\sin np}{\sin p}$, à

$$(53)\qquad 2^m\,\mathcal{E}\,\frac{1}{(1+r^2)^{m+1}}\,\frac{1}{((r^{n-m}))}.$$

D'ailleurs l'expression (52) se réduit, pour $m = n$, ou, ce qui revient au même, pour une valeur nulle de $n - m$, à 2^{n-1}, pour une valeur impaire de $n - m$ à zéro, et pour une valeur paire, mais positive, de $n - m$, à

$$(54)\qquad (-1)^{\frac{n-m}{2}}\,\frac{m(m+1)\ldots\frac{n+m-2}{2}}{1.2\ldots\frac{n-m}{2}}\,\frac{n}{m}\,2^{m-1}.$$

Au contraire, l'expression (53) se réduit, pour $n = m + 1$, ou, ce qui revient au même, pour une valeur nulle de $n - m - 1$ à 2^{n-1}, pour une valeur paire de $n-m$ à zéro, et pour une valeur impaire de $n-m$ plus grande que l'unité, à

$$(55)\qquad (-1)^{\frac{n-m-1}{2}} \frac{(m+1)(m+2)\ldots\frac{n+m-1}{2}}{1.2\ldots\frac{n-m-1}{2}} 2^m.$$

Cela posé, les équations (49) et (50) reproduiront immédiatement les formules connues

$$(56)\quad \cos np = 2^{n-1}\left[\cos^n p - \frac{n}{4}\cos^{n-2} p + \frac{n}{4}\frac{n-3}{8}\cos^{n-4} p - \frac{n}{4}\frac{n-3}{8}\frac{n-4}{12}\cos^{n-6} + \ldots\right],$$

$$(57)\quad \sin np = 2^{n-1}\sin p\left[\cos^{n-1} p - \frac{n-2}{4}\cos^{n-3} p + \frac{n-2}{4}\frac{n-3}{8}\cos^{n-5} p + \ldots\right].$$

Si, dans l'équation (56), on pose $n=3$, on retrouvera la formule

$$(58)\qquad \cos 3p = 4\cos^3 p - 3\cos p,$$

qui fournit le moyen de ramener la résolution d'une équation du troisième degré, quand les trois racines sont réelles, au problème de la trisection d'un angle donné [*voir* l'*Analyse algébrique*].

MÉMOIRE

SUR LES

FONCTIONS ENTIÈRES D'UN DEGRÉ INFINI

ET EN PARTICULIER SUR LES EXPONENTIELLES

I. — *Considérations générales.*

On sait que les puissances à exposants variables, autrement appelées *exponentielles*, peuvent être considérées comme des fonctions entières composées d'un nombre infini de termes. Ainsi, par exemple, pour définir l'exponentielle e^z, e étant la base des logarithmes népériens, et z une quantité algébrique variable, il suffirait de dire que e^z est la somme de la série toujours convergente

$$1, \quad \frac{z}{1}, \quad \frac{z^2}{1.2}, \quad \frac{z^3}{1.2.3}, \quad \ldots,$$

ou bien encore, la limite vers laquelle converge, pour des valeurs croissantes du nombre entier m, la fonction entière

$$\left(1+\frac{z}{m}\right)^m.$$

Il y a plus : lorsqu'on adopte une telle définition, il est naturel de l'étendre au cas même où la variable z cesse d'être algébrique ; et l'on se trouve ainsi conduit, par la considération des fonctions entières de degré infini, à la notion des exponentielles à exposants quelconques.

Il convient de donner quelques développements à cette proposition, et de montrer comment elle se lie aux principes établis dans les articles précédents. C'est ce que je vais essayer de faire en peu de mots.

II. — *Sur les fonctions entières d'un degré infini.*

Soit $z = r_p$ une quantité géométrique variable dont r désigne le module et p l'argument. Une fonction entière de z ne sera autre chose [page 167] (1) qu'une somme de termes proportionnels à des puissances entières et positives de z, le degré de la puissance la plus élevée étant ce qu'on nomme le *degré de la fonction*. Par suite, la forme générale d'une fonction de z, entière et du degré n, sera

$$a + bz + cz^2 + \ldots + gz^{n-1} + hz^n,$$

$a, b, c, \ldots, g, h$ désignant des coefficients constants dont chacun pourra être une quantité géométrique.

Concevons maintenant que les divers termes dont se compose la fonction entière appartiennent à la série,

$$(1) \qquad a_0, \quad a_1 z, \quad a_2 z^2, \quad \ldots, \quad a_n z^n, \quad \ldots$$

indéfiniment prolongée. Si l'on désigne par s_n la somme des n premiers termes de cette série, on aura

$$(2) \qquad s_n = a_0 + a_1 z + a_2 z^2 + \ldots + a_{n-1} z^{n-1};$$

et s_n, s_{n+1} seront deux fonctions entières de z, la première du degré $n - 1$, la seconde du degré n. Si, d'ailleurs, n vient à croître indéfiniment, la somme s_n pourra converger ou ne pas converger vers une limite fixe. Dans le premier cas, la série sera dite *convergente*, et la *somme* de la série, c'est-à-dire la limite s de s_n, déterminée par la formule

$$(3) \qquad s = a_0 + a_1 z + a_2 z^2 + \ldots,$$

(1) *Œuvres de Cauchy*, ce tome, p. 186.

sera ce qu'on peut appeler une *fonction entière d'un degré infini*. Dans le second cas, la série sera *divergente*, et n'aura pas de somme.

D'autre part, si l'on nomme a_n le module de a_n, et a la limite ou la plus grande des limites vers lesquelles converge, pour des valeurs croissantes de n, l'expression

$$\sqrt[n]{\mathrm{a}_n} = \mathrm{a}_n^{\frac{1}{n}},$$

a sera le *module* de la série

$$(4) \qquad a_0, \quad a_1, \quad a_2, \quad \ldots$$

dont le terme général est a_n; ar sera le module de la série (1) dont le terme général est $a^n z_n$ [tome III, pages 388 et suivantes ([1])]; et la série (1) sera *convergente* ou *divergente*, suivant que le module ar sera inférieur ou supérieur à l'unité, ou, ce qui revient au même, suivant que le module r de z sera inférieur ou supérieur à $\frac{1}{\mathrm{a}}$. En conséquence la série (1) sera toujours divergente si l'expression $(\mathrm{a}_n)^{\frac{1}{n}}$, croissant indéfiniment avec n, a pour limite l'infini, puisque alors $\frac{1}{\mathrm{a}}$ deviendra

$$\frac{1}{\infty} = 0.$$

C'est ce qui arrivera, par exemple, si a_n et, par suite, a_n se réduisent au produit

$$1.2.3\ldots n,$$

puisque alors on aura [*voir* la page 206 ([2])]

$$(\mathrm{a}_n)^{\frac{1}{n}} = (1.2\ldots n)^{\frac{1}{n}} > \sqrt{n},$$

et, par conséquent,

$$\mathrm{a} = \lim (\mathrm{a}_n)^{\frac{1}{n}} = \infty.$$

Au contraire, la série (1) sera toujours convergente si l'expression $(\mathrm{a}_n)^{\frac{1}{n}}$, décroissant indéfiniment pour des valeurs croissantes de n, a

([1]) *Œuvres de Cauchy*, Série II, t. XIII, p. 437.
([2]) *Œuvres de Cauchy*, ce tome, p. 236.

pour limite zéro, puisque alors $\frac{1}{a}$ deviendrait

$$\frac{1}{0} = \infty.$$

C'est ce qui arrivera, par exemple, si a_n et, par suite, a_n se réduisent au rapport

$$\frac{1}{1.2\ldots n},$$

puisque alors on aura

$$(\mathrm{a}_n)^{\frac{1}{n}} = \frac{1}{(1.2\ldots n)^{\frac{1}{2}}} < \frac{1}{\sqrt{n}},$$

et, par suite,

$$\mathrm{a} = \lim(\mathrm{a}_n)^{\frac{1}{n}} = 0.$$

Donc la série

$$(5) \qquad 1, \quad \frac{z}{1}, \quad \frac{z^2}{1.2}, \quad \frac{z^3}{1.2.3}, \quad \ldots,$$

dont le terme général est

$$\frac{z^n}{1.2\ldots n},$$

ne cesse jamais d'être convergente; et à une valeur finie quelconque, algébrique ou géométrique, de la variable z correspond toujours une fonction entière s, d'un degré infini, propre à représenter la somme de cette série, et déterminée par la formule

$$(6) \qquad s = 1 + \frac{z}{1} + \frac{z^2}{1.2} + \ldots.$$

Si le module a de la série (4) offrait non plus une valeur nulle ou infinie, mais une valeur finie différente de zéro, la somme s de la série (1), ou, ce qui revient au même, la fonction entière de z, représentée par le second membre de l'équation (3), subsisterait pour $r < \frac{1}{a}$, et disparaîtrait pour $r > \frac{1}{a}$. Ainsi, par exemple, en sommant la progression géométrique

$$(7) \qquad 1, \quad z, \quad z^2, \quad \ldots$$

dont le terme général est z^n, on obtiendra la fonction entière

$$(8) \qquad 1 + z + z^2 + \ldots$$

qui subsistera, et sera équivalente au rapport $\frac{1}{1-z}$, tant que le module r de z sera inférieur à l'unité. Mais la fonction entière $1 + z + z^2 + \ldots$ cessera d'exister si la progression (7) est divergente, ou ce qui revient au même, si le module r de z est supérieur à l'unité.

III. — *Sur la limite vers laquelle converge, pour des valeurs croissantes de m, l'expression* $\left(1 + \frac{z}{m}\right)^m$.

Soient z une quantité géométrique variable, et m un nombre entier quelconque. On aura, en vertu de la formule de Newton,

$$(1) \qquad (1+z)^m = 1 + mz + \frac{m(m-1)}{1.2} z^2 + \ldots + \frac{m(m-1)}{1.2} z^{m-2} + m z^{m-1} + z^m,$$

et, par suite,

$$(2) \qquad \left(1 + \frac{z}{m}\right)^m = 1 + z + \left(1 - \frac{1}{m}\right) \frac{z^2}{1.2} + \left(1 - \frac{1}{m}\right)\left(1 - \frac{2}{m}\right) \frac{z^3}{1.2.3} + \ldots + \frac{z^m}{m^m}.$$

Dans le second membre de la formule (2), le terme général, ou proportionnel à z^n, se réduit, pour $n > m$, à zéro, et pour $n =$ ou $< m$, à

$$(3) \qquad \left(1 - \frac{1}{m}\right)\left(1 - \frac{2}{m}\right) \cdots \left(1 - \frac{n-1}{m}\right) \frac{z^n}{1.2\ldots n},$$

c'est-à-dire au produit de la quantité

$$(4) \qquad \left(1 - \frac{1}{m}\right)\left(1 - \frac{2}{m}\right) \cdots \left(1 - \frac{n-1}{m}\right),$$

par le terme général

$$\frac{z^n}{1.2\ldots n}$$

de la série

$$(5) \qquad 1, \quad \frac{z}{1}, \quad \frac{z^2}{1.2}, \quad \frac{z^3}{1.2.3}, \quad \ldots$$

D'ailleurs, en vertu de la formule (5) de la page 207 [1], la quantité (4), toujours inférieure à l'unité, ne peut s'abaisser, quand m surpasse n, au-dessous de la différence

$$1 - \frac{n(n-1)}{2m}. \tag{6}$$

Donc, si l'on fait croître m indéfiniment, en laissant n invariable, l'expression (3), c'est-à-dire le terme général du développement de la puissance

$$\left(1 + \frac{z}{m}\right)^m,$$

convergera vers une limite équivalente au terme général de la série (5). Il est naturel d'en conclure que cette puissance elle-même sera équivalente à la somme de la série (5), et que, si pour abréger, on désigne cette somme à l'aide de la notation $[z]$, en posant

$$[z] = 1 + \frac{z}{1} + \frac{z^2}{1.2} + \frac{z^3}{1.2.3} + \ldots, \tag{7}$$

on aura, en faisant converger le nombre entier m vers la limite ∞,

$$\lim \left(1 + \frac{z}{m}\right)^m = [z]. \tag{8}$$

Il importe d'ailleurs d'établir cette conclusion d'une manière rigoureuse. On y parvient aisément comme il suit :

Le coefficient numérique du rapport

$$\frac{z^n}{1.2\ldots n},$$

dans le second membre de la formule (2), étant toujours compris entre les limites

$$1, \quad 1 - \frac{n(n-1)}{2m}$$

pour $n =$ ou $< m$, et toujours nul pour $n > m$, il est clair que, si l'on représente le coefficient dont il s'agit par $1 - \alpha_n$, α_n sera un nombre qui vérifiera, pour $n =$ ou $< m$, la condition

$$\alpha_n = \text{ ou } < \frac{n(n-1)}{2m}, \tag{9}$$

---

[1] *Œuvres de Cauchy*, ce tome, p. 237.

et, pour $n > m$, la condition

$$\alpha_n = 1,$$

de laquelle on tirera, en supposant $m > 1$, et, par suite, $n > 2$,

$$\alpha_n = 1 < \frac{n-1}{2} < \frac{n}{m}\frac{n-1}{2}. \tag{10}$$

Cela posé, la formule (2) deviendra

$$\left(1+\frac{z}{m}\right)^m = 1 + z + (1-\alpha_2)\frac{z^2}{1.2} + (1-\alpha_3)\frac{z^3}{1.2.3} + \ldots$$
$$= 1 + \frac{z}{2} + \frac{z^2}{1.2} + \ldots - \alpha_2\frac{z^2}{1.2} - \alpha_3\frac{z^3}{1.2.3} - \ldots,$$

ou, ce qui revient au même, eu égard à l'équation (7),

$$\left(1+\frac{z}{m}\right)^m = [z] + \delta, \tag{11}$$

la valeur de δ étant

$$\delta = \alpha_2\frac{z^2}{1.2} + \alpha_3\frac{z^3}{1.2.3} + \ldots = \mathop{\mathrm{S}}_{n=2}^{n=\infty} \alpha_n \frac{z^n}{1.2\ldots n}. \tag{12}$$

D'ailleurs le coefficient α_n ne pouvant, en vertu des formules (9) et (10), surpasser le rapport $\frac{n(n-1)}{2m}$, il est clair que, si l'on nomme r le module de z, le module du produit

$$\alpha_n \frac{z^n}{1.2\ldots n}$$

sera, pour une valeur quelconque de n, toujours égal ou inférieur à la quantité

$$\frac{n(n-1)}{2m}\,\frac{r^n}{1.2\ldots n} = \frac{r^2}{2m}\,\frac{r^{n-2}}{1.2\ldots(n-2)}.$$

Donc on tirera de la formule (12)

$$\operatorname{mod}\delta < \frac{r^2}{2m}\left(1 + \frac{r}{1} + \frac{r^2}{1.2} + \ldots\right),$$

ou, ce qui revient au même,

$$\operatorname{mod}\delta < \frac{r^2}{2m}[r]. \tag{13}$$

Or, il suit évidemment de la formule (13) que si, en attribuant à la variable z et par conséquent à son module r une valeur finie quelconque on fait croître indéfiniment le nombre entier m, le module de δ convergera vers la limite zéro. Donc, dans la même hypothèse, la valeur de $\left(1+\frac{z}{m}\right)^m$ déterminée par la formule (11) convergera vers la limite $[z]$, et l'on se trouvera ainsi ramené à l'équation (8).

Si à la variable z, supposée indépendante du nombre m, on substitue une variable

$$\zeta = \rho_\varpi$$

qui dépende de ce nombre, et qui, pour des valeurs croissantes de m, converge, avec son module ρ, vers la limite zéro, alors, à la place de la formule (11), on obtiendra la suivante

$$\left(1+\frac{\zeta}{m}\right)^m = [\zeta] - \varepsilon, \tag{14}$$

ε étant une quantité géométrique dont le module vérifiera la condition

$$\operatorname{mod}\varepsilon < \frac{\rho^2}{2m}[\rho]. \tag{15}$$

D'ailleurs, tandis que ρ s'approchera indéfiniment de zéro, la quantité

$$[\rho] = 1 + \frac{\rho}{1} + \frac{\rho^2}{1.2} + \ldots,$$

toujours inférieure à

$$1 + \rho + \rho^2 + \ldots = \frac{1}{1-\rho},$$

s'approchera indéfiniment de l'unité, et le produit $\rho^2[\rho]$ de zéro. Donc, si ζ dépend de m, et si, en faisant croître indéfiniment le nombre m, on voit le module ρ de ζ converger vers la limite zéro, ε et son module convergeront vers la même limite en vertu de la formule (15); et, comme le module de

$$[\zeta] = 1 + \frac{\zeta}{1} + \frac{\zeta^2}{1.2} + \ldots$$

sera inférieur à $[\rho]$, par conséquent à $\frac{1}{1-\rho}$, la limite de $[\zeta]$ sera l'unité.

Donc la formule (14) donnera

$$(16)\qquad \lim\left(1+\frac{\zeta}{m}\right)^m = 1.$$

IV. — *Sur les exponentielles.*

Soient z, z' deux quantités géométriques distinctes, et m un nombre entier qui croisse indéfiniment. On trouvera

$$(1)\qquad \left(1+\frac{z}{m}\right)\left(1+\frac{z'}{m}\right) = 1+\frac{z+z'}{m}+\frac{zz'}{m^2}.$$

Par suite, en considérant $\frac{1}{m}$ comme une quantité infiniment petite du premier ordre, et en négligeant, dans le second membre de la formule (1), le terme infiniment petit du second ordre $\frac{zz'}{m^2}$, on aura sensiblement

$$\left(1+\frac{z}{m}\right)\left(1+\frac{z'}{m}\right) = 1+\frac{z+z'}{m}.$$

On aura, au contraire, en toute rigueur

$$(2)\qquad \left(1+\frac{z}{m}\right)\left(1+\frac{z'}{m}\right) = \left(1+\frac{z+z'}{m}\right)\left(1+\frac{\zeta}{m}\right),$$

si l'on choisit ζ de manière à vérifier la condition

$$\frac{zz'}{m^2} = \left(1+\frac{z+z'}{m}\right)\frac{\zeta}{m},$$

ou, ce qui revient au même, si l'on pose

$$(3)\qquad \zeta = \frac{1}{m}\,\frac{zz'}{1+\frac{z+z'}{m}}.$$

Or, en vertu de la formule (3), ζ sera une quantité géométrique qui dépendra du nombre m, et qui convergera vers la limite zéro, quand ce nombre croîtra indéfiniment. Cela posé, on tirera évidemment de la formule (2) : 1° en élevant les deux membres à la $m^{\text{ième}}$ puissance,

$$(4)\qquad \left(1+\frac{z}{m}\right)^m\left(1+\frac{z'}{m}\right)^m = \left(1+\frac{z+z'}{m}\right)^m\left(1+\frac{\zeta}{m}\right)^m;$$

2° en faisant croître indéfiniment le nombre m, et ayant égard aux formules (8) et (16) du paragraphe III,

$$[z][z'] = [z + z'].$$

On peut donc énoncer la proposition suivante :

THÉORÈME I. — *Si l'on désigne par z, z' deux quantités géométriques distinctes, et par $[z]$ la somme de la série toujours convergente*

$$(5) \qquad 1, \quad \frac{z}{1}, \quad \frac{z^2}{1.2}, \quad \frac{z^3}{1.2.3}, \quad \ldots,$$

dont le terme général est $\dfrac{z^n}{1.2\ldots n}$, *on aura*

$$(6) \qquad [z][z'] = [z + z'].$$

Corollaire. — En attribuant à z, z' des valeurs purement algébriques, et raisonnant comme dans un précédent article [pages 199 et 200 (¹)], on tirera de la formule (5) l'équation

$$(7) \qquad [z] = [1]^z.$$

D'ailleurs la quantite ici désignée par le symbole $[1]$, c'est-à-dire la somme

$$1 + \frac{1}{2} + \frac{1}{2.3} + \frac{1}{2.3.4} + \ldots = 2,7182818\ldots$$

est précisément le nombre qui sert de base aux logarithmes népériens et que l'on représente ordinairement par la lettre e. Donc la formule (5) donnera

$$[z] = e^z.$$

On peut donc énoncer la proposition suivante :

THÉORÈME II. — *Si l'on désigne par z une quantité purement algébrique il suffira, pour obtenir la somme $[z]$ de la série*

$$1, \quad \frac{z}{1}, \quad \frac{z^2}{1.2}, \quad \frac{z^3}{1.2.3}, \quad \ldots$$

d'élever le nombre

$$e = 2,7182818\ldots$$

(¹) *Œuvres de Cauchy*, ce tome, p. 225.

à la puissance dont le degré est marqué par l'exposant z; de sorte qu'on aura

$$[z] = e^z. \tag{8}$$

Corollaire. — Si dans la formule (8) on remplace z par az, a étant une quantité algébrique positive ou négative, on trouvera

$$[az] = e^{az}. \tag{9}$$

Si d'ailleurs on pose

$$e^a = A, \tag{10}$$

A sera une quantité positive, supérieure ou inférieure à l'unité, suivant que l'exposant a sera positif ou négatif; et comme, en élevant à la puissance z les deux membres de l'équation (10), on trouvera

$$e^{az} = A^z,$$

la formule (10) entraînera la suivante,

$$[az] = A^z. \tag{11}$$

Les puissances à exposants variables, renfermées dans les formules (8), (11), et représentées par les notations

$$e^z, \quad A^z$$

sont ce qu'on appelle des *exponentielles*. L'exposant z de chacune de ces puissances est ce qu'on nomme le *logarithme* de l'exponentielle e^z ou A^z dans le *système* dont la base est le nombre e ou A. Le logarithme qui correspond à une valeur donnée de l'exponentielle, dans un système de logarithmes donnés, dépend évidemment de cette valeur même et de la base du système. On sait que Néper, inventeur des logarithmes, en publiant sa découverte dans l'ouvrage intitulé : *Mirifici logarithmorum canonis Descriptio*, adopta d'abord le système correspondant à la base e. C'est pour ce motif que l'on donne aux logarithmes calculés dans le système dont la base est e, le nom de *logarithmes népériens*, et à l'exponentielle e^z le nom *d'exponentielle népérienne*.

Cela posé, il suit du deuxième théorème, joint à la formule (8) du paragraphe III, que, dans le cas où z désigne une quantité algébrique, l'exponentielle népérienne e^z coïncide non seulement avec la somme de la série

$$1, \quad \frac{z}{1}, \quad \frac{z^2}{1.2}, \quad \frac{z^3}{1.2.3}, \quad \ldots,$$

mais encore avec la limite vers laquelle converge, pour des valeurs croissantes du nombre entier m, l'expression

$$\left(1+\frac{z}{m}\right)^m.$$

Donc, pour des valeurs algébriques de z, l'exponentielle népérienne e^z pourrait être définie à l'aide de l'une quelconque des deux formules

$$e^z = 1 + \frac{z}{1} + \frac{z^2}{1.2} + \frac{z^3}{1.2.3} + \ldots; \tag{12}$$

$$e^z = \lim \left(1+\frac{z}{m}\right)^m. \tag{13}$$

Il y a plus; rien n'empêche d'étendre ces deux formules au cas même où l'exposant z est une quantité géométrique, et de considérer alors chacune d'elles comme propre à fournir une définition de l'exponentielle népérienne e^z.

Quant à l'exponentielle A^z, dont la base A est un nombre quelconque, il suffit, pour la définir généralement, quelle que soit la valeur algébrique ou géométrique de l'exposant z, d'étendre la formule (11), au cas même où cet exposant cesse d'être une quantité algébrique. Cette extension étant admise, la définition générale de l'exponentielle A^z sera fournie par l'équation

$$A^z = e^{az}, \tag{14}$$

ou, ce qui revient au même, par l'équation

$$A^z = 1 + \frac{az}{1} + \frac{a^2 z^2}{1.2} + \frac{a^3 z^3}{1.2.3} + \ldots. \tag{15}$$

a étant une quantité algébrique choisie de manière que l'on ait

$$(16) \qquad A = e^a.$$

En d'autres termes, a sera simplement le logarithme népérien du nombre A.

V. — *Propriétés diverses des exponentielles.*

L'exponentielle népérienne e^z n'étant autre chose que la somme $[z]$ de la série convergente

$$1, \quad \frac{z}{1}, \quad \frac{z^2}{1.2}, \quad \frac{z^3}{1.2.3}, \quad \ldots,$$

il est clair que la formule

$$[z][z'] = [z+z'],$$

établie dans le paragraphe IV, pourra s'écrire comme il suit :

$$(1) \qquad e^z e^{z'} = e^{z+z'}.$$

On trouvera de même, en désignant par A une quantité algébrique positive ou négative, et remplaçant z par az, z' par az',

$$(2) \qquad e^{az} e^{az'} = e^{a(z+z')};$$

puis en posant

$$e^a = A,$$

on réduira l'équation (2) à la formule

$$(3) \qquad A^z A^{z'} = A^{z+z'}.$$

Il résulte des formules (2) et (3) que, pour opérer la multiplication de deux exponentielles relatives à la même base e ou A, il suffit d'ajouter les exposants. Lorsque z, z' se réduisent à des quantités algébriques, e^z, $e^{z'}$ ou A^z, $A^{z'}$ représentent des nombres dont z, z' sont les logarithmes. Alors les formules (1) et (3) mettent en évidence la propriété fondamentale des logarithmes, savoir, que, pour obtenir le logarithme du produit de deux nombres, il suffit d'ajouter entre eux les logarithmes de ces nombres.

Supposons maintenant que z soit une quantité géométrique, en sorte qu'on ait

$$z = x + yi,$$

x, y étant les coordonnées rectangulaires du point dont l'affixe est z. La formule (1) donnera

$$(4) \qquad e^z = e^x e^{yi}.$$

D'ailleurs, en vertu de la formule (13) du paragraphe V, on aura

$$(5) \qquad e^{yi} = \lim \left(1 + \frac{yi}{m}\right)^m,$$

puis en posant, pour abréger,

$$(6) \qquad 1 + \frac{yi}{m} = \rho_\varpi = 1_\varpi \rho,$$

on tirera de l'équation (5)

$$(7) \qquad e^{yi} = \lim \rho_{m\varpi} = \lim \rho \lim 1_{m\varpi}.$$

On satisfait à l'équation (6), ou ce qui revient au même aux deux suivantes

$$(8) \qquad 1 = \rho \cos\varpi, \qquad \frac{y}{m} = \rho \sin\varpi,$$

en prenant

$$(9) \qquad \varpi = \operatorname{arc\,tang} \frac{y}{m}, \qquad \rho = \frac{1}{\cos\varpi};$$

et alors, pour des valeurs indéfiniment croissantes du nombre entier m, on voit l'argument ϖ converger vers la limite zéro, le module ρ vers la limite 1, et le produit

$$m\varpi = y \frac{\varpi}{\operatorname{tang}\varpi}$$

vers la limite y. Donc la formule (7) donnera généralement

$$(11) \qquad e^{yi} = 1_y,$$

ou, ce qui revient au même,

$$(12) \qquad e^{yi} = \cos y + i \sin y.$$

L'équation (12), découverte par Euler, sert à exprimer en fonction des lignes trigonométriques, $\cos y$, $\sin y$, *l'exponentielle trigonométrique* $e^{y\mathrm{i}}$. La formule (11) est l'équation d'Euler, réduite à la forme la plus simple.

VI. — *Sur les exponentielles trigonométriques.*

Soient p un angle quelconque et m un nombre entier. Si l'on fait croître ce nombre indéfiniment, ou, ce qui revient au même, si on le fait converger vers la limite ∞, on aura, en vertu de la formule (13) du paragraphe IV,

$$e^{p\mathrm{i}} = \lim\left(1 + \frac{p}{m}\mathrm{i}\right)^m. \tag{1}$$

Si d'ailleurs on pose

$$1 + \frac{p}{m}\mathrm{i} = \rho_\varpi = \rho(\cos\varpi + \mathrm{i}\sin\varpi), \tag{2}$$

on en conclura

$$1 = \rho\cos\varpi, \qquad \frac{p}{m} = \rho\sin\varpi; \tag{3}$$

et il est clair que si l'on attribue au nombre m une valeur très considérable, de manière à rendre très petite la valeur numérique de $\frac{p}{m}$, on vérifiera les équations (3) en prenant

$$\rho = \left(1 + \frac{p^2}{m^2}\right)^{\frac{1}{2}}, \qquad \varpi = \operatorname{arc\,tang}\frac{p}{m}. \tag{4}$$

Enfin, comme on tirera des formules (1) et (2)

$$e^{p\mathrm{i}} = \lim(\rho_\varpi)^m = \lim(\rho^m)_{m\varpi},$$

le module et l'argument de l'exponentielle $e^{p\mathrm{i}}$ seront évidemment les limites vers lesquelles convergeront, pour des valeurs croissantes de m, les quantités

$$\rho^m = \left(1 + \frac{p^2}{m^2}\right)^{\frac{m}{2}} \quad \text{et} \quad m\varpi. \tag{5}$$

Mais, m venant à croître indéfiniment, le rapport $\frac{p^2}{m}$ s'approchera indéfiniment de zéro; par suite, la quantité

$$\left[1+\frac{\left(\frac{p^2}{m}\right)}{m}\right]^m = \left(1+\frac{p^2}{m^2}\right)^m$$

et sa racine carrée

$$\left(1+\frac{p^2}{m^2}\right)^{\frac{m}{2}}$$

s'approcheront indéfiniment de l'unité. Alors aussi, ϖ venant à s'approcher indéfiniment de zéro, on verra le rapport $\frac{\varpi}{\operatorname{tang}\varpi}$ converger vers la limite 1, et le produit

$$m\varpi = p\frac{\varpi}{\operatorname{tang}\varpi}$$

vers la limite p. Donc, en résumé, l'exponentielle $e^{p\mathrm{i}}$ a pour module l'unité, et pour argument l'angle p; et l'on a identiquement

$$e^{p\mathrm{i}} = 1_p = \cos p + \mathrm{i}\sin p. \tag{6}$$

Il suit de cette dernière formule que, dans l'exponentielle $e^{p\mathrm{i}}$, la partie purement algébrique et le coefficient de i se confondent avec les deux lignes trigonométriques appelées le *cosinus* et le *sinus* de l'argument p. C'est pour ce motif que nous donnons à $e^{p\mathrm{i}}$ le nom *d'exponentielle trigonométrique*.

Nous avons remarqué, dans le paragraphe IV, que l'on a pour toute valeur finie de z

$$e^z = 1+\frac{z}{1}+\frac{z^2}{1.2}+\frac{z^3}{1.2.3}+\ldots.$$

Si donc, dans l'équation précédente, on pose $z=p\mathrm{i}$, et, par suite,

$$e^z = e^{p\mathrm{i}} = \cos p + \mathrm{i}\sin p,$$

on trouvera

$$\cos p + i\sin p = 1+\frac{p}{1}\mathrm{i}-\frac{p^2}{1.2}-\frac{p^3}{1.2.3}\mathrm{i}+\ldots, \tag{7}$$

et il suffira d'égaler entre elles, dans les deux membres de l'équation (7), d'une part, les parties algébriques, d'autre part, les coefficients de i, pour retrouver les formules connues

$$(8)\qquad \cos p = 1 - \frac{p^2}{1.2} + \frac{p^4}{1.2.3.4} - \ldots, \qquad \sin p = \frac{p}{1} - \frac{p^3}{1.2.3} + \ldots,$$

qui servent à développer $\cos p$ et $\sin p$ suivant les puissances ascendantes de l'angle p.

Remarquons en finissant que, si l'on représente par x, y, les coordonnées rectangulaires, et par z l'affixe d'un point situé dans un certain plan, en sorte qu'on ait

$$z = x + y\mathrm{i},$$

l'équation (4) du paragraphe IV, savoir :

$$(9)\qquad e^z = e^x e^{y\mathrm{i}},$$

donnera, eu égard à la formule (6),

$$(10)\qquad e^z = e^x 1_y.$$

Donc l'exponentielle

$$e^z = e^{x+y\mathrm{i}}$$

aura pour module le nombre e^x et pour argument la quantité y.

Si la quantité géométrique z' était conjuguée à z, en sorte qu'on eût

$$z' = x - y\mathrm{i},$$

alors, à la place de l'équation (9), on obtiendrait la suivante :

$$(11)\qquad e^{z'} = e^x e^{-y\mathrm{i}},$$

que l'on pourrait encore écrire comme il suit :

$$(12)\qquad e^{z'} = e^x 1_{-y};$$

en vertu des formules (9) et (11) jointes à l'équation (6), les exponentielles e^z, $e^{z'}$ seraient, ainsi que z et z', deux quantités géométriques conjuguées.

MÉMOIRE

SUR LES

DIVERS LOGARITHMES D'UNE QUANTITÉ GÉOMÉTRIQUE

Soit z une quantité géométrique. Les divers *logarithmes* de z, dans le système qui aura pour *base* un nombre donné A, seront les diverses valeurs d'une quantité géométrique Λ déterminée par l'équation

$$A^\Lambda = z. \tag{1}$$

Si, en réduisant le nombre A à la base

$$e = 2,7182818\ldots$$

des *logarithmes népériens*, on désigne par λ l'un quelconque des logarithmes népériens de z, on aura simplement

$$e^\lambda = z. \tag{2}$$

Soient maintenant r le module et p l'argument de z, en sorte qu'on ait

$$z = r_p = 1_p r = r\cos p + i\, r \sin p;$$

et posons

$$x = r\cos p, \qquad y = r \sin p.$$

A chaque valeur de

$$z = x + y\,i$$

correspondra un système unique de valeurs algébriques de x, y, propres à représenter les coordonnées rectangulaires du point dont z sera l'affixe. Au contraire, à chaque valeur de z correspondra une infinité de valeurs de l'argument p; et, comme ces valeurs se réduiront aux divers termes d'une progression arithmétique dont la raison sera la circonférence 2π, l'une d'elles sera généralement comprise entre les limites $-\pi$, $+\pi$. Si on la représente par la lettre p, la valeur générale de p sera

$$(3) \qquad p = \mathrm{p} + 2k\pi,$$

k désignant une quantité entière quelconque, positive, nulle ou négative.

Concevons à présent que l'on pose

$$\lambda = \alpha + \beta i,$$

α, β étant des quantités algébriques. On en conclura

$$e^{\lambda} = e^{\alpha+\beta i} = e^{\alpha} e^{\beta i} = 1_{\beta} e^{\alpha}.$$

Donc la quantité géométrique e^{λ} aura pour module e^{α}, pour argument β, et, en vertu de ce qui a été dit précédemment (p 217) [1], l'équation (2), que l'on pourra écrire comme il suit

$$1_{\beta} e^{\alpha} = 1_{p} r,$$

donnera

$$e^{\alpha} = r, \qquad 1_{\beta} = 1_{p} = 1_{\mathrm{p}}.$$

Donc, si l'on désigne, à l'aide de la lettre caractéristique l, et par la notation $\mathrm{l}(r)$, le logarithme algébrique et népérien du nombre r, on aura

$$\alpha = \mathrm{l}(r), \qquad \beta = \mathrm{p} + 2k\pi,$$

k désignant une quantité entière, et

$$(4) \qquad \lambda = \mathrm{l}(r) + (\mathrm{p} + 2k\pi)i.$$

En d'autres termes on aura

$$(5) \qquad \lambda = \mathrm{l}(r) + pi,$$

la valeur de l'argument p étant l'une quelconque de celles que détermine la formule (3).

Il est bon d'observer que l'arc désigné, dans les formules précé-

(1) *Œuvres de Cauchy*, ce tome, p. 246.

dentes, par la lettre ρ, est, de tous ceux qui ont pour cosinus $\frac{x}{r}$ et pour sinus $\frac{y}{r}$, le plus petit, abstraction faite du signe, et, par conséquent, celui qui s'évanouit quand la quantité géométrique z se réduit au module r. Par suite, si l'on pose $p = \rho$ dans la formule (5), on obtiendra celui des logarithmes népériens de z, qui se réduit à $\mathrm{l}(r)$ quand z se réduit à r, et qui, pour ce motif, sera généralement désigné par la notation $\mathrm{l}(z)$. Cela posé, on aura

$$\mathrm{l}(z) = \mathrm{l}(r) + \rho i, \tag{6}$$

et la formule (4) donnera

$$\lambda = \mathrm{l}(z) + \mathrm{I}, \tag{7}$$

la valeur de I étant

$$\mathrm{I} = 2k\pi i. \tag{8}$$

Si l'on réduit la quantité géométrique z à l'unité, on aura

$$\mathrm{l}(z) = \mathrm{l}(1) = 0,$$

et les diverses valeurs de λ se réduiront aux diverses valeurs de I fournies par l'équation (8). Ces diverses valeurs de I ne seront donc autre chose que les divers logarithmes népériens de l'unité, et il suffira d'ajouter ceux-ci à $\mathrm{l}(z)$ pour obtenir les divers logarithmes népériens de z.

Si la quantité géométrique z s'évanouit avec son module r, le logarithme népérien $\mathrm{l}(r)$ se réduira simplement à $-\infty$, c'est-à-dire à l'infini négatif; et la formule (6) donnera

$$\mathrm{l}(0) = -\infty + \rho i, \tag{9}$$

l'angle ρ restant indéterminé, et pouvant être arbitrairement choisi entre les limites $-\pi$, $+\pi$. On peut remarquer que, dans la même hypothèse, la dérivée de $\mathrm{l}(z)$, savoir, $\frac{1}{z}$, acquiert un module infini, l'argument restant indéterminé.

Enfin, si la quantité géométrique z se réduit à la quantité algébrique et négative $-r$, on aura

$$1_p = 1_\rho = -1,$$

par conséquent

$$1_\rho = 1_{\pm\pi};$$

et pour satisfaire à cette dernière formule, sans attribuer à ρ une valeur située hors des limites $-\pi$, $+\pi$, il faudra supposer, ou $\rho = \pi$, ou $\rho = -\pi$. L'équation (6) donnera, dans la première supposition,

$$(10) \qquad \mathrm{l}(-r) = \mathrm{l}(r) + \pi \mathrm{i},$$

dans la seconde

$$(11) \qquad \mathrm{l}(-r) = \mathrm{l}(r) - \pi \mathrm{i};$$

et il est clair que l'on pourrait, dans la détermination du logarithme népérien désigné par $\mathrm{l}(-r)$, hésiter entre les formules (10) et (11). Pour faire disparaître toute incertitude, j'ai proposé, dans le troisième volume (p. 380) (¹), d'adopter de préférence la formule (10). Mais on pourrait aussi, sans inconvénient grave, admettre que la fonction $\mathrm{l}(z)$, dans laquelle le coefficient de i devient indéterminé, quand z s'évanouit, offre pour ce même coefficient deux valeurs distinctes, quant au signe, et données par les formules (10) et (11), dans le cas où, z étant réduit à $-r$, l'argument ρ cesse d'être renfermé entre les limites $-\pi$, $+\pi$, et où cet argument peut être censé atteindre l'une ou l'autre limite au gré du calculateur. Il y a plus, on sera naturellement conduit à la formule (10), si la quantité négative $-r$ entre dans le calcul comme limite d'une variable dans laquelle le coefficient de i se réduit à une quantité positive infiniment petite. On sera, au contraire, naturellement conduit à la formule (11), si la quantité $-r$ est la limite d'une variable dans laquelle le coefficient de i se réduit à une quantité négative infiniment petite. Ainsi, en définitive, il paraît convenable de ne point s'arrêter *à priori* à l'une des formules (10), (11) plutôt qu'à l'autre, et de laisser le calculateur libre de se déterminer dans le choix qu'il fera de l'une ou de l'autre, par des considérations

(¹) *Œuvres de Cauchy*, série II, t. XIII, p. 426.

puisées dans la nature même de la question qu'il se proposera de résoudre.

L'opinion que je viens d'exprimer se trouve corroborée par la remarque suivante :

Si, dans la formule (6), on pose $r = 1$, et, par suite, $z = 1_p$, on trouvera

$$1(1_p) = p\,i. \tag{12}$$

Cela posé, l'équation (6) donnera

$$1(z) = 1(r_p) = 1(r) + 1(1_p). \tag{13}$$

D'ailleurs il est naturel d'étendre les formules (12) et (13) au cas même où l'on a $1_p = -1$, et, par suite, $p = \pm \pi$. En admettant cette extension, on tirera de la formule (13)

$$1(-r) = 1(r) + 1(-1), \tag{14}$$

et de la formule (12)

$$1(-1) = \pm \pi i. \tag{15}$$

Or, de l'équation (14) jointe à l'équation (15) on déduira immédiatement ou la formule (10) ou la formule (11), suivant que l'on réduira le double signe renfermé dans l'équation (15) au signe + ou au signe —. En d'autres termes, si l'on pose $z = -r$, l'équation (6) sera remplacée par celle-ci

$$1(-r) = 1(r) \pm \pi i. \tag{16}$$

Remarquons encore que dans l'équation (15) ou (16) le double signe répond aux deux limites vers lesquelles converge l'argument p, tandis que dans l'expression

$$z = x + y i,$$

on pose $x = -1$, ou $x = -r$, en faisant converger la quantité positive ou négative y vers la limite zéro, tout comme dans l'équation

$$\frac{1}{0} = \pm \infty$$

(voir l'*Analyse algébrique*, p. 45), le double signe répond aux deux limites $+\infty$, $-\infty$ vers lesquelles converge l'expression

$$\frac{1}{x},$$

tandis que la quantité positive ou négative x s'approche indéfiniment de zéro.

Remarquons enfin que, si l'on désigne par z' la quantité géométrique conjuguée à z, en sorte qu'on ait non seulement

$$z = x + y\mathrm{i} = r_p,$$

mais encore

$$z' = x - y\mathrm{i} = r_{-p},$$

les deux fonctions de z désignées par les notations

$$\mathrm{l}(z), \quad \mathrm{l}(z'),$$

dont la première est définie par la formule (6) de la page 248 [1], seront deux quantités géométriques *conjuguées*. Ainsi, en vertu des conventions adoptées, $\mathrm{l}(z')$ sera conjuguée à $\mathrm{l}(z)$, tout comme $e^{z'}$ à e^{z}. Ajoutons que, si l'on fait converger les quantités conjuguées

$$z = r_p \quad \text{et} \quad z' = r_{-p}$$

vers la limite commune $-r$, en faisant converger p vers la limite π,

$$\mathrm{l}(z), \quad \mathrm{l}(z')$$

convergeront vers les limites

$$\mathrm{l}(r) + \pi\mathrm{i}, \quad \mathrm{l}(r) - \pi\mathrm{i},$$

qui sont précisément les deux quantités conjuguées dont chacune peut être considérée comme une valeur de $\mathrm{l}(-r)$.

Revenons maintenant au cas où A est un nombre quelconque, et nommons a le logarithme algébrique et népérien de A, en sorte qu'on ait

$$a = \mathrm{l}(\mathrm{A}),$$

et, par suite,

$$\mathrm{A} = e^a. \tag{17}$$

On aura encore

$$\mathrm{A}^{\Lambda} = e^{a\Lambda}.$$

Donc l'équation (1) donnera

$$e^{a\Lambda} = z = e^{\mathrm{l}(z)}. \tag{18}$$

---

[1] *Œuvres de Cauchy*, ce tome, p. 285.

En divisant par $e^{l(z)}$ le premier et le dernier membre de la formule (18), on trouvera

$$(19) \qquad e^{a\text{A} - l(z)} = 1.$$

Donc, la différence $a\text{A} - l(z)$ sera l'un des logarithmes de l'unité, c'est-à-dire l'une des valeurs de I, et la valeur générale de A sera déterminée par l'équation

$$a\text{A} - l(z) = \text{I},$$

de laquelle on tirera

$$(20) \qquad \text{A} = \frac{l(z) + \text{I}}{a},$$

ou, ce qui revient au même, eu égard à la formule (7),

$$(21) \qquad \text{A} = \frac{\lambda}{a}.$$

On se trouve ainsi ramené au théorème connu dont voici l'énoncé :

Pour obtenir les divers logarithmes de z dans le système dont la base est le nombre A, *il suffit de diviser les divers logarithmes népériens de z par le logarithme réel et népérien du nombre* A.

Si l'on désigne à l'aide de la lettre caractéristique L, et par la notation $\text{L}(r)$, le logarithme du nombre r dans le système dont la base est le nombre A, alors, en posant comme ci-dessus $a = \text{L}(\text{A})$, on aura

$$(22) \qquad \text{L}(r) = \frac{l(r)}{a}.$$

Il suffit d'étendre cette dernière formule au cas où le nombre r se trouve remplacé par une quantité géométrique z, pour obtenir l'équation

$$(23) \qquad \text{L}(z) = \frac{l(z)}{a},$$

qui sert à définir généralement la fonction $\text{L}(z)$.

Les définitions que j'ai ici données de $l(z)$ et de $\text{L}(z)$ diffèrent de celles qui ont été adoptées par M. Björling, dans le cas seulement où l'argument représenté par la lettre p se trouve renfermé entre les limites $-\pi$, $-\frac{\pi}{2}$. Suivant cet auteur, dont les intéressantes recherches ont été déjà mentionnées dans le tome III (p. 387) [1], on devrait prendre pour valeur de ρ dans la formule (6) un angle qui, toujours inférieur à la limite $\frac{\pi}{2} + \pi$, ne s'abaissât jamais au-dessous de la limite $\frac{\pi}{2} - \pi$. Ajoutons que M. Björling a donné à la fonction $l(z)$ ou $L(z)$ le nom de *logarithme principal*. Nous conserverons ce nom; mais nous substituerons aux définitions données par M. Björling celles que fournissent les formules (6) et (10), quand on attribue à l'argument ρ une valeur numérique inférieure ou tout au plus égale à π. Il en résultera que les logarithmes principaux de deux quantités géométriques conjuguées seront encore deux quantités géométriques conjuguées.

Les deux fonctions de z, représentées par $l(z)$ et $L(z)$, jouissent, quand z se réduit à un nombre, de propriétés connues. Ces propriétés ne subsistent plus que sous certaines conditions, quand z est ou une quantité négative ou une quantité géométrique.

Ainsi, par exemple, si dans les équations

$$l(rr') = l(r) + l(r'), \tag{24}$$

$$L(rr') = L(r) + L(r'), \tag{25}$$

qui se vérifient généralement quand r, r' sont deux nombres quelconques, on remplace ces nombres par deux quantités géométriques z, z', on obtiendra les deux formules

$$l(zz') = l(z) + l(z'), \tag{26}$$

$$L(zz') = L(z) + L(z'), \tag{27}$$

qui ne seront pas toujours exactes. Si, pour fixer les idées, on suppose

$$z = r_p, \qquad z' = r'_{p'},$$

chacun des arguments p, p' étant compris entre les limites $-\pi$, $+\pi$; les formules (26), (27), dont la première jointe à l'équation (23) entraîne la seconde, subsisteront quand la somme $p + p'$ sera comprise elle-même entre les limites $-\pi$, $+\pi$. Mais comme, pour réduire la

[1] *Œuvres de Cauchy*, série II, t. XIII, p. 435.

somme $p+p'$ à une quantité dont la valeur numérique ne surpasse pas le nombre π, on se verra obligé de faire croître ou décroître cette somme du nombre 2π, si elle est inférieure à $-\pi$, ou supérieure à π, on devra, eu égard à l'équation (6), remplacer l'équation (26) par la formule

$$\text{(28)} \qquad l(zz') = l(z) + l(z') + 2\pi i,$$

si la somme $p+p'$ est comprise entre les limites $-\pi$, -2π, et par la formule

$$\text{(29)} \qquad l(zz') = l(z) + l(z') - 2\pi i,$$

si la somme $p+p'$ est comprise entre les limites π, 2π.

Dans le cas particulier où z' se réduit à -1, on a simplement

$$zz' = -z.$$

Alors aussi, à la place de la formule (28) ou (29), on obtiendra l'équation

$$\text{(30)} \qquad l(-z) = l(z) - \pi i,$$

si l'argument p de z est compris entre les limites 0, π, et l'équation

$$\text{(31)} \qquad l(-z) = l(z) + \pi i,$$

si p est compris entre les limites 0, $-\pi$.

Si z, z' sont deux quantités géométriques conjuguées, les arguments p, p', réduits à des arcs renfermés entre les limites $-\pi$, $+\pi$, seront nécessairement égaux au signe près, mais affectés de signes contraires. On aura donc alors

$$p + p' = 0;$$

et, comme on aura aussi

$$r' = r, \qquad zz' = r_p r_{-p} = r^2,$$

l'équation (26) donnera

$$\text{(32)} \qquad l(z) + l(z') = l(r^2) = 2l(r).$$

MÉMOIRE

SUR

LES PUISSANCES OU EXPONENTIELLES

DONT LES EXPOSANTS ET LES BASES SONT DES QUANTITÉS GÉOMÉTRIQUES

Soient z et u deux quantités constantes ou variables. Si ces quantités sont algébriques et positives, ou, en d'autres termes, si elles se réduisent à des nombres, on aura identiquement

$$z = e^{\text{l}z}; \tag{1}$$

et, en élevant les deux membres de l'équation (1) à la puissance du degré u, on trouvera

$$z^u = e^{u\,\text{l}z}. \tag{2}$$

D'ailleurs, pour que l'équation (2) s'étende au cas où z et u sont des quantités géométriques, il suffit d'admettre que, dans ce dernier cas, on se sert de cette équation même pour définir généralement la *puissance* ou *exponentielle* z^u dont la *base* est z, et l'*exposant* u. C'est ce que nous ferons désormais. Nous obtiendrons ainsi une définition de z^u qui comprendra évidemment comme cas particulier, non seulement la définition précédemment donnée [page 242] d'une exponentielle dont la base A est un nombre quelconque, mais aussi la définition donnée [page 163] d'une puissance entière d'une quantité géométrique. Effectivement, si la quantité géométrique u se réduit à un nombre entier n, et si d'ailleurs on pose

$$z = r_p,$$

p étant compris entre les limites $-\pi$, $+\pi$, l'équation (2) réduite à la suivante

$$z^n = e^{n\,l(z)},$$

et combinée avec la formule

$$l(z) = l(r) + p\,\mathrm{i},$$

donnera

$$(3) \qquad z^n = e^{n\,l(r) + np\,\mathrm{i}}.$$

D'ailleurs, eu égard à la formule (1) de la page 242, on aura

$$e^{n\,l(r) + np\,\mathrm{i}} = e^{n\,l(r)} e^{np\,\mathrm{i}} = r^n\, 1_{np} = (r^n)_{np}.$$

Donc l'équation (3) donnera simplement

$$z^n = (r^n)_{np},$$

ou, ce qui revient au même,

$$(4) \qquad (r_p)^n = (r^n)_{np}.$$

Or cette dernière formule coïncide avec l'équation (7) de la page 143, c'est-à-dire avec la formule à laquelle on est conduit lorsqu'on étend la définition généralement admise de la $n^{\text{ième}}$ puissance d'une quantité au cas même où cette quantité cesse d'être algébrique, en considérant une telle puissance comme le produit de n facteurs égaux entre eux.

Si, dans l'équation (2), la quantité géométrique z s'évanouit avec son module r, alors, la partie algébrique $l(r)$ de $l(z)$ étant réduite à $-\infty$, la valeur de z^u sera nulle si la partie algébrique de u est positive, et infinie si la partie algébrique de u est négative.

Si la quantité géométrique z se réduit à la quantité algébrique et négative $-r$, alors, comme il a été dit à la page 250, on pourra prendre pour valeur de z l'une ou l'autre des deux expressions

$$l(r) + \pi\mathrm{i}, \quad l(r) - \pi\mathrm{i},$$

et l'équation (2) fournira pour valeur correspondante de

$$(-r)^u$$

l'un ou l'autre des produits

$$1_{\pi u} r^u, \quad 1_{-\pi u} r^u.$$

Il y a plus; on sera naturellement conduit à la formule

$$(5) \qquad (-r)^u = 1_{\pi u} r^u,$$

si la quantité $-r$ entre dans le calcul comme limite d'une variable dans laquelle le coefficient de i se réduit à une quantité positive infiniment petite. On sera, au contraire, naturellement conduit à la formule

$$(6) \qquad (-r)^u = 1_{-\pi u} r^u,$$

si la quantité $-r$ est la limite d'une variable dans laquelle le coefficient de i se réduit à une quantité négative infiniment petite. Ainsi, en définitive, il paraît convenable de ne point s'arrêter *a priori* à l'une des formules (5), (6) plutôt qu'à l'autre, et de laisser le calculateur libre de se déterminer dans le choix qu'il fera de l'une ou de l'autre par des considérations puisées dans la nature même de la question qu'il s'agira de résoudre.

En réunissant dans une seule formule les équations (5) et (6), on aura

$$(7) \qquad (-r)^u = 1_{\pm \pi u} r^u.$$

Si l'on pose en particulier $r = 1$, la formule (7) donnera

$$(8) \qquad (-1)^u = 1_{\pm \pi u}.$$

Par suite, la formule (7) entraînera la suivante,

$$(9) \qquad (-r)^u = (-1)^u r^u,$$

qui peut être substituée à chacune des équations (5) et (6).

Si l'on pose

$$u = \frac{1}{2},$$

la formule (8) donnera

$$(10)\qquad (-1)^{\frac{1}{2}} = \pm 1.$$

Ainsi, eu égard aux conventions admises, la notation $(-1)^{\frac{1}{2}}$ ou $\sqrt{-1}$ ne doit pas être uniquement employée pour représenter la quantité géométrique

$$\mathrm{i} = 1_{\frac{\pi}{2}}.$$

On peut aussi se servir de cette notation pour représenter la limite $-\mathrm{i}$ vers laquelle converge l'expression

$$(-1 - \varepsilon\mathrm{i})^{\frac{1}{2}},$$

quand ε, étant positif, s'approche indéfiniment de zéro.

Observons maintenant que, si l'on pose comme ci-dessus

$$z = r_p,$$

l'argument p étant compris entre les limites $-\pi$, $+\pi$, on tirera généralement de l'équation (2), combinée avec la formule

$$\mathrm{l}(z) = \mathrm{l}(r) + p\mathrm{i},$$

et avec l'équation (1) de la page 242,

$$z^u = e^{u\,\mathrm{l}(r)}\,e^{up\mathrm{i}},$$

par conséquent

$$(11)\qquad z^u = r^u\,e^{up\mathrm{i}}.$$

La formule (11) pourrait servir aussi bien que la formule (2) à définir la fonction de z et u, représentée par la notation z^u.

La fonction de z et u, représentée par z^u, jouit, quand z ou u se réduit à un nombre, de propriétés connues. Parmi ces propriétés, quelques-unes continuent de subsister généralement, d'autres ne subsistent plus que sous certaines conditions, quand z et u sont deux quantités géométriques.

Ainsi, par exemple, eu égard à l'équation (2), la formule

$$(12)\qquad z^u\,z^{u'} = z^{u+u'}$$

subsistera généralement pour des valeurs quelconques des quantités géométriques u, u', non seulement quand z sera un nombre, mais encore quand z sera une quantité géométrique quelconque.

Au contraire, si dans l'équation

$$(13) \qquad (rr')^u = r^u r'^u,$$

qui se vérifie généralement quand r, r' sont deux nombres quelconques, on remplace ces nombres par des quantités géométriques z, z', on obtiendra la formule

$$(14) \qquad (zz')^u = z^u z'^u$$

qui ne sera pas toujours exacte. Effectivement, on aura, en vertu de l'équation (2),

$$(zz')^u = e^{u\,\mathrm{l}(zz')}$$
$$z^u z'^u = e^{u\,\mathrm{l}(z)} e^{u\,\mathrm{l}(z')} = e^{u[\mathrm{l}(z)+\mathrm{l}(z')]}.$$

Par suite l'équation (13) subsistera sous la même condition que la formule (26) de l'article précédent, c'est-à-dire dans le cas où les arguments p, p' de z et z', supposés tous deux compris entre les limites $-\pi$, $+\pi$, fourniront une somme $p+p'$ comprise entre les mêmes limites. Lorsque cette condition ne sera pas remplie, alors, en vertu de la formule (28) ou (29) de l'article précédent, jointe à l'équation

$$e^{pi} = 1_p,$$

on aura

$$(15) \qquad (zz')^u = 1_{2\pi u} z^u z'^u,$$

si la somme $p+p'$ est comprise entre les limites $-\pi$, -2π, et

$$(16) \qquad (zz')^u = 1_{-2\pi u} z^u z'^u,$$

si la somme $p+p'$ est comprise entre les limites π, 2π.

Si l'on désigne par z' la quantité géométrique conjuguée à z, et par u' la quantité géométrique conjuguée à u, alors, en vertu des notations admises, aux trois quantités géométriques

$$\mathrm{l}(z), \quad u\,\mathrm{l}(z), \quad e^{u\,\mathrm{l}(z)} = z^u$$

correspondront les quantités géométriques conjuguées

$$\mathrm{l}(z'), \quad u'\mathrm{l}(z'), \qquad e^{u'\mathrm{l}(z')} = z'^{u'}.$$

Donc

$$z^u, \quad z'^u$$

seront deux quantités géométriques conjuguées.

L'équation (2) est précisément celle à l'aide de laquelle M. Björling a défini la fonction z^u. Mais, en vertu des conventions adoptées par cet auteur, p serait, dans l'équation (11), un angle qui, toujours inférieur à la limite $\frac{\pi}{2} + \pi$, ne s'abaisserait jamais au-dessous de la limite $\frac{\pi}{2} - \pi$. D'ailleurs, M. Björling a donné à l'expression z^u le nom de *puissance principale* du degré u. Nous conserverons ce nom, mais nous attribuerons à l'argument p de z, mis en évidence dans l'équation (11), une valeur numérique inférieure ou tout au plus égale à π. Il en résultera qu'en élevant deux quantités géométriques conjuguées à des puissances indiquées par des exposants conjugués, on obtiendra encore, pour puissances principales, des quantités géométriques conjuguées.

MÉMOIRE SUR LES ARGUMENTS

DE

DEUX QUANTITÉS GÉOMÉTRIQUES

DONT LA SOMME OU LE PRODUIT EST UNE QUANTITÉ ALGÉBRIQUE POSITIVE

I. — *Sur les arguments de deux quantités géométriques dont la somme est algébrique et positive.*

Considérons deux quantités géométriques dont la somme soit algébrique et positive. Soient d'ailleurs c la demi-somme, et

$$z = r_p$$

la demi-différence de ces deux quantités géométriques. Elles seront représentées par des binomes

$$c + z, \quad c - z;$$

et si l'on nomme ρ, ρ' leurs modules, ϖ, ϖ' leurs arguments, que nous supposerons tous deux compris entre les limites $-\pi$, π, on aura

$$(1) \qquad \begin{cases} \rho_\varpi = c + z = c + r_p, \\ \rho'_{\varpi'} = c - z = c - r_p, \end{cases}$$

par conséquent

$$(2) \qquad \begin{cases} \rho \cos\varpi = c + r\cos p, & \rho \sin\varpi = r\sin p, \\ \rho' \cos\varpi' = c - r\cos p, & \rho' \sin\varpi' = r\sin p. \end{cases}$$

On aura donc, d'une part,

$$(3) \qquad \rho\cos\varpi = c + r\cos p, \qquad \rho'\cos\varpi' = c - r\cos p;$$

et, d'autre part,

$$\rho \sin \varpi = -\rho' \sin \varpi' = r \sin p. \tag{4}$$

Observons maintenant qu'en vertu des formules (3) $\cos\varpi$, $\cos\varpi'$ seront positifs, si le module r de z est inférieur à la constante positive c. Donc alors, chacun des arguments ϖ, ϖ' étant compris entre les limites $-\frac{\pi}{2}$, $\frac{\pi}{2}$, chacune des quantités

$$\varpi - \varpi', \quad \varpi + \varpi'$$

offrira une valeur numérique inférieure à π. J'ajoute que cette conclusion subsistera encore si le module r de z devient égal ou supérieur à l'unité. C'est en effet ce que l'on prouve aisément comme il suit.

D'abord il résulte de l'équation (4) que $\sin\varpi$, $\sin\varpi'$ sont des quantités affectées de signes contraires. Par suite, il en sera de même des arguments ϖ, ϖ', dont le plus grand offrira une valeur numérique égale à celle de la somme $\varpi + \varpi'$. Donc cette somme sera, comme chacun d'eux, renfermée entre les limites $-\pi$, $+\pi$.

De plus, si le module r, supposé d'abord inférieur à l'unité, vient à croître indéfiniment, mais par degrés insensibles, les angles ϖ, ϖ', dont les valeurs sont affectées de signes contraires, et la différence

$$\varpi - \varpi',$$

équivalente, au signe près, à la somme des valeurs numériques de ϖ et ϖ', varieront évidemment par degrés insensibles, jusqu'au moment où l'on aura, s'il est possible,

$$\varpi - \varpi' = \pm \pi,$$

par conséquent

$$\varpi' = \varpi \pm \pi.$$

Mais, dans ce dernier cas, on trouverait

$$\sin \varpi' = -\sin \varpi, \qquad \cos \varpi' = -\cos \varpi;$$

et la formule (4) donnerait

$$\rho' = \rho.$$

Par suite, on tirerait des formules (3)

$$\rho \cos \varpi - r \cos p = c = - c.$$

Cette dernière équation ne pouvant se vérifier que dans le cas où c serait nul, nous devons conclure que, dans le cas où c est positif, les arguments ϖ, ϖ' et leur différence $\varpi - \varpi'$ varieront pour des valeurs croissantes de r, par degrés insensibles, sans que jamais la valeur numérique de $\varpi - \varpi'$ puisse atteindre la limite π, qui surpasse cette valeur numérique quand on a $r < c$. On peut donc énoncer la proposition suivante :

Théorème I. — *Étant données deux quantités géométriques*

$$c + z, \quad c - z$$

dont la somme est une quantité algébrique et positive $2c$, *concevons que l'on réduise les arguments* ϖ, ϖ' *de ces deux quantités géométriques à des angles renfermés entre les limites* $-\pi$, $+\pi$. *Les angles*

$$\varpi + \varpi', \quad \varpi - \varpi'$$

seront eux-mêmes renfermés entre les limites $-\pi$, $+\pi$.

Il est bon d'observer qu'on peut encore arriver très simplement au théorème I à l'aide de considérations géométriques. En effet, construisons les trois points

$$A, \quad B, \quad C$$

dont les affixes sont respectivement

$$z, \quad -z, \quad c.$$

Le point C sera situé sur l'axe polaire, et le pôle O sera le milieu de la droite AB. D'ailleurs, on pourra supposer que des deux quantités géométriques

$$z, \quad -z,$$

la première est celle dans laquelle le coefficient de i est positif. Cette hypothèse étant admise, les arguments ϖ, $-\varpi'$ seront positifs et représenteront les angles formés par les droites BC, AC avec l'axe polaire OC, c'est-à-dire, en d'autres termes, les angles BCO, ACO. Donc la somme $\varpi - \varpi'$ des deux arguments ϖ, $-\varpi'$ représentera l'angle BCA du triangle qui a pour sommets les trois points A, B, C. Donc cette somme sera un angle positif inférieur à π, et l'on pourra en dire autant, *a fortiori*, de la valeur numérique de l'angle $\varpi + \varpi'$, équivalent, au signe près, à la différence des arguments ϖ, $-\varpi'$.

Du théorème premier, joint aux principes établis dans les deux articles précédents, on déduit encore les propositions suivantes :

Théorème II. — *Étant données deux quantités géométriques*

$$c + z, \quad c - z$$

dont la somme est une quantité algébrique et positive $2c$, *l'addition ou la soustraction de leurs logarithmes principaux, pris dans un système quelconque, donnera pour résultat le logarithme principal du produit ou du quotient de ces deux quantités géométriques.*

Théorème III. — *Étant données deux quantités géométriques*

$$c + z, \quad c - z$$

dont la somme est une quantité algébrique et positive $2c$, *la multiplication ou la division de leurs puissances principales d'un degré quelconque* u *donnera pour résultat les puissances principales et semblables du produit ou du quotient de ces deux quantités géométriques.*

En vertu du théorème II, et en désignant à l'aide de la lettre caractéristique l un logarithme népérien, on aura non seulement

$$(5) \qquad \mathrm{l}(c + z) + \mathrm{l}(c - z) = \mathrm{l}(c^2 - z^2),$$

mais encore

$$(6) \qquad \mathrm{l}(c + z) - \mathrm{l}(c - z) = \mathrm{l}\frac{c + z}{c - z}.$$

On trouvera, par exemple, en posant $c = 1$,

$$(7) \qquad \mathrm{l}(1 + z) + \mathrm{l}(1 - z) = \mathrm{l}(1 - z^2),$$

et

$$(8)\qquad l(1+z)-l(1-z)=l\frac{1+z}{1-z}.$$

En vertu du théorème II, et en désignant par u une quantité géométrique quelconque, on aura non seulement

$$(9)\qquad (c+z)^u(c-z)^u=(c^2-z^2)^u,$$

mais encore

$$(10)\qquad \frac{(c+z)^u}{(c-z)^u}=\left(\frac{c+z}{c-z}\right)^u.$$

On trouvera, par exemple, en posant $c=1$,

$$(11)\qquad (1+z)^u(1-z)^u=(1-z^2)^u$$

et

$$(12)\qquad \frac{(1+z)^u}{(1-z)^u}=\left(\frac{1+z}{1-z}\right)^u.$$

Si l'on pose, en particulier, $u=\frac{1}{2}$, les formules (9) et (10) donneront

$$(13)\qquad (c+z)^{\frac{1}{2}}(c-z)^{\frac{1}{2}}=(c^2-z^2)^{\frac{1}{2}},$$

$$(14)\qquad \frac{(c+z)^{\frac{1}{2}}}{(c-z)^{\frac{1}{2}}}=\left(\frac{c+z}{c-z}\right)^{\frac{1}{2}}.$$

II. — *Sur les arguments de deux quantités géométriques dont le produit est algébrique et positif.*

Considérons deux quantités géométriques

$$z=r_p,\qquad z'=r'_{p'}$$

dont le produit se réduise à une constante algébrique et positive c. On aura

$$zz'=1_{p+p'}rr'\,;$$

et, par suite, l'équation

$$zz'=c$$

donnera

$$(1) \qquad rr' = c,$$

$$(2) \qquad 1_{p+p'} = 0.$$

Si, d'ailleurs, comme on peut généralement le supposer, chacun des arguments p, p' est renfermé entre les limites $-\pi$, $+\pi$, la somme $p+p'$ offrira une valeur numérique inférieure ou tout au plus égale à 2π; et même cette valeur numérique ne pourra s'élever jusqu'à la limite 2π que dans le cas où, z, z' étant réduits à des quantités négatives $-r$, $-r'$, on aurait

$$1_p = 1_{p'} = -1,$$

et, par suite,

$$p = \pm\pi, \qquad p' = \pm\pi'.$$

Ce cas excepté, l'équation (2) entraînera généralement la suivante :

$$(3) \qquad p + p' = 0 \quad \text{ou} \quad p' = -p,$$

de sorte que p, p' seront des angles égaux, au signe près.

Si l'une des quantités géométriques

$$z, \quad z'$$

offre pour partie algébrique une quantité positive, alors des arguments p, p', l'un sera compris entre les limites $-\frac{\pi}{2}$, $\frac{\pi}{2}$, et l'autre, en vertu de l'équation (3), devra jouir encore de la même propriété. Donc alors la différence

$$p - p'$$

sera comprise entre les limites $-\pi$, $+\pi$. De cette remarque, jointe aux principes établis dans les deux articles précédents, on déduit immédiatement les propositions suivantes :

Théorème I. — *Soient z, z' deux quantités géométriques dont le produit se réduise à une quantité algébrique et positive c. Si l'une des quantités z, z' offre une partie algébrique positive, la différence de leurs logarithmes principaux, pris dans un système quelconque, sera le loga-*

rithme principal du rapport de l'une à l'autre, en sorte qu'on aura

$$(4) \qquad \mathrm{l}(z) - \mathrm{l}(z') = \mathrm{l}\left(\frac{z}{z'}\right).$$

THÉORÈME II. — *Soient z, z' deux quantités géométriques dont le produit se réduise à une quantité algébrique et positive c. Si l'une des quantités z, z' offre une partie algébrique positive, le rapport de leurs puissances principales d'un degré quelconque n sera la puissance principale et semblable du rapport de ces deux quantités géométriques, en sorte qu'on aura*

$$(5) \qquad \frac{z^n}{z'^n} = \left(\frac{z}{z'}\right)^n.$$

MÉMOIRE

SUR

L'ARGUMENT PRINCIPAL D'UNE QUANTITÉ GÉOMÉTRIQUE

FORMULES DIVERSES SERVANT A EXPRIMER L'ARGUMENT PRINCIPAL D'UNE QUANTITÉ GÉOMÉTRIQUE EN FONCTION DE LA PARTIE ALGÉBRIQUE ET DU COEFFICIENT DE i

---

Soit

$$(1) \qquad z = r_p,$$

une quantité géométrique, qui ait pour *module* le nombre r, et pour *argument* l'angle p. Si cet angle est, comme on peut toujours le supposer, renfermé entre les limites $-\pi$, π, il deviendra ce que nous appellerons l'*argument principal* de la quantité géométrique z. Si z se réduisait à une quantité algébrique négative, en sorte qu'on eût

$$z = -r,$$

l'argument principal p pourrait être censé atteindre ou la limite inférieure $-\pi$, ou la limite supérieure π, suivant que l'on considérerait $-r$ comme la limite vers laquelle convergerait, pour des valeurs infiniment petites du nombre ε, ou la première ou la seconde des deux quantités géométriques

$$-r - \varepsilon i, \quad -r + \varepsilon i.$$

Concevons maintenant que, dans la quantité géométrique z, on désigne la partie algébrique par x et le coefficient de i par y. On aura

$$(2) \qquad z = x + yi,$$

et, en égalant l'une à l'autre les valeurs de z données par les formules

(1), (2), on trouvera

$$x + yi = r_p = 1_p r = r(\cos p + i \sin p),$$

par conséquent,

$$(3) \qquad x = r\cos p, \qquad y = r\sin p.$$

Des équations (3) jointes aux formules

$$\cos^2 p + \sin^2 p = 1,$$

$$\tang p = \frac{\sin p}{\cos p},$$

on tire, en premier lieu,

$$x^2 + y^2 = r^2,$$

et, par suite,

$$(4) \qquad r = (x^2 + y^2)^{\frac{1}{2}};$$

en second lieu

$$(5) \qquad \cos p = \frac{x}{r}, \qquad \sin p = \frac{y}{r},$$

la valeur de r étant donnée par l'équation (4), et

$$(6) \qquad \tang p = \frac{y}{x}.$$

Enfin, comme on a

$$\cot p = \frac{1}{\tang p},$$

$$\text{séc} p = \frac{1}{\cos p}, \qquad \text{cosséc} p = \frac{1}{\sin p},$$

on trouvera encore

$$(7) \qquad \cot p = \frac{x}{y},$$

$$(8) \qquad \text{séc} p = \frac{r}{x}, \qquad \text{cosséc} p = \frac{r}{y}.$$

Les équations (5), (6), (7), (8) subsistent pour toutes les valeurs que peut acquérir l'argument p de la quantité géométrique

$$z = x + yi.$$

On peut d'ailleurs de ces mêmes équations déduire les formules diverses dont chacune détermine non plus l'une quelconque de ces valeurs de p, mais l'argument principal de z, en fonction des deux quantités algébriques x, y.

En effet, conservons les notations adoptées dans mon *Analyse algébrique*, et admettons, en conséquence, que, x étant une quantité algébrique, l'on désigne par la notation

$$\text{arc sin} x \quad \text{ou} \quad \text{arc coséc} x \quad \text{ou} \quad \text{arc tang} x \quad \text{ou} \quad \text{arc cot} x,$$

l'arc qui ayant x pour sinus, ou pour cosécante, ou pour tangente, ou pour cotangente, est renfermé entre les limites $-\frac{\pi}{2}$, $\frac{\pi}{2}$, la valeur numérique de x étant supposée inférieure à l'unité dans arc sin$x$, et supérieure à l'unité dans arc coséc x. Admettons, au contraire, que l'on désigne par la notation

$$\text{arc cos} x \quad \text{ou} \quad \text{arc séc} x$$

l'arc qui, ayant x pour cosinus ou pour sécante, est renfermé entre les limites 0, π. Puisque cos$p$ et sécp sont des fonctions paires de p, qu'on n'altère point en changeant le signe de p, il est clair que, si p représente l'argument principal de z compris entre les limites $-\pi$, π, on tirera de la première des formules (5),

$$p = \pm \text{arc cos} \frac{r}{x},$$

et de la première des formules (8),

$$p = \pm \text{arc séc} \frac{r}{x}.$$

Ajoutons qu'en vertu de la seconde des formules (5), y sera positif ou négatif avec sin$p$, suivant que p sera compris entre les limites 0, π ou 0, $-\pi$, c'est-à-dire, en d'autres termes, suivant que l'argument principal p sera positif ou négatif. Donc, dans les deux équations que nous venons d'obtenir, le double signe devra être réduit au signe de la quantité algébrique y; et l'argument principal p de la quantité géométrique

$$z = x + yi$$

pourra être déterminé, dans tous les cas, par l'une quelconque des deux formules

$$(9) \qquad p = \frac{y}{\sqrt{y^2}} \operatorname{arc\,cos} \frac{x}{r},$$

$$(10) \qquad p = \frac{y}{\sqrt{y^2}} \operatorname{arc\,séc} \frac{r}{x},$$

la valeur de r étant donnée en fonction de x et de y par l'équation (4).

Il est bon d'observer qu'en vertu de la formule (9) ou (10), l'argument principal p offrira une valeur numérique inférieure ou supérieure à $\frac{\pi}{2}$, suivant que la valeur de x sera positive ou négative. Par suite, on tirera de la formule (6), si x est positif,

$$(11) \qquad p = \operatorname{arc\,tang} \frac{y}{x},$$

et, si x est négatif,

$$(12) \qquad p = \operatorname{arc\,tang} \frac{y}{x} \pm \pi,$$

le signe $\pm$ devant être réduit au signe $+$ ou au signe $-$, suivant que y sera positif ou négatif. Ajoutons qu'un nombre qui se réduit à zéro pour $x > 0$, à l'unité pour $x < 0$, peut être représenté par l'expression algébrique

$$\frac{1}{2}\left(1 - \frac{x}{\sqrt{x^2}}\right),$$

et qu'en conséquence les équations (11), (12) se trouvent toutes deux comprises dans la formule générale

$$(13) \qquad p = \operatorname{arc\,tang} \frac{y}{x} + \frac{\pi}{2} \frac{y}{\sqrt{y^2}}\left(1 - \frac{x}{\sqrt{x^2}}\right).$$

Enfin, comme les arcs

$$\operatorname{arc\,tang} \frac{y}{x}, \quad \operatorname{arc\,cot} \frac{x}{y}, \quad \operatorname{arc\,sin} \frac{y}{r}, \quad \operatorname{arc\,coséc} \frac{r}{y},$$

seront égaux, aux signes près, les signes des deux premiers étant semblables ou contraires aux signes des deux derniers, suivant que la valeur de x sera positive ou négative, on aura identiquement

$$\text{arc tang}\frac{y}{x} = \text{arc cot}\frac{x}{y} = \frac{x}{\sqrt{x^2}}\text{arc sin}\frac{y}{r} = \frac{x}{\sqrt{x^2}}\text{arc coséc}\frac{r}{y};$$

et, par suite, on pourra substituer à l'équation (13) l'une quelconque des formules

$$p = \text{arc cot}\frac{x}{y} + \frac{\pi}{2}\frac{y}{\sqrt{y^2}}\left(1 - \frac{x}{\sqrt{x^2}}\right), \tag{14}$$

$$p = \frac{x}{\sqrt{x^2}}\text{arc sin}\frac{y}{r} + \frac{\pi}{2}\frac{y}{\sqrt{y^2}}\left(1 + \frac{x}{\sqrt{x^2}}\right), \tag{15}$$

$$p = \frac{x}{\sqrt{x^2}}\text{arc coséc}\frac{r}{y} + \frac{\pi}{2}\frac{y}{\sqrt{y^2}}\left(1 - \frac{x}{\sqrt{x^2}}\right), \tag{16}$$

r étant toujours déterminé, en fonction de x et de y, par l'équation (4).

Les formules (13), (14) et celles qu'on obtient en substituant, dans les formules (9), (10), (15) et (16), la valeur de r donnée par l'équation (4), ne sont pas les seules qui servent à exprimer l'argument principal p de la quantité géométrique $z = x + y\mathrm{i}$, en fonction des quantités algébriques x, y.

On peut encore, après avoir réduit l'équation

$$x + y\mathrm{i} = 1_p r = re^{p\mathrm{i}} \tag{17}$$

à la forme

$$e^{p\mathrm{i}} = \frac{x + y\mathrm{i}}{r}, \tag{18}$$

en déduire immédiatement la valeur cherchée de p, en prenant les logarithmes principaux des deux membres. On trouve ainsi, en nommant p l'argument principal de z,

$$p\mathrm{i} = \mathrm{l}\left(\frac{x + y\mathrm{i}}{r}\right),$$

et, par suite,

$$p = \frac{1}{\mathrm{i}}\mathrm{l}\left(\frac{x + y\mathrm{i}}{r}\right), \tag{19}$$

ou, ce qui revient au même,

$$p = \frac{l(x+yi) - l(r)}{i}, \tag{20}$$

la valeur de r étant donnée, en fonction de x et y, par l'équation (4). D'ailleurs, si à la quantité géométrique $x+yi$ on substitue la quantité conjuguée $x-yi$, l'argument p changera de signe, et, à la place des équations (17), (18), (19), (20), on obtiendra les suivantes :

$$x - yi = 1_{-p} r = re^{-pi}, \tag{21}$$

$$e^{-pi} = \frac{x-yi}{r}, \tag{22}$$

$$p = -\frac{1}{i} l \frac{x-yi}{r}, \tag{23}$$

$$p = -\frac{l(x-yi) - l(r)}{i}. \tag{24}$$

Enfin, des formules (20), (24), combinées entre elles par voie d'addition, l'on tirera

$$2p = \frac{l(x+yi) - l(x-yi)}{i},$$

et, par conséquent,

$$p = \frac{l(x+yi) - l(x-yi)}{2i}. \tag{25}$$

Si l'on égale entre elles les deux valeurs de l'argument principal p fournies par les équations (13) et (25), on trouvera

$$\operatorname{arc\,tang} \frac{y}{x} = \frac{l(x+yi) - l(x-yi)}{2i} - \frac{\pi}{2} \frac{y}{\sqrt{y^2}} \left(1 - \frac{x}{\sqrt{x^2}}\right). \tag{26}$$

Si, dans cette dernière équation, l'on remplace x par 1 et p par x, on obtiendra la formule

$$\operatorname{arc\,tang} x = \frac{l(1+xi) - l(1-xi)}{2i}, \tag{27}$$

que l'on pourra encore écrire comme il suit

$$\operatorname{arc\,tang} x = \frac{1}{2i} l \frac{1+xi}{1-xi}. \tag{28}$$

Remarquons en outre que, si, dans l'équation

$$\mathrm{l}(z) = \mathrm{l}(r) + p\mathrm{i} \tag{29}$$

on substitue les valeurs de z, r et p données par les formules (1), (4) et (9), on trouvera

$$\mathrm{l}(x + y\mathrm{i}) = \frac{1}{2}\mathrm{l}(x^2 + y^2) + \mathrm{i}\frac{y}{\sqrt{y^2}}\arccos\frac{x}{\sqrt{x^2 + y^2}}. \tag{30}$$

MÉMOIRE

SUR

LES VALEURS GÉNÉRALES DES EXPRESSIONS

$\sin z$, $\cos z$, $\text{séc}\, z$, $\text{coséc}\, z$, $\text{tang}\, z$, $\cot z$

D'après ce qui a été dit à la page 245 ([1]), si l'on désigne par z une quantité algébrique positive ou négative, on aura

$$e^{zi} = \cos z + i \sin z. \tag{1}$$

Si, dans la formule (1) on remplace z par $-z$, on trouvera

$$e^{-zi} = \cos z - i \sin z; \tag{2}$$

et l'on tirera immédiatement des formules (1) et (2)

$$\cos z = \frac{e^{zi} + e^{-zi}}{2}, \qquad \sin z = \frac{e^{zi} - e^{-zi}}{2i}. \tag{3}$$

On aura d'ailleurs

$$\text{séc}\, z = \frac{1}{\cos z}, \qquad \text{coséc}\, z = \frac{1}{\sin z}, \tag{4}$$

$$\text{tang}\, z = \frac{\sin z}{\cos z}, \qquad \cot z = \frac{\cos z}{\sin z}. \tag{5}$$

Les formules (3), (4) et (5) fournissent un moyen très simple de fixer le sens qu'on doit attacher aux expressions

$$\sin z, \quad \cos z, \quad \text{séc}\, z, \quad \text{coséc}\, z, \quad \text{tang}\, z, \quad \cot z,$$

dans le cas où z cesse d'être une quantité algébrique. En effet, les

---

([1]) *Œuvres de Cauchy*, ce tome, p. 280.

valeurs de ces expressions pourront toujours être facilement obtenues si l'on convient d'étendre les formules dont il s'agit au cas où z se transforme en une quantité géométrique quelconque. Cette convention, que nous adopterons désormais, permettra d'exprimer les valeurs cherchées en exponentielles népériennes que l'on calculera sans peine à l'aide des formules (6) et (9) des pages 245 et 246.

Il est bon d'observer qu'en vertu des formules (3), (4), (5),

$$\cos z, \quad \text{séc}\, z$$

seront des fonctions paires de z, c'est-à-dire des fonctions qui ne seront pas altérées quand z sera remplacé par $-z$, et qu'au contraire

$$\sin z, \quad \text{coséc}\, z, \quad \text{tang}\, z, \quad \cot z$$

seront des fonctions impaires de z, c'est-à-dire des fonctions de z qui changeront de signe avec z; en sorte qu'on aura

$$\cos(-z) = \cos z, \qquad \text{séc}(-z) = \text{séc}\, z, \tag{6}$$

et

$$\begin{cases} \sin(-z) = -\sin z, & \text{coséc}(-z) = -\text{coséc}\, z, \\ \text{tang}(-z) = -\text{tang}\, z, & \cot(-z) = -\cot z. \end{cases} \tag{7}$$

Si dans les équations (3) on pose

$$z = x + yi,$$

alors, en ayant égard aux formules

$$e^{zi} = e^{xi - y} = e^{-y}(\cos x + i \sin x),$$
$$e^{-zi} = e^{-xi + y} = e^{y}(\cos x - i \sin x),$$

on trouvera

$$\begin{cases} \cos z = \dfrac{e^{y} + e^{-y}}{2} \cos x - i\, \dfrac{e^{y} - e^{-y}}{2} \sin x, \\ \sin z = \dfrac{e^{y} + e^{-y}}{2} \sin x + i\, \dfrac{e^{y} - e^{-y}}{2} \cos x. \end{cases} \tag{8}$$

Ces dernières formules mettent en évidence, dans $\cos z$ et $\sin z$, la partie algébrique et le coefficient de i. Les formules qui joueront le même rôle relativement aux fonctions

$$\text{séc}\, z, \quad \text{coséc}\, z, \quad \text{tang}\, z, \quad \cot z,$$

se déduiront immédiatement des équations (4) et (5) jointes aux formules (8).

Soit maintenant z' la quantité géométrique conjuguée à z, en sorte qu'on ait

$$z' = x - y\mathrm{i}.$$

Pour obtenir les valeurs des expressions

$$\sin z', \quad \cos z',$$

il suffira de changer, dans les seconds membres des formules (8), le signe de y, ou, ce qui revient au même, le signe de i. Donc les deux quantités géométriques

$$\sin z', \quad \cos z'$$

seront respectivement conjuguées aux deux quantités géométriques

$$\sin z, \quad \cos z;$$

ce qu'il était facile de prévoir, d'après la forme des équations (3), dont les seconds membres ne sont pas altérés, quand on y remplace i par — i. Par suite aussi, les quantités géométriques

$$\text{séc}\, z', \quad \text{coséc}\, z', \quad \tan z', \quad \cot z'$$

seront, eu égard aux formules (4) et (5), respectivement conjuguées aux quantités que représenteront les expressions

$$\text{séc}\, z, \quad \text{coséc}\, z, \quad \tan z, \quad \cot z.$$

En joignant aux équations (3), (4), (5) l'équation (1) de la page 242, on étendra sans peine un grand nombre de formules trigonométriques relatives à un ou à plusieurs arcs, au cas où ces arcs deviennent des quantités géométriques; et d'abord il est clair que, si, après avoir multiplié chaque membre par i dans la seconde des formules (3), on la combine avec la première par voie d'addition ou de soustraction, l'on retrouvera précisément les formules (1) et (2). Celles-ci devront donc être étendues au cas où z représente une quantité géométrique quelconque, et l'on pourra en dire autant de l'équation

$$(9) \qquad \cos^2 z + \sin^2 z = 1,$$

qui se déduit encore immédiatement des formules (3), ainsi que des formules (1) et (2) combinées entre elles par voie de multiplication.

Ajoutons que, si l'on divise par $\cos^2 z$ ou par $\sin^2 z$ les deux membres de la formule (9), on en tirera généralement, eu égard aux formules (4) et (5),

$$\text{séc}^2 z = 1 + \text{tang}^2 z \tag{10}$$

et

$$\text{coséc}^2 z = 1 + \cot^2 z. \tag{11}$$

Observons maintenant que, si l'on désigne par k une quantité entière quelconque positive, nulle ou négative, les diverses valeurs du produit $2k\pi i$ seront, en vertu de la remarque faite à la page 249, les divers logarithmes népériens de l'unité. On aura donc

$$e^{2k\pi i} = 1. \tag{12}$$

En combinant cette dernière équation, que fournit aussi la formule (6) de la page 245, avec la formule (1) de la page 242, on trouvera

$$e^{(z+2k\pi)i} = e^{zi}, \tag{13}$$

puis, en remplaçant z par $-z$, et k par $-k$,

$$e^{-(z+2k\pi)i} = e^{-zi}. \tag{14}$$

Cela posé, les formules (3) donneront

$$\cos(z + 2k\pi) = \cos z, \qquad \sin(z + 2k\pi) = \sin z; \tag{15}$$

et, par suite, on tirera encore des formules (4), (5),

$$\text{séc}(z + 2k\pi) = \text{séc}\, z, \qquad \text{coséc}(z + 2k\pi) = \text{coséc}\, z, \tag{16}$$

$$\text{tang}(z + 2k\pi) = \text{tang}\, z, \qquad \cot(z + 2k\pi) = \cot z. \tag{17}$$

Donc une des propriétés les plus remarquables des lignes trigonométriques

$$\sin z, \quad \cos z, \quad \text{séc}\, z, \quad \text{coséc}\, z, \quad \text{tang}\, z, \quad \cot z,$$

celle qui consiste en ce que chacune de ces lignes demeure invariable quand on fait croître ou décroître l'arc z d'un multiple de la circonférence 2π, s'étend au cas où cet arc se transforme en une quantité géométrique quelconque.

Si à un multiple de la circonférence 2π on substitue un multiple impair de la demi-circonférence π, l'arc représenté, au signe près, par un tel multiple pourra être supposé de la forme

$$(2k+1)\pi,$$

k désigne toujours une quantité entière positive, nulle ou négative. D'ailleurs, en vertu de la formule (6) de la page 245, on aura

$$(18)\qquad e^{(2k+1)\pi i} = -1,$$

et, par suite, eu égard à la formule (1) de la page 242,

$$(19)\qquad e^{[z+(2k+1)\pi]i} = -e^{zi}, \qquad e^{-[z+(2k+1)\pi]i} = -e^{-zi}.$$

Cela posé, les formules (3) donneront

$$(20)\qquad \cos[z+(2k+1)\pi] = -\cos z, \qquad \sin[z+(2k+1)\pi] = -\sin z,$$

et l'on tirera des formules (4), (5),

$$(21)\qquad \text{séc}[z+(2k+1)\pi] = -\text{séc}\, z, \qquad \text{coséc}[z+(2k+1)\pi] = -\text{coséc}\, z,$$
$$(22)\qquad \text{tang}[z+(2k+1)\pi] = \text{tang}\, z, \qquad \cot[z+(2k+1)\pi] = \cot z.$$

Il est bon d'observer qu'en vertu des équations (15) et (16) jointes aux équations (20) et (21), on aura généralement

$$(23)\qquad \cos(z+k\pi) = (-1)^k \cos z, \qquad \sin(z+k\pi) = (-1)^k \sin z,$$
$$(24)\qquad \text{coséc}(z+k\pi) = (-1)^k\, \text{séc}\, z, \qquad \text{coséc}(z+k\pi) = (-1)^k\, \text{séc}\, z,$$

k désignant une quantité entière quelconque positive, nulle ou négative. Au contraire, en vertu des formules (17) jointes aux formules (22), on aura

$$(25)\qquad \text{tang}(z+k\pi) = \text{tang}\, z, \qquad \cot(z+k\pi) = \cot z.$$

Ainsi les formules qui expriment que la tangente et la cotangente d'un arc ne varient pas, quand on fait croître ou décroître cet arc d'un multiple de la demi-circonférence π, s'étendent au cas où ce même arc se transforme en une quantité géométrique.

On peut généraliser de la même manière les relations qui existent entre les lignes trigonométriques de deux arcs dont l'un est le complément ou le supplément de l'autre.

On dit que de deux arcs z, z', l'un est le *complément* de l'autre, lorsque ces arcs satisfont à la condition

$$(26) \qquad z + z' = \frac{\pi}{2}.$$

En supposant cette définition étendue au cas même où les arcs se transforment en quantités géométriques, on obtiendra toujours pour complément de l'arc z l'arc $\frac{\pi}{2} - z$; et, comme la formule (6) de la page 245 donnera

$$(27) \qquad e^{\frac{\pi}{2}i} = i, \qquad e^{-\frac{\pi}{2}i} = -i,$$

on tirera de la formule (1) de la page 242

$$(28) \qquad e^{\left(\frac{\pi}{2}-z\right)i} = i\,e^{-zi}, \qquad e^{-\left(\frac{\pi}{2}-z\right)i} = -i\,e^{zi},$$

et des formules (3)

$$(29) \qquad \cos\left(\frac{\pi}{2} - z\right) = \sin z, \qquad \sin\left(\frac{\pi}{2} - z\right) = \cos z.$$

Par suite aussi, l'on tirera des formules (4)

$$(30) \qquad \text{séc}\left(\frac{\pi}{2} - z\right) = \text{coséc}\, z,$$

et des formules (5)

$$(31) \qquad \text{tang}\left(\frac{\pi}{2} - z\right) = \cot z.$$

En renversant la dernière des formules (29) et les formules (30), (31), on obtient les suivantes

$$(32) \qquad \cos z = \sin\left(\frac{\pi}{2} - z\right), \qquad \text{coséc}\, z = \text{séc}\left(\frac{\pi}{2} - z\right), \qquad \cot z = \text{tang}\left(\frac{\pi}{2} - z\right).$$

Celles-ci pourraient être considérées comme un moyen de définir généralement les trois lignes trigonométriques

$$\cos z, \quad \operatorname{coséc} z, \quad \cot z.$$

Elles montrent que le *cosinus*, la *cosécante* et la *cotangente* de l'arc z sont toujours le *sinus*, la *sécante* et la *tangente* du complément de cet arc.

On dit que de deux arcs z, z', l'un est le *supplément* de l'autre, lorsque ces arcs satisfont à la condition

$$z + z' = \pi. \tag{33}$$

En supposant cette définition étendue au cas même où les arcs se transforment en quantités géométriques, on obtiendra toujours, pour supplément de l'arc z, l'arc $\pi - z$. D'ailleurs, si l'on pose $k = 1$, dans les formules (23), (24), (25), et si, en même temps, on y remplace z par $-z$, on tirera de ces formules jointes aux équations (6), (7),

$$\cos(\pi - z) = -\cos z, \qquad \sin(\pi - z) = \sin z, \tag{34}$$

$$\operatorname{séc}(\pi - z) = -\operatorname{séc} z, \qquad \operatorname{coséc}(\pi - z) = \operatorname{coséc} z, \tag{35}$$

$$\operatorname{tang}(\pi - z) = -\operatorname{tang} z, \qquad \cot(\pi - z) = \cot z. \tag{36}$$

Il résulte en particulier de ces formules que le sinus et la cosécante ne varient pas quand on remplace un arc par son supplément.

Supposons maintenant que z, z' soient deux quantités géométriques quelconques. On tirera des équations (3), combinées avec la formule (1) de la page 242,

$$\left\{\begin{aligned} \cos(z + z') &= \frac{e^{zi}\, e^{z'i} + e^{-zi}\, e^{-z'i}}{2}, \\ \sin(z + z') &= \frac{e^{zi} e^{z'i} - e^{-zi} e^{-z'i}}{2i}, \end{aligned}\right. \tag{37}$$

et, par suite, eu égard aux équations (1) et (2),

$$\left\{\begin{aligned} \cos(z + z') &= \cos z \cos z' - \sin z \sin z', \\ \sin(z + z') &= \sin z \cos z' + \sin z' \cos z. \end{aligned}\right. \tag{38}$$

Si, dans ces dernières formules, on remplace z par $-z$, elles donneront

$$(39)\quad \begin{cases} \cos(z-z') = \cos z \cos z' + \sin z \sin z', \\ \sin(z-z') = \sin z \cos z' - \sin z' \cos z. \end{cases}$$

Donc les formules (6) et (7) de la page 221 continueront de subsister dans le cas où l'on remplace les arcs p et p' par deux quantités géométriques z et z'.

Ajoutons que des formules (38) et (39) on tire non seulement

$$(40)\quad \begin{cases} \operatorname{tang}(z+z') = \dfrac{\operatorname{tang} z + \operatorname{tang} z'}{1 - \operatorname{tang} z \operatorname{tang} z'}, \\ \operatorname{tang}(z-z') = \dfrac{\operatorname{tang} z - \operatorname{tang} z'}{1 + \operatorname{tang} z \operatorname{tang} z'}, \end{cases}$$

mais aussi

$$(41)\quad \begin{cases} \cos(z+z') + \cos(z-z') = 2\cos z \cos z', \\ \cos(z-z') - \cos(z+z') = 2\sin z \sin z', \end{cases}$$

$$(42)\quad \begin{cases} \sin(z+z') + \sin(z-z') = 2\sin z \cos z', \\ \sin(z+z') - \sin(z-z') = 2\cos z \sin z'; \end{cases}$$

puis, en remplaçant z et z' par $\dfrac{z+z'}{2}$ et par $\dfrac{z-z'}{2}$,

$$(43)\quad \begin{cases} \cos z + \cos z' = 2\cos\dfrac{z+z'}{2}\cos\dfrac{z-z'}{2}, \\ \cos z' - \cos z = 2\sin\dfrac{z+z'}{2}\sin\dfrac{z-z'}{2}, \end{cases}$$

$$(44)\quad \begin{cases} \sin z + \sin z' = 2\sin\dfrac{z+z'}{2}\cos\dfrac{z-z'}{2}, \\ \sin z - \sin z' = 2\cos\dfrac{z+z'}{2}\sin\dfrac{z-z'}{2}. \end{cases}$$

Remarquons encore que de la formule (1) de la page 242 on tire

$$e^z e^{z'} e^{z''} = e^{z+z'} e^{z''} = e^{z+z'+z''},$$

et généralement

$$(45)\quad e^z e^{z'} e^{z''} \ldots = e^{z+z'+z''+\ldots},$$

quel que soit le nombre n des quantités géométriques $z, z', z'', \ldots$. Si, dans l'équation (45), on suppose $z = z' = z'' = \ldots$, on trouvera

$$(46)\quad (e^z)^n = e^{nz}.$$

On aura, par suite,

$$(e^{z\mathrm{i}})^n = e^{nz\mathrm{i}}, \qquad (e^{-z\mathrm{i}})^n = e^{-nz\mathrm{i}}, \tag{47}$$

ou, ce qui revient au même,

$$\begin{cases} (\cos z + \mathrm{i}\sin z)^n = \cos nz + \mathrm{i}\sin nz, \\ (\cos z - \mathrm{i}\sin z)^n = \cos nz - \mathrm{i}\sin nz; \end{cases} \tag{48}$$

et de ces deux dernières formules, combinées par voie d'addition et de soustraction, l'on conclura que les équations (10) de la page 221 peuvent être étendues au cas où l'arc p se transforme en une quantité géométrique z. La même remarque s'appliquera aux équations (11), (12) de la page 222 et aux équations (56), (57) de la page 231 [1].

---

[1] *Œuvres de Cauchy*, ce tome, p. 252 et suite.

MÉMOIRE

SUR

LES VALEURS GÉNÉRALES DES EXPRESSIONS

arc tang z, arc cot z, arc sin z, arc cos z, arc séc z, arc cosée z

---

I. – *Formules qui déterminent ces valeurs et les font dépendre des logarithmes principaux de certaines quantités géométriques.*

D'après ce qui a été dit dans l'avant-dernier article, si l'on désigne par z une quantité positive ou négative, on aura

$$\text{arc tang } z = \frac{1}{2i} \, l \, \frac{1+zi}{1-zi}, \tag{1}$$

ou, ce qui revient au même, eu égard à la formule (8) de la page 263,

$$\text{arc tang } z = \frac{l(1+zi) - l(1-zi)}{2i}. \tag{2}$$

De plus, comme un arc, dont z serait la cotangente, aurait pour tangente $\frac{1}{z}$, on trouvera encore généralement

$$\text{arc cot } z = \text{arc tang } \frac{1}{z}. \tag{3}$$

Ajoutons que si z, offrant une valeur numérique inférieure à l'unité, représente le sinus d'un arc compris entre les limites $-\frac{\pi}{2}, \frac{\pi}{2}$, cet arc aura pour cosinus la quantité positive $\sqrt{1-z^2}$, et pour tangente le rapport

$$\frac{z}{\sqrt{1-z^2}}.$$

On aura donc encore

$$(4) \qquad \operatorname{arc}\sin z = \operatorname{arc}\operatorname{tang}\frac{z}{\sqrt{1-z^2}}.$$

Enfin, on aura évidemment, pour une valeur numérique de z inférieure à l'unité,

$$(5) \qquad \operatorname{arc}\cos z = \frac{\pi}{2} - \operatorname{arc}\sin z,$$

et, pour une valeur numérique de z supérieure à l'unité,

$$(6) \qquad \operatorname{arc}\operatorname{séc} z = \operatorname{arc}\cos\frac{1}{z},$$

$$(7) \qquad \operatorname{arc}\operatorname{coséc} z = \operatorname{arc}\sin\frac{1}{z}.$$

Les formules (1) ou (2), (3), (4), (5), (6), (7) fournissent un moyen très simple de fixer le sens qu'on doit attacher aux expressions

$$\operatorname{arc}\operatorname{tang} z,\quad \operatorname{arc}\cot z,\quad \operatorname{arc}\sin z,\quad \operatorname{arc}\cos z,\quad \operatorname{arc}\operatorname{séc} z,\quad \operatorname{arc}\operatorname{coséc} z,$$

dans le cas où z cesse d'être une quantité algébrique. En effet, les valeurs de ces expressions pourront toujours être facilement obtenues si l'on convient d'étendre les formules dont il s'agit au cas où z se transforme en une quantité géométrique quelconque. Cette convention, que nous adopterons désormais, permettra, eu égard à la formule (1), de réduire la détermination des valeurs cherchées à la détermination des logarithmes principaux de certaines quantités géométriques. Si l'on veut, en particulier, obtenir la valeur générale de $\operatorname{arc}\sin z$ exprimée à l'aide d'un ou de plusieurs logarithmes principaux, il suffira de joindre à la formule (1) la formule (4), de laquelle on tirera

$$\operatorname{arc}\sin z = \frac{1}{2i}\,\mathrm{l}\,\frac{1+\dfrac{z}{\sqrt{1-z^2}}\,i}{1+\dfrac{1}{\sqrt{1-z^2}}\,i},$$

ou, ce qui revient au même,

$$(8)\qquad \operatorname{arc}\sin z = \frac{1}{2i}\,\mathrm{l}\,\frac{\sqrt{1-z^2}+zi}{\sqrt{1-z^2}-zi}.$$

D'ailleurs, l'argument principal de $1-z^2$ étant compris entre les limites $-\pi$, $+\pi$, le radical $\sqrt{1-z^2}$ offrira un argument principal compris entre les limites $-\frac{\pi}{2}$, $\frac{\pi}{2}$, par conséquent, une partie algébrique positive; et, comme des deux quantités opposées

$$-zi,\quad +zi,$$

l'une jouit nécessairement de la même propriété, on pourra encore en dire autant de l'une des deux quantités géométriques

$$\sqrt{1-z^2}+zi,\quad \sqrt{1-z^2}-zi,$$

dont le produit se réduit à la quantité positive 1. Donc, en vertu du théorème I de la page 265 ([1]), on aura

$$\mathrm{l}\,\frac{\sqrt{1-z^2}+zi}{\sqrt{1-z^2}-zi} = \mathrm{l}[\sqrt{1-z^2}+zi] - \mathrm{l}[\sqrt{1-z^2}-zi].$$

Ajoutons que de cette dernière formule, jointe à l'équation

$$\mathrm{l}[\sqrt{1-z^2}+zi] + \mathrm{l}[\sqrt{1-z^2}-zi] = 0,$$

on tirera

$$\frac{1}{2}\,\mathrm{l}\,\frac{\sqrt{1-z^2}+zi}{\sqrt{1-z^2}-zi} = \mathrm{l}[\sqrt{1-z^2}+zi] = -\,\mathrm{l}[\sqrt{1-z^2}-zi].$$

Par conséquent, on pourra encore présenter l'équation (8) sous l'une ou l'autre des deux formes

$$(9)\qquad \operatorname{arc}\sin z = \frac{1}{i}\,\mathrm{l}[\sqrt{1-z^2}+zi],$$

$$(10)\qquad \operatorname{arc}\sin z = -\frac{1}{i}\,\mathrm{l}[\sqrt{1-z^2}-zi].$$

Il est bon de rappeler que le coefficient de i dans un logarithme népérien principal est toujours un argument compris entre les limites $-\pi$, $+\pi$. Cela posé, on conclura immédiatement des formules (1),

---

([1]) *Œuvres de Cauchy*, ce tome, p. 305.

(3), (4) et (7) que, dans la valeur générale de chacune des expressions

$$\text{arc tang } z,\quad \text{arc cot } z,\quad \text{arc sin } z,\quad \text{arc coséc } z,$$

la partie algébrique sera toujours un arc renfermé entre les limites $-\frac{\pi}{2}, \frac{\pi}{2}$, par conséquent, un arc dont le cosinus sera positif. On conclura, au contraire, des formules (5) et (6) que, dans la valeur générale de chacune des expressions

$$\text{arc cos } z,\quad \text{arc séc } z,$$

la partie algébrique sera toujours un arc renfermé entre les limites $0, \pi$, par conséquent, un arc dont le sinus sera positif.

II. — *Sur les quantités géométriques*
arc tang z, arc cot z, arc sin z, arc cos z, arc séc z, arc coséc z,
considérées comme fonctions inverses.

Les définitions admises dans le paragraphe précédent satisfont à une condition qu'il importait de remplir, et réduisent les quantités géométriques

$$\text{arc tang } z,\quad \text{arc cot } z,\quad \text{arc sin } z,\quad \text{arc cos } z,\quad \text{arc séc } z,\quad \text{arc coséc } z$$

à des fonctions de z inverses de celles qui ont été désignées sous les noms de tangente, cotangente, sinus, cosinus, sécante et cosécante. Ainsi, par exemple, on prouvera sans peine que la fonction de z représentée par la notation arc tang z, est inverse de celle qui a été nommée *tangente*, ou, en d'autres termes, que la fonction arc tang z a pour tangente la variable z. On y parviendra en effet comme il suit :

Posons, pour abréger,

$$Z = \text{arc tang } z. \tag{1}$$

On aura encore, eu égard à l'équation (1) du paragraphe I,

$$Z = \frac{1}{2i}\, l\, \frac{1+zi}{1-zi},$$

par conséquent

$$\frac{1+zi}{1-zi} = e^{2Zi},$$

et

$$(2)\qquad z = \frac{1}{i}\,\frac{e^{2Zi}-1}{e^{2Zi}+1} = \frac{1}{i}\,\frac{e^{Zi}-e^{-Zi}}{e^{Zi}+e^{-Zi}}.$$

Mais, d'autre part, on aura, en vertu des équations (3) de l'article précédent,

$$\cos Z = \frac{e^{Zi}+e^{-Zi}}{2}, \qquad \sin Z = \frac{e^{Zi}-e^{-Zi}}{2i},$$

par conséquent

$$\operatorname{tang} Z = \frac{\sin Z}{\cos Z} = \frac{1}{i}\,\frac{e^{Zi}-e^{-Zi}}{e^{Zi}+e^{-Zi}}.$$

Donc la formule (2) donnera simplement

$$(3)\qquad z = \operatorname{tang} Z.$$

Or, des formules (1) et (3), comparées l'une à l'autre, il résulte qu'en vertu des définitions admises dans le paragraphe I, la notation arc tang z satisfait à la condition qu'il convenait de remplir, et représente une fonction inverse de la fonction tang z.

Si à l'équation (1) on substituait la suivante

$$(4)\qquad Z = \operatorname{arc\,cot} z,$$

alors, eu égard à la formule (3) du paragraphe I, on aurait encore

$$Z = \operatorname{arc\,tang} \frac{1}{z},$$

par conséquent

$$\frac{1}{z} = \operatorname{tang} Z = \frac{\sin Z}{\cos Z} = \frac{1}{\cos Z},$$

et

$$(5)\qquad z = \cot Z.$$

On en conclurait qu'en vertu des définitions admises dans le paragraphe I, arc cot z est une fonction inverse de cot z.

Supposons maintenant

$$(6)\qquad Z = \operatorname{arc\,sin} z.$$

Alors en vertu des équations (9) et (10) du paragraphe I, on aura

$$\mathrm{l}[\sqrt{1-z^2}+z\mathrm{i}]=Z\mathrm{i}, \qquad \mathrm{l}[\sqrt{1-z^2}-z\mathrm{i}]=-Z\mathrm{i},$$

par conséquent

$$\sqrt{1-z^2}+z\mathrm{i}=e^{Z\mathrm{i}}, \qquad \sqrt{1-z^2}-z\mathrm{i}=e^{-Z\mathrm{i}};$$

puis de ces dernières formules, combinées entre elles par voie de soustraction, l'on tirera

$$2z\mathrm{i}=e^{Z\mathrm{i}}-e^{-Z\mathrm{i}};$$

par conséquent

$$z=\frac{e^{Z\mathrm{i}}-e^{-Z\mathrm{i}}}{2\mathrm{i}},$$

ou, ce qui revient au même,

$$z=\sin Z. \tag{7}$$

On en conclura qu'en vertu des définitions admises, arc sin z est une fonction inverse de sin z.

Si l'on supposait

$$Z=\operatorname{arc}\cos z, \tag{8}$$

alors, eu égard à l'équation (5) du paragraphe I, on trouverait

$$Z=\frac{\pi}{2}-\operatorname{arc}\sin z,$$

par conséquent

$$\operatorname{arc}\sin z=\frac{\pi}{2}-Z,$$

et

$$z=\sin\left(\frac{\pi}{2}-Z\right),$$

ou, ce qui revient au même, eu égard à la seconde des formules (29) de l'article précédent,

$$z=\cos Z. \tag{9}$$

On en conclurait qu'en vertu des définitions admises, arc cos z est une fonction inverse de cos z.

Enfin, si l'on supposait

$$(10)\qquad Z = \text{arc séc}\, z,$$

on aurait encore, eu égard à la formule (6) du paragraphe I,

$$Z = \text{arc cos}\, \frac{1}{z},$$

par conséquent

$$\frac{1}{z} = \cos Z = \frac{1}{\text{séc}\, Z},$$

et

$$(11)\qquad z = \text{séc}\, Z;$$

et, après avoir ainsi reconnu que arc séc z est une fonction inverse de séc z, on prouverait par un raisonnement semblable que arc coséc z est une fonction inverse de coséc z.

III. — *Sur les formules qui mettent en évidence la partie algébrique et le coefficient de* i, *dans chacune des expressions* arc tang z, arc cot z, arc sin z, ...

Si dans les expressions

$$\text{arc tang}\, z,\quad \text{arc cot}\, z,\quad \text{arc sin}\, z,\quad \text{arc cos}\, z,\quad \text{arc séc}\, z,\quad \text{arc coséc}\, z,$$

on réduit z à la forme

$$(1)\qquad z = x + y\text{i},$$

x et y étant deux quantités algébriques, chacune de ces expressions pourra être réduite à une forme semblable, et, pour opérer une telle réduction, il suffira de joindre aux formules établies dans le paragraphe I la formule (30) de la page 271 [1]. Entrons à ce sujet dans quelques détails.

Si à la formule (1) on joint l'équation (2) du paragraphe I, on trouvera

$$(2)\qquad \text{arc tang}\, z = \frac{\text{l}(1 - y + x\text{i}) - \text{l}(1 + y - x\text{i})}{2\text{i}}.$$

---

[1] *Œuvres de Cauchy*, ce tome, p. 313.

D'ailleurs, en remplaçant, dans la formule (30) de la page 271, y par x et x par $1-y$, ou y par $-x$ et x par $1+y$, on aura

$$l(1-y+xi)=\frac{1}{2}l[x^2+(1-y)^2]+i\frac{x}{\sqrt{x^2}}\arccos\frac{1-y}{\sqrt{x^2+(1-y)^2}},$$

$$l(1+y-xi)=\frac{1}{2}l[x^2+(1+y)^2]-i\frac{x}{\sqrt{x^2}}\arccos\frac{1+y}{\sqrt{x^2+(1+y)^2}}.$$

Par conséquent, la formule (2) donnera

$$(3)\quad \operatorname{arc\,tang} z=\frac{1}{2}\frac{x}{\sqrt{x^2}}\left[\arccos\frac{1+y}{\sqrt{x^2+(1+y)^2}}+\arccos\frac{1-y}{\sqrt{x^2+(1-y)^2}}\right]$$
$$+\frac{i}{2}\,\frac{l[x^2+(1+y)^2]-l[x^2+(1-y)^2]}{2}.$$

Si à l'équation (2) du paragraphe I, on substituait l'équation (1) [*ibidem*], alors, en ayant égard à la formule

$$\frac{1+zi}{1-zi}=\frac{1-y+xi}{1+y-xi}=\frac{(1+xi)^2-y^2}{(1+y)^2+x^2}=\frac{1-x^2-y^2+2xi}{(1+y)^2+x^2}$$

et à l'équation (30) de la page 271, on trouverait d'abord

$$(4)\qquad \operatorname{arc\,tang} z=\frac{1}{2i}l\frac{1-y+xi}{1+y-xi},$$

puis

$$(5)\quad \operatorname{arc\,tang} z=\frac{1}{2}\frac{x}{\sqrt{x^2}}\arccos\frac{1-x^2-y^2}{\sqrt{x^2+(1+y)^2}\sqrt{x^2+(1-y)^2}}+\frac{i}{4}l\frac{x^2+(1+y)^2}{x^2+(1-y)^2}.$$

En comparant l'une à l'autre les valeurs de $\operatorname{arc\,tang} z$, données par les formules (3) et (5), on trouve

$$(6)\qquad \arccos\frac{1+y}{\sqrt{x^2+(1+y)^2}}$$
$$+\arccos\frac{1-y}{\sqrt{x^2+(1-y)^2}}=\arccos\frac{1-x^2-y^2}{\sqrt{x^2+(1+y)^2}\sqrt{x^2+(1-y)^2}}.$$

Au reste, pour établir directement la formule (6), il suffit d'observer que les arcs

$$\arccos\frac{1+y}{\sqrt{x^2+(1+y)^2}},\qquad \arccos\frac{1-y}{\sqrt{x^2+(1-y)^2}}$$

ont pour sinus respectifs les deux rapports

$$\frac{\sqrt{x^2}}{\sqrt{x^2+(1+y)^2}}, \quad \frac{\sqrt{x^2}}{\sqrt{x^2+(1-y)^2}},$$

qu'en conséquence la somme de ces arcs a pour cosinus le rapport

$$\frac{(1+y)(1-y)-x^2}{\sqrt{x^2+(1+y)^2}\sqrt{x^2+(1-y)^2}},$$

et que, d'ailleurs, les deux arcs dont il s'agit étant les arguments principaux des binomes

$$1-zi, \quad 1+zi,$$

dont la somme est positive, doivent, en vertu du premier théorème de la page 261, offrir pour somme un argument compris entre les limites $-\pi$, π.

Supposons maintenant que l'on veuille mettre en évidence la partie réelle et le coefficient de i, non plus dans arc tang z, mais dans arc sin z, et réduire ainsi l'expression arc sin z, à la forme $X+Yi$, X, Y étant deux quantités algébriques. Il suffira de réduire à une forme semblable l'un des binomes

$$\sqrt{1-z^2}+zi, \quad \sqrt{1-z^2}-zi,$$

ou le rapport de ces binomes; puis, de recourir aux formules (9), (10) ou (8) du paragraphe I, en ayant d'ailleurs égard à l'équation (30) de la page 271. Ajoutons qu'on arrivera encore aux mêmes conclusions en opérant comme il suit :

Si l'on pose

$$\text{arc}\sin z = Z = X + Y\text{i}, \tag{7}$$

X, Y étant deux quantités algébriques, on aura, en vertu de la formule (7) du paragraphe II,

$$z = \sin Z,$$

ou, ce qui revient au même,

$$x+y\text{i} = \sin(X+Y\text{i}) = \frac{e^Y+e^{-Y}}{2}\sin X + \text{i}\frac{e^Y-e^{-Y}}{2}\cos X;$$

puis on en conclura

$$x = \frac{e^Y + e^{-Y}}{2}\sin.X, \qquad y = \frac{e^Y - e^{-Y}}{2}\cos.X. \tag{8}$$

Si d'ailleurs on pose, pour abréger,

$$\frac{e^Y + e^{-Y}}{2} = u, \qquad \frac{e^Y - e^{-Y}}{2} = v, \tag{9}$$

les équations (8) donneront

$$\sin.X = \frac{x}{u}, \qquad \cos.X = \frac{y}{v}, \tag{10}$$

et de ces dernières, combinées avec la formule

$$\cos^2.X + \sin^2 X = 1,$$

on tirera

$$\frac{x^2}{u^2} + \frac{y^2}{v^2} = 1. \tag{11}$$

Mais, d'autre part, on tirera des formules (9)

$$u^2 - v^2 = 1, \tag{12}$$

ou, ce qui revient au même,

$$u^2 = v^2 + 1, \tag{13}$$

et l'équation (11), jointe à la formule (13), donnera

$$\frac{x^2}{v^2+1} + \frac{y^2}{v^2} = 1,$$

par conséquent

$$v^4 - (x^2 + y^2 - 1)v^2 - y^2 = 0.$$

Donc, v^2 ne pouvant être qu'une quantité positive, on aura

$$v^2 = \frac{x^2 + y^2 - 1}{2} + \sqrt{\left(\frac{x^2 + y^2 - 1}{2}\right)^2 + y^2}, \tag{14}$$

et la formule (13) donnera

$$u^2 = \frac{x^2 + y^2 + 1}{2} + \sqrt{\left(\frac{x^2 + y^2 - 1}{2}\right)^2 + y^2}. \tag{15}$$

Enfin, comme, eu égard à la première des formules (9), u sera nécessairement positif, on tirera de l'équation (15)

$$(16)\qquad u = \left[\frac{x^2+y^2+1}{2} + \sqrt{\left(\frac{x^2+y^2-1}{2}\right)^2 + y^2}\right]^{\frac{1}{2}}$$

Observons maintenant qu'en vertu d'une remarque faite à la fin du paragraphe I, la partie algébrique X de $Z = \arcsin z$ sera toujours un angle compris entre les limites $-\frac{\pi}{2}, \frac{\pi}{2}$. Donc la première des formules (10) donnera

$$(17)\qquad X = \arcsin\frac{x}{u};$$

et la seconde devra fournir une valeur positive de $\cos X$; en d'autres termes, y et v devront être des quantités de même signe. Donc la formule (14) donnera

$$(18)\qquad v = \frac{y}{\sqrt{y^2}}\left[\frac{x^2+y^2-1}{2} + \sqrt{\left(\frac{x^2+y^2-1}{2}\right)^2 + y^2}\right]^{\frac{1}{2}},$$

et, puisqu'on tirera des formules (9),

$$e^Y = u + v,$$

on aura encore

$$(19)\qquad Y = \mathrm{l}(u+v).$$

Ajoutons que des formules (17) et (19), jointes à l'équation (7), on tirera définitivement

$$(20)\qquad \arcsin z = \arcsin\frac{x}{u} + i\,\mathrm{l}(u+v),$$

les valeurs de u, v étant déterminées par les formules (16) et (18).

Remarquons encore qu'en vertu de l'équation (12), présentée sous la forme

$$(u-v)(u+v) = 1,$$

$u-v$, $u+v$ seront deux quantités géométriques conjuguées, et, par suite, cette équation donnera [*voir* la formule (32) de la page 254 [1]]

$$\mathrm{l}(u-v) + \mathrm{l}(u+v) = 0.$$

---

[1] *Œuvres de Cauchy*, ce tome, p. 291.

ou, ce qui revient au même,

$$\mathrm{l}(u+v) = -\mathrm{l}(u-v).$$

Donc la formule (20) pourra s'écrire comme il suit :

$$\text{(21)} \qquad \operatorname{arc} \sin z = \operatorname{arc} \sin \frac{x}{u} - \mathrm{i}\,\mathrm{l}(u-v).$$

De l'équation (20) ou (21), jointe à l'équation (5) du paragraphe I, on déduira immédiatement celle qui met en évidence, dans un arc cos z, la partie algébrique et le coefficient de i. En opérant ainsi, on trouvera

$$\text{(22)} \qquad \operatorname{arc} \cos z = \operatorname{arc} \cos \frac{x}{u} - \mathrm{i}\,\mathrm{l}(u+v),$$

ou, ce qui revient au même,

$$\text{(23)} \qquad \operatorname{arc} \cos z = \operatorname{arc} \cos \frac{x}{u} + \mathrm{i}\,\mathrm{l}(u-v).$$

Enfin, si l'on veut mettre en évidence la partie réelle et le coefficient de i, non plus dans chacune des expressions

$$\operatorname{arc} \operatorname{tang} z, \quad \operatorname{arc} \sin z, \quad \operatorname{arc} \cos z,$$

mais dans chacune des suivantes,

$$\operatorname{arc} \cot z, \quad \operatorname{arc} \operatorname{cos\acute{e}c} z, \quad \operatorname{arc} \operatorname{s\acute{e}c} z,$$

il suffira d'avoir égard aux formules (3), (6), (7) du paragraphe I, par conséquent il suffira de remplacer, dans les formules (3) ou (5), (20) ou (21), (22) ou (23),

$$z = x + y\mathrm{i} \qquad \text{par} \qquad \frac{1}{z} = \frac{x - y\mathrm{i}}{r^2},$$

la valeur de r étant

$$r = \sqrt{x^2 + y^2};$$

en d'autres termes, il suffira de substituer, dans les valeurs trouvées de

$$\operatorname{arc} \operatorname{tang} z, \quad \operatorname{arc} \sin z, \quad \operatorname{arc} \cos z,$$

$\frac{x}{r^2}$ à x et $-\frac{y}{r^2}$ à y.

Soit maintenant z' la quantité géométrique conjuguée à z, en sorte que l'on ait

$$z' = x - yi.$$

Pour passer de z à z' et de arc tang z à arc tang z', il suffira de remplacer dans le second membre de la formule (3) ou (5), y par $-y$, ou, ce qui revient au même, i par $-$ i. Donc

$$\text{arc tang}\, z \quad \text{et} \quad \text{arc tang}\, z'$$

seront deux quantités géométriques conjuguées l'une à l'autre. De plus, comme, en vertu de la remarque faite à la page 259, les radicaux

$$\sqrt{1-z^2}, \quad \sqrt{1-z'^2}$$

seront encore deux quantités géométriques conjuguées, on pourra en dire autant, non seulement des rapports

$$\frac{z}{\sqrt{1-z^2}}, \quad \frac{z'}{\sqrt{1-z'^2}},$$

mais aussi des expressions

$$\text{arc tang}\frac{z}{\sqrt{1-z^2}}, \quad \text{arc tang}\frac{z'}{\sqrt{1-z'^2}},$$

ou, ce qui revient au même, des expressions

$$\text{arc sin}\, z, \quad \text{arc sin}\, z',$$

et, par suite, eu égard aux formules (3), (5), (6), (7) du paragraphe I, les quantités géométriques

$$\text{arc cot}\, z', \quad \text{arc cos}\, z', \quad \text{arc séc}\, z', \quad \text{arc cosée}\, z'$$

seront respectivement conjuguées aux quantités géométriques

$$\text{arc cot}\, z, \quad \text{arc cos}\, z, \quad \text{arc séc}\, z, \quad \text{arc cosée}\, z.$$

En terminant ce paragraphe, j'observerai que les formules (20), (22) et (3) coïncident avec les formules (107), (130) et (159) de la onzième leçon de mon *Calcul différentiel* [1], ou plutôt avec celles dans lesquelles elles se transforment quand on remplace le radical $\sqrt{-1}$

(1) *Œuvres de Cauchy*, série II, t. IV, p. 420.

par la lettre i. Seulement, la formule (159) de cette onzième leçon était la formule (3) restreinte au cas où la valeur numérique de y ne surpasse pas l'unité.

IV. — *Sur certaines valeurs singulières des expressions* arc tang z, arc cot z, arc sin z, ...

Le principe auquel il paraît convenable de recourir pour déterminer les valeurs singulières des fonctions se trouve énoncé à la page 45 de mon *Analyse algébrique* [1], dans les termes suivants :

« Lorsque, pour un système de valeurs attribuées aux variables qu'elle renferme, une fonction d'une ou de plusieurs variables n'admet qu'une seule valeur, cette valeur unique se déduit ordinairement de la définition même de la fonction. S'il se présente un cas particulier dans lequel la définition donnée ne puisse plus fournir immédiatement la valeur de la fonction que l'on considère, on cherche la limite ou les limites vers lesquelles cette fonction converge, tandis que les variables s'approchent indéfiniment des valeurs particulières qui leur sont assignées; et, s'il existe une ou plusieurs limites de cette espèce, elles sont regardées comme autant de valeurs de la fonction dans l'hypothèse admise. Nous nommons *valeurs singulières* de la fonction proposée, celles qui se trouvent déterminées, comme on vient de le dire; telles sont, par exemple, celles qu'on obtient, en attribuant aux variables des valeurs infinies, et souvent aussi celles qui correspondent à des solutions de continuité. »

Si, en partant de ce principe, on cherche la valeur singulière du rapport $\frac{a}{x}$ dans le cas où, la constante a étant réelle et distincte de zéro, la variable x supposée réelle s'évanouit, on reconnaîtra, comme je l'ai remarqué à la page 46 de mon *Analyse algébrique*, que cette valeur singulière est double et se réduit à $\pm\infty$. D'ailleurs le principe énoncé peut être appliqué à une fonction quelconque de variables réelles x, y,

---

[1] *Œuvres de Cauchy*, série II, t. III, p. 51.

ou même de la quantité géométrique

$$z = x + yi;$$

par exemple, aux fonctions

$$l(z), \quad \text{arc tang} z, \quad \text{arc cot} z, \quad \text{arc sin} z, \quad \ldots.$$

Si l'on considère, en particulier, la fonction $l(z)$, et si l'on cherche la valeur singulière de cette fonction correspondante à une valeur négative $-r$ de la variable z, le principe énoncé fournira l'équation (16) de la page 250, c'est-à-dire la formule

$$l(-r) = l(r) \pm \pi i,$$

dans laquelle le double signe devra être réduit au signe $+$ ou au signe $-$, suivant que la quantité négative $-r$ sera censée représenter la limite vers laquelle convergera, pour des valeurs infiniment petites du nombre ε, l'un ou l'autre des deux binomes

$$-r + \varepsilon i, \quad -r - \varepsilon i.$$

Considérons maintenant la fonction arc tang z. Lorsqu'on y posera

$$(1) \qquad z = x + yi,$$

x, y étant réels, on pourra déduire généralement sa valeur de l'équation (3) du précédent paragraphe, c'est-à-dire de la formule

$$(2) \quad \text{arc tang} z = \frac{1}{2} \frac{x}{\sqrt{x^2}} \left[\text{arc cos} \frac{1+y}{\sqrt{x^2 + (1+y)^2}} + \text{arc cos} \frac{1-y}{\sqrt{x^2 + (1-y)^2}} \right] + \frac{i}{2} \frac{l[x^2 + (1+y)^2] - l[x^2 + (1-y)^2]}{2},$$

en vertu de laquelle la valeur cherchée sera ordinairement unique et finie. Toutefois, cette valeur pourra ou devenir infinie, ou se présenter sous une forme indéterminée, non seulement pour des valeurs infinies de x ou y, mais encore pour des valeurs finies de ces deux variables, savoir, lorsque, x étant nul, le premier au moins des trois rapports

$$\frac{x}{\sqrt{x^2}}, \quad \frac{1+y}{\sqrt{x^2 + (1+y)^2}}, \quad \frac{1-y}{\sqrt{x^2 + (1-y)^2}}$$

se présentera sous la forme $\frac{0}{0}$. Dans cette dernière hypothèse, où l'on aura simplement

$$z = yi,$$

la formule (2) ne cessera pas de fournir pour arc tang$z$ une valeur unique et finie, si la valeur numérique de y est inférieure à l'unité, attendu qu'alors les deux arcs compris dans la formule s'évanouiront, ce qui réduira la valeur cherchée à

$$\frac{i}{2}\,l\,\frac{1+y}{1-y}.$$

Mais, si l'on a simultanément

$$x = 0, \qquad y^2 > 1,$$

alors, l'un des rapports

$$\frac{1+y}{\sqrt{x^2+(1+y)^2}}, \qquad \frac{1-y}{\sqrt{x^2+(1-y)^2}}$$

étant réduit à l'unité, l'autre à -1, les arcs dont ces rapports sont les cosinus se réduiront, l'un à 0, l'autre à π; et, comme, pour des valeurs infiniment petites de x, le rapport

$$\frac{x}{\sqrt{x^2}}$$

convergera vers la limite 1 ou -1, suivant que ces valeurs seront positives ou négatives, on tirera de la formule (2)

$$\operatorname{arc\,tang}(yi) = \pm\frac{\pi}{2} + \frac{i}{4}\,l\left(\frac{y+1}{y-1}\right)^2,$$

ou, ce qui revient au même,

$$(3) \qquad \operatorname{arc\,tang}(yi) = \pm\frac{\pi}{2} + \frac{i}{2}\,l\,\frac{y+1}{y-1},$$

le double signe $\pm$ devant être réduit au signe $+$ ou au signe $-$, suivant que la quantité géométrique yi sera considérée comme la limite vers laquelle convergera, pour des valeurs infiniment petites du nombre ε, l'un ou l'autre des deux binomes

$$\varepsilon + yi, \quad -\varepsilon + yi.$$

Enfin, si l'on avait, simultanément,

$$x = 0, \qquad y^2 = 1,$$

et, par suite,

$$y = \pm 1:$$

alors, des deux rapports

$$\frac{1+y}{\sqrt{x^2+(1+y)^2}}, \qquad \frac{1-y}{\sqrt{x^2+(1-y)^2}}$$

l'un se réduirait à l'unité, tandis que l'autre se présenterait sous la forme indéterminée

$$\frac{0}{0}.$$

D'ailleurs, ces mêmes rapports étant respectivement égaux aux deux produits

$$\frac{1+y}{\sqrt{(1+y)^2}}\,\frac{1}{\sqrt{1+\left(\frac{x}{1+y}\right)^2}}, \qquad \frac{1-y}{\sqrt{(1-y)^2}}\,\frac{1}{\sqrt{1+\left(\frac{x}{1-y}\right)^2}},$$

celui qui se présenterait sous la forme $\frac{0}{0}$ pourrait être censé avoir pour valeur l'une quelconque des quantités algébriques comprises entre les limites -1, $+1$, cette valeur dépendant des signes attribués aux quantités infiniment petites

$$x, \quad 1 \pm y,$$

et de la limite vers laquelle convergerait le rapport de ces quantités, tandis que x convergerait vers la limite 0, et y vers la limite -1 ou $+1$. Cela posé, en désignant par

$$M(-1, 1)$$

l'une quelconque des quantités algébriques comprises entre les limites -1, $+1$, et en supposant $y = 1$ ou $y = -1$, on devra remplacer la formule (3) par l'une des formules

$$\text{arc tang}\,i = \frac{\pi}{2} M(-1, 1) + \infty . i, \tag{4}$$

$$\text{arc tang}(-i) = \frac{\pi}{2} M(-1, 1) - \infty . i. \tag{5}$$

Il est bon d'observer que, si, en supposant x nul, on attribue à y une valeur infinie positive ou négative, on tirera de la formule (3)

$$\text{arc tang} z = \pm \frac{\pi}{2}, \tag{6}$$

la valeur de z étant $z = \pm \infty . i$. Ajoutons que, si, en supposant la valeur de x distincte de zéro, on attribue à chacune des variables x, y ou à une seule d'entre elles, une valeur infinie positive ou négative, on tirera de la formule (2) : 1° si $x > 0$,

$$\text{arc tang} z = \frac{\pi}{2}; \tag{7}$$

2° si $x < 0$,

$$\text{arc tang} z = -\frac{\pi}{2}. \tag{8}$$

Les valeurs singulières que nous avons obtenues pour la fonction arc tang$z$, et les valeurs correspondantes de la variable z, pourraient encore se déduire avec la plus grande facilité, non seulement de l'équation (5) du paragraphe III, mais aussi de l'équation (2) du paragraphe I, c'est-à-dire de la formule

$$\text{arc tang} z = \frac{l(1 + zi) - l(1 - zi)}{2i}. \tag{9}$$

Veut-on trouver, par exemple, les valeurs finies de z, pour lesquelles la fonction arc tang$z$, sans devenir infinie, cesse d'être complètement déterminée. Ces valeurs ne pourront être que l'une de celles qui réduisent à une quantité négative l'un des binomes

$$1 + zi, \quad 1 - zi$$

placés sous le signe l, dans le second membre de la formule (2). Or cette dernière condition ne pourra être évidemment remplie que dans le cas où le produit zi sera réduit à une quantité algébrique supérieure, abstraction faite du signe, à l'unité, c'est-à-dire dans le cas où l'on aura

$$z = yi,$$

et, de plus,

$$y^2 > 1.$$

D'ailleurs, en adoptant la valeur précédente de z, on déduit immédiatement l'équation (3) de l'équation (9) jointe à la formule

$$\mathrm{l}(-r) = \mathrm{l}(r) \pm \pi i.$$

Les valeurs singulières de la fonction arc tang z étant connues, on déduira aisément de la formule

$$\operatorname{arc\,cot} z = \operatorname{arc\,tang} \frac{1}{z}$$

les valeurs singulières de la fonction arc cot z. Parmi ces dernières, on devra remarquer celle qui répond à une valeur singulière du rapport $\frac{1}{z}$, par conséquent, à une valeur nulle de z, et qui est donnée par la formule

$$\operatorname{arc\,cot} z = \pm \frac{\pi}{2},$$

le double signe $\pm$ devant être réduit au signe $+$, si la valeur zéro de z est considérée comme une quantité géométrique dont la partie algébrique serait positive, et au signe $-$, dans le cas contraire.

Cherchons maintenant les valeurs singulières de la fonction arc sin z. On les déduira sans peine de l'équation (20) du précédent paragraphe, c'est-à-dire de la formule

$$\operatorname{arc\,sin} z = \operatorname{arc\,sin} \frac{x}{u} + i\,\mathrm{l}(u+v), \tag{10}$$

dans laquelle on a

$$u = \left[\frac{x^2+y^2+1}{2} + \sqrt{\left(\frac{x^2+y^2-1}{2}\right)^2 + y^2} \right]^{\frac{1}{2}}, \tag{11}$$

$$v = \frac{y}{\sqrt{y^2}} \left[\frac{x^2+y^2-1}{2} + \sqrt{\left(\frac{x^2+y^2-1}{2}\right)^2 + y^2} \right]^{\frac{1}{2}}. \tag{12}$$

En effet, il suit de la formule (10), jointe aux équations (11), (12), que, pour des valeurs finies des variables x, y, la fonction arc sin z acquerra généralement une valeur unique et finie, à moins que l'on n'ait

$$y = 0.$$

Ajoutons que, dans ce cas-là même, la valeur de arc sin z ne cessera pas d'être unique, et se réduira simplement à arc sin x, si l'on a simultanément

$$y = 0, \qquad x^2 < 1.$$

Mais si l'on a, simultanément,

$$y = 0, \qquad x^2 > 1,$$

les formules (11), (12) donneront

$$u = \sqrt{x^2}, \qquad v = \pm\sqrt{x^2 - 1},$$

et, par suite, l'équation (10) donnera

$$\text{(13)} \qquad \arcsin x = \arcsin \frac{x}{\sqrt{x^2}} + i\,l\left(x^2 \pm \sqrt{x^2 + 1}\right),$$

le double signe $\pm$ devant être réduit au signe $+$ ou au signe $-$, suivant que la valeur x de la variable z sera considérée comme la limite vers laquelle converge, pour des valeurs infiniment petites du nombre ε, le premier ou le second des deux binomes

$$x + \varepsilon i, \quad x - \varepsilon i.$$

On peut observer qu'en vertu de la formule identique

$$\left(\sqrt{x^2} + \sqrt{x^2 - 1}\right)\left(\sqrt{x^2} - \sqrt{x^2 - 1}\right) = 1,$$

on aura

$$l\left(\sqrt{x^2} + \sqrt{x^2 - 1}\right) + l\left(\sqrt{x^2} - \sqrt{x^2 - 1}\right) = 0,$$

ou, ce qui revient au même,

$$l\left(\sqrt{x^2} - \sqrt{x^2 - 1}\right) = -\,l\left(\sqrt{x^2} + \sqrt{x^2 - 1}\right),$$

et qu'en conséquence la formule (13) peut s'écrire comme il suit :

$$\text{(14)} \qquad \arcsin x = \arcsin + \frac{x}{\sqrt{x^2}} \pm i\,l\left(\sqrt{x^2} + \sqrt{x^2 - 1}\right).$$

J'avais déjà remarqué, dans la onzième leçon de mon *Calcul diffé-*

rentiel [p. 126 ([1])], qu'en supposant

$$x^2 > 1, \qquad y = 0,$$

on réduit, dans la valeur de

$$\operatorname{arc\,sin}(x + y\sqrt{-1}),$$

la partie réelle à

$$\operatorname{arc\,sin}\frac{x}{\sqrt{x^2}},$$

et le coefficient de $\sqrt{-1}$ à la quantité

$$\pm\,\mathrm{l}\left[\sqrt{x^2} + \sqrt{x^2 - 1}\right],$$

qui, à cause du double signe, cesse d'être complètement déterminée. Cette circonstance m'avait alors engagé à *m'abstenir d'employer la notation* arc sin x, dans le cas où, x étant réel, on a $x^2 > 1$. M. Björling a eu raison de croire qu'il ne fallait pas se laisser arrêter par cette considération. En adoptant, sur ce point, l'opinion qu'il a émise, et qui d'ailleurs est conforme au principe rappelé en tête de ce paragraphe, on obtient immédiatement une équation qui se réduit à la formule (14), quand on y pose $\sqrt{-1} = \mathrm{i}$.

Si, en supposant $y = 0$, on attribuait à x une valeur infinie, on tirerait de la formule (14), pour $x = \infty$,

$$\operatorname{arc\,sin}(\infty) = \frac{\pi}{2} \pm \mathrm{i}\,\mathrm{l}(\infty), \tag{15}$$

et pour $x = -\infty$,

$$\operatorname{arc\,sin}(-\infty) = -\frac{\pi}{2} \pm \mathrm{i}\,\mathrm{l}(\infty). \tag{16}$$

Enfin, si, en supposant y distinct de zéro, on attribuait à chacune des variables x, y ou à une seule d'entre elles, une valeur infinie positive ou négative, alors dans la formule (10) on aurait encore $\mathrm{l}(u + v) = \pm\,\mathrm{l}(\infty)$; mais le rapport $\frac{v}{u}$ conserverait une valeur finie

([1]) *Œuvres de Cauchy*, série II, t. IV, p. 420.

qui coïnciderait avec celle du rapport

$$\frac{x}{\sqrt{x^2+y^2}} = \frac{x}{\sqrt{x^2}}\left[1+\left(\frac{y}{x}\right)^2\right]^{\frac{1}{2}} = \pm\left[1+\left(\frac{y}{x}\right)^2\right]^{\frac{1}{2}},$$

et dépendrait, en conséquence, du rapport $\frac{y}{x}$, son signe étant le même que le signe de x.

Les valeurs singulières de la fonction arc $\sin z$ étant connues, on obtiendra celles de la fonction arc $\cos z$ à l'aide de la formule

$$\text{arc}\cos z = \frac{\pi}{2} - \text{arc}\sin z,$$

puis, celles de arc séc z et arc coséc z à l'aide des formules

$$\text{arc séc}\, z = \text{arc}\cos\frac{1}{z}, \qquad \text{arc coséc}\, z = \text{arc}\sin\frac{1}{z}.$$

MÉMOIRE

SUR LES DIVERS ARCS

QUI ONT POUR SINUS OU COSINUS, POUR TANGENTE OU COTANGENTE, POUR SÉCANTE OU COSÉCANTE UNE QUANTITÉ GÉOMÉTRIQUE DONNÉE

Soit z une quantité géométrique liée aux quantités algébriques x, y par la formule

$$z = x + yi.$$

D'après ce qui a été dit dans l'article précédent, à une valeur donnée de z correspondra généralement une valeur unique et finie Z de l'une quelconque des fonctions de z représentées par les notations

$$\operatorname{arc}\sin z, \quad \operatorname{arc}\cos z, \quad \operatorname{arc}\operatorname{tang} z, \quad \operatorname{arc}\cot z, \quad \operatorname{arc}\operatorname{séc} z, \quad \operatorname{arc}\operatorname{coséc} z;$$

et, de plus, ces fonctions pourront être considérées comme inverses de celles que représentent les notations

$$\sin z, \quad \cos z, \quad \operatorname{tang} z, \quad \cot z, \quad \operatorname{séc} z, \quad \operatorname{coséc} z,$$

en sorte que la valeur trouvée Z exprimera une racine de l'une des équations

$$\sin Z = z, \quad \cos Z = z, \quad \operatorname{tang} Z = z, \quad \cot Z = z, \quad \operatorname{séc} Z = z, \quad \operatorname{coséc} Z = z.$$

Mais, évidemment, chacune de ces dernières équations admettra, outre la racine Z, une infinité d'autres racines parmi lesquelles on devra ranger les divers termes de la progression arithmétique

$$\ldots, \quad Z - 4\pi, \quad Z - 2\pi, \quad Z, \quad Z + 2\pi, \quad Z + 4\pi, \quad \ldots,$$

indéfiniment prolongée dans les deux sens. Nous nous proposons ici de rechercher toutes les racines de chacune des équations dont il s'agit. En d'autres termes, nous nous proposons de trouver tous les arcs qui ont pour sinus ou cosinus, pour tangente ou cotangente, pour sécante ou cosécante une valeur donnée de z. On y parvient sans peine en commençant, ainsi qu'on va le faire, par la recherche des arcs dont le sinus s'évanouit.

I. — *Sur les diverses racines des équations* $\sin\zeta = 0$, $\cos\zeta = 0$.

En désignant par la lettre π le rapport de la circonférence au diamètre, et par la lettre k une quantité entière, positive, nulle ou négative, on a généralement

$$\sin k\pi = 0;$$

par conséquent l'équation

$$\sin\zeta = 0 \tag{1}$$

a pour racine l'une quelconque des valeurs de ζ, comprises dans la formule

$$\zeta = k\pi, \tag{2}$$

c'est-à-dire l'un quelconque des divers termes de la progression géométrique

$$\ldots, \quad -3\pi, \quad -2\pi, \quad -\pi, \quad 0, \quad \pi, \quad 2\pi, \quad 3\pi, \quad \ldots,$$

indéfiniment prolongée dans les deux sens. J'ajoute que ces divers termes sont les seules valeurs algébriques ou même géométriques de ζ, qui soient propres à vérifier l'équation (1). Effectivement, comme on a

$$\sin\zeta = \frac{e^{\zeta i} - e^{-\zeta i}}{2i},$$

l'équation (1) donnera

$$e^{\zeta i} = e^{-\zeta i},$$

ou, ce qui revient au même,

$$e^{2\zeta i} = 1.$$

Donc, en vertu de l'équation (1), le produit $2\zeta i$ devra se réduire à l'un quelconque des logarithmes népériens de l'unité. Mais on a vu (p. 285) que les divers logarithmes népériens de l'unité se réduisent aux diverses valeurs du produit

$$2k\pi i,$$

k étant une quantité entière. Donc l'équation (1) donnera

$$2\zeta i = 2k\pi i,$$

k étant une quantité entière; et, par suite,

$$\zeta = k\pi.$$

Si à l'équation (1) on substituait la suivante,

$$\cos\zeta = 0, \tag{3}$$

il suffirait, pour résoudre cette dernière, d'observer que l'on a généralement

$$\cos\zeta = \sin\left(\frac{\pi}{2} - \zeta\right) = -\sin\left(\zeta - \frac{\pi}{2}\right).$$

En conséquence, les diverses valeurs de ζ, propres à vérifier l'équation (1), seront encore celles qui vérifieront la formule

$$\sin\left(\zeta - \frac{\pi}{2}\right) = 0. \tag{4}$$

Or ces diverses valeurs de ζ seront données par la formule

$$\zeta - \frac{\pi}{2} = k\pi,$$

de laquelle on tire

$$\zeta = k\pi + \frac{\pi}{2}, \tag{5}$$

k étant une quantité entière quelconque.

II. — *Sur les diverses racines des équations* $\sin\mathfrak{z} = z$, $\cos\mathfrak{z} = z$.

Supposons maintenant que, z étant une quantité géométrique quelconque, l'on demande les diverses racines de l'équation

$$\sin\mathfrak{z} = z. \tag{1}$$

L'une de ces racines sera précisément la fonction Z de z représentée par arc sin z, de sorte qu'en posant

$$Z = \arcsin z,$$

on aura

$$\sin Z = z.$$

Donc l'équation (1) pourra être présentée sous la forme

$$\sin \mathfrak{z} = \sin Z,$$

ou, ce qui revient au même, sous la forme

$$\sin \mathfrak{z} - \sin Z = 0.$$

D'ailleurs, en vertu de la seconde des formules (44) de la page 322, on aura

$$\sin \mathfrak{z} - \sin Z = 2 \sin \frac{\mathfrak{z} - Z}{2} \cos \frac{\mathfrak{z} + Z}{2}.$$

Donc l'équation (1) donnera

$$\sin \frac{\mathfrak{z} - Z}{2} \cos \frac{\mathfrak{z} + Z}{2} = 0,$$

et, pour la vérifier, il faudra supposer ou

$$\sin \frac{\mathfrak{z} - Z}{2} = 0 \tag{2}$$

ou

$$\cos \frac{\mathfrak{z} + Z}{2} = 0. \tag{3}$$

Mais, en vertu des principes établis dans le paragraphe I, les diverses valeurs de $\mathfrak{z}$, propres à vérifier les équations (2) et (3), seront données par les deux formules

$$\frac{\mathfrak{z} - Z}{2} = k\pi, \qquad \frac{\mathfrak{z} + Z}{2} = k\pi + \frac{\pi}{2},$$

ou, ce qui revient au même, par les deux formules

$$\mathfrak{z} = Z + 2k\pi, \tag{4}$$

$$\mathfrak{z} = (2k + 1)\pi - Z. \tag{5}$$

k étant une quantité entière quelconque. Donc les diverses racines de l'équation (1) seront précisément les valeurs de $\mathfrak{z}$ fournies par les équations (4) et (5), que l'on peut encore écrire comme il suit :

$$\mathfrak{z} = 2k\pi + \text{arc sin } z, \tag{6}$$
$$\mathfrak{z} = (2k\pi + 1)\pi - \text{arc sin } z. \tag{7}$$

En raisonnant de la même manière, et en ayant égard à la seconde des formules (43) de la page 322, on reconnaîtra que l'équation

$$\cos \mathfrak{z} = z \tag{8}$$

a pour racine, non seulement la quantité géométrique Z, déterminée par la formule

$$Z = \text{arc cos } z,$$

mais encore les diverses valeurs de $\mathfrak{z}$, propres à vérifier les deux équations

$$\sin \frac{\mathfrak{z} - Z}{2} = 0, \tag{9}$$
$$\sin \frac{\mathfrak{z} + Z}{2} = 0, \tag{10}$$

c'est-à-dire les diverses valeurs de $\mathfrak{z}$ comprises dans les deux formules

$$\mathfrak{z} = 2k\pi + Z, \tag{11}$$
$$\mathfrak{z} = 2k\pi - Z, \tag{12}$$

ou, ce qui revient au même, dans les deux formules

$$\mathfrak{z} = 2k\pi + \text{arc cos } z, \tag{13}$$
$$\mathfrak{z} = 2k\pi - \text{arc cos } z, \tag{14}$$

k étant une quantité entière quelconque. On arriverait aussi à la même conclusion en observant que pour résoudre l'équation (8) il suffit de résoudre l'équation (1), après y avoir écrit $\frac{\pi}{2} - \mathfrak{z}$ à la place de la lettre $\mathfrak{z}$.

III. — *Sur les diverses racines des équations* $\operatorname{tang}\zeta = z$, $\cot\zeta = z$.

Supposons maintenant que, z étant une quantité géométrique quelconque, l'on demande les diverses racines de l'équation

$$\operatorname{tang}\zeta = z. \tag{1}$$

L'une de ces racines sera précisément la fonction Z de z représentée par arc tang z, de sorte qu'en posant

$$Z = \operatorname{arc\,tang} z,$$

on aura

$$\operatorname{tang} Z = z.$$

Donc l'équation (1) pourra être présentée sous la forme

$$\operatorname{tang}\zeta = \operatorname{tang} Z,$$

ou, ce qui revient au même, sous la forme,

$$\operatorname{tang}\zeta - \operatorname{tang} Z = 0.$$

Mais on aura d'ailleurs

$$\operatorname{tang}\zeta - \operatorname{tang} Z = \frac{\sin\zeta}{\cos\zeta} - \frac{\sin Z}{\cos Z} = \frac{\sin(\zeta - Z)}{\cos\zeta\cos Z},$$

par conséquent

$$\operatorname{tang}\zeta - \operatorname{tang} Z = \sin(\zeta - Z)\operatorname{séc}\zeta\operatorname{séc} Z.$$

Donc l'équation (1) donnera

$$\sin(\zeta - Z)\operatorname{séc}\zeta\operatorname{séc} Z = 0,$$

et, pour la vérifier, il faudra supposer ou

$$\sin(\zeta - Z) = 0 \tag{2}$$

ou

$$\operatorname{séc}\zeta\operatorname{séc} Z = 0. \tag{3}$$

Mais, en vertu des principes établis dans le paragraphe I, les diverses valeurs de ζ, propres à vérifier l'équation (2), seront données par la formule

$$\mathfrak{z} - Z = k\pi,$$

ou, ce qui revient au même, par la formule

$$\mathfrak{z} = Z + k\pi,$$

que l'on pourra encore écrire comme il suit,

$$(4) \qquad \mathfrak{z} = \operatorname{arc\,tang} z + k\pi,$$

k étant une quantité entière quelconque.

Quant à l'équation (3), elle ne pourra se vérifier que si l'on a

$$(5) \qquad \text{séc}\, Z = 0$$

ou

$$(6) \qquad \text{séc}\, \mathfrak{z} = 0.$$

Mais, d'autre part, en vertu de la formule (10) de l'avant-dernier article, on aura

$$\text{séc}^2 Z = 1 + \text{tang}^2 Z = 1 + z^2$$

et

$$\text{séc}^2 \mathfrak{z} = 1 + \text{tang}^2 \mathfrak{z} = 1 + z^2.$$

Donc l'équation (5) ou (6) ne pourra se vérifier que dans le cas où l'on aura

$$1 + z^2 = 0,$$

ou, ce qui revient au même,

$$z^2 = -1,$$

et, par suite,

$$(7) \qquad z = \pm \mathrm{i}.$$

D'ailleurs, dans ce dernier cas, l'équation (1), réduite à la forme

$$\text{tang}\, \mathfrak{z} = \pm \mathrm{i},$$

donnera

$$\text{tang}^2 \mathfrak{z} = -1,$$

ou, ce qui revient au même,

$$\text{séc}^2 \mathfrak{z} = 0;$$

elle entraînera donc la formule (6), que l'on pourra écrire comme il suit :

$$(8) \qquad \cos \mathfrak{z} = \frac{1}{0}.$$

Il y a plus : comme on a

$$\cos \mathfrak{z} = \frac{e^{\mathfrak{z}i} + e^{-\mathfrak{z}i}}{2},$$

l'équation (8) donnera

$$(9) \qquad \frac{e^{\mathfrak{z}i} + e^{-\mathfrak{z}i}}{2} = \frac{1}{0};$$

et, comme à une valeur finie de l'exposant $\mathfrak{z}i$ correspond toujours une valeur finie de chacune des exponentielles

$$e^{\mathfrak{z}i}, \quad e^{-\mathfrak{z}i},$$

il est clair qu'on ne pourra satisfaire à la formule (9) en attribuant à la quantité géométrique $\mathfrak{z}$ une valeur finie. Donc, dans le cas dont il s'agit, les diverses racines de l'équation (1) deviendront infinies, y compris celle que nous avons désignée par arc tang z. Cette conclusion s'accorde avec les résultats obtenus dans le dernier paragraphe de l'article précédent. On doit même remarquer que, dans le cas où l'on a $z = \pm i$, la valeur de arc tang z, devenue tout à la fois indéfinie et indéterminée, est une valeur singulière, déterminée par la formule (4) ou (5) de la page 332.

En définitive, si on laisse de côté le cas où l'on a $z = \pm i$, et où les diverses racines de l'équation (1) deviennent infinies, les valeurs de ces diverses racines seront toutes fournies par l'équation (4).

Si l'équation (1) était remplacée par la suivante,

$$(10) \qquad \cot \mathfrak{z} = z,$$

on pourrait présenter cette dernière sous la forme

$$(11) \qquad \tang \mathfrak{z} = \frac{1}{z};$$

et, de ce qui vient d'être dit, l'on conclurait immédiatement que les diverses racines de l'équation (11) sont, en général, les diverses valeurs de $\mathfrak{z}$ données par la formule

$$\mathfrak{z} = \operatorname{arc\,tang} \frac{1}{z} + k\pi,$$

ou, ce qui revient au même, par la formule

$$\mathfrak{z} = \operatorname{arc\,cot} z + k\pi. \tag{12}$$

Toutefois, cette formule cesse d'être applicable dans le cas où l'on a $z = \pm i$, et où les diverses racines de l'équation (11) deviennent infinies.

IV. — *Sur les diverses racines des équations* $\operatorname{séc}\mathfrak{z} = z$, $\operatorname{coséc}\mathfrak{z} = z$.

Après avoir obtenu, par la méthode exposée dans le paragraphe II, les diverses racines des équations

$$\sin\mathfrak{z} = z, \qquad \cos\mathfrak{z} = z,$$

on obtiendra sans peine les diverses racines des équations

$$\operatorname{coséc}\mathfrak{z} = z, \tag{1}$$

$$\operatorname{séc}\mathfrak{z} = z, \tag{2}$$

en présentant ces dernières équations sous les formes

$$\sin\mathfrak{z} = \frac{1}{z}, \qquad \cos\mathfrak{z} = \frac{1}{z}.$$

On reconnaîtra ainsi que les diverses racines de l'équation (1) sont données par les deux formules

$$\mathfrak{z} = 2k\pi + \operatorname{arc\,coséc} z, \tag{3}$$

$$\mathfrak{z} = (2k+1)\pi - \operatorname{arc\,coséc} z, \tag{4}$$

et les diverses racines de l'équation (2) par les deux formules

$$\mathfrak{z} = 2k\pi + \operatorname{arc\,séc} z, \tag{5}$$

$$\mathfrak{z} = 2k\pi - \operatorname{arc\,séc} z. \tag{6}$$

V. — *Résumé.*

Soit $\mathfrak{z}$ une quantité géométrique propre à vérifier, comme racine, l'une des équations

$$\sin\mathfrak{z} = z, \quad \cos\mathfrak{z} = z, \quad \tang\mathfrak{z} = z, \quad \cot\mathfrak{z} = z, \quad \text{séc}\,\mathfrak{z} = z, \quad \text{coséc}\,\mathfrak{z} = z,$$

et nommons Z celle des valeurs de $\mathfrak{z}$ qui se trouve représentée par l'une des notations

$$\arc\sin z, \quad \arc\cos z, \quad \arc\tang z, \quad \arc\cot z, \quad \arc\text{séc}\, z, \quad \arc\text{coséc}\, z.$$

Les diverses valeurs de $\mathfrak{z}$, ou, en d'autres termes, les diverses racines de l'équation proposée, seront en nombre infini et de deux espèces. Les unes seront toujours données par la formule

$$(1) \qquad \mathfrak{z} = 2k\pi + Z,$$

k désignant une quantité entière, positive, nulle ou négative : et, pour déduire de celles-ci les autres racines, il suffira généralement de remplacer, dans le second membre de la formule (1), la quantité Z par la quantité $-Z$, s'il s'agit de résoudre l'une des équations

$$(2) \qquad \cos\mathfrak{z} = z, \quad \text{coséc}\,\mathfrak{z} = z;$$

par la quantité $\pi - Z$, s'il s'agit de résoudre l'une des équations

$$(3) \qquad \sin\mathfrak{z} = z, \quad \text{coséc}\,\mathfrak{z} = z;$$

enfin, par la quantité $\pi + Z$, s'il s'agit de vérifier l'une des équations

$$(4) \qquad \tang\mathfrak{z} = z, \quad \cot\mathfrak{z} = z.$$

Cela posé, les racines cherchées, ou, en d'autres termes, les diverses valeurs de $\mathfrak{z}$ seront fournies, dans le premier cas, par la formule

$$(5) \qquad \mathfrak{z} = 2k\pi + Z,$$

dans le second cas, par la formule

$$(6) \qquad \mathfrak{z} = \left(2k + \frac{1}{2}\right)\pi \pm \left(\frac{\pi}{2} - Z\right),$$

et, dans le troisième cas, par la formule

$$(7) \qquad \mathfrak{Z} = k\pi + Z,$$

la quantité k étant ici substituée à l'une des équations entières $2k$, $2k+1$. Ajoutons que, dans le cas particulier où l'on a $z = \pm i$, les diverses racines deviennent infinies, ce qui rend illusoire la formule (7).

MÉMOIRE

SUR LES

FONCTIONS DES QUANTITÉS GÉOMÉTRIQUES

Lorsqu'en adoptant les principes établis dans les articles précédents, on substitue aux *expressions imaginaires* les *quantités géométriques*, les *variables imaginaires* ne sont autre chose que des *quantités géométriques variables*. Reste à savoir comment doivent être définies les *fonctions* de variables imaginaires. Cette dernière question a souvent embarrassé les géomètres; mais toute difficulté disparaît, lorsqu'en se laissant guider par l'analogie, on étend aux fonctions de quantités géométriques les définitions généralement adoptées pour les fonctions de quantités algébriques. On arrive ainsi à des conclusions singulières au premier abord, et néanmoins très légitimes, que j'indiquerai en peu de mots.

Deux variables réelles, ou, en d'autres termes, deux quantités algébriques variables sont dites *fonctions* l'une de l'autre, quand elles varient simultanément, de telle sorte que la valeur de l'une détermine la valeur de l'autre. Si les deux variables sont censées représenter les abscisses de deux points assujettis à se mouvoir sur une même droite, la position de l'un de ces points déterminera la position de l'autre, et réciproquement.

Soit, maintenant, z une quantité géométrique qui représente l'*affixe* d'un point A assujetti à se mouvoir dans un certain plan (p. 245). Nommons r le *module*, et p l'*argument* de la quantité géométrique z, c'est-à-dire le rayon vecteur mené, dans le plan dont il s'agit, d'une origine fixe O au point mobile A, et l'angle polaire formé par ce rayon vecteur avec un axe polaire OX. Soient, enfin, x, y les coordonnées rectangulaires du point A, mesurées à partir de l'origine O sur l'axe polaire OX, et sur un axe perpendiculaire OY. Non seulement on aura

$$x = r\cos p, \qquad y = r\sin p$$

et

$$z = r_p; \tag{1}$$

mais, de plus, en posant

$$i = 1_{\frac{\pi}{2}},$$

on trouvera (p. 216)

$$z = x + yi. \tag{2}$$

Pareillement, si l'on nomme

Z l'affixe d'un point mobile B;

R, P le module et l'argument de Z, ou, ce qui revient au même, les coordonnées polaires du point B;

X, Y les coordonnées rectangulaires du même point, on aura non seulement

$$Z = R_P, \tag{3}$$

mais encore

$$Z = X + Yi. \tag{4}$$

Cela posé, si, comme on doit naturellement le faire, on étend aux fonctions de quantités géométriques variables les définitions généralement adoptées pour les fonctions de quantités algébriques, Z devra être censé *fonction* de z, lorsque la valeur de z déterminera la valeur de Z. Or, il suffira pour cela que X et Y soient des fonctions déterminées de x et y. Alors aussi la position du point mobile A déterminera toujours la position du point mobile B.

Les propriétés que possède une fonction peuvent être de deux espèces différentes. En effet, ces propriétés peuvent subsister pour des valeurs quelconques de la variable dont cette fonction dépend. Mais il peut arriver aussi que certaines propriétés subsistent seulement pour certaines valeurs de la variable, par exemple s'il s'agit d'une variable réelle x, pour les valeurs de x comprises entre deux limites données a, b, et, s'il s'agit d'une variable imaginaire z, pour toutes les valeurs de z propres à représenter les affixes de points renfermés dans une certaine aire plane S que limite un certain contour.

Les propriétés des fonctions étant généralement exprimées par des équations ou par des formules, il suit de ce qu'on vient de dire que certaines équations ou formules subsistent seulement entre certaines limites. Cette conclusion s'accorde avec une remarque sur laquelle j'ai insisté dans mon *Analyse algébrique* (Introduction, iij), savoir, *que la plupart des formules algébriques subsistent uniquement sous certaines conditions et pour certaines valeurs des quantités qu'elles renferment.* Ainsi, par exemple, $z = r_p$ étant une quantité géométrique variable, ou, en d'autres termes, une variable imaginaire, l'équation

$$\frac{1}{1-z} = 1 + z + z^2 + \ldots \tag{5}$$

ne sera généralement vraie que pour un module r de z inférieur à l'unité, c'est-à-dire pour des valeurs de z propres à représenter les affixes de points situés à l'intérieur du cercle qui a l'origine pour centre et l'unité pour rayon. Si l'on supposait précisément $r = 1$, la série

$$1, \quad z, \quad z^2, \quad \ldots,$$

dont la somme constitue le second membre de la formule (5), serait divergente, à moins toutefois que l'on n'eût $z = -1$. D'ailleurs, dans ce dernier cas, les deux membres de la formule (5) devront être évidemment remplacés par les limites vers lesquelles ils convergent, tandis que z s'approche indéfiniment de l'unité, et il est clair que ces limites se réduiront pour le premier membre à l'infini positif ou négatif, ou même imaginaire, et pour le second membre à l'infini positif seulement.

Dans ce qui précède, nous nous sommes borné à considérer des fonctions d'une seule variable. Mais il est évident qu'une fonction peut dépendre de plusieurs variables, chacune de ces variables étant, ou une quantité algébrique, ou une quantité géométrique. Ajoutons qu'une telle fonction peut offrir des propriétés qui subsistent, ou pour toutes les valeurs, ou seulement pour certaines valeurs des diverses variables qu'elle renferme.

Observons encore qu'une fonction d'une ou de plusieurs variables peut être ou explicite ou implicite.

Lorsque des fonctions d'une ou de plusieurs variables se trouvent immédiatement exprimées au moyen de ces variables, elles sont nommées *fonctions explicites*. Mais lorsqu'on donne seulement les relations entre les fonctions et les variables, c'est-à-dire les équations auxquelles ces quantités doivent satisfaire, tant que ces équations ne sont pas résolues, les fonctions, n'étant pas immédiatement exprimées au moyen des variables, sont appelées *fonctions implicites*. Pour les rendre explicites, il suffit de résoudre, lorsque cela se peut, les équations qui les déterminent.

Souvent le résultat d'une opération effectuée sur une quantité peut avoir plusieurs valeurs différentes les unes des autres. Lorsqu'on veut désigner indistinctement une quelconque de ces valeurs, on peut, comme nous l'avons fait dans l'*Analyse algébrique*, recourir à des notations dans lesquelles la quantité soit entourée de doubles traits, ou de doubles parenthèses, en réservant la notation usuelle pour la valeur la plus simple, ou pour celle qui paraît mériter davantage d'être remarquée. Ces conventions étant admises, une fonction explicite, représentée par l'une des notations usuelles, offrira généralement, pour chaque valeur de la variable dont elle dépend, une valeur unique qui pourra toutefois devenir multiple dans certains cas particuliers. Ainsi, par exemple, chacune des fonctions

$$1+z+z^2,\quad (1+z)^2,\quad e^z,\quad \sin z,\quad \cos z,\quad \ldots$$

offrira généralement, pour chaque valeur de la variable z, une valeur unique et finie; et l'on pourra encore en dire autant des fonctions

$$\frac{1}{z}, \quad l(z), \quad \text{arc tang}\, z, \quad \text{arc cot}\, z, \quad \text{arc sin}\, z, \quad \ldots.$$

Toutefois, ces dernières fonctions offriront, pour certaines valeurs particulières de z, des valeurs multiples. Telle sera la valeur infinie de $\frac{1}{z}$, positive, ou négative, ou même imaginaire, correspondante à une valeur nulle de z. Telle sera encore la valeur *singulière* de arc cot z, correspondante à $z = 0$, et donnée par la formule

$$\text{arc cot}\, z = \pm \frac{\pi}{2},$$

dans laquelle le double signe doit être réduit au signe $+$ ou au signe $-$, suivant que la partie algébrique de la variable imaginaire z passe par des valeurs positives ou négatives avant d'atteindre la limite zéro (p. 343). Quant aux fonctions implicites, elles pourront admettre des valeurs multiples correspondantes, non seulement à des valeurs particulières, mais encore à des valeurs quelconques des variables. Ainsi, par exemple, la fonction Z de z, déterminée par l'équation

$$Z^2 + z^2 = 1, \tag{6}$$

admet deux valeurs distinctes, savoir :

$$Z = (1 - z^2)^{\frac{1}{2}} \quad \text{et} \quad Z = -(1 - z^2)^{\frac{1}{2}}. \tag{7}$$

Il arrive souvent que les diverses valeurs d'une fonction implicite sont en nombre infini. On peut citer comme exemple la fonction Z déterminée par l'équation

$$\cos Z = z, \tag{8}$$

de laquelle on tire (p. 351)

$$Z = 2k\pi \pm \text{arc cos}\, z, \tag{9}$$

k étant une quantité entière quelconque.

Nous désignerons sous le nom de *type* une expression analytique propre à représenter généralement, ou la valeur unique d'une fonction explicite, ou l'une des valeurs diverses d'une fonction implicite. Cette définition étant admise, la fonction Z, déterminée par l'équation (6), admettra deux types distincts, que présentent les formules (7); et la fonction Z, déterminée par l'équation (8), offrira une infinité de types, tous compris dans la formule (9).

Les intégrales définies prises entre des limites variables, et celles qui renferment des paramètres variables, doivent être rangées au nombre des fonctions explicites. Très souvent, les valeurs de ces intégrales sont déterminées par des formules qui subsistent uniquement sous certaines conditions. Ainsi, par exemple, x étant une variable réelle, l'équation

$$\int_0^\infty \frac{\sin(\alpha x)}{\alpha}\,d\alpha = \frac{\pi}{2} \tag{10}$$

subsiste uniquement pour des valeurs positives de x, et doit être remplacée, quand x est négatif, par la formule

$$\int_0^\infty \frac{\sin(\alpha x)}{\alpha}\,d\alpha = -\frac{\pi}{2}; \tag{11}$$

tandis que la moyenne arithmétique entre les deux quantités $-\frac{\pi}{2}, \frac{\pi}{2}$, c'est-à-dire zéro, est précisément la valeur de l'intégrale

$$\int_0^\infty \frac{\sin(\alpha x)}{\alpha}\,d\alpha,$$

correspondante à une valeur nulle de x. Ainsi encore, z étant une quantité géométrique variable, ou, en d'autres termes, une variable imaginaire, liée aux variables réelles x, y par l'équation (2), la formule

$$\int_{-\infty}^\infty e^{-z\alpha^2}\,d\alpha = \left(\frac{\pi}{z}\right)^{\frac{1}{2}}$$

subsiste uniquement pour des valeurs positives de la partie réelle x de la variable z. Enfin, si l'on nomme r le module et p l'argument de z, en sorte qu'on ait $z = r_p$, la formule

$$\int_{-\pi}^{\pi} \frac{dp}{1 - z} = 2\pi$$

subsistera uniquement pour un module r de z inférieur à l'unité, c'est-à-dire pour toute valeur de z propre à représenter l'affixe d'un point situé dans l'intérieur du cercle qui a l'unité pour rayon. On aura pour $r = 1$, c'est-à-dire pour toute valeur de z correspondante à un point situé sur la circonférence du cercle dont il s'agit,

$$\int_{-\pi}^{\pi} \frac{dp}{1 - z} = \pi,$$

et pour $r > 1$, c'est-à-dire pour toute valeur de z correspondante à un point situé hors du même cercle,

$$\int_{-\pi}^{\pi} \frac{dp}{1 - z} = 0$$

MÉMOIRE

SUR

LES FONCTIONS CONTINUES

DE QUANTITÉS ALGÉBRIQUES OU GÉOMÉTRIQUES

I. — *Considérations générales.*

Parmi les caractères que les fonctions peuvent offrir, l'un de ceux qui, en raison de leur importance, méritent une attention sérieuse, est bien certainement la *continuité,* telle que je l'ai définie dans mon *Analyse algébrique.* A la vérité, la définition des fonctions continues, donnée dans cet ouvrage, et généralement adoptée aujourd'hui par les géomètres, s'y trouvait spécialement appliquée aux fonctions réelles ou imaginaires des variables réelles, c'est-à-dire des quantités algébriques variables. Mais rien n'empêche d'étendre la même définition au cas où les variables sont des quantités géométriques, comme je l'expliquerai tout à l'heure.

II. — *Sur les fonctions continues de quantités algébriques.*

Commençons par rappeler les principes établis en 1821 dans mon *Analyse algébrique*, et reproduits en 1829 dans mes *Leçons sur le Calcul différentiel.*

« On dit qu'une quantité (algébrique) variable devient *infiniment petite*, lorsque sa valeur numérique décroît indéfiniment, de manière à converger vers la limite zéro (*Analyse algébrique*, p. 26) ([1]).

» Une quantité infiniment petite se nomme encore un *infiniment petit* (*Préliminaires du Calcul différentiel*, p. 4) ([2]).

» Les notions relatives à la continuité ou à la discontinuité des fonctions doivent être placées parmi les objets qui se rattachent à la considération des infiniment petits (*Analyse algébrique*, p. 34) ([3]).

» Soit $f(x)$ une fonction (réelle) de la variable (réelle) x, et supposons que, pour chaque valeur de x intermédiaire entre deux limites données, cette fonction admette constamment une *valeur unique et finie*. Si, en partant d'une valeur de x comprise entre ces limites, on attribue à la variable x un accroissement infiniment petit α, la fonction elle-même recevra pour accroissement la différence

$$f(x+\alpha)-f(x),$$

qui dépendra en même temps de la nouvelle variable α et de la valeur de x. Cela posé, la fonction $f(x)$ sera, entre les deux limites assignées à la variable x, fonction *continue* de cette variable, si, pour chaque valeur de x intermédiaire entre ces limites, la valeur numérique de la différence

$$f(x+\alpha)-f(x)$$

décroît indéfiniment avec celle de α. En d'autres termes, *la fonction $f(x)$ restera continue par rapport à x entre les limites données, si, entre ces limites, un accroissement infiniment petit de la variable produit toujours un accroissement infiniment petit de la fonction elle-même* (*Analyse algébrique*, p. 34 et 35).

» On dit encore que *la fonction $f(x)$ est, dans le voisinage d'une valeur particulière, attribuée à la variable x, fonction continue de cette variable*, toutes les fois qu'elle est continue entre deux limites de x, même très rapprochées, qui renferment la valeur dont il s'agit (*Analyse algébrique*, p. 35).

([1]), ([3]) *Œuvres de Cauchy*, série II, t. III, p. 37 et 43; ([2]) Série II, t. IV, p. 273.

» Enfin lorsqu'une fonction cesse d'être continue dans le voisinage d'une valeur particulière de la variable x, on dit qu'elle est alors *discontinue*, et qu'il y a, pour cette valeur particulière, *solution de continuité* (*Analyse algébrique*, p. 35) ».

Les définitions précédentes sont reproduites en termes équivalents, ou même identiques, dans les Préliminaires de mon *Calcul différentiel* (p. 6).

Ces définitions étant admises, il sera facile de reconnaître, non seulement si une fonction explicite et réelle de la variable réelle x est ou n'est pas continue entre deux limites données, mais encore entre quelles limites une telle fonction reste continue.

« Ainsi, par exemple, la fonction $\sin x$, admettant pour chaque valeur particulière de la variable x une valeur unique et finie, sera continue entre deux limites quelconques de cette variable, attendu que la valeur numérique de $\sin\frac{\alpha}{2}$, et, par suite, celle de la différence

$$\sin(x+\alpha)-\sin x = 2\sin\frac{\alpha}{2}\cos\left(x+\frac{\alpha}{2}\right),$$

décroissent indéfiniment avec celle de α, quelle que soit d'ailleurs la valeur finie qu'on attribue à x (*Analyse algébrique*, p. 35).

» Si (en désignant par a une constante réelle, par A un nombre constant, et par Lx le logarithme réel de x pris dans le système dont la base est A), on envisage, sous le rapport de la continuité, les fonctions simples

$$a+x,\quad a-x,\quad ax,\quad \frac{a}{x},\quad x^a,\quad A^x,\quad Lx,$$

on trouvera que chacune de ces fonctions reste continue entre deux limites finies de la variable x, toutes les fois qu'étant constamment réelle entre ces deux limites, elle ne devient pas infinie dans l'intervalle (*Analyse algébrique*, p. 35 et 36).

» Par suite, chacune de ces fonctions sera continue dans le voisinage d'une valeur finie attribuée à la variable x, si cette valeur se trouve comprise, pour les fonctions

$$\left.\begin{array}{l} a+x \\ a-x \\ ax \\ A^x \\ \sin x \\ \cos x \end{array}\right\} \text{entre les limites } x=-\infty,\ x=\infty;$$

pour la fonction

$$\frac{a}{x}\left\{\begin{array}{l} 1^{\circ} \text{ entre les limites } x=-\infty,\ x=0, \\ 2^{\circ} \text{ entre les limites } x=0, \quad x=\infty; \end{array}\right.$$

pour les fonctions

$$\left.\begin{array}{l} x^a \\ \mathrm{L}(x) \end{array}\right\} \text{entre les limites } x=0,\ x=\infty;$$

enfin pour les fonctions

$$\left.\begin{array}{l} \arcsin x \\ \arccos x \end{array}\right\} \text{entre les limites } x=-1,\ x=1.$$

(*Analyse algébrique*, p. 36.)

» Il est bon d'observer que, dans le cas où l'on suppose

$$a = \pm m,$$

m désignant un nombre entier, la fonction simple x^a est toujours continue dans le voisinage d'une valeur finie de la variable x, à moins que cette valeur ne soit nulle, a étant égal à $-m$ (*Analyse algébrique*, p. 37). »

Lorsqu'une fonction devient infinie pour une valeur finie de la variable, un accroissement infiniment petit attribué à cette valeur cesse évidemment de produire un accroissement infiniment petit de la fonction elle-même, et, par suite, il y a solution de continuité. Ainsi, par exemple, chacune des fonctions

$$\frac{a}{x} \quad \text{et} \quad x^{-m}$$

(m étant un nombre entier), devient discontinue en devenant infinie pour

$$x = 0.$$

Cela posé, pour qu'une fonction de la variable réelle x reste continue dans le voisinage d'une valeur donnée de x, il est nécessaire qu'à cette valeur de x corresponde une valeur *finie* de la fonction. Mais est-il pareillement nécessaire que, pour la valeur donnée de x et pour chacune des valeurs voisines, la fonction acquière une valeur *unique* représentée par un seul type $f(x)$? A la rigueur, cette question pourrait être résolue négativement; et, dans le cas où il s'agit d'une fonction implicite qui offre diverses valeurs représentées par divers *types*, ou, en d'autres termes, d'une fonction liée à la variable x par une équation qui admet plusieurs racines, on pourrait dire que cette fonction implicite est *continue entre des limites données de* x, lorsque entre ces limites, un accroissement infiniment petit attribué à x produit toujours un accroissement infiniment petit de l'un quelconque des types. Mais il est plus simple de considérer chacun de ces types comme une fonction déterminée de x; et pour énoncer clairement l'hypothèse admise, il suffit de dire que chacune des valeurs de la fonction implicite est une fonction explicite de x, qui reste continue entre les limites assignées à cette variable.

Ainsi, par exemple, si l'on nomme y une fonction implicite de x, déterminée par l'équation

$$x^2 + y^2 = 1, \tag{1}$$

les deux valeurs qu'admettra cette fonction implicite, pour une valeur réelle de x, comprise entre les limites

$$x = -1, \qquad x = 1,$$

seront deux fonctions explicites représentées par les deux types

$$\sqrt{1 - x^2}, \qquad -\sqrt{1 - x^2},$$

et dont chacune restera continue entre les limites données.

Ainsi encore, si l'on nomme y une fonction implicite de x déterminée par l'équation

$$(2) \qquad \tang y = x,$$

les valeurs qu'admettra cette fonction implicite, pour une valeur réelle de x, seront les fonctions explicites représentées par les divers termes de la progression arithmétique

$$\ldots, \quad -2\pi + \text{arc}\tang x, \quad -\pi + \text{arc}\tang x, \quad \text{arc}\tang x,$$
$$\pi + \text{arc}\tang x, \quad 2\pi + \text{arc}\tang x, \quad \ldots,$$

et chacune de ces fonctions explicites restera continue entre des limites quelconques de la variable, par conséquent entre les limites

$$x = -\infty, \qquad x = \infty.$$

Il n'est pas sans intérêt de rapprocher l'une de l'autre les notions de continuité dans les fonctions et de continuité dans les courbes. C'est ce que nous allons essayer de faire en peu de mots.

Concevons que, dans un plan donné, on construise une courbe dont les coordonnées rectilignes, rapportées à des axes rectangulaires ou obliques, soient la variable réelle x et une fonction réelle y de cette variable. Si l'ordonnée y, considérée comme fonction de l'abscisse x, est *explicite* et *continue* entre deux limites données

$$x = x_{\prime}, \qquad x = x_{\prime\prime},$$

la courbe sera certainement continue entre deux points qui auront pour abscisses $x_{\prime}$, $x_{\prime\prime}$. Il y a plus ; elle offrira entre ces deux points, une seule branche correspondante à la valeur unique de la fonction y. Si, au contraire, la fonction y demeurant explicite, devient discontinue entre les limites données, pour certaines valeurs particulières x_1, x_2, ... de l'abscisse x, la courbe deviendra elle-même discontinue et se décomposera en diverses branches que limiteront des ordonnées correspondantes à ces valeurs particulières de x. Enfin, si l'ordonnée y, considérée comme fonction de x, est implicite et déterminée par une équation qui admette plusieurs racines, chacune de ces racines, quand l'équation sera résolue, deviendra une fonction explicite, continue ou discontinue, à laquelle répondra ou une seule branche de courbe, ou le système de plusieurs branches que limiteront les ordonnées correspondantes aux solutions de continuité. Donc alors des branches distinctes pourront répondre, non seulement à des valeurs diverses, mais encore à une valeur unique de l'abscisse x. D'ailleurs, dans le cas où, entre deux limites données de x, chaque valeur de la fonction implicite y est une fonction continue de x, et représente en conséquence une seule branche de courbe, il peut arriver que les diverses branches correspondantes aux diverses valeurs de y se joignent par leurs extrémités, de manière à former une courbe continue. C'est ce qui aura lieu, par exemple, si l'ordonnée y est déterminée par l'équation (1). Alors, en effet, les deux valeurs de y, savoir

$$\sqrt{1-x^2}, \quad -\sqrt{1-x^2},$$

resteront, comme on l'a dit, fonctions continues de x entre les limites

$$x=-1, \quad x=1,$$

et les deux branches de courbe correspondantes à ces deux valeurs seront deux demi-circonférences de cercle qui se joindront par leurs extrémités, de manière à reproduire la circonférence entière. C'est ce qui aura lieu encore si l'ordonnée y est déterminée par l'équation

$$\sin y = x; \tag{3}$$

car la courbe continue que représente l'équation (3) peut être considérée comme composée de plusieurs branches qui se joignent par leurs extrémités, chaque branche ayant pour ordonnée, entre les limites

$$x=-1, \quad x=1,$$

l'une des valeurs de y comprises dans les deux progressions

$$\ldots, \quad -4\pi + \arcsin x, \quad -2\pi + \arcsin x, \quad \arcsin x, \quad 2\pi + \arcsin x, \quad 4\pi + \arcsin x, \quad \ldots;$$

$$\ldots, \quad -3\pi - \arcsin x, \quad -\pi - \arcsin x, \quad \pi - \arcsin x, \quad 3\pi - \arcsin x, \quad \ldots.$$

Comme on vient de le remarquer, quand on exprime, en fonction de l'abscisse x, l'ordonnée y d'une courbe continue, cette ordonnée admet souvent diverses valeurs représentées par diverses fonctions explicites de x. Mais alors on peut aussi représenter chacune des coordonnées x, y par une fonction toujours continue d'une autre variable s. Il suffit pour cela que la lettre s désigne ou l'arc de la courbe continue, mesuré dans un sens déterminé à partir d'une origine fixe, ou une quantité qui croisse constamment avec cet arc. Ainsi, par exemple, si l'on nomme s un arc mesuré sur la circonférence de cercle que représente l'équation (1), à partir du point où cette circonférence coupe l'axe des x et dirigé dans le premier instant, du côté des ordonnées positives, les coordonnées x, y de cette même circonférence pourront être représentées par des fonctions de l'arc s, toujours continues, et liées à cet arc par les équations

$$x = \cos s, \qquad y = \sin s.$$

Quand la courbe que l'on considère est, comme dans le cas précédent, une courbe fermée et rentrante sur elle-même, les coordonnées x, y, exprimées en fonction de l'arc s, sont évidemment des fonctions périodiques qui reprennent les mêmes valeurs au moment où l'extrémité de l'arc s, après avoir parcouru le périmètre entier de la courbe, retrouve la position qu'elle occupait d'abord.

III. — *Sur les fonctions continues de quantités géométriques.*

Désignons par la lettre z une variable imaginaire, ou, en d'autres termes, une quantité géométrique variable dont r soit le module, et p l'argument. Posons d'ailleurs

$$x = r \cos p, \qquad y = r \sin p.$$

La variable

$$z = r_p = x + y\,\mathrm{i} \tag{1}$$

sera propre à représenter l'affixe d'un point mobile A, qui aura pour coordonnées polaires les variables réelles p, r, et pour coordonnées rectangulaires les variables réelles x, y.

Soit maintenant

$$Z = R_P = X + Yi \tag{2}$$

une autre variable imaginaire, ou, en d'autres termes, une autre quantité géométrique variable, propre à représenter l'affixe d'un autre point mobile B qui a pour coordonnées polaires les variables réelles P, R, et pour coordonnées rectangulaires les variables réelles X, Y. Comme on l'a dit, dans le précédent article, Z sera fonction de z, si le mouvement du point A entraîne le mouvement du point B, ou, ce qui revient au même, si les variables réelles X, Y sont fonctions de variables réelles x, y. D'ailleurs, certaines propriétés de Z considérée comme fonction de z pourront subsister uniquement pour certaines valeurs de z comprises entre certaines limites, par exemple pour les valeurs de z propres à représenter les affixes de points renfermés dans une certaine aire S. Ajoutons que les lignes droites ou courbes qui limiteront l'aire S seront entièrement arbitraires. On pourra, pour fixer les idées, supposer l'aire S limitée extérieurement par un certain contour PQR composé de lignes droites ou courbes; et l'on pourra aussi la supposer comprise entre deux contours de cette espèce KLM, PQR, qui lui serviraient de limite intérieure et extérieure.

Considérons maintenant d'une manière spéciale, parmi les propriétés que les fonctions peuvent offrir, celle qui fait le sujet principal de cet article, et que l'on nomme la continuité. Pour les fonctions des variables imaginaires, comme pour les fonctions des variables réelles, cette propriété se rattache à la considération des infiniment petits. Entrons à cet égard dans quelques détails.

Une variable imaginaire est appelée *infiniment petite*, lorsqu'elle converge vers la limite zéro [*Analyse algébrique*, p. 250 (1)]. Cela posé, pour que la variable imaginaire

$$z = r_p = x + yi$$

soit infiniment petite, il suffira évidemment que les variables réelles x,

(1) *Œuvres de Cauchy*, série II, t. IV, p. 212.

y soient infiniment petites, et, par suite, il suffira que le module

$$r = \sqrt{x^2 + y^2}$$

soit infiniment petit. Réciproquement, si le module r est infiniment petit, les variables x, y seront elles-mêmes infiniment petites, et, par suite, on pourra en dire autant de la variable imaginaire z.

Soit maintenant

$$Z = f(z)$$

une fonction de la variable imaginaire z, et supposons que, pour chaque valeur de z propre à représenter l'affixe d'un point renfermé dans l'aire S, cette fonction admette constamment une *valeur unique et finie*. Si, en partant d'une telle valeur de z, on attribue à la variable z un accroissement infiniment petit ζ, la fonction elle-même recevra pour accroissement la différence

$$f(z + \zeta) - f(z),$$

qui dépendra en même temps de la nouvelle variable ζ et de la valeur de z. Cela posé, la fonction $f(z)$ sera entre les limites assignées à la variable z, c'est-à-dire, pour toutes valeurs de z renfermées dans l'aire S, fonction *continue* de z, si, pour chacune de ces valeurs, le module de la différence

$$f(z + \zeta) - f(z)$$

devient infiniment petit avec le module de ζ. En d'autres termes, *la fonction $f(z)$ de la variable imaginaire z restera continue par rapport à cette variable entre les limites données, si, entre ces limites, un accroissement infiniment petit de la variable z produit toujours un accroissement infiniment petit de la fonction elle-même.*

De plus, étant donnée une valeur particulière de z propre à représenter l'affixe d'un point déterminé A, la fonction $f(z)$ sera dite *fonction continue de la variable imaginaire z, dans le voisinage de la valeur particulière attribuée à z*, si elle est continue pour toutes les valeurs de z propres à représenter les affixes de points situés dans l'intérieur d'une aire même très petite qui renferme le point A.

Enfin, lorsqu'une fonction $f(z)$ de la variable imaginaire z cessera d'être continue dans le voisinage d'une valeur particulière de z, on dira que, pour cette valeur, elle est *discontinue*, et offre une *solution de continuité*.

Ces définitions étant admises, considérons d'abord une fonction explicite de la variable z, cette fonction étant exprimée à l'aide des notations usuelles. Comme je l'ai remarqué dans le précédent article, cette fonction explicite offrira généralement, pour chaque valeur finie de z une valeur unique complètement déterminée, et dès lors il sera facile de reconnaître, non seulement si elle est ou n'est pas continue entre des limites données, mais encore entre quelles limites elle reste continue.

Ainsi, par exemple, la fonction

$$\sin z = \frac{e^{zi} - e^{-zi}}{2i},$$

qui admet pour chaque valeur particulière de z une valeur unique et finie, sera continue entre deux limites quelconques de la variable z, attendu que le module de

$$\sin\frac{\zeta}{2} = \frac{e^{\frac{1}{2}\zeta i} - e^{-\frac{1}{2}\zeta i}}{2i},$$

et, par suite, le module de la différence

$$\sin(z+\zeta) - \sin z = 2\sin\frac{\zeta}{2}\cos\left(z+\frac{\zeta}{2}\right),$$

décroissent indéfiniment avec le module de ζ, quelle que soit d'ailleurs la valeur finie que l'on attribue à z.

Si, en désignant par c une constante réelle ou imaginaire, et par A un nombre constant, on envisage, sous le rapport de la continuité les six fonctions simples

$$c+z, \quad c-z, \quad cz, \quad A^z, \quad \sin z, \quad \cos z,$$

on reconnaîtra que chacune d'elles reste continue par rapport à z entre des limites quelconques. On pourra encore en dire autant de toute fonction entière de la variable z.

Au contraire, une fonction rationnelle, mais non entière, de z deviendra discontinue pour les valeurs de z qui la rendront infinie. Ainsi, par exemple, la fonction

$$\frac{c}{z}$$

deviendra discontinue, en devenant infinie, pour $z = 0$; mais elle sera continue dans le voisinage de toute valeur finie de z distincte de zéro.

Le nombre des valeurs de z, pour lesquelles une fonction $f(z)$ devient discontinue en devenant infinie, peut être ou fini ou même infini. Ce nombre est toujours fini lorsque $f(z)$ se réduit à une fonction rationnelle de z. Il deviendrait infini si $f(z)$ était une fonction rationnelle de $\sin z$ et $\cos z$. Ainsi, par exemple, la fonction

$$\operatorname{tang} z = \frac{\sin z}{\cos z} = \frac{1}{i} \cdot \frac{e^{zi} - e^{-zi}}{e^{zi} + e^{-zi}}$$

devient discontinue, en devenant infinie, pour toutes les valeurs de z comprises dans la progression arithmétique

$$\ldots, \quad -\frac{5\pi}{2}, \quad -\frac{3\pi}{2}, \quad -\frac{\pi}{2}, \quad \frac{\pi}{2}, \quad \frac{3\pi}{2}, \quad \frac{5\pi}{2}, \quad \ldots,$$

par conséquent pour une infinité de valeurs de z, propres à représenter les affixes de points équidistants, séparés les uns des autres, et situés sur l'axe polaire.

Il arrive souvent qu'une fonction explicite Z de la variable imaginaire z devient discontinue, même sans cesser d'être finie, pour une infinité de valeurs de z propres à représenter les affixes de tous les points situés sur certaines lignes, ou certaines portions de lignes droites ou courbes, que nous appellerons *lignes d'arrêt*.

Ainsi, par exemple, si l'on envisage, sous le rapport de la continuité les deux fonctions

$$z^{\frac{1}{2}}, \quad \mathrm{l} z,$$

la lettre caractéristique l indiquant un logarithme népérien, on reconnaîtra que ces deux fonctions deviennent discontinues, toutes les fois que les variables réelles x, y, liées à la variable imaginaire z par l'équation

$$z = x + yi,$$

vérifient les conditions

$$(3) \qquad x = \text{ou} < 0, \qquad y = 0.$$

Donc alors, il existe une seule ligne d'arrêt, qui n'est autre que l'axe polaire, indéfiniment prolongée, à partir de l'origine du côté des abscisses négatives.

Ainsi encore, si l'on envisage, sous le rapport de la continuité, la fonction

$$\text{arc tang}\, z = \frac{\text{l}(1 + zi) - \text{l}(1 - zi)}{2i},$$

on reconnaîtra qu'elle devient discontinue, toutes les fois que, dans la variable imaginaire $z = x + yi$, les variables x, y vérifient les conditions

$$(4) \qquad x = 0, \qquad y^2 = \text{ou} > 1.$$

Donc alors, il existe deux lignes d'arrêt qui se réduisent à deux parties distinctes de l'axe des ordonnées, indéfiniment prolongé, dans le sens des ordonnées positives, à partir du point dont l'ordonnée est 1, et dans le sens des ordonnées négatives, à partir du point dont l'ordonnée est -1.

Les extrémités des lignes d'arrêt seront nommées *point d'arrêt :* tels sont, par exemple, le pôle, ou, en d'autres termes, l'origine, dans la ligne d'arrêt correspondante à chacune des fonctions

$$z^{\frac{1}{2}}, \quad \text{l}z,$$

et les deux points situés sur l'axe des ordonnées à la distance 1 de l'origine, dans les deux lignes d'arrêt correspondantes à la fonction arc tang z.

Dans les cas semblables à ceux que nous avons traités jusqu'ici, c'est-à-dire quand une fonction de la variable imaginaire z est une fonction explicite représentée par l'une des notations usuelles, il ne dépend pas du calculateur de faire disparaître les solutions de continuité que la fonction peut offrir. Ces solutions de continuité sont, en effet, une conséquence immédiate des conventions à l'aide desquelles on a fixé le sens des notations adoptées. Il est donc certain, comme je l'ai dit ailleurs (*Journal de Liouville*, t. II, p. 323), *que la nature des conventions a une influence marquée sur le caractère des fonctions considérées comme continues, de sorte qu'en passant d'un système de conventions à un autre, on peut rendre discontinues des fonctions qui étaient continues, et réciproquement.*

Parmi les fonctions explicites, représentées à l'aide des notations usuelles, on doit distinguer celles qui ne cessent d'être continues qu'en devenant infinies. Nous les appellerons *monodromes*. Une fonction pourra d'ailleurs être monodrome, seulement pour les valeurs de z correspondantes aux points intérieurs d'une certaine aire S renfermée dans un certain contour PQR, ou entre deux contours donnés KLM, PQR. Dans tous les cas, le mot monodrome paraît exprimer assez bien la propriété de la fonction que l'on considère, puisque celle-ci varie par degrés insensibles, en acquérant à chaque instant une *valeur unique*, tandis que le point mobile A correspondant à l'affixe z *court* çà et là, sans sortir de l'aire S, ou tourne autour des points singuliers correspondants à des valeurs infinies de la fonction.

On peut citer, comme exemples de fonctions monodromes, non seulement les deux fonctions

$$\frac{c}{z}, \quad \tan g\, z,$$

mais encore les fonctions rationnelles de z, de e^z, de $\sin z$, de $\cos z$, etc.

Ainsi qu'on vient de l'expliquer, pour mettre en évidence la nature et les propriétés d'une fonction explicite Z de la variable imaginée z, il est surtout nécessaire d'avoir égard aux diverses positions que peut prendre le point mobile A qui a z pour affixe. Parlons maintenant des positions que peut prendre le point mobile B dont l'affixe est Z. Tandis que le point parcourra en tous sens le plan des affixes, le point B pourra décrire ou ce plan tout entier, ou seulement une portion de ce même plan. Dans le dernier cas, la portion décrite sera ce que nous nommerons la *région* correspondante à la fonction explicite z, et les lignes droites ou courbes qui serviront de limites à cette région, seront appelées *lignes terminales*. Ces lignes terminales correspondront évidemment aux lignes d'arrêt, de telle sorte qu'au moment où le point mobile A dont z est l'affixe atteindra une ligne d'arrêt, le point mobile B dont Z est l'affixe atteindra une ligne terminale.

Si l'on considère, par exemple, la fonction explicite

$$z^{\frac{1}{2}},$$

on reconnaîtra, non seulement que cette fonction devient discontinue au moment où le point mobile A atteint la ligne d'arrêt représentée par la formule (3), c'est-à-dire l'axe des x, indéfiniment prolongé à partir du pôle du côté des x négatives, mais encore que les valeurs diverses de cette fonction explicite sont les affixes de points situés du côté des x positives, et qu'en conséquence cette fonction représente l'affixe d'un point mobile B compris dans une *région* spéciale, savoir, dans la partie du plan des xy qui, s'étendant à l'infini du côté des x positives, a pour ligne terminale l'axe des ordonnées.

Si à la fonction $z^{\frac{1}{2}}$ on substituait la suivante :

$$\mathrm{l}\, z,$$

qui devient encore discontinue au moment où le plan mobile A rencontre l'axe des x, du côté des x négatives, la région parcourue par le point mobile B, ou, en d'autres termes, la région correspondante à la fonction $\mathrm{l}\, z$ cesserait de s'étendre à l'infini du côté des x positives, et se réduirait à la portion du plan des affixes, comprise entre deux terminales parallèles à l'axe des y et situées de part et d'autre de cet axe à la distance π.

Enfin, si l'on considérait la fonction

$$\arc \operatorname{tang} z = \frac{\mathrm{l}(1+zi) - \mathrm{l}(1-zi)}{2i},$$

qui devient discontinue au moment ou le point mobile A rencontre l'axe des y, à une distance du pôle égale ou supérieure à l'unité, la région parcourue par le point mobile B, c'est-à-dire, en d'autres termes, la région correspondante à la fonction arc tang z, se réduirait à la portion du plan des affixes comprise entre deux lignes terminales parallèles à l'axe des y et situées de part et d'autre de cet axe à la distance $\frac{\pi}{2}$.

Il arrive souvent que deux fonctions explicites d'une variable imaginaire z sont égales entre elles pour certaines valeurs de cette variable, et inégales pour d'autres valeurs. Ainsi, par exemple, si c représente une valeur particulière de la variable z, les deux fonctions explicites

$$z^{\frac{1}{2}}, \quad c^{\frac{1}{2}}\left(\frac{z}{c}\right)^{\frac{1}{2}}$$

seront égales entre elles, quand les arguments principaux de c et de z fourniront une somme comprise entre les limites $-\pi$, $+\pi$. On ne doit donc pas s'étonner de voir correspondre à ces deux fonctions des lignes terminales distinctes, et à ces lignes terminales des lignes d'arrêt distinctes. Si, pour fixer les idées, on nomme ϖ l'argument principal de la constante c, et si cet argument est positif, alors, pour obtenir la ligne terminale et la ligne d'arrêt correspondante à la fonction

$$c^{\frac{1}{2}}\left(\frac{z}{c}\right)^{\frac{1}{2}},$$

il suffira de faire tourner autour du pôle la ligne terminale et la ligne d'arrêt correspondantes à la fonction $z^{\frac{1}{2}}$, en imprimant à ces dernières lignes un mouvement de rotation direct, de telle sorte que le rayon vecteur mené de l'origine à un de leurs points décrive un angle égal à ϖ.

Supposons à présent que l'on considère non plus une fonction explicite, mais une fonction implicite Z de la variable imaginaire z. Cette fonction pourra être déterminée, ou isolément par une équation unique, ou avec d'autres fonctions implicites, par un système d'équations dont le nombre devra être égal à celui des fonctions elles-mêmes. Dans l'un et l'autre cas, Z admettra, pour chaque valeur de z, une ou plusieurs valeurs qui pourront devenir ou infinies, ou égales entre elles, pour certaines valeurs particulières de la variable z. Les points dont ces valeurs particulières de z seront les affixes prendront le nom de *points singuliers*.

Soient maintenant

$$z_{,}, \quad z_{,,}, \quad z_{,,,}$$

diverses valeurs successivement attribuées à la variable imaginaire z, et

$$Z_{,}, \quad Z_{,,}, \quad Z_{,,,}, \quad \ldots$$

des valeurs correspondantes d'une fonction explicite ou implicite Z, en sorte que $Z_{,}$ désigne une des valeurs de Z correspondantes à la valeur $z_{,}$ de z; $Z_{,,}$ une des valeurs de Z correspondantes à la valeur $z_{,,}$ de z; et ainsi de suite. Soient d'ailleurs

$$A_{,}, \quad A_{,,}, \quad A_{,,,}, \quad \ldots$$

les points qui ont pour affixes les quantités géométriques

$$z_{,}, \quad z_{,,}, \quad z_{,,,}, \quad \ldots;$$

et soient encore

$$B_{,}, \quad B_{,,}, \quad B_{,,,}, \quad \ldots$$

les points qui ont pour affixes les quantités géométriques

$$Z_{,}, \quad Z_{,,}, \quad Z_{,,,}, \quad \ldots.$$

Enfin concevons que, le nombre des points $A_{,}$, $A_{,,}$, $A_{,,,}$, ..., devenant infini, leur système se réduise à une courbe continue $A_{,}A_{,,}A_{,,,}$ ..., décrite par un point mobile A correspondant à une affixe variable z. Le système des points $B_{,}$, $B_{,,}$, $B_{,,,}$, ... pourra, dans certains cas, c'est-à-dire, pour certaines formes de la fonction Z, ou des équations qui la déterminent, et pour certaines formes de la courbe continue $A_{,}A_{,,}A_{,,,}$ ..., se réduire lui-même à une courbe continue $BB_{,}B_{,,}$ ..., décrite par un point mobile B correspondant à une affixe variable z. Alors la courbe continue $A_{,}$ $A_{,,}$ $A_{,,,}$ ... sera ce que nous nommerons le *chemin* [1] du point A, et la courbe continue $B_{,}$ $B_{,,}$ $B_{,,,}$ ... sera le *chemin* correspondant du point B.

La nature d'une fonction implicite Z, c'est-à-dire, en d'autres termes, la nature de l'équation ou des équations qui déterminent Z, peut être telle, qu'à une courbe continue $A_{,}A_{,,}A_{,,,}$..., considérée comme chemin du point mobile A, corresponde toujours une autre courbe continue $B_{,}B_{,,}B_{,,,}$..., propre à représenter le chemin du point mobile B, quelle que soit d'ailleurs, parmi les valeurs de Z correspondantes à $z = z_{,}$, celle que l'on prendra pour l'affixe $Z_{,}$ du point $B_{,}$. Il peut arriver aussi que cette condition, étant généralement remplie, cesse de l'être dans le seul cas où les affixes de quelques-uns des points $B_{,}$, $B_{,,}$, $B_{,,,}$, ... deviennent infinies, et où, par suite, la courbe $B_{,}B_{,,}B_{,,,}$... se trouve remplacée par le système de plusieurs courbes dont chacune reste continue, mais s'étend à l'infini. Dans l'une et l'autre hypothèse, si le chemin $A_{,}A_{,,}A_{,,,}$... du point mobile A ne renferme aucun point singulier, le chemin correspondant $B_{,}B_{,,}B_{,,,}$ du point mobile B, partant d'une position donnée $B_{,}$, dans laquelle il avait pour affixe la valeur $Z_{,}$ de Z, sera toujours une courbe continue ; et alors, ce dernier chemin n'étant jamais interrompu, n'offrant aucune solution de continuité, la fonction Z sera dite *évodique* (de ευοδοσ, *pervius*; ευοδια, *facilis via*).

Ajoutons qu'une fonction implicite Z de la variable imaginaire z sera évodique seulement *entre certaines limites*, c'est-à-dire pour les valeurs de z propres à représenter les affixes de points situés dans l'intérieur d'une certaine aire S, si la condition ci-dessus énoncée ne se vérifie que dans le cas où le chemin $A_{,}A_{,,}A_{,,,}$... du point mobile A est une courbe continue renfermée tout entière dans l'intérieur de l'aire S.

Concevons à présent que l'on parvienne à résoudre l'équation ou les

---

[1] Le nom de *chemin*, appliqué à la courbe que décrit le point A, a été, si je ne me trompe, employé pour la première fois par M. Puiseux, dans un remarquable Mémoire qui a pour titre : *Recherches sur les fonctions algébriques*. (*Voir* M. LIOUVILLE, *Journal de Mathématiques*, t. XV, p. 396.)

équations qui servent à déterminer une fonction implicite Z de la variable imaginaire z, et à exprimer les diverses valeurs de cette fonction à l'aide des notations usuelles. Ces diverses valeurs deviendront des fonctions explicites de z, et chacune des fonctions explicites ainsi obtenues admettra généralement, pour chaque valeur finie de z, une valeur unique complètement déterminée. Mais ces mêmes fonctions pourront devenir discontinues pour des valeurs particulières de z, qui les rendront infinies; comme aussi pour des valeurs de z propres à représenter des affixes de points situés sur certaines lignes que nous avons appelées *lignes d'arrêt*. D'ailleurs, à ces lignes d'arrêt dont chacune limite la course du point mobile A, à l'instant où l'une des fonctions explicites ci-dessus mentionnées cessent d'être continue, correspondront d'autres lignes que nous avons appelées *lignes terminales*, et qui limiteront, dans les mêmes circonstances, la course du point mobile B.

Cela posé, considérons spécialement le cas où la fonction implicite Z est du nombre de celles que nous avons nommées fonctions évodiques; et soit, dans cette hypothèse, $A_{,}A_{,,}A_{,,,}\ldots$ une courbe continue qui représente un chemin attribué au point mobile A dont l'affixe est z; soit encore $B_{,}B_{,,}B_{,,,}\ldots$ le chemin correspondant que devra prendre le point mobile B, dont l'affixe est Z, en partant d'une position donnée $B_{,}$, dont l'affixe est une valeur particulière de Z. Le chemin $B_{,}B_{,,}B_{,,,}\ldots$ se réduira lui-même soit à une seule courbe continue, soit au système de deux ou de plusieurs courbes continues qui pourront offrir des parties communes. Il se réduira effectivement à une seule courbe continue, si le chemin $A_{,}A_{,,}A_{,,,}\ldots$ ne renferme *aucun point singulier*. Mais cette courbe unique sera remplacée par le système de deux ou plusieurs courbes qui s'étendront à l'infini, si le chemin $A_{,}A_{,,}A_{,,,}\ldots$ renferme des points singuliers dont les affixes fournissent des valeurs infinies de Z, et la courbe ou les courbes dont il s'agit se ramifieront toujours à partir de points singuliers qui correspondraient à des valeurs de z pour lesquelles deux ou plusieurs des valeurs de la fonction implicite Z deviendraient égales entre elles. Ajoutons que, dans la première hypothèse, c'est-à-dire quand le chemin $A_{,}A_{,,}A_{,,,}\ldots$ ne renfermera aucun point singulier, l'affixe Z du point mobile B, dont le chemin $B_{,}B_{,,}B_{,,,}\ldots$ sera une seule courbe continue, pourra être représentée tantôt par une fonction explicite de z, tantôt par une autre, attendu que chacune des fonctions explicites qui exprimeront les diverses valeurs de Z devra être remplacée par une autre fonction explicite à partir de l'instant où le point mobile B, après avoir eu la première fonction pour affixe, atteindra une ligne terminale correspondante à cette même fonction. On doit en conclure que, dans le cas où une fonction évodique Z admet diverses valeurs, les diverses fonctions explicites propres à les représenter correspondent, dans le plan des affixes, à diverses *régions* séparées les unes des autres par certaines *lignes terminales*. D'ailleurs, au moment où le point B, dont l'affixe est Z, atteindra une de ces lignes terminales, le point A, dont l'affixe est z, atteindra une ligne *d'arrêt* correspondante.

Vérifions ces remarques sur quelques exemples, et d'abord supposons la fonction implicite

$$Z = R_P = X + Y\mathrm{i},$$

liée à la variable imaginaire

$$z = r_p = x + y\mathrm{i},$$

par l'équation

$$Z^2 = z. \tag{5}$$

La résolution de cette équation fournira pour valeurs de Z deux fonctions explicites de z, données par les formules

$$Z = z^{\frac{1}{2}}, \tag{6}$$

$$Z = -z^{\frac{1}{2}}. \tag{7}$$

Ces deux fonctions explicites deviendront égales entre elles, et s'évanouiront toutes deux pour une valeur nulle de la variable z ; par conséquent, le point dont l'affixe est nulle, c'est-à-dire le pôle, sera un *point singulier*. D'ailleurs, chacune des fonctions explicites

$$z^{\frac{1}{2}}, \quad -z^{\frac{1}{2}},$$

quoique généralement continue, deviendra discontinue pour toute valeur réelle, mais négative de y, attendu que si, en attribuant à x une valeur négative $-r$, on fait converger y vers la limite zéro, la fonction $z^{\frac{1}{2}}$ convergera elle-même vers la limite $r^{\frac{1}{2}}i$, quand y sera supposé positif, et vers la limite $-r^{\frac{1}{2}}i$, quand y sera supposé négatif. En d'autres termes, chacune des fonctions explicites $z^{\frac{1}{2}}$, $-z^{\frac{1}{2}}$ deviendra discontinue pour toute valeur de z propre à représenter l'affixe d'un point situé sur l'axe des x, du côté des x négatives, et par conséquent sur la *ligne* d'arrêt qui, représentée par les formules (3), a pour extrémité l'origine. De plus, à cette ligne d'arrêt qui limite la course du point mobile A à l'instant où l'une des fonctions $z^{\frac{1}{2}}$, $-z^{\frac{1}{2}}$ cesse d'être continue, correspondra une ligne terminale qui limitera au même instant la course du point mobile B; et cette dernière ligne, qui sera précisément l'axe des ordonnées, séparera l'une de l'autre, dans le plan des affixes, les deux régions qui seront occupées l'une par les points dont les affixes seront les diverses valeurs de la fonction explicite $z^{\frac{1}{2}}$, l'autre par les points dont les affixes seront les diverses valeurs de la fonction explicite $-z^{\frac{1}{2}}$. Enfin la fonction implicite Z, liée à la variable imaginaire z par l'équation (3), sera certainement évodique. Car, si l'on exprime Z non plus en fonction de la variable z, mais en fonction du module r et de l'angle p, liés à z par la formule

$$z = r_p = re^{pi}, \tag{8}$$

on obtiendra l'équation

$$Z = r^{\frac{1}{2}} e^{\frac{1}{2}pi} \tag{9}$$

dans laquelle il suffira de faire varier p entre les limites $-\infty$, $+\infty$, ou même entre les limites -2π, $+2\pi$, pour que le second membre devienne propre à représenter une valeur quelconque de Z. Or, si, en partant d'une certaine position correspondante à des valeurs déterminées de r et p, le point mobile A, dont l'affixe est z, décrit une courbe continue $A_{,}A_{,,}A_{,,,}\ldots$, on pourra satisfaire à la formule (8) par des valeurs de r et p qui varieront avec z par degrés insensibles; et à ces valeurs de r, p répondra évidemment, en vertu de la formule (9), une valeur de la fonction implicite Z, qui variera elle-même par degrés insensibles avec la variable z. Donc alors le point mobile B, dont Z sera l'affixe, décrira, comme le point A, une courbe continue $B_{\prime}B_{\prime\prime}B_{\prime\prime\prime}$....

En résumé, la fonction implicite Z, liée à z par l'équation (5), est une fonction évodique qui, pour chaque valeur de z, acquiert deux valeurs distinctes; et ces deux valeurs peuvent être réduites aux deux fonctions explicites

$$z^{\frac{1}{2}}, \quad -z^{\frac{1}{2}},$$

dont chacune devient discontinue, en devenant l'affixe d'un point situé sur l'axe des ordonnées, au moment où la variable z devient elle-même l'affixe d'un point situé sur l'axe des x, du côté des x négatives. En conséquence, la partie de l'axe des abscisses, sur laquelle se comptent les abscisses négatives, et l'axe des ordonnées, sont la ligne d'arrêt et la ligne terminale qui servent à limiter simultanément la course du point A, dont l'affixe est la variable z, et la course du point B, dont l'affixe est l'une des fonctions explicites $z^{\frac{1}{2}}$, $-z^{\frac{1}{2}}$. De ces deux lignes, la seconde, c'est-à-dire l'axe des ordonnées, est précisément celle qui sépare l'une de l'autre les régions occupées par les points dont les affixes sont de la forme $z^{\frac{1}{2}}$ et de la forme $-z^{\frac{1}{2}}$.

Si à l'équation (2) on substituait la suivante :

$$Z^2 + z^2 = 1, \tag{10}$$

la fonction implicite Z serait encore une fonction évodique qui, pour chaque valeur de z, offrirait généralement deux valeurs distinctes, ces deux valeurs étant les fonctions explicites déterminées par les formules

$$Z = \quad (1 - z^2)^{\frac{1}{2}}, \tag{11}$$

$$Z = -(1 - z^2)^{\frac{1}{2}}. \tag{12}$$

D'ailleurs, chacune de ces fonctions explicites devient discontinue au moment où z devient l'affixe d'un point situé sur l'axe des x à une distance de l'origine plus grande que l'unité, et, à ce moment, chacune des formules (11), (12) fournit deux valeurs de Z égales aux signes près, mais affectées de signes contraires, qui représentent les affixes de deux points situés sur l'axe des ordonnées. Donc, dans le cas présent, les deux valeurs de Z, déterminées par les formules (11), (12), correspondent encore à deux régions séparées l'une de l'autre par l'axe des ordonnées; et à cet axe, considéré comme ligne terminale, correspondent deux lignes d'arrêt représentées par les formules

$$x^2 = \text{ou} > 1, \qquad y = 0. \tag{13}$$

Ajoutons que les extrémités de ces deux lignes d'arrêt sont précisément les deux points d'arrêt dont les coordonnées sont fournies par les équations

$$x^2 = 1, \qquad y = 0, \tag{14}$$

c'est-à-dire les deux points situés sur l'axe des abscisses, à la distance 1 de l'origine.

Si à l'équation (10) on substituait la suivante :

$$Z^2(1 - z^2) = -1, \tag{15}$$

la fonction implicite Z serait encore une fonction évodique qui, pour chaque valeur de z, offrirait deux valeurs distinctes, ces valeurs étant les fonctions explicites déterminées par les formules

$$Z = (-1 + z^2)^{-\frac{1}{2}}, \tag{16}$$

$$Z = -(-1 + z^2)^{-\frac{1}{2}}. \tag{17}$$

Alors aussi à ces deux fonctions explicites correspondraient encore deux régions, séparées l'une de l'autre par l'axe des ordonnées; mais ces deux fonctions deviendraient discontinues au moment où z serait l'affixe d'un point situé sur l'axe des x, à une distance de l'origine plus petite que l'unité. Donc alors, à l'axe des ordonnées, considéré comme ligne terminale, correspondrait une seule ligne d'arrêt, représentée par les formules

$$(18) \qquad x^2 = \text{ ou } < 1, \qquad y = 0.$$

Ajoutons que les extrémités de cette ligne d'arrêt seraient encore les deux points d'arrêt dont les coordonnées sont fournies par les équations (14). Mais les valeurs de Z, correspondantes à ces points d'arrêt, sont nulles quand on part de l'équation (10), et infinies quand on part de l'équation (15).

Enfin, si l'on supposait la fonction implicite Z liée à la variable imaginaire z par l'équation

$$(19) \qquad e^Z = z,$$

Z offrirait, pour chaque valeur de z, une infinité de valeurs distinctes, représentées par les fonctions explicites qui constituent les divers termes de la progression arithmétique

$$(20) \qquad \ldots, \quad -4\pi i + \mathrm{l}z, \quad -2\pi i + \mathrm{l}z, \quad \mathrm{l}z, \quad 2\pi i + \mathrm{l}z, \quad 4\pi i + \mathrm{l}z, \quad \ldots$$

D'ailleurs, en vertu de la formule (19), Z serait encore une fonction évodique de z. Car si l'on exprime Z, non plus en fonction de z, mais en fonction du module r et de l'angle p liés à z par la formule (8), on obtiendra l'équation

$$(21) \qquad Z = \mathrm{l}(r) + pi,$$

dans laquelle il suffira de faire varier p entre les limites $-\infty$, $+\infty$, pour que le second membre devienne propre à représenter une valeur quelconque de Z. Or, si en partant d'une certaine position correspondante à des valeurs déterminées de r et p, le point A, dont l'affixe est z, décrit une courbe continue $A_{,}A_{,,}A_{,,,}\ldots$, on pourra satisfaire à la formule (8) en attribuant à r et p des valeurs qui varient avec z par degrés insensibles; et à ces valeurs de r, p répondra évidemment, en vertu de la formule (21), une valeur de la fonction implicite Z, qui variera elle-même, par degrés insensibles, avec la variable z, si la courbe $A_{,}A_{,,}A_{,,,}\ldots$ ne renferme pas le point d'arrêt dont l'affixe se réduit à zéro, c'est-à-dire l'origine des coordonnées.

D'autre part, chacune des fonctions explicites qui constituent les divers termes de la série (20) deviendra discontinue au moment où z deviendra l'affixe d'un point situé sur la ligne d'arrêt que représentent les formules (3), c'est-à-dire d'un point situé sur l'axe des x, du côté des x négatives; et à ce moment, ces fonctions elles-mêmes deviendront les affixes de points situés sur des lignes terminales qui se réduiront à des droites équidistantes et parallèles à l'axe des x, la distance de deux droites voisines étant égale à 2π.

Donc, en définitive, la fonction Z, liée à z par l'équation (19), sera une fonction évodique qui, pour chaque valeur de z, offrira une infinité de valeurs distinctes correspondantes à une infinité de régions dont chacune sera comprise entre deux des droites parallèles que nous venons de mentionner.

Il importe d'observer que, dans le cas où à une même valeur de la variable imaginaire z correspondent diverses valeurs de la fonction implicite Z, ces diverses valeurs, exprimées à l'aide des notations usuelles, et ainsi converties en fonctions explicites, peuvent généralement revêtir une infinité de formes distinctes. D'ailleurs, si l'on compare l'un à l'autre deux systèmes de fonctions explicites dont chacun est propre à représenter les diverses valeurs de Z, on reconnaîtra que ces fonctions, prises deux à deux, peuvent coïncider entre certaines limites, sans être généralement égales entre elles; et qu'à deux semblables systèmes de fonctions explicites correspondent, pour l'ordinaire deux systèmes de lignes d'arrêt et deux systèmes de lignes terminales.

Ainsi, par exemple, si la fonction implicite Z est liée à la variable imaginaire z par l'équation (5), les deux valeurs qu'admettra cette fonction pourront être supposées déterminées non seulement par les formules (6) et (7), mais encore par une infinité d'autres formules, et en particulier par les suivantes :

$$Z = c^{\frac{1}{2}}\left(\frac{z}{c}\right)^{\frac{1}{2}}, \tag{22}$$

$$Z = -c^{\frac{1}{2}}\left(\frac{z}{c}\right)^{\frac{1}{2}}, \tag{23}$$

c désignant une constante quelconque réelle ou imaginaire.

D'ailleurs, d'après une remarque précédemment faite, si l'on nomme ϖ l'argument principal de la constante c supposée imaginaire, il suffira, pour obtenir la ligne d'arrêt et la ligne terminale correspondantes aux fonctions explicites que déterminent les formules (22), (23), de faire tourner autour du pôle la ligne d'arrêt et la ligne terminale correspondantes aux fonctions que déterminent les formules (6) et (7), en imprimant à ces dernières lignes un mouvement de rotation direct si ϖ est positif, ou rétrograde si ϖ est négatif, de telle sorte que le rayon vecteur, mené de l'origine à un de leurs points, décrive un angle égal à ϖ.

Il est bon d'observer qu'à une fonction implicite Z, déterminée par une équation unique ou par un système d'équations simultanées, correspond un système unique de points singuliers, par conséquent un système unique de points d'arrêt servant d'extrémités aux lignes d'arrêt, quelles que soient d'ailleurs ces dernières lignes. Ainsi, par exemple, à la fonction implicite Z, déterminée par l'équation (5), correspond un seul point d'arrêt qui coïncide avec l'origine, et dont l'affixe est la valeur o de z, pour laquelle les deux valeurs de Z, fournies par les formules (6) et (7), ou par les formules (22) et (23), deviennent égales entre elles.

MÉMOIRE SUR LES DIFFÉRENTIELLES

DE

QUANTITÉS ALGÉBRIQUES OU GÉOMÉTRIQUES

ET SUR

LES DÉRIVÉES DES FONCTIONS DE CES QUANTITÉS

Dans le *Mémoire sur l'Analyse infinitésimale* (1), placé en tête du troisième volume de cet ouvrage, sont exposés les principes qui me paraissent devoir servir de base au calcul différentiel. Je vais indiquer aujourd'hui les conséquences qui se déduisent de ces principes, quand à la notion de variables imaginaires on substitue celles de quantités géométriques variables.

I. — *Sur les différentielles de quantités algébriques ou géométriques.*

En substituant, dans le Mémoire sur l'Analyse infinitésimale, les mots *quantités géométriques* aux mots *expressions imaginaires*, on obtient à la place des définitions et formules données dans ce Mémoire, celles que je vais transcrire :

Les différentielles de plusieurs quantités algébriques ou géométriques variables sont d'autres quantités algébriques ou géométriques dont les rapports sont rigoureusement égaux aux limites des rapports entre les accroissements simultanés et infiniment petits des variables proposées.

La définition précédente suppose évidemment qu'en vertu des équations qui lient entre elles les quantités algébriques ou géométriques dont il s'agit, ces quantités varient les unes avec les autres par degrés

(1) *Œuvres de Cauchy*, série II, t. XIII, p. 9.

insensibles, ou, en d'autres termes, que ces quantités, considérées comme fonctions de quelques-unes d'entre elles, en sont des fonctions continues, du moins dans le voisinage des valeurs attribuées aux variables considérées comme indépendantes.

Nous indiquerons, suivant l'usage, les accroissements simultanés finis ou infiniment petits des variables, à l'aide de la lettre caractéristique Δ, et leurs différentielles à l'aide de la lettre caractéristique d.

Il importe d'observer que, dans le cas même où chacun des rapports entre les accroissements infiniment petits des variables proposées converge vers une limite unique et finie, la définition précédente ne détermine pas complètement les différentielles de ces variables, mais seulement les rapports qui existent entre ces différentielles. On pourra donc toujours disposer arbitrairement, au moins de la différentielle d'une variable.

D'ailleurs, la différentielle ou les différentielles qui resteront arbitraires, pourront être supposées ou constantes ou variables, et, dans le dernier cas, il suffirait de les faire converger vers la limite zéro pour les transformer, avec les autres différentielles, en quantités infiniment petites. Mais cette transformation n'offrirait aucun avantage, et tout au contraire, il peut être souvent utile d'attribuer aux différentielles des valeurs finies. En conséquence, nous continuerons à regarder les différentielles comme des quantités finies, ainsi que nous l'avons fait dans le Mémoire déjà cité.

De plus, nous attribuerons aux quantités diverses, comme il paraît convenable de le faire, des différentielles de même nature que leurs accroissements. En conséquence, les différentielles de quantités algébriques seront des quantités algébriques, et les différentielles de quantités géométriques seront des quantités géométriques.

Enfin, comme dans le Mémoire cité, nous appellerons *variable primitive* une quantité algébrique variable qui aura pour différentielle l'unité. Cette variable primitive pourra d'ailleurs être ou l'une des variables indépendantes proposées, ou une variable nouvelle avec laquelle on fera varier toutes les autres.

La considération de la variable primitive simplifie l'énoncé de la définition que nous avons donnée des différentielles. En effet, soient t la variable primitive, et $\Delta t = \iota$ un accroissement infiniment petit attribué à cette variable. *La différentielle* ds *d'une variable quelconque* s *sera évidemment la limite du rapport entre les accroissements infiniment petits* Δs *et* ι *de cette variable et de la variable primitive.*

En partant de cette définition, on établira sans peine, comme dans le Mémoire cité, les règles relatives à la différentiation des quantités soit algébriques, soit géométriques.

Ainsi, par exemple, a, b, c désignant des quantités algébriques ou géométriques constantes, et s, u, v, w, ... des quantités algébriques ou géométriques variables, l'équation linéaire

$$s = au + bv + cw + \ldots \tag{1}$$

entraînera la formule

$$ds = a\,du + b\,dv + c\,dw + \ldots. \tag{2}$$

En conséquence, l'équation linéaire

$$z = x + yi, \tag{3}$$

qui sert à exprimer l'affixe z d'un point mobile A en fonction des coordonnées rectangulaires x, y de ce même point, entraînera la formule

$$dz = dx + i\,dy. \tag{4}$$

Concevons maintenant que, x, y, z, ... étant des variables dépendantes ou indépendantes les unes des autres, on nomme s une fonction de ces variables. Désignons d'ailleurs, à l'aide des notations

$$d_x s, \quad d_y s, \quad d_z s, \quad \ldots,$$

les *différentielles partielles* de s successivement considéré comme fonction de x, comme fonction de y, comme fonction de z, ... Alors, en raisonnant comme dans le volume III [p. 27 et 28 (¹)], on obtiendra

(¹) *Œuvres de Cauchy*, série II, t. XIII, p. 31 et suiv.

la formule

$$(5) \qquad ds = d_x s + d_y s + d_z s + \ldots,$$

en vertu de laquelle la *différentielle totale* ds sera la somme des différentielles partielles $d_x s$, $d_y s$, $d_z s$, ...

II. — *Sur les dérivées des fonctions de quantités algébriques.*

Soient x une quantité algébrique variable, ou, en d'autres termes, une variable réelle, et

$$X = f(x)$$

une fonction réelle ou imaginaire de cette variable. Soient encore Δx un accroissement fini ou infiniment petit attribué à la variable x, et ΔX l'accroissement correspondant que prendra la fonction X. Si l'on assigne à x une valeur telle que, dans le voisinage de cette valeur de x, la fonction X demeure finie et continue, alors à une valeur infiniment petite de l'accroissement Δx correspondra une valeur infiniment petite de l'accroissement ΔX; mais tandis que les deux accroissements Δx, ΔX s'approcheront indéfiniment l'un et l'autre de la limite zéro, leur rapport $\frac{\Delta X}{\Delta x}$ s'approchera lui-même, pour l'ordinaire, d'une limite finie et déterminée, qui pourra être finie ou infinie. Cette limite est ce que l'on nomme la *dérivée* de la fonction X ou $f(x)$. On la représente à l'aide de la lettre caractéristique D, par la notation [1]

$$DX \quad \text{ou} \quad D f(x),$$

ou, encore mieux, par la notation

$$D_x X \quad \text{ou} \quad D_x f(x),$$

dans laquelle la lettre x, placée au bas de la lettre caractéristique D, avertit le lecteur qu'il s'agit d'une dérivée prise par rapport à la variable x. Ajoutons que la dérivée de X, relative à x, se confond

---

(1) Suivant la notation de Lagrange, la dérivée de la fonction X ou $f(x)$ s'indique à l'aide d'un trait par

$$X', \quad \text{ou} \quad f'(x).$$

évidemment, d'après sa définition même, avec le *rapport différentiel*, de X à x, c'est-à-dire avec le rapport $\frac{dX}{dx}$ des différentielles dX, dx. On a donc identiquement

$$\frac{dX}{dx} = D_x X, \tag{1}$$

et

$$dX = D_x X \, dx. \tag{2}$$

Concevons, pour fixer les idées, que la fonction réelle ou imaginaire X de la variable réelle x soit l'une de celles qui peuvent être exprimées à l'aide des notations usuelles. Sa dérivée sera, pour l'ordinaire, une quantité complètement déterminée. Toutefois, elle pourra cesser d'être déterminée, et acquérir deux ou trois valeurs distinctes, ou même une infinité de valeurs diverses, pour certaines valeurs particulières assignées à la variable x. Ainsi, par exemple, si l'on pose

$$X = x \sin \frac{1}{x},$$

la dérivée de X deviendra indéterminée pour $x = 0$, et acquerra dans cette hypothèse, une valeur égale à celle de la fonction $\sin \frac{1}{x}$, par conséquent, représentée par une quantité réelle comprise entre les limites -1, $+1$.

En général, on peut dire que, parmi les fonctions d'une variable réelle, les unes sont complètement déterminées, tandis que les autres cessent de l'être, au moins pour certaines valeurs particulières de la variable.

Concevons maintenant que, x, y, z, ... étant des quantités algébriques variables, dépendantes ou indépendantes les unes des autres, on nomme s une fonction réelle ou imaginaire de ces variables. Désignons d'ailleurs, à l'aide des notations

$$D_x s, \quad D_y s, \quad D_z s, \quad \ldots$$

les dérivées partielles de s successivement considérée comme fonction de x, comme fonction de y, comme fonction de z, ... Alors, en raisonnant comme dans le volume III [p. 27, 28 et 29 (¹)], on établira non seulement la formule (5) du paragraphe I, savoir

$$ds = d_x s + d_y s + d_z s + \ldots,$$

mais encore les équations

$$(3) \qquad d_x s = D_x s\, dx, \qquad d_y s = D_y s\, dy, \qquad d_z s = D_z s\, dz, \qquad \ldots,$$

et l'on en conclura

$$(4) \qquad ds = D_x s\, dx + D_y s\, dy + D_z s\, dz + \ldots.$$

Il est généralement facile d'obtenir les dérivées, et par suite les différentielles des fonctions rélles ou imaginaires de quantités algébriques, quand ces fonctions sont exprimées à l'aide des notations usuelles.

Supposons, en particulier, que l'on demande la quantité géométrique 1_p, considérée comme fonction de l'argument p, et, pour abréger, désignons par la lettre ϖ un accroissement infiniment petit Δp attribué à cet argument. La dérivée cherchée sera la limite du rapport

$$(5) \qquad \frac{1_{p+\varpi} - 1_p}{\varpi} = 1_p\, \frac{1_\varpi - 1}{\varpi};$$

elle sera donc égale au produit de 1_p par quantité géométrique qui représentera la limite du rapport

$$(6) \qquad \frac{1_\varpi - 1}{\varpi}.$$

D'ailleurs, dans le cercle décrit du pôle comme centre avec le rayon 1, ϖ sera la mesure de l'arc compris entre les deux rayons qui, partant du pôle, seront représentés par des quantités géométriques 1, 1_ϖ, et la différence $1_\varpi - 1$ de ces deux quantités représentera, en grandeur comme en direction, la corde de ce même arc. Par suite, l'expres-

(¹) *Œuvres de Cauchy*, série II, t. XIII, p. 31 et suiv.

sion (6) aura pour module le rapport numérique de cette corde à l'arc et, pour argument l'angle obtus formé par la même corde avec l'axe polaire. D'autre part, tandis que l'arc s'approchera indéfiniment de zéro, le rapport numérique de la corde à l'arc convergera vers la limite 1, et l'angle obtus formé par la corde avec l'axe polaire vers la limite $\frac{\pi}{2}$, qui représente un angle droit. Donc, l'expression (6) aura pour limite

$$1_{\frac{\pi}{2}} = \mathrm{i},$$

et la limite de l'expression (5), ou la dérivée de 1_p, sera le produit de 1_p par $1_{\frac{\pi}{2}} = \mathrm{i}$, ou, ce qui revient au même, $1_{p+\frac{\pi}{2}}$, en sorte qu'on aura

$$\mathrm{D}_p 1_p = 1_{p+\frac{\pi}{2}}. \tag{7}$$

Si, dans cette dernière équation, l'on substitue à l'expression 1_p, sa valeur tirée de la formule (11) de la page 216, savoir

$$1_p = \cos p + \mathrm{i} \sin p:$$

on trouvera

$$\mathrm{D}_p \cos p + \mathrm{i}\, \mathrm{D}_p \sin p = \cos\left(p + \frac{\pi}{2}\right) + \mathrm{i} \sin\left(p + \frac{\pi}{2}\right). \tag{8}$$

et, par suite,

$$\mathrm{D}_p \cos p = \cos\left(p + \frac{\pi}{2}\right), \qquad \mathrm{D}_p \sin p = \sin\left(p + \frac{\pi}{2}\right), \tag{9}$$

ou, ce qui revient au même,

$$\mathrm{D}_p \cos p = -\sin p, \qquad \mathrm{D}_p \sin p = \cos p. \tag{10}$$

Ainsi, en partant de la formule (7), on se trouve ramené aux équations connues qui fournissent les dérivées du cosinus et du sinus d'un arc; et réciproquement on pourrait, de ces équations, ou, ce qui revient au même, des formules (9), déduire immédiatement l'équation (8), par conséquent, la formule (7). Ajoutons que de l'équation (7), jointe aux formules

$$\mathrm{d} 1_p = \mathrm{D}_p 1_p \mathrm{d}p, \qquad 1_{p+\frac{\pi}{2}} = 1_p 1_{\frac{\pi}{2}} = 1_p \mathrm{i}.$$

on tirera

$$(11) \qquad d1_p = 1_p \mathrm{i}\, dp.$$

Supposons maintenant que l'on demande non plus la dérivée ou la différentielle de 1_p, mais les dérivées partielles et la différentielle de la quantité géométrique r_p considérée comme fonction du module r et de l'argument p. Comme on aura

$$r_p = 1_p r,$$

on en tirera, eu égard à la formule (7),

$$(12) \qquad D_p r_p = 1_{p+\frac{\pi}{2}} r, \qquad D_r r_p = 1_p,$$

et de ces formules, jointes aux équations

$$d1_p = D_p 1_p\, dp + D_r 1_p\, dr, \qquad 1_{p+\frac{\pi}{2}} = \mathrm{i}\, 1_p,$$

on tirera

$$(13) \qquad dr_p = 1_p(dr + \mathrm{i}\, r\, dp).$$

Si, pour abréger, on désigne par la lettre z la quantité géométrique r_p, et si d'ailleurs on nomme x, y les coordonnées rectangulaires du point dont l'affixe est z, le pôle étant pris pour origine, et l'axe polaire pour axe des x, on aura

$$(14) \qquad z = x + y\mathrm{i} = r_p;$$

et de cette dernière formule, jointe à l'équation (13) et à l'équation (14) du paragraphe précédent, on tirera

$$(15) \qquad dz = dx + \mathrm{i}\, dy = 1_p(dr + \mathrm{i}\, r\, dp).$$

III. — *Sur les dérivées des fonctions de quantités géométriques.*

Soient

$$(1) \qquad z = x + y\mathrm{i}$$

et

$$(2) \qquad Z = X + Y\mathrm{i}$$

deux quantités géométriques variables, propres à représenter les affixes de deux points A et B qui, dans un certain plan, ont pour coordonnées rectangulaires, le premier les variables réelles x, y, le second les variables réelles X, Y. Comme je l'ai dit dans l'avant-dernier article, Z devra être censé fonction de z, si, la valeur de z étant donnée, on peut en déduire celle de Z, ou, en d'autres termes, si, la position du point A étant donnée, on peut en déduire celle du point B; et il suffira pour cela que les variables réelles X, Y soient des fonctions déterminées des variables réelles x, y.

Concevons maintenant que l'on désigne, à l'aide de la lettre caractéristique Δ placée devant les variables

$$x, \quad y, \quad z, \quad X, \quad Y, \quad Z,$$

des accroissements finis ou infiniment petits attribués à ces mêmes variables. Supposons, d'ailleurs, que Z reste fonction continue de z, du moins pour des valeurs de z comprises entre certaines limites. Pour de telles valeurs de z, à des accroissements infiniment petits Δx, Δy de x, y correspondront des accroissements infiniment petits Δz, ΔZ de z, Z; et la *dérivée* de la variable Z considérée comme fonction de z ne sera autre chose que la limite dont s'approchera indéfiniment le rapport

$$\frac{\Delta Z}{\Delta z},$$

tandis que Δx, Δy s'approcheront indéfiniment de zéro. Cette dérivée sera désignée, comme dans le cas où z est réel, à l'aide de la lettre caractéristique D, par la notation $D_z Z$. D'autre part, les quatre différentielles

$$dx, \quad dy, \quad dz, \quad dZ$$

des quantités algébriques variables x, y, et des quantités géométriques variables z, Z, seront quatre quantités nouvelles, les deux premières algébriques, les deux dernières géométriques, dont les rapports seront précisément égaux aux limites des rapports entre les accroissements infiniment petits

$$\Delta x, \quad \Delta y, \quad \Delta z, \quad \Delta Z$$

de ces mêmes variables. Cela posé, la dérivée de Z, relative à z, se confondra évidemment avec le rapport différentiel de Z à z, c'est-à-dire avec le rapport

$$\frac{dZ}{dz}$$

des différentielles dZ, dz, en sorte qu'on aura

$$D_z Z = \frac{dZ}{dz}. \tag{3}$$

Si, dans la formule (3), on substitue à la différentielle dz, sa valeur tirée de la formule (1), savoir

$$dz = dx + i\,dy,$$

et à la différentielle dZ, sa valeur fournie par une équation semblable à la formule (4) du paragraphe II, savoir

$$dZ = D_x Z\,dx + D_y Z\,dy,$$

on trouvera

$$D_z Z = \frac{D_x Z\,dx + D_y Z\,dy}{dx + i\,dy}. \tag{4}$$

Si, d'ailleurs, on pose

$$\frac{dy}{dx} = \tang \varpi, \tag{5}$$

ou, ce qui revient au même,

$$\frac{dx}{\cos\varpi} = \frac{dy}{\sin\varpi}, \tag{6}$$

l'équation (4) donnera

$$D_z Z = \frac{D_x Z \cos\varpi + D_y Z \sin\varpi}{\cos\varpi + i\sin\varpi}; \tag{7}$$

puis, en ayant égard aux formules

$$1_\varpi = \cos\varpi + i\sin\varpi, \qquad 1_\varpi 1_{-\varpi} = 1,$$

on tirera de l'équation (7),

$$D_z Z = 1_{-\varpi}(D_x Z\cos\varpi + D_y Z\sin\varpi). \tag{8}$$

Il est bon d'observer que dans les formules (4), (7), (8), les dérivées partielles $D_x Z$, $D_y Z$ varient généralement avec la position du point mobile A, et se réduisent à des fonctions des deux coordonnées rectangulaires x, y de ce même point, ou, ce qui revient au même, à des fonctions de l'affixe z. D'autre part, tandis que les coordonnées x, y varieront par degrés insensibles, le point A décrira généralement une courbe continue; et si par ce point on mène une droite qui forme, avec l'axe polaire, un angle ϖ propre à vérifier la formule (5), la direction de cette droite, appelée *tangente*, sera ce qu'on nomme la *direction* de la courbe au point dont il s'agit. Si la ligne décrite par le point A se réduit à une droite, la tangente ne différera pas de cette même droite. Cela posé, il suit immédiatement de la formule (4), (7) ou (8) que la dérivée de Z, considérée comme fonction de z, dépend en général, non seulement de la position du point A sur la ligne qu'il décrit, mais encore de la direction de cette ligne. Si cette direction devient parallèle à l'axe des x ou à l'axe des y, on aura

$$dy = 0 \qquad \text{ou} \qquad dx = 0,$$

et la dérivée de Z, prise par rapport à z, sera, dans la première hypothèse,

$$D_x Z; \tag{9}$$

dans la seconde hypothèse,

$$\frac{D_y Z}{i} = -i D_y Z; \tag{10}$$

comme on pourrait aussi le conclure de la formule (7) ou (8), en posant dans cette formule

$$\varpi = 0 \qquad \text{ou} \qquad \varpi = \frac{\pi}{2}.$$

Concevons maintenant que la fonction Z, supposée explicite, ou rendüe explicite par la résolution de l'équation ou des équations qui la détermineraient, soit *monodrome*, du moins entre certaines limites de z; c'est-à-dire qu'entre ces limites elle conserve une valeur unique, en restant fonction continue de z, par conséquent de x et de y, tant qu'elle ne devient pas infinie. Concevons encore que les dérivées partielles du premier ordre

$$D_x Z, \quad D_y Z$$

satisfassent à la même condition; c'est-à-dire qu'entre les limites données de z, chacune de ces dérivées partielles soit monodrome. Alors la dérivée

$$D_z Z$$

conservera entre les limites données de z, et tant qu'elle ne deviendra pas infinie, une valeur unique en restant fonction continue de la variable imaginaire z et de l'angle ϖ. Ajoutons qu'en vertu de la formule (7) ou (8), cette dérivée deviendra indépendante de l'angle ϖ, si les deux valeurs particulières de cette dérivée, représentées par les expressions (9) et (10), deviennent égales entre elles. Alors, en effet, on aura

$$\frac{D_y Z}{i} = D_x Z, \tag{11}$$

par conséquent

$$D_y Z = i\, D_x Z, \tag{12}$$

et l'équation (7) ou (8) donnera

$$D_z Z = D_x Z, \tag{13}$$

quelle que soit d'ailleurs la valeur du rapport $\frac{dy}{dx}$, ou, ce qui revient au même, de l'angle ϖ. Donc alors la dérivée

$$D_z Z$$

deviendra indépendante de la direction de la ligne que décrira le point mobile A, et se réduira simplement à une fonction des variables réelles x, y, ou, ce qui revient au même, à une fonction de la variable imaginaire z. D'ailleurs, pour que cette réduction s'effectue, il est évidemment nécessaire que la dérivée

$$D_z Z$$

conserve la même valeur quand la direction de la ligne décrite par le point A devient parallèle à l'axe des x, et quand elle devient parallèle à l'axe des y; en conséquence, il est nécessaire que les dérivées partielles de Z, relative à x et à y, savoir $D_x Z$ et $D_y Z$, satisfassent à la condition exprimée par la formule (12).

Dans le cas spécial que nous venons d'indiquer, la dérivée $D_z Z$ sera, aussi bien que Z, du moins entre des limites données de z, une fonction *monodrome* de cette variable.

Au reste, pour que la dérivée $D_z Z$ soit une fonction monodrome de la variable imaginaire z, entre des limites données de z, il n'est pas nécessaire qu'entre ces limites, la fonction Z soit elle-même monodrome : il suffit que les deux dérivées partielles du premier ordre

$$D_x Z, \quad D_y Z,$$

étant monodromes entre les limites dont il s'agit, satisfassent à l'équation (12).

Nous appellerons *monogène* une fonction dont la dérivée sera monodrome. En vertu de la remarque précédente, une fonction de la variable imaginaire z pourra être monogène entre des limites données de z, sans être constamment monodrome entre ces mêmes limites.

Ainsi, par exemple, si l'on pose

$$(14) \qquad Z = \mathrm{l} z,$$

ou, ce qui revient au même,

$$(15) \qquad Z = \mathrm{l}(x + y\mathrm{i}),$$

on aura encore, eu égard à la formule (30) de la page 271,

$$(16) \qquad Z = \frac{1}{2}\mathrm{l}(x^2 + y^2) + \mathrm{i}\frac{y}{\sqrt{y^2}}\arc\cos\frac{x}{\sqrt{x^2 + y^2}},$$

par conséquent,

$$(17) \qquad D_x Z = \frac{1}{x + y\mathrm{i}} = \frac{1}{z}, \qquad D_y Z = \frac{\mathrm{i}}{x + y\mathrm{i}} = \frac{\mathrm{i}}{z};$$

et, comme les valeurs précédentes de $D_x Z$, $D_y Z$ seront, entre des limites quelconques de la variable

$$z = x + yi,$$

des fonctions monodromes de cette variable qui vérifieront la condition (12), la dérivée $D_z Z$ de $Z = 1z$, déterminée par la formule (7) ou (8), devra être aussi constamment une fonction monodrome de z, ce qu'il est aisé de vérifier, puisque l'on aura

$$(18) \qquad D_z Z = D_x Z = \frac{1}{z}.$$

Par suite, la fonction $1z$ sera constamment monogène. Toutefois, cette fonction $1z$, qui restera elle-même monodrome tandis que l'on fera varier x entre les limites 0, ∞, cessera d'être monodrome quand x deviendra négatif, puisque alors, en vertu de la formule (16), elle passera brusquement de la valeur

$$\frac{1}{2} 1(x^2) - \pi i,$$

à la valeur

$$\frac{1}{2} 1(x^2) + \pi i,$$

tandis que y passera, en décroissant, d'une valeur négative à une valeur positive.

MÉMOIRE SUR LA DIFFÉRENTIATION

DES

FONCTIONS EXPLICITES OU IMPLICITES

D'UNE OU DE PLUSIEURS QUANTITÉS GÉOMÉTRIQUES

Les principes établis dans l'article précédent permettent d'obtenir facilement les différentielles des fonctions d'une ou de plusieurs quantités géométriques, quand ces fonctions se trouvent exprimées à l'aide des notations usuelles. De plus, en partant de ces principes, on reconnaît aisément que les formules et les propositions relatives à la différentiation des fonctions de variables réelles continuent généralement de subsister quand ces variables deviennent imaginaires. Ainsi, par exemple, Z étant fonction d'une variable imaginaire z, on aura, comme on l'a déjà remarqué dans l'article précédent,

$$dZ = D_z Z\, dz; \tag{1}$$

et Z étant une fonction de plusieurs variables imaginaires $u, v, w, \ldots$, on aura généralement

$$dZ = D_u Z\, du + D_v Z\, dv + D_w Z\, dw + \ldots. \tag{2}$$

Les formules (1) et (2) fournissent les règles connues pour la détermination des fonctions de fonctions et des fonctions composées.

La différentiation des fonctions entières d'une variable imaginaire z s'effectue de la même manière et conduit aux mêmes formules que dans le cas où cette variable est réelle. Ainsi, par exemple, x étant un nombre entier quelconque, et $a, b, c, \ldots$ des constantes imaginaires, on aura, pour des valeurs imaginaires, comme pour des valeurs réelles de z,

$$(3) \qquad dz^n = nz^{n-1}\,dz,$$

$$(4) \qquad dz^{-n} = -nz^{-n-1}\,dz,$$

$$(5) \qquad d(a + bz + cz^2 + \ldots + kz^n) = (b + 2cz + \ldots + nkz^{n-1})\,dz,$$

et, par suite,

$$(6) \qquad D_z z^n = nz^{n-1},$$

$$(7) \qquad D_z z^{-n} = -nz^{-n-1},$$

$$(8) \qquad D_z(a + bz + cz^2 + \ldots + kz^n) = b + 2cz + \ldots + nkz^{n-1}.$$

La même remarque s'applique aux fonctions rationnelles d'une variable imaginaire z. Leurs différentielles et leurs dérivées, exprimées en fonctions de z, sont précisément celles qu'on obtiendrait si z était réel.

Considérons maintenant l'exponentielle e^z et posons

$$z = x + yi,$$

x, y étant réels; on aura

$$e^z = e^{x+yi} = e^x e^{yi},$$

ou, ce qui revient au même,

$$e^z = e^x 1_y,$$

puis on en conclura, eu égard à la formule (2),

$$de^z = e^x\,d1_y + 1_y\,de^x;$$

et de cette dernière équation, combinée avec les formules

$$de^x = e^x\,dx, \qquad d1_y = 1_y\,i\,dy, \qquad dz = dx + i\,dy,$$

on tirera

$$(9) \qquad de^z = e^z\,dz,$$

par conséquent

$$(10) \qquad D_z e^z = e^z.$$

Donc *la dérivée de l'exponentielle e^z est cette exponentielle même*, quelle que soit la valeur réelle ou imaginaire de z.

En partant de la formule (9), on déterminera sans peine les différentielles et les dérivées des exponentielles qui auraient pour base un nombre autre que e, comme aussi des fonctions entières ou même rationnelles d'exponentielles quelconques. Ainsi, par exemple, A étant un nombre quelconque, et a étant le logarithme népérien de a, on déduira de l'équation (9), jointe à la formule

$$A^z = e^{az},$$

les équations

$$\text{(11)} \qquad dA^z = A^z lA\, dz,$$

$$\text{(12)} \qquad D_z A^z = A^z lA.$$

De même, de l'équation (9), jointe aux formules

$$\cos z = \frac{e^{zi} + e^{-zi}}{2}, \qquad \sin z = \frac{e^{zi} - e^{-zi}}{2i},$$

on déduira immédiatement les différentielles et les dérivées de $\cos z$ et $\sin z$, considérées comme fonctions entières de l'exponentielle e^{zi}, et l'on trouvera ainsi

$$\text{(13)} \qquad d\cos z = -\sin z\, dz, \qquad d\sin z = \cos z\, dz,$$

$$\text{(14)} \qquad D_z \cos z = -\sin z, \qquad D_z \sin z = \cos z.$$

Enfin, des formules qui précèdent, jointes à l'équation (2), on déduira sans peine les différentielles et les dérivées d'une infinité de fonctions explicites d'une ou de plusieurs variables imaginaires.

Concevons, pour fixer les idées, que

$$Z = X + Y i$$

représente une fonction de la variable imaginaire

$$z = x + yi,$$

x, y, X, Y étant des variables réelles. Pour que l'on puisse déduire de la formule (2), et de celles qui la suivent, les valeurs de la différentielle dZ et de la dérivée

$$D_z Z = \frac{dZ}{dz},$$

il suffira que les variables imaginaires z, Z puissent être considérées comme liées l'une à l'autre et à certaines variables auxiliaires

$$u, \quad v, \quad w, \quad \ldots,$$

de telle sorte que les diverses variables étant rangées dans un certain ordre indiqué par la suite

$$(15) \qquad Z, \quad \ldots, \quad u, \quad v, \quad w, \quad \ldots, \quad z,$$

l'une quelconque d'entre elles, u par exemple, soit équivalente à une certaine fonction rationnelle des variables suivantes :

$$v, \quad w, \quad \ldots, \quad z,$$

et des exponentielles

$$e^v, \quad e^w, \quad \ldots, \quad e^z,$$

ou de quelques-unes de ces variables et de ces exponentielles. Dans cette hypothèse, la différentielle de u, considérée comme fonction de v, w, ..., z, sera fournie par une équation de la forme

$$(16) \qquad du = D_v u\, dv + D_w u\, dw + \ldots + D_z u\, dz;$$

la différentielle de Z, considérée comme fonction de ..., u, v, w, ..., z, sera fournie par une équation analogue; et, si de cette dernière on élimine les valeurs des différentielles

$$\ldots, \quad du, \quad dv, \quad dw, \quad \ldots,$$

données par la formule (16) et les formules de même espèce, l'équation résultante de l'élimination déterminera le rapport différentiel de Z à z, ou, en d'autres termes, la dérivée de Z considérée comme fonction de la seule variable z, par conséquent la valeur cherchée de $D_z Z$. D'ailleurs, cette valeur de $D_z Z$ sera généralement, ainsi que Z, une fonction continue de la variable z, dans le voisinage d'une valeur finie attribuée à z; ou du moins les seules valeurs finies de z, pour lesquelles cette condition ne sera pas remplie, seront des *valeurs singulières*, propres à représenter les affixes de certains points isolés et séparés les uns des autres. La circonstance particulière que nous venons de signaler se présenterait par exemple, si l'on supposait

$$Z = 1 + u, \qquad u = e^v, \qquad v = \frac{1}{z}, \tag{17}$$

et, par suite,

$$Z = 1 + e^{\frac{1}{z}}. \tag{18}$$

Alors la fonction Z et sa dérivée

$$D_z Z = -\frac{1}{z^2} e^{\frac{1}{z}}, \tag{19}$$

resteraient finies et continues dans le voisinage de toute valeur finie de z distincte de zéro; mais Z et $D_z Z$ deviendraient simultanément discontinues pour une valeur nulle de z, et les limites dont s'approcheraient ces deux fonctions, tandis que la variable $z = x + yi$ s'approcherait indéfiniment de zéro, pourraient être ou finies ou infinies. Ces limites seraient effectivement 1 et 0, si l'on supposait $y = 0$, $x < 0$, elles seraient ∞ et $-\infty$, si l'on supposait $y = 0$, $x > 0$.

Si à la première des équations (17) on substituait la suivante :

$$Z = \frac{1}{1 + u}, \tag{20}$$

on aurait

$$Z = \frac{1}{1 + e^{\frac{1}{z}}}, \tag{21}$$

$$D_z Z = +\frac{1}{z^2} \frac{e^{\frac{1}{z}}}{\left(1 + e^{\frac{1}{z}}\right)^2}, \tag{22}$$

et les deux fonctions Z, $D_z Z$ deviendraient discontinues, non seulement pour une valeur nulle de z, mais encore pour les valeurs singulières de z propres à vérifier la condition

$$e^{\frac{1}{z}} = -1, \tag{23}$$

c'est-à-dire pour toutes les valeurs de z données par la formule

$$z = \pm \frac{i}{(2n+1)\pi}, \tag{24}$$

n étant un nombre entier quelconque.

Supposons maintenant que les termes de la suite (15), étant rangés dans un ordre quelconque, soient liés entre eux par des équations dont les premiers membres soient des fonctions rationnelles de ces mêmes termes et des exponentielles

$$e^{Z}, \quad \ldots, \quad e^{u}, \quad e^{v}, \quad e^{w}, \quad \ldots, \quad e^{z},$$

les seconds membres étant réduits à zéro. En vertu de ces équations, quelques-unes des variables

$$Z, \quad \ldots, \quad u, \quad v, \quad w, \quad \ldots, \quad z$$

seront des fonctions implicites des autres : et si le nombre des équations est égal au nombre des variables diminué de l'unité, Z sera une fonction implicite de z. Cela posé, il suffira évidemment de différentier les diverses équations, puis d'éliminer

$$du, \quad dv, \quad dw, \quad \ldots$$

des équations différentielles ainsi formées, pour obtenir une équation finale qui déterminera la différentielle dZ et la dérivée

$$D_z Z = \frac{dZ}{dz},$$

de Z considérée comme fonction de z. D'ailleurs, la valeur trouvée de $D_z Z$ sera généralement, ainsi que Z, une fonction continue de z, dans le voisinage d'une valeur finie attribuée à z, ou du moins les seules valeurs finies de Z, pour lesquelles cette condition ne sera pas remplie, seront des valeurs singulières propres à représenter les affixes de certains points isolés et séparés les uns des autres.

Si, pour fixer les idées, on suppose Z lié à z par une seule équation

$$(25) \qquad U = 0,$$

dont le premier membre U soit une fonction rationnelle des variables z, Z et des exponentielles e^{z}, e^{Z}, on trouvera, en différentiant cette équation,

$$(26) \qquad D_Z U\, dZ + D_z U\, dz = 0,$$

et, par suite,

$$\frac{dZ}{dz} = -\frac{D_z U}{D_Z U},$$

ou, ce qui revient au même,

$$(27) \qquad D_z Z = -\frac{D_z U}{D_Z U}.$$

Supposons, par exemple, Z lié à z par l'équation

$$(28) \qquad e^Z = z,$$

que l'on peut encore écrire comme il suit :

$$e^Z - z = 0.$$

On trouvera, en différentiant cette équation,

$$e^Z dZ - dz = 0,$$

et, par suite,

$$\frac{dZ}{dz} = e^{-Z} = \frac{1}{z},$$

ou, ce qui revient au même,

$$(29) \qquad D_z Z = \frac{1}{z}.$$

Il est bon d'observer que, dans le cas où le nombre des variables imaginaires représentées par

$$Z, \quad \ldots, \quad u, \quad v, \quad w, \quad \ldots, \quad z$$

surpasse d'une unité le nombre des équations auxquelles ces variables sont assujetties, on peut obtenir la différentielle dZ, et, par suite, la dérivée $D_z Z$ de Z considéré comme fonction de z, ou en différentiant comme on vient de le dire, les équations données, ou en tirant d'abord de ces équations supposées résolubles la valeur de Z, et en différentiant cette valeur présentée sous la forme

$$Z = X + Y i.$$

Si, pour fixer les idées, on suppose Z lié à z par l'équation (28), la fonction implicite Z admettra une infinité de valeurs distinctes qui seront toutes comprises dans la formule

$$(30)\qquad Z = c + \mathrm{l}z,$$

la constante c désignant l'un quelconque des termes de la progression arithmétique

$$\ldots,\quad -4\pi i,\quad -2\pi i,\quad 0,\quad 2\pi i,\quad 4\pi i,\quad \ldots.$$

Par suite, la dérivée de Z considéré comme fonction de z se réduira toujours à la dérivée de

$$(31)\qquad \mathrm{l}z = \frac{1}{2}\mathrm{l}(x^2+y^2) + i\frac{y}{\sqrt{y^2}}\arc\cos\frac{x}{\sqrt{x^2+y^2}}.$$

D'ailleurs cette dernière dérivée sera, comme on l'a déjà remarqué dans l'article précédent,

$$(32)\qquad \mathrm{D}_z\mathrm{l}z = \frac{1}{z}.$$

Donc, en supposant Z déterminé par l'équation (28), on aura, comme l'indique la formule (29),

$$\mathrm{D}_z Z = \frac{1}{z}.$$

Observons, toutefois, que le calcul est plus simple quand on déduit directement la formule (29) de l'équation (28), sans recourir aux équations (30) et (31).

On voit, par cet exemple, que pour obtenir la dérivée d'une fonction explicite Z de la variable z, dans le cas où cette fonction coïncide avec l'une des valeurs d'une fonction implicite déterminée par une ou plusieurs équations, il peut être avantageux de différentier directement l'équation ou les équations données.

En partant de la formule (32), on obtient aisément les dérivées d'un grand nombre de fonctions explicites qui peuvent être exprimées en logarithmes népériens. Ainsi, par exemple, comme on a [p. 325]

$$(33)\qquad \operatorname{arc\,tang} z = \frac{\mathrm{l}(1+zi) - \mathrm{l}(1-zi)}{2i},$$

on en conclura

$$\mathrm{D}_z \operatorname{arc\,tang} z = \frac{1}{2}\left(\frac{1}{1+zi} + \frac{1}{1-zi}\right);$$

par conséquent,

$$(34)\qquad D_z \operatorname{arc\,tang} z = \frac{1}{1+z^2}.$$

De même encore, comme, en désignant par a une constante arbitrairement choisie, on a identiquement [vol. III, p. 381] ([1])

$$(35)\qquad z^a = e^{a\,lz},$$

on en conclura

$$D_z z^a = e^{a\,lz}\, a\, D_z l(z) = a\frac{z^a}{z},$$

ou, ce qui revient au même,

$$(36)\qquad D_z z^a = a z^{a-1}.$$

On trouvera, en particulier,

$$(37)\qquad D_z z^{\frac{1}{2}} = \frac{1}{2} z^{-\frac{1}{2}},$$

puis on en conclura, en remplaçant z par $1-z^2$,

$$(38)\qquad D_z(1-z^2)^{\frac{1}{2}} = -\frac{z}{\sqrt{1-z^2}}.$$

Enfin, comme on aura [p. 327]

$$(39)\qquad \operatorname{arc\,sin} z = \frac{1}{i} l\left[\sqrt{1-z^2}+zi\right],$$

on tirera de cette dernière équation, jointe aux formules (32) et (38),

$$(40)\qquad D_z \operatorname{arc\,sin} z = \frac{1}{\sqrt{1-z^2}}.$$

Les fonctions explicites qui, comme arc tang z, z^a, arc sin z, ..., s'expriment en logarithmes népériens, peuvent être aussi considérées comme représentant certaines valeurs de fonctions implicites déterminées par des équations dont les deux membres renferment uniquement des fractions rationnelles et des exponentielles népériennes. Ainsi, par exemple, arc tang Z est une des valeurs de Z propres à

([1]) *Œuvres de Cauchy*, série II, t. XIII, p. 427.

vérifier l'équation

$$e^{2Zi} = \frac{1 + zi}{1 - zi}; \tag{41}$$

z^a est une des valeurs de Z fournies par le système des deux équations

$$Z = e^{au}, \qquad e^u = z; \tag{42}$$

enfin, arc sin z est une des valeurs de Z fournies par le système des équations

$$e^{Zi} = u + zi, \qquad u^2 = 1 - z^2. \tag{43}$$

Cela posé, on ne doit pas être surpris de voir que les formules (34) et (36) peuvent être déduites directement des équations (41) et (42).

MÉMOIRE

SUR

LES CLEFS ALGÉBRIQUES

Je nomme *clefs algébriques* des variables qui n'apparaissent que passagèrement en des formules où leurs produits sont définitivement remplacés par des quantités qui peuvent être arbitrairement choisies. Ces variables méritent doublement le nom de clefs, puisque leur intervention permet, non seulement d'introduire avec facilité dans le calcul des quantités qui se glissent à leur suite, et auxquelles elles ouvrent la porte pour ainsi dire, mais encore de résoudre promptement un grand nombre de questions diverses.

On peut d'ailleurs employer, comme clefs algébriques, toutes sortes de quantités variables, même celles que l'on nomme *différentielles* et *variations*.

I. — *Considérations générales. Notations.*

Considérons, d'une part, m variables

$$\alpha,\quad \beta,\quad \gamma,\quad \ldots,\quad \eta;$$

d'autre part, n fonctions linéaires et homogènes de ces variables, représentées par

$$\lambda,\quad \mu,\quad \nu,\quad \ldots,\quad \varsigma,$$

en sorte qu'on ait

$$(1)\qquad \left\{\begin{array}{l} \lambda = a_1\alpha + b_1\beta + c_1\gamma + \ldots + h_1\eta,\\ \mu = a_2\alpha + b_2\beta + c_2\gamma + \ldots + h_2\eta,\\ \nu = a_3\alpha + b_3\beta + c_3\gamma + \ldots + h_3\eta,\\ \ldots\ldots\ldots\ldots\ldots\ldots\ldots\ldots\ldots\\ \varsigma = a_n\alpha + b_n\beta + c_n\gamma + \ldots + h_n\eta, \end{array}\right.$$

$a_1, b_1, c_1, \ldots, h_1; a_2, b_2, c_2, \ldots, h_2; a_3, b_3, c_3, \ldots, h_3; a_n, b_n, c_n, \ldots, h_n$ étant des coefficients constants. Le produit

$$\lambda\mu\nu\ldots\varsigma \tag{2}$$

de ces fonctions multipliées l'une par l'autre dans un ordre déterminé pourra être décomposé en produits partiels dont chacun renfermera un coefficient constant avec n facteurs variables égaux ou inégaux; et l'on pourra, dans chaque produit partiel, conserver la trace de l'ordre dans lequel les multiplications sont effectuées, en écrivant le premier le facteur variable qui appartient à la fonction λ; puis, à la suite de celui-ci, le facteur variable qui appartient à la fonction μ, ...; puis à la dernière place, le facteur variable qui appartient à la fonction ς. De plus, après avoir ainsi décomposé le produit (2) en plusieurs termes, on pourra, dans chaque terme, remplacer le produit des facteurs variables par une quantité arbitrairement choisie, et même substituer deux quantités distinctes à deux produits qui ne différeront entre eux que par l'ordre des facteurs. En vertu des substitutions de cette nature le produit (2) se transformera en une quantité nouvelle que nous appellerons *produit symbolique*, et que nous désignerons par la notation

$$|\lambda\mu\nu\ldots\varsigma|, \tag{3}$$

en renfermant le produit donné entre deux traits verticaux. Nous indiquerons les substitutions elles-mêmes sous le nom de *transmutations*, et chacune des quantités substituées par le produit auquel on la substitue, renfermé encore entre deux traits. Enfin, nous nommerons *clefs algébriques* les variables $\alpha, \beta, \gamma, \ldots, \eta$ qui, momentanément admises dans le calcul, disparaissent quand on passe du produit (2) au produit (3), et nous dirons que ce dernier produit a pour *facteurs symboliques* les fonctions linéaires $\lambda, \mu, \nu, \ldots, \varsigma$.

Supposons, pour fixer les idées, que l'on ait $m = 2$, $n = 2$, en sorte que les formules (1) se réduisent aux deux équations

$$\left\{\begin{aligned} \lambda &= a_1\alpha + b_1\beta, \\ \mu &= a_2\alpha + b_2\beta. \end{aligned}\right. \tag{4}$$

On aura, dans cette hypothèse,

$$(5)\qquad \lambda\mu = a_1 a_2 \alpha^2 + a_1 b_2 \alpha\beta + b_1 a_2 \beta\alpha + b_1 b_2 \beta^2;$$

par conséquent,

$$(6)\qquad |\lambda\mu| = a_1 a_2 |\alpha^2| + a_1 b_2 |\alpha\beta| + b_1 a_2 |\beta\alpha| + b_1 b_2 |\beta^2|;$$

et, si l'on assujettit les clefs α, β aux transmutations

$$(7)\qquad |\alpha^2| = 1, \qquad |\alpha\beta| = 2, \qquad |\beta\alpha| = 3, \qquad |\beta^2| = 4,$$

on trouvera

$$(8)\qquad |\lambda\mu| = a_1 a_2 + 2 a_1 b_2 + 3 b_1 a_2 + 4 b_1 b_2.$$

Ajoutons que la valeur du produit symbolique $|\lambda\mu|$ sera modifiée si l'on échange entre eux les deux facteurs λ, μ. En effet, en supposant toujours les clefs α, β assujetties aux transmutations (7), on trouvera

$$(9)\qquad |\mu\lambda| = a_2 a_1 + 2 a_2 b_1 + 3 b_2 a_1 + 4 b_2 b_1.$$

Comme on le voit, en multipliant l'une par l'autre des fonctions linéaires de clefs algébriques, on construit en quelque sorte un *moule* dans lequel des quantités arbitrairement choisies viennent prendre les places d'abord occupées par les divers produits de ces mêmes clefs. Le produit symbolique ainsi obtenu dépend tout à la fois et des coefficients des clefs dans les fonctions linéaires données, et des quantités substituées, ou, en d'autres termes, de la nature des transmutations. On conçoit, qu'en raison de cette nature, un produit symbolique peut acquérir des propriétés qui facilitent notablement la démonstration d'un théorème ou la solution d'un problème; et l'habileté du calculateur consiste à choisir les transmutations qui lui permettent d'atteindre avec moins de travail le but qu'il s'est proposé.

Si, en adoptant les notations ci-dessus mentionnées, on nomme $\varkappa$ un produit de clefs algébriques rangées dans un certain ordre, la substitution d'une quantité déterminée $\mathfrak{k}$ au produit $\varkappa$ sera indiquée par la formule

$$(10)\qquad |\varkappa| = \mathfrak{k}.$$

Si, dans cette formule, on voulait supprimer les traits entre lesquels est renfermé le produit $\varkappa$, on devrait en même temps, pour éviter toute méprise, substituer au signe $=$ un signe différent, par exemple le signe $\simeq$ que j'ai déjà employé pour cet usage dans les *Comptes rendus des séances de l'Académie des Sciences*. Alors, à la place de la formule (10), on obtiendrait celle-ci

$$(11) \qquad \varkappa \simeq \mathrm{k}.$$

II. — *Décomposition des sommes alternées, connues sous le nom de* résultantes, *en facteurs symboliques.*

Les sommes alternées que nous avons déjà considérées dans le second volume de cet ouvrage (p. 160) [1], peuvent être facilement décomposées en produits symboliques.

En effet, considérons d'abord la somme alternée s, formée avec les quatre termes du tableau

$$(1) \qquad \begin{cases} a_1, & b_1, \\ a_2, & b_2, \end{cases}$$

et fournie par l'équation

$$(2) \qquad s = S(\pm a_1 b_2) = a_1 b_2 - a_2 b_1.$$

Si l'on donne pour coefficients à deux clefs algébriques α, β dans deux fonctions linéaires λ, μ, les termes que renferment la première et la seconde ligne horizontale du tableau (1), on aura non seulement

$$(3) \qquad \begin{cases} \lambda = a_1 \alpha + b_1 \beta, \\ \mu = a_2 \alpha + b_2 \beta, \end{cases}$$

mais encore

$$(4) \qquad |\lambda\mu| = a_1 a_2 |\alpha^2| + a_1 b_2 |\alpha\beta| + b_1 a_2 |\beta\alpha| + b_1 b_2 |\beta^2|;$$

et, pour que le produit symbolique $|\lambda\mu|$ se réduise à la résultante s, il suffira évidemment de poser

$$(5) \qquad |\alpha^2| = 0, \qquad |\alpha\beta| = 1, \qquad |\beta\alpha| = -1, \qquad |\beta^2| = 0.$$

[1] *Œuvres de Cauchy*, série II, t. XII, p. 173.

Sous cette condition, l'on aura

$$s = |\lambda\mu|; \tag{6}$$

et λ, μ seront les *facteurs symboliques* de la résultante s.

Si, aux formules (5) on substituait les suivantes :

$$|\alpha^2| = 0, \qquad |\beta\alpha| = -|\alpha\beta|, \qquad |\beta^2| = 0, \tag{7}$$

alors, à la place de l'équation (6), on obtiendrait la formule

$$|\lambda\mu| = s|\alpha\beta|,$$

ou

$$s = \frac{|\lambda\mu|}{|\alpha\beta|}, \tag{8}$$

dans laquelle il suffirait de poser $|\alpha\beta| = 1$ pour retrouver l'équation (6). Remarquons d'ailleurs que la seconde des formules (7) peut s'écrire comme il suit :

$$|\alpha\beta| + |\beta\alpha| = 0, \tag{9}$$

et que la formule (9) donne $|\alpha^2| = 0$ ou $|\beta^2| = 0$ quand on y suppose $\beta = \alpha$. Donc, en définitive, les transmutations (7) sont toutes trois comprises dans la formule (9). Donc il suffit de recourir à cette formule et à celles qui s'en déduisent, pour obtenir l'équation (8), et, par suite, pour décomposer en facteurs symboliques la somme alternée s, c'est-à-dire la résultante algébrique formée avec les quatre termes du tableau (1).

Considérons maintenant la somme alternée s formée avec les divers termes du tableau

$$\left\{\begin{array}{lllll} a_1, & b_1, & c_1, & \ldots, & h_1, \\ a_2, & b_2, & c_2, & \ldots, & h_2, \\ a_3, & b_3, & c_3, & \ldots, & h_3, \\ \ldots & \ldots & \ldots & \ldots & \ldots \\ a_n, & b_n, & c_n, & \ldots, & h_n, \end{array}\right. \tag{10}$$

et fournie par l'équation

$$s = S(\pm a_1 b_2 c_3 \ldots h_n) = a_1 b_2 c_3 \ldots h_n - \ldots, \tag{11}$$

le nombre des lettres $a, b, c, \ldots, h$ étant égal à n. Représentons d'ailleurs par

$$\alpha, \quad \beta, \quad \gamma, \quad \ldots, \quad \eta$$

n clefs algébriques distinctes, et par

$$\lambda, \quad \mu, \quad \nu, \quad \ldots, \quad \varsigma$$

n fonctions linéaires de ces mêmes clefs. Si l'on donne à ces clefs pour coefficients, dans les fonctions linéaires $\lambda, \mu, \nu, \ldots, \varsigma$, les termes que renferment la première, la deuxième, la troisième, etc., la dernière ligne horizontale du tableau (5), c'est-à-dire si l'on pose

$$(12) \quad \begin{cases} \lambda = a_1\alpha + b_1\beta + c_1\gamma + \ldots + h_1\eta, \\ \mu = a_2\alpha + b_2\beta + c_2\gamma + \ldots + h_2\eta, \\ \nu = a_3\alpha + b_3\beta + c_3\gamma + \ldots + h_3\eta, \\ \ldots\ldots\ldots\ldots\ldots\ldots\ldots\ldots\ldots, \\ \varsigma = a_n\alpha + b_n\beta + c_n\gamma + \ldots + h_n\eta; \end{cases}$$

le produit symbolique

$$(13) \quad |\lambda\mu\nu\ldots\varsigma| = a_1b_2c_3\ldots h_n|\alpha\beta\gamma\ldots\eta| + \ldots$$

sera évidemment une fonction linéaire du produit

$$a_1b_2c_3\ldots h_n,$$

et de tous ceux qu'on peut obtenir en multipliant l'un par l'autre n facteurs distincts ou non distincts, pris dans la suite

$$a, \quad b, \quad c, \quad \ldots, \quad h,$$

et en plaçant, au bas de ces facteurs écrits à la suite les uns des autres, les indices 1, 2, 3, ..., n. Ajoutons que, si l'on représente par k l'un quelconque de ces produits et par $k|\varkappa|$ le terme proportionnel à k dans le second membre de la formule (13), il suffira, pour obtenir le produit $\varkappa$, d'effacer dans le produit k les indices placés au bas des lettres, et d'y substituer partout la lettre α à la lettre a, la lettre β à la lettre b, etc., la lettre η à la lettre h.

D'autre part, pour que le produit k soit l'un de ceux que contient la résultante s, il est nécessaire qu'il renferme une seule fois chacune des lettres

$$a, \quad b, \quad c, \quad \ldots, \quad h:$$

et, lorsque cette condition sera remplie, le produit k pourra être, dans la résultante s, affecté du signe + ou du signe —. Il y sera, en effet, affecté du signe +, si, pour passer du produit

$$a_1 b_2 c_3 \ldots h_n$$

au produit k, il faut opérer entre les lettres $a, b, c, \ldots, h$, prises deux à deux, un nombre pair d'échanges, et du signe — dans le cas contraire. Donc, pour réduire le produit symbolique $|\lambda\mu\nu \ldots \varsigma|$, déterminé par la formule (13), à la résultante s, on devra poser

$$(14) \qquad |\varkappa| = 0,$$

quand l'une quelconque des lettres

$$\alpha, \quad \beta, \quad \gamma, \quad \ldots, \quad \eta$$

entrera deux ou plusieurs fois comme facteur dans le produit $\varkappa$, et poser, au contraire,

$$(15) \qquad |\varkappa| = 1,$$

ou

$$(16) \qquad |\varkappa| = -1,$$

quand le produit $\varkappa$ renfermera une seule fois chacune des lettres

$$\alpha, \quad \beta, \quad \gamma, \quad \ldots, \quad \eta,$$

la formule (15) étant relative au cas où l'on sera obligé d'opérer entre ces lettres prises deux à deux un nombre pair d'échanges, pour passer du produit $|\alpha_1\beta_2\gamma_3\ldots\eta_n|$ au produit $|\varkappa|$. Sous ces conditions, la formule (13) donnera

$$(17) \qquad s = |\lambda\mu\nu \ldots \varsigma|:$$

et, par conséquent, $\lambda, \mu, \nu, \ldots, \varsigma$ seront les facteurs symboliques de la résultante s.

Si, en conservant la formule (14), on remplaçait les formules (15) et (16) par les suivantes

$$(18) \qquad |x| = \;\; |\alpha\beta\gamma\ldots\eta|,$$
$$(19) \qquad |x| = -|\alpha\beta\gamma\ldots\eta|,$$

alors, à la place de l'équation (17), on obtiendrait la formule

$$|\lambda\mu\nu\ldots\varsigma| = s\,|\alpha\beta\gamma\ldots\eta|,$$

ou

$$(20) \qquad s = \frac{|\lambda\mu\nu\ldots\varsigma|}{|\alpha\beta\gamma\ldots\eta|},$$

dans laquelle il suffirait de poser

$$(21) \qquad |\alpha\beta\gamma\ldots\eta| = 1,$$

pour retrouver l'équation (17).

Au reste, pour déduire les formules (14), (18) et (19) des transmutations de la forme

$$(22) \qquad |\beta\alpha| = -|\alpha\beta|,$$

il suffit d'admettre que les transmutations de cette forme continuent de subsister quand on introduit une ou plusieurs fois de suite dans les deux membres, entre les traits verticaux, de nouveaux facteurs auxquels on assigne les mêmes places, et qu'elles continuent encore de subsister quand les divers facteurs ne sont pas tous distincts les uns des autres.

Ainsi, par exemple, si les clefs que l'on considère se réduisent à trois,

$$\alpha, \quad \beta, \quad \gamma,$$

on pourra évidemment, avec ces trois clefs, former les six produits symboliques

$$(23) \qquad \begin{cases} |\alpha\beta\gamma|, & |\beta\gamma\alpha|, & |\gamma\alpha\beta|, \\ |\alpha\gamma\beta|, & |\beta\alpha\gamma|, & |\gamma\beta\alpha|. \end{cases}$$

Alors aussi les transmutations de la forme (22) seront au nombre de trois, savoir :

$$(24)\qquad |\gamma\beta| = -|\beta\gamma|,\qquad |\alpha\gamma| = -|\gamma\alpha|,\qquad |\beta\alpha| = -|\alpha\beta|.$$

Or, si dans chacune de ces dernières transmutations on introduit la clef qu'elle ne renferme pas entre les traits verticaux en lui assignant dans chaque membre ou la première ou la dernière place, on trouvera dans le premier cas,

$$(25)\qquad |\alpha\gamma\beta| = -|\alpha\beta\gamma|,\qquad |\beta\alpha\gamma| = -|\beta\gamma\alpha|,\qquad |\gamma\beta\alpha| = -|\gamma\alpha\beta|;$$

dans le second cas,

$$(26)\qquad |\gamma\beta\alpha| = -|\beta\gamma\alpha|,\qquad |\alpha\gamma\beta| = -|\gamma\alpha\beta|,\qquad |\beta\alpha\gamma| = -|\alpha\beta\gamma|.$$

On aura donc

$$(27)\qquad |\alpha\beta\gamma| = |\beta\gamma\alpha| = |\gamma\alpha\beta| = -|\alpha\gamma\beta| = -|\beta\alpha\gamma| = -|\gamma\alpha\beta|;$$

et, par suite, en nommant $|\varkappa|$ l'un quelconque des produits (23), on trouvera

$$(28)\qquad |\varkappa| = |\alpha\beta\gamma|,$$

ou

$$(29)\qquad |\varkappa| = -|\alpha\beta\gamma|,$$

suivant que le produit $|\varkappa|$ se déduira du produit $|\alpha\beta\gamma|$ à l'aide d'un nombre pair ou impair d'échanges opérés entre les trois clefs α, β, γ prises deux à deux. Ajoutons que, si les formules (24) et celles qui s'en déduisent continuent de subsister quand ces formules renferment deux ou trois facteurs égaux entre eux, elles entraîneront avec elles les transmutations

$$(30)\qquad |\alpha^3| = 0,\qquad |\beta^3| = 0,\qquad |\gamma^3| = 0;$$

$$(31)\qquad \begin{cases} |\beta^2\gamma| = 0, & |\gamma^2\alpha| = 0, & |\alpha^2\beta| = 0, \\ |\gamma\beta^2| = 0, & |\gamma\alpha^2| = 0, & |\beta\alpha^2| = 0, \end{cases}$$

c'est-à-dire les transmutations de la forme

$$(32)\qquad |\varkappa| = 0,$$

$|\varkappa|$ étant le produit symbolique de trois facteurs dont deux au moins se confondent l'un avec l'autre, et chacun de ces facteurs étant l'une des trois clefs

$$\alpha,\ \beta,\ \gamma.$$

On vient de voir avec quelle facilité s'opère la décomposition des sommes alternées en facteurs symboliques. Cette décomposition une fois opérée, on peut s'en servir avec avantage pour découvrir ou pour démontrer les principales propriétés des sommes alternées. D'ailleurs, les transmutations auxquelles nous avons été conduits par le calcul, ont des formes spéciales comprises elles-mêmes dans des formes plus générales qui méritent d'être remarquées, et qui seront indiquées dans le paragraphe suivant.

III. — *Transmutations géométriques et homogènes. Transmutations et clefs anastrophiques.*

Étant données n clefs diverses

$$\alpha,\ \beta,\ \gamma,\ \ldots,\ \eta,$$

soient

$$|\theta|,\ |\iota|,\ |\varkappa|,\ \ldots$$

divers produits symboliques dont chacun ait pour facteurs quelques-unes de ces clefs. Les transmutations auxquelles on assujettit les clefs $\alpha, \beta, \gamma, \ldots, \eta$, pourront être de deux espèces différentes. En effet, chacune de ces transmutations pourra ou fournir immédiatement la valeur k d'un produit symbolique $|\varkappa|$, et se réduire ainsi à la forme

$$(1)\qquad |\varkappa| = \mathrm{k},$$

ou établir une certaine relation entre divers produits symboliques $|\theta|$, $|\iota|$, $|\varkappa|$.... On doit surtout remarquer les transmutations qui fournissent les *rapports géométriques* de ces produits, pris deux à deux, et qui seront nommées, pour cette raison, *transmutations géométriques*. Considérons, pour fixer les idées, une transmutation géométrique qui fournisse le rapport r de deux produits symboliques $|z|$, $|\iota|$. Cette transmutation pourra s'écrire comme il suit :

$$|z| = r|\iota|, \tag{2}$$

et le rapport r prendra le nom de *module*. Cela posé, il est clair qu'à chaque transmutation géométrique correspondront généralement deux modules *inverses* l'un de l'autre. Car le module r étant le rapport géométrique de $|z|$ à $|\iota|$, le *module inverse* $\frac{1}{r}$ ou r^{-1} représentera le rapport inverse de $|\iota|$ à $|z|$, et la transmutation (2) pourra encore être présentée sous sa forme

$$|\iota| = r^{-1}|z|. \tag{3}$$

Cette même transmutation sera nommée *réciproque*, si la formule (2) continue de subsister quand on échange entre eux les produits symboliques $|\iota|$, $|z|$, c'est-à-dire si l'on a non seulement

$$|z| = r|\iota|,$$

mais, *réciproquement*,

$$|\iota| = r|z|. \tag{4}$$

Dans cette dernière hypothèse, la formule (4) devant se confondre avec la formule (3), les deux modules r, r^{-1} deviendront égaux entre eux, et l'on aura en conséquence

$$r = r^{-1},$$

ou, ce qui revient au même,

$$r^2 = 1, \tag{5}$$

puis on en conclura ou

$$r = 1, \tag{6}$$

ou

$$r = -1. \tag{7}$$

Les formules (2), (3), (4) seront réduites, dans le premier cas, à la transmutation

$$|\varkappa| = |\iota|; \tag{8}$$

dans le second cas, à la transmutation

$$|\varkappa| = -|\iota|, \tag{9}$$

que l'on pourra encore écrire comme il suit

$$|\varkappa| + |\iota| = 0. \tag{10}$$

Si, dans une transmutation géométrique

$$|\varkappa| = r|\iota|,$$

les produits symboliques $|\varkappa|$, $|\iota|$, que renferment les deux membres, se réduisent à un seul et même produit symbolique $|\varkappa|$, le module r sera nécessairement l'unité, et la transformation réduite à la forme

$$|\varkappa| = |\varkappa|, \tag{11}$$

sera ce que nous nommerons une transmutation *identique*.

Si les produits $|\varkappa|$, $|\iota|$ sont distincts, mais composés des mêmes facteurs, chacun des facteurs étant l'une des clefs

$$\alpha, \quad \beta, \quad \gamma, \quad \ldots, \quad \eta,$$

et si ces deux produits ne diffèrent l'un de l'autre que par l'ordre dans lequel ces facteurs sont écrits, la transmutation

$$|\varkappa| = r|\iota|$$

sera dite *homogène*, quel que soit le module r. Elle sera *homogène et réciproque* si le module r se réduit à l'une des deux quantités -1, $+1$.

Le *degré* d'une transmutation homogène sera le degré même des produits dont elle détermine le rapport géométrique, c'est-à-dire le nombre m des clefs employées comme facteurs dans chaque produit. La transmutation sera dite *binaire*, lorsqu'on aura $m = 2$; *ternaire*, lorsqu'on aura $m = 3$; *quaternaire*, lorsqu'on aura $m = 4$; etc.

Ainsi, par exemple, les clefs données étant α, β, γ, etc., les transmutations homogènes

$$|\beta\alpha| = |\alpha\beta|, \qquad |\beta\alpha| = -|\alpha\beta|$$

seront binaires ou du second degré; les suivantes

$$|\gamma\alpha\beta| = |\alpha\beta\gamma|, \qquad |\alpha\alpha\beta| = -|\alpha\beta\alpha|, \qquad \ldots,$$

seront ternaires ou du troisième degré; etc.

Avant d'aller plus loin, il sera bon d'examiner attentivement les divers produits symboliques

$$|\theta|, \quad |\varkappa|, \quad |\iota|,$$

que l'on peut former avec m facteurs distincts arbitrairement choisis parmi les clefs

$$\alpha, \quad \beta, \quad \gamma, \quad \ldots, \quad \eta,$$

et de comparer ces divers produits à l'un d'entre eux pris pour type, par exemple au produit symbolique $|\varkappa|$, dans lequel les diverses lettres qui représentent ces mêmes facteurs se trouveraient rangées dans l'ordre indiqué par l'alphabet.

Soit $|\theta|$ l'un quelconque des produits en question. Lorsqu'une clef placée avant une autre clef dans l'alphabet, ou, ce qui revient au même, dans le produit $|\varkappa|$ sera, au contraire, placée après elle dans le produit $|\theta|$, nous dirons que le produit $|\theta|$ offre une *inversion* relative au système de ces deux clefs. Le nombre total des inversions, dans le produit $|\theta|$, sera évidemment égal ou inférieur au nombre des combinaisons que l'on peut former avec m lettres prises deux à deux, c'est-à-dire au rapport

$$\frac{m(m-1)}{2},$$

et pourra d'ailleurs être pair ou impair. En d'autres termes, le nombre des inversions, divisé par 2, donnera pour reste 0 ou 1. Ce reste sera ce que nous nommerons l'*indice* du produit $|\theta|$. Cela posé, on pourra partager en deux classes les divers produits symboliques formés avec m facteurs distincts, et ranger chacun de ces produits dans la *première classe* ou dans la seconde, suivant qu'il aura pour indice zéro ou l'unité.

Soient maintenant

$$|\iota|, \quad |\varkappa|$$

deux produits symboliques distincts formés avec les m facteurs donnés. On pourra déduire le produit $|\varkappa|$ du produit $|\iota|$, soit à l'aide d'un seul échange opéré entre deux clefs, soit à l'aide de plusieurs échanges de cette espèce, et même supposer chaque échange opéré entre deux clefs juxtaposées, c'est-à-dire entre deux clefs dont l'une suit immédiatement l'autre dans le produit symbolique $|\iota|$. En effet, à l'aide de semblables échanges successivement opérés, on pourra toujours, dans le produit symbolique $|\iota|$, amener une clef quelconque à une place quelconque. On pourra, par exemple, amener à la première place la clef qui occupe effectivement cette place dans le produit $|\varkappa|$; on pourra ensuite amener à la seconde place la clef qui, dans $|\varkappa|$, occupe cette seconde place, etc.; et continuer ainsi jusqu'à ce que du produit symbolique $|\varkappa|$ on ait déduit le produit symbolique $|\iota|$. D'ailleurs, lorsque dans un produit de m clefs distinctes on échange entre elles deux clefs juxtaposées, un tel échange fait évidemment naitre ou disparaître une seule inversion; par conséquent, il fait passer ce produit de la première classe à la seconde, ou de la seconde classe à la première. Donc les produits $|\iota|$, $|\varkappa|$ appartiendront l'un à la première classe, l'autre à la seconde, si on peut les déduire l'un de l'autre par un nombre impair d'échanges successivement opérés entre les clefs juxtaposées: ils seront de même classe si le nombre des échanges de cette espèce, à l'aide desquels on peut déduire $|\varkappa|$ de $|\iota|$, est un nombre pair.

Si l'on considérait, dans le produit $|\iota|$, deux clefs α, β, dont la seconde β occuperait, à la suite de α, non plus la première, mais la $l^{ième}$ place, il suffirait, pour échanger ces deux clefs entre elles, d'amener à l'aide de l échanges successivement opérés entre des clefs juxtaposées, la clef α à la place primitivement occupée par la clef β, puis de ramener la clef β de la place précédente à celle que la clef α occupait d'abord, à l'aide de $l - 1$ autres échanges opérés encore entre des clefs juxtaposées. Le nombre total des échanges effectués dans l'un et l'autre cas étant $2l - 1$, par conséquent, un nombre impair, nous devons conclure que les produits symboliques $|\iota|$, $|\varkappa|$ seront toujours de classes distinctes, s'ils se déduisent l'un de l'autre à l'aide d'un seul échange opéré entre deux clefs, quelles que soient d'ailleurs les places contiguës ou non contiguës occupées par les deux clefs dans chacun des deux produits.

Par suite aussi, le nombre des échanges à l'aide desquels on pourra déduire l'un de l'autre deux produits $|\iota|$, $|\varkappa|$ de m facteurs distincts, sera toujours, quelles que soient les clefs échangées entre elles, un nombre pair si ces deux produits sont de même classe, ou, ce qui revient au même, si la différence de leurs indices est zéro; un nombre impair si les deux produits sont de classes différentes, ou ce qui revient au même, si la différence de leurs indices est l'unité.

Concevons maintenant qu'après avoir formé les divers produits symboliques qui peuvent être construits avec m clefs distinctes, on égale entre eux tous ces produits, pris les uns avec le signe $+$, les autres avec le signe $-$, suivant qu'ils appartiennent à la première classe ou à la seconde. La formule ainsi obtenue déterminera les rapports géométriques de tous ces produits; et, si l'on nomme $|\iota|$, $|\varkappa|$ deux quelconques d'entre eux, on aura

$$(12) \qquad |\varkappa| = (-1)^l |\iota|,$$

l étant la différence entre les indices des deux produits, $|\iota|$, $|\varkappa|$. En d'autres termes, ces deux produits seront liés l'un à l'autre par une transmutation homogène et réciproque, dont le module r sera

$$(13) \qquad r = (-1)^l.$$

L'exposant l de -1 dans ce module, c'est-à-dire la différence entre les indices des deux produits, toujours équivalente à zéro ou à l'unité, sera l'*indice* de la transmutation qui se réduira évidemment à la formule (8) si l'on a $l = 0$, à la formule (9) si l'on a $l = 1$.

Parmi les transmutations comprises dans l'équation (12), on doit remarquer la transmutation qu'on obtient dans les deux produits $|\varkappa|$, $|\iota|$ se déduisant l'un de l'autre à l'aide d'un seul échange opéré entre deux clefs, et qui est toujours de la forme

$$|\varkappa| = -|\iota|.$$

Telle sera, par exemple, la transmutation binaire

$$|\beta\alpha| = -|\alpha\beta|.$$

Telle sera encore la transmutation

$$|\alpha\delta\gamma\beta\varepsilon| = -|\alpha\beta\gamma\delta\varepsilon|,$$

dans laquelle les deux produits symboliques $|\alpha\beta\gamma\delta\varepsilon|$, $|\alpha\delta\gamma\beta\varepsilon|$ se déduisent l'un de l'autre à l'aide d'un seul échange opéré entre les deux clefs β, δ. Une telle transmutation sera nommée *anastrophique*, son principal caractère étant l'espèce d'inversion (αναστροφη, *inversio, seu conversio in contrariam partem*), qui résulte pour un produit symbolique $|\iota|$ d'un échange opéré entre deux clefs. Pour bien voir en quoi consiste cette inversion, il suffit d'observer que la valeur d'un produit symbolique peut être représentée, comme toute autre quantité, par une longueur portée, à partir d'un point fixe, sur une certaine droite, dans une certaine direction lorsque cette valeur est positive, dans une direction inverse ou contraire lorsque cette valeur est négative; et qu'une transmutation anastrophique fait correspondre à un échange opéré entre deux clefs ou, ce qui revient au même, à l'*inversion* du système des deux lettres qui désignent ces clefs dans un produit symbolique, une autre *inversion*, savoir le changement de direction de la longueur qui représente le produit symbolique, et qui se trouve, après l'échange, dirigée en sens *inverse*.

Lorsqu'on ne peut, du produit symbolique $|\iota|$, déduire le produit $|\varkappa|$, formé avec les mêmes clefs, à l'aide d'un seul échange opéré entre deux de ces clefs, on peut du moins passer d'un produit à l'autre à l'aide de plusieurs semblables échanges. Alors, pour que les produits $|\iota|$, $|\varkappa|$ vérifient la formule (12), il suffit évidemment de les assujettir, avec les produits intermédiaires successivement obtenus, aux transmutations anastrophiques dont chacune exprime que deux produits consécutifs offrent la même valeur numérique, l'un des deux étant égal à l'autre précédé du signe —.

Ainsi, par exemple, pour que les trois clefs

$$\alpha,\quad \beta,\quad \gamma$$

vérifient la transmutation

$$|\alpha\beta\gamma| = |\gamma\alpha\beta|,$$

il suffit qu'elles vérifient les deux transmutations anastrophiques

$$|\alpha\beta\gamma| = -|\alpha\gamma\beta|,\qquad -|\alpha\gamma\beta| = |\gamma\alpha\beta|$$

formées avec les deux produits $|\alpha\beta\gamma|$, $|\gamma\alpha\beta|$ et le produit intermédiaire $|\alpha\gamma\beta|$.

De ce qu'on vient de dire, il résulte que, pour assujettir un système de n clefs

$$\alpha,\quad \beta,\quad \gamma,\quad \ldots,\quad \eta$$

à toutes les transmutations homogènes et réciproques de la forme indiquée par l'équation (12), il suffit de les assujettir aux diverses transmutations anastrophiques que l'on peut former avec des facteurs distincts arbitrairement choisis parmi ces mêmes clefs.

Jusqu'ici nous avons supposé que, dans une transmutation anastrophique

$$|\varkappa| = -|\iota|,$$

les diverses clefs étaient distinctes l'une de l'autre. Supposons maintenant qu'il en soit autrement, et que des deux clefs échangées entre elles, la seconde ne diffère pas de la première. Alors les produits symboliques $|\iota|$, $|\varkappa|$ ne différeront pas l'un de l'autre, et la transmutation anastrophique donnera

$$|\varkappa| = -|\varkappa|;$$

ou, ce qui revient au même,

$$2|\varkappa| = 0,$$

et, par suite,

$$(14)\qquad |\varkappa| = 0.$$

Donc, lorsque dans le produit $|\varkappa|$ les diverses clefs employées comme facteurs ne sont pas toutes distinctes les unes des autres, la transmutation (14) peut être envisagée comme une transmutation anastrophique dans laquelle les deux facteurs échangés entre eux sont représentés par la même lettre. Ainsi, par exemple, les deux transmutations

$$|\alpha\alpha\beta| = 0, \qquad |\alpha\beta\alpha| = 0,$$

se confondent avec les deux formules

$$|\alpha\alpha\beta| = -|\alpha\alpha\beta|, \qquad |\alpha\beta\alpha| = -|\alpha\beta\alpha|,$$

c'est-à-dire avec les deux transmutations anastrophiques dans lesquelles les deux clefs échangées entre elles sont représentées l'une et l'autre par la lettre α. Ajoutons que, dans les transmutations de cette espèce, on peut sans inconvénient écrire sous la forme de puissance un produit de facteurs consécutifs égaux entre eux. Ainsi, en particulier, la transmutation

$$|\alpha\alpha\alpha\beta\beta\gamma| = 0$$

pourra être présentée sous la forme

$$|\alpha^3\beta^2\gamma| = 0.$$

Les notions précédentes étant admises, considérons un système de clefs assujetties à vérifier les diverses transmutations anastrophiques que l'on peut former avec des produits symboliques de facteurs distincts ou non distincts, arbitrairement choisis parmi ces mêmes clefs. Ce système et ces clefs seront nommés *anastrophiques*. Cela posé, si le système des clefs

$$\alpha, \quad \beta, \quad \gamma, \quad \ldots, \quad \eta$$

est anastrophique, tout produit symbolique dans lequel une même clef entrera une ou plusieurs fois comme facteur, offrira une valeur nulle. Quant aux produits symboliques qu'on pourra former avec des clefs déterminées, prises dans le système, mais distinctes les unes des autres, ils offriront tous la même valeur numérique, leurs signes étant semblables ou contraires, suivant qu'ils seront de même classe ou de classes différentes. On connaîtra donc les rapports géométriques des divers produits symboliques dans lesquels entreront les mêmes clefs supposées distinctes les unes des autres. Mais les transmutations anastrophiques, qui établiront ces rapports, permettront de choisir arbitrairement l'un des produits symboliques construits avec des facteurs donnés. Il convient d'ailleurs d'effectuer ce choix de manière à simplifier les formules. C'est ce que nous avons déjà fait dans le paragraphe II, où les clefs

$$\alpha, \quad \beta, \quad \gamma, \quad \ldots, \quad \eta$$

que renferment les facteurs symboliques d'une somme alternée, peuvent être considérées comme des clefs anastrophiques assujetties à vérifier, non seulement les transmutations anastrophiques dans lesquelles elles entrent comme facteurs, mais aussi la condition

$$|\alpha\beta\gamma\ldots\eta| = 1.$$

En supposant que

$$|\theta|, \quad |\iota|, \quad |\varkappa|, \quad \ldots,$$

représentent des produits symboliques de degrés égaux ou inégaux, on peut, après avoir multiplié l'un par l'autre deux ou plusieurs de ces produits, remplacer le résultat par le produit unique qu'on obtiendrait si l'on supprimait les traits verticaux qui séparent deux produits écrits à la suite l'un de l'autre. La transmutation qu'on formera de cette manière sera nommée transmutation *conjonctive*. Telles sont, par exemple, les transmutations

$$|\alpha^2||\beta| \asymp |\alpha^2\beta|, \qquad |\alpha\beta||\gamma\delta||\varepsilon| \asymp |\alpha\beta\gamma\delta\varepsilon|, \qquad |\alpha\beta\gamma|\delta\varepsilon \asymp |\alpha\beta\gamma\delta\varepsilon|, \qquad \ldots,$$

dans lesquelles $|\beta|$ ne diffère pas de β, ni $|\varepsilon|$ de ε.

Cela posé, pour qu'un système donné de clefs

$$\alpha, \quad \beta, \quad \gamma, \quad \ldots, \quad \eta$$

soit anastrophique, il suffit évidemment que ces clefs vérifient, d'une part, les transmutations anastrophiques binaires, c'est-à-dire les transmutations qui se présentent sous l'une des deux formes

$$|\beta\alpha| = -|\alpha\beta|, \tag{15}$$

$$|\alpha^2| = 0; \tag{16}$$

d'autre part, les diverses transmutations conjonctives formées avec ces mêmes clefs. En effet, pour que les clefs $\alpha, \beta, \gamma, \ldots, \eta$ soit anastrophiques, il suffit qu'elles vérifient les transmutations anastrophiques dans lesquelles deux facteurs consécutifs sont échangés entre eux, et l'une quelconque de ces transmutations anastrophiques pourra toujours être déduite d'une transmutation anastrophique du second degré, jointe à deux transmutations conjonctives. Ainsi, par exemple, pour établir l'équation

$$|\alpha\gamma\beta\delta\varepsilon| = -|\alpha\beta\gamma\delta\varepsilon|,$$

il suffira de joindre à la transmutation anastrophique binaire

$$|\gamma\beta| = -|\beta\gamma|$$

les deux transmutations conjonctives

$$|\alpha||\gamma\beta||\delta\varepsilon| = |\alpha\gamma\beta\delta\varepsilon|, \qquad |\alpha||\beta\gamma||\delta\varepsilon| = |\alpha\beta\gamma\delta\varepsilon|.$$

Concevons à présent qu'étant données n clefs anastrophiques

$$\alpha, \quad \beta, \quad \gamma, \quad \ldots, \quad \eta,$$

on désigne, à l'aide des lettres

$$\lambda, \quad \mu, \quad \nu, \quad \ldots, \quad \varsigma,$$

n fonctions linéaires de ces mêmes clefs. Soient d'ailleurs

$$|\mathrm{I}|, \quad |\mathrm{K}|,$$

deux produits symboliques formés avec m facteurs arbitrairement choisis, non plus parmi les clefs $\alpha, \beta, \gamma, \ldots, \eta$, mais parmi les termes de la suite $\lambda, \mu, \nu, \ldots, \varsigma$. Enfin, supposons que les produits $|\mathrm{I}|$, $|\mathrm{K}|$, dont les facteurs sont les mêmes, se déduisent l'un de l'autre à l'aide d'un seul échange opéré entre ces facteurs. On pourra décomposer $|\mathrm{I}|$ et $|\mathrm{K}|$ en produits partiels qui, pris deux à deux, se correspondront et revêtiront les formes

$$\mathrm{I}|\iota|, \qquad \mathrm{I}|\varkappa|,$$

I désignant un coefficient constant, et $|\iota|$, $|\varkappa|$ deux produits symboliques formés tous deux avec les clefs $\alpha, \beta, \gamma, \ldots, \eta$ rangées dans un ordre tel, que $|\varkappa|$ se déduise de $|\iota|$ à l'aide d'un seul échange opéré entre ces clefs. Or, les clefs $\alpha, \beta, \gamma, \ldots, \eta$ étant supposées anastrophiques, on aura

$$|\varkappa| = -|\iota|;$$

par conséquent,

$$A|\varkappa| = -A|\iota|.$$

Donc les produits symboliques $|\mathrm{I}|$, $|\mathrm{K}|$ se composeront de termes qui, pris deux à deux, seront égaux, aux signes près, mais affectés de signes contraires, et l'on aura encore

$$(17) \qquad |\mathrm{K}| = -|\mathrm{I}|.$$

Ainsi, par exemple, dans l'hypothèse admise, les termes de la suite

$$\lambda, \quad \mu, \quad \nu, \quad \ldots, \quad \varsigma$$

vérifieront les transmutations anastrophiques

$$|\mu\lambda| = -|\lambda\mu|, \qquad |\lambda\nu\mu| = -|\lambda\mu\nu|, \qquad \ldots.$$

Il y a plus : la formule (17), qui subsistera quels que soient les facteurs échangés entre eux dans les produits $|\mathrm{I}|$ et $|\mathrm{K}|$, s'étendra, dans l'hypothèse admise, tout comme la transmutation anastrophique

$$|\varkappa| = -|\iota|,$$

au cas même où les deux facteurs échangés entre eux seront représentés par la même lettre, et donnera dans ce cas

$$|\mathrm{K}| = -|\mathrm{K}|,$$

ou, ce qui revient au même,

$$2|\mathrm{K}| = 0,$$

et, par suite,

$$(18) \qquad |\mathrm{K}| = 0.$$

On aura, par exemple,

$$|\lambda\lambda| = 0, \qquad |\lambda\lambda\mu| = 0, \qquad \ldots,$$

ou, ce qui revient au même,

$$|\lambda^2| = 0, \qquad |\lambda^2\mu| = 0, \qquad \ldots.$$

Cela posé, la suite

$$\lambda, \quad \mu, \quad \nu, \quad \ldots, \quad \varsigma$$

composée de termes qui vérifieront les transmutations de la forme (17) ou (18), c'est-à-dire les transmutations anastrophiques formées avec des produits symboliques de facteurs arbitrairement choisis parmi ces termes, pourra être considérée comme représentant un nouveau système de clefs anastrophiques. En conséquence, on pourra énoncer la proposition suivante :

Théorème. — *Si, avec n clefs anastrophiques*

$$\alpha, \quad \beta, \quad \gamma, \quad \ldots, \quad \eta$$

on construit n fonctions linéaires

$$\lambda, \quad \mu, \quad \nu, \quad \ldots, \quad \varsigma,$$

ces fonctions constitueront encore un système de clefs anastrophiques.

IV. — *Sur les fonctions représentées par des produits symboliques de clefs anastrophiques.*

Dans le paragraphe II de ce Mémoire, la recherche des facteurs symboliques des sommes alternées nous a mis sur la trace des clefs anastrophiques. En suivant une marche inverse, nous allons déduire de la considération de ces mêmes clefs, non seulement la notion des sommes alternées connues sous le nom de *résultantes*, mais encore leurs principales propriétés.

Soient

$$\alpha, \quad \beta, \quad \gamma, \quad \ldots, \quad \eta$$

n clefs anastrophiques, et

$$\lambda, \quad \mu, \quad \nu, \quad \ldots, \quad \varsigma$$

n fonctions linéaires de ces clefs, déterminées par les équations (12) du paragraphe II, c'est-à-dire par les formules

$$(1)\qquad \left\{\begin{array}{l} \lambda = a_1\alpha + b_1\beta + c_1\gamma + \ldots + h_1\eta, \\ \mu = a_2\alpha + b_2\beta + c_2\gamma + \ldots + h_2\eta, \\ \nu = a_3\alpha + b_3\beta + c_3\gamma + \ldots + h_3\eta, \\ \ldots\ldots\ldots\ldots\ldots\ldots\ldots\ldots\ldots\ldots, \\ \varsigma = a_n\alpha + b_n\beta + c_n\gamma + \ldots + h_n\eta. \end{array}\right.$$

Le produit symbolique

$$\lambda\mu\nu\ldots\varsigma|,$$

décomposé en produits partiels, ne pourra offrir aucun terme dans lequel entre deux ou plusieurs fois, comme facteur, l'une des clefs

$$\alpha,\quad \beta,\quad \gamma,\quad \ldots,\quad \eta,$$

par conséquent aucun terme dans lequel reparaisse deux ou plusieurs fois l'une des lettres

$$a,\quad b,\quad c,\quad \ldots,\quad h;$$

mais il renfermera, outre le produit partiel

$$a_1 b_2 c_3 \ldots h_n \,|\alpha\beta\gamma\ldots\eta|,$$

tous ceux qu'on peut en déduire, soit à l'aide d'un échange opéré d'une part entre deux clefs, d'autre part entre celles des lettres

$$a,\quad b,\quad c,\quad \ldots,\quad h,$$

qui correspondent à ces deux clefs, soit à l'aide de plusieurs échanges de cette espèce. D'ailleurs, comme un échange opéré entre deux clefs dans un produit de la forme

$$|\alpha\beta\gamma\ldots\eta|$$

a pour effet unique de changer le signe de ce produit, on doit évidemment, de ce qu'on vient de dire, conclure que l'on aura

$$|\lambda\mu\nu\ldots\varsigma| = s\,|\alpha\beta\gamma\ldots\eta|, \tag{2}$$

s étant la somme qu'on obtient quand au produit

$$a_1 b_2 c_3 \ldots h_n \tag{3}$$

on ajoute ceux qu'on peut en déduire à l'aide d'un ou plusieurs échanges opérés entre les lettres a, b, c, ..., h, chacun de ces derniers produits étant pris avec le signe + ou avec le signe −, suivant que le nombre des échanges est pair ou impair. Or la somme ainsi formée est précisément la somme alternée qu'on nomme la *résultante du tableau*.

$$\begin{cases} a_1, & b_1, & c_1, & \ldots, & h_1, \\ a_2, & b_2, & c_2, & \ldots, & h_2, \\ a_3, & b_3, & c_3, & \ldots, & h_3, \\ \ldots, & \ldots & \ldots & \ldots, & \ldots \\ a_n, & b_n, & c_n, & \ldots, & h_n. \end{cases} \tag{4}$$

et, pour réduire le produit symbolique $|\lambda\mu\gamma\ldots\varsigma|$ à cette même somme, il suffit de poser

$$|\alpha\beta\gamma\ldots\eta| = 1, \tag{5}$$

ce qui réduit l'équation (2) à la formule

$$s = |\lambda\mu\nu\ldots\varsigma|, \tag{6}$$

déjà obtenue dans le paragraphe II.

Le *degré* de la résultante s n'est autre chose que le degré du produit (3) et des produits de même espèce, c'est-à-dire le nombre n des facteurs renfermés dans chacun de ces produits.

Si la résultante s est du second degré, la formule (6) donnera

$$s = |\lambda\mu| = a_1 b_2 - a_2 b_1. \tag{7}$$

Si la résultante s est du troisième degré, on trouvera

$$s = |\lambda\mu\nu| = a_1 b_2 c_3 - a_1 b_3 c_2 + a_2 b_3 c_1 - a_2 b_1 c_3 + a_3 b_1 c_2 - a_3 b_2 c_1. \tag{8}$$

En général, si l'on désigne par la notation

$$S(\pm a_1 b_2 c_3 \ldots h_n)$$

la somme qu'on obtient en ajoutant au produit (3) ceux qui s'en déduisent à l'aide d'échanges opérés entre les lettres a, b, c, ..., prises deux à deux, chacun de ces produits étant pris avec le signe $+$ ou avec le signe $-$, suivant que le nombre des échanges est pair ou impair, la formule (6) donnera

$$s = |\lambda\mu\nu\ldots\varsigma| = S(\pm a_1 b_2 c_3 \ldots h_n). \tag{9}$$

Parmi les produits dont se compose la résultante s, le produit (3), c'est-à-dire le produit des termes rangés, dans le tableau (4), sur la diagonale qui renferme le premier terme a_1, mérite d'être remarqué. Nous le nommerons *produit principal*. Les diverses lettres qui entrent dans ce produit, et les divers indices écrits au bas de ces lettres caractérisent, dans le tableau (4), d'une part les termes situés dans les diverses lignes verticales, d'autre part les termes situés dans les diverses lignes horizontales. Un échange opéré, dans le produit principal $a_1 b_2 c_3 \ldots h$, entre deux lettres que renferment deux lignes verticales données, a le même effet qu'un échange opéré entre les indices qu'elles portent; et chacun des produits qui se déduisent du produit principal, à l'aide de semblables échanges, renferme nécessairement un seul terme pris dans chaque ligne verticale du tableau (4), et un seul terme pris dans chaque ligne horizontale. D'ailleurs, ces produits peuvent être partagés en deux classes, chaque produit étant de *première* ou de *seconde classe*, suivant qu'il se déduit du produit principal par un nombre pair ou impair d'échanges; et la résultante s est simplement la somme qu'on obtient quand, aux produits de première classe pris avec le signe $+$, on ajoute les produits de seconde classe pris avec le signe $-$.

Lorsqu'on échange deux lettres entre elles ou deux indices entre eux, non plus dans le produit principal, mais dans la résultante s, on voit chaque produit partiel, et, par conséquent, la résultante elle-même, changer de signe. Donc la résultante s change de signe lorsqu'on échange entre elles deux lignes verticales ou deux lignes horizontales du tableau (4).

Lorsqu'en faisant tourner le tableau (4) autour de la diagonale qui renferme le premier terme a_1, on échange entre elles les lignes verticales et horizontales de ce tableau, chaque classe comprend toujours les mêmes produits; et, par suite, l'échange opéré entre les deux espèces de lignes n'altère ni le produit principal formé avec les termes situés sur la diagonale autour de laquelle tourne le tableau (14), ni la résultante s. Donc la résultante s du tableau (4) est aussi la résultante du suivant :

$$(10)\qquad \begin{cases} a_1, & a_2, & a_3, & \ldots, & a_n, \\ b_1, & b_2, & b_3, & \ldots, & b_n, \\ c_1, & c_2, & c_3, & \ldots, & c_n, \\ \ldots & \ldots & \ldots & \ldots, & \ldots, \\ h_1, & h_2, & h_3, & \ldots, & h_n; \end{cases}$$

et, dans l'équation

$$(6)\qquad s = |\lambda\mu\nu\ldots\varsigma|,$$

qui transforme cette résultante en un produit symbolique, on peut supposer les facteurs λ, μ, ν, ..., ς liés aux clés anastrophiques α, β, γ, ..., η, ou par les formules (1), ou par les suivantes :

$$(11)\quad \begin{cases} \lambda = a_1\alpha + a_2\beta + a_3\gamma + \ldots + a_n\eta, \\ \mu = b_1\alpha + b_2\beta + b_3\gamma + \ldots + b_n\eta, \\ \nu = c_1\alpha + c_2\beta + c_3\gamma + \ldots + c_n\eta, \\ \ldots\ldots\ldots\ldots\ldots\ldots\ldots\ldots\ldots, \\ \varsigma = h_1\alpha + h_2\beta + h_3\gamma + \ldots + h_n\eta. \end{cases}$$

La formule (6) suppose les clefs α, β, γ, ..., η assujetties à la condition (5). Si l'on écartait cette condition, alors, comme on l'a déjà remarqué dans le paragraphe II, la formule (1) donnerait

$$(12)\quad s = \frac{|\lambda\mu\nu\ldots\varsigma|}{|\alpha\beta\gamma\ldots\eta|}.$$

Cette dernière équation renferme un théorème qu'on peut énoncer comme il suit :

THÉORÈME I. — *Soient*

$$\alpha,\quad \beta,\quad \gamma,\quad \ldots,\quad \eta$$

et

$$\lambda,\quad \mu,\quad \nu,\quad \ldots,\quad \varsigma$$

deux systèmes de clefs anastrophiques liés entre eux par des équations qui déterminent les clefs λ, μ, ν, ..., ς *en fonctions linéaires des clefs* α, β, γ, ..., η. *La résultante algébrique s du tableau formé avec les coefficients de ces dernières clefs sera le rapport des produits symboliques* $|\lambda\mu\nu\ldots\varsigma|$, $|\alpha\beta\gamma\ldots\eta|$.

Soit maintenant

$$\Lambda,\quad M,\quad N,\quad \ldots,\quad \Sigma$$

un troisième système de clefs anastrophiques lié au second système par des équations linéaires qui déterminent les clefs Λ, M, N, ..., Σ en fonctions linéaires des clefs α, μ, ν, ..., ς; et nommons s la résultante du tableau formé avec les coefficients de ces dernières clefs dans les fonctions dont il s'agit. On aura encore

$$s = \frac{|\mathrm{AMN}\ldots\Sigma|}{|\lambda\mu\nu\ldots\varsigma|}. \tag{13}$$

Mais, d'autre part, si dans les équations qui déterminent A, M, N, ..., Σ en fonctions linéaires des clefs λ, μ, ν, ..., ς on substitue les valeurs de ces dernières clefs exprimées en fonctions linéaires de α, β, γ, ..., η, on obtiendra de nouvelles équations qui détermineront immédiatement A, M, N, ..., Σ en fonctions linéaires de α, β, γ, ..., η. Soit $\mathfrak{S}$ la résultante du tableau formé avec les coefficients de α, β, γ, ..., η pris dans ces nouvelles équations. On aura encore

$$\mathfrak{S} = \frac{|\mathrm{AMN}\ldots\Sigma|}{|\alpha\beta\gamma\ldots\eta|}. \tag{14}$$

Or, des formules (12), (13), (14), on tire

$$\mathrm{s}s = \mathfrak{S}, \tag{15}$$

et la formule (15) renferme évidemment un théorème qu'on peut énoncer comme il suit :

Théorème II. — *Soient*

$$s, \quad \mathrm{s}$$

les résultantes algébriques de deux tableaux dont chacun renferme n^2 termes rangés sur n lignes verticales et sur n lignes horizontales. Soient encore

$$\begin{matrix} \alpha, & \beta, & \gamma, & \ldots, & \eta \\ \lambda, & \mu, & \nu, & \ldots, & \varsigma \\ \mathrm{A}, & \mathrm{M}, & \mathrm{N}, & \ldots, & \Sigma \end{matrix}$$

trois systèmes de clefs anastrophiques liés entre eux par deux systèmes d'équations qui déterminent : 1° les clefs λ, μ, ν, ..., ς en fonctions linéaires de α, β, γ, ..., η; 2° les clefs A, M, N, ..., Σ en fonctions linéaires de λ, μ, ν, ..., ς. Enfin, supposons que les termes du premier tableau soient les coefficients de α, β, γ, ... η dans le premier système d'équations, et que, pareillement, les termes du second tableau soient *les coefficients de $\lambda, \mu, \nu, \ldots, \varsigma$ dans le second système d'équations. Le produit des deux résultantes algébriques s, s sera encore une résultante algébrique, savoir la résultante du tableau qui aura pour termes les coefficients des clefs $\alpha, \beta, \gamma, \ldots, \eta$ dans $\Lambda, \mathrm{M}, \mathrm{N}, \ldots, \Sigma$ exprimés en fonctions linéaires de ces mêmes clefs.*

Concevons, pour fixer les idées, que les résultantes s, s se rapportent à deux systèmes de quantités dont les unes, désignées par des lettres italiques, soient celles que renferme le tableau (4) ou (10), les autres étant désignées par des lettres romaines et renfermées dans le tableau

$$(16)\qquad \begin{cases} \mathrm{a}_1, & \mathrm{b}_1, & \mathrm{c}_1, & \ldots, & \mathrm{h}_1, \\ \mathrm{a}_2, & \mathrm{b}_2, & \mathrm{c}_2, & \ldots, & \mathrm{h}_2, \\ \mathrm{a}_3, & \mathrm{b}_3, & \mathrm{c}_3, & \ldots, & \mathrm{h}_3, \\ \ldots, & \ldots, & \ldots, & \ldots, & \ldots, \\ \mathrm{a}_n, & \mathrm{b}_n, & \mathrm{c}_n, & \ldots, & \mathrm{h}_n. \end{cases}$$

En prenant les termes du tableau (16) pour coefficients de λ, μ, $\nu, \ldots, \varsigma$ dans les valeurs de $\Lambda, \mathrm{M}, \mathrm{N}, \ldots, \Sigma$, on aura

$$(17)\qquad \begin{cases} \Lambda = \mathrm{a}_1\lambda + \mathrm{b}_1\mu + \mathrm{c}_1\nu + \ldots + \mathrm{h}_1\eta, \\ \mathrm{M} = \mathrm{a}_2\lambda + \mathrm{b}_2\mu + \mathrm{c}_2\nu + \ldots + \mathrm{h}_2\eta, \\ \mathrm{N} = \mathrm{a}_3\lambda + \mathrm{b}_3\mu + \mathrm{c}_3\nu + \ldots + \mathrm{h}_3\eta, \\ \ldots\ldots\ldots\ldots\ldots\ldots\ldots\ldots\ldots\ldots, \\ \Sigma = \mathrm{a}_n\lambda + \mathrm{b}_n\mu + \mathrm{c}_n\nu + \ldots + \mathrm{h}_n\eta; \end{cases}$$

puis, en substituant dans ces dernières équations les valeurs de λ, μ, $\nu, \ldots, \varsigma$ tirées des formules (11), et en posant, pour abréger,

$$(18)\qquad \mathrm{k}_{l,m} = \mathrm{a}_l a_m + \mathrm{b}_l b_m + \mathrm{c}_l c_m + \ldots + \mathrm{h}_l h_m,$$

quels que soient d'ailleurs les nombres entiers l, m, on trouvera

$$(19)\qquad \begin{cases} \Lambda = k_{1,1}\alpha + k_{1,2}\beta + k_{1,3}\gamma + \ldots + k_{1,n}\eta, \\ \mathrm{M} = k_{2,1}\alpha + k_{2,2}\beta + k_{2,3}\gamma + \ldots + k_{2,n}\eta, \\ \mathrm{N} = k_{3,1}\alpha + k_{3,2}\beta + k_{3,3}\gamma + \ldots + k_{3,n}\eta, \\ \ldots\ldots\ldots\ldots\ldots\ldots\ldots\ldots\ldots\ldots, \\ \Sigma = k_{n,1}\alpha + k_{n,2}\beta + k_{n,3}\gamma + \ldots + k_{n,n}\eta. \end{cases}$$

Donc, en vertu du théorème II, le produit $s\mathrm{s}$ des deux résultantes algébriques s, s sera la résultante algébrique $\mathfrak{S}$ des termes renfermés dans le tableau

$$(20)\quad \begin{cases} k_{1,1}, & k_{1,2}, & k_{1,3}, & \ldots, & k_{1,n}, \\ k_{2,1}, & k_{2,2}, & k_{2,3}, & \ldots, & k_{2,n}, \\ k_{3,1}, & k_{3,2}, & k_{3,3}, & \ldots, & k_{3,n}, \\ \ldots, & \ldots, & \ldots, & \ldots, & \ldots, \\ k_{n,1}, & k_{n,2}, & k_{n,3}, & \ldots, & k_{n,n}; \end{cases}$$

et l'on aura généralement

$$(21)\qquad S(\pm k_{1,1} k_{2,2} \ldots k_{n,n}) = S(\pm \mathrm{a}_1 \mathrm{b}_2 \ldots \mathrm{h}_n)\, S(\pm a_1 b_2 \ldots h_n).$$

On trouvera, en particulier, pour $n = 2$,

$$(22)\qquad k_{1,1} k_{2,2} - k_{1,2} k_{2,1} = (\mathrm{a}_1 \mathrm{b}_2 - \mathrm{a}_2 \mathrm{b}_1)(a_1 b_2 - a_2 b_1),$$

ou, ce qui revient au même,

$$(23)\qquad \begin{aligned} &(\mathrm{a}_1 a_1 + \mathrm{b}_1 b_1)(\mathrm{a}_2 a_2 + \mathrm{b}_2 b_2) \\ &\quad - (\mathrm{a}_1 a_2 + \mathrm{b}_1 b_2)(\mathrm{a}_2 a_1 + \mathrm{b}_2 b_1) = (\mathrm{a}_1 \mathrm{b}_2 - \mathrm{a}_2 \mathrm{b}_1)(a_1 b_2 - a_2 b_1). \end{aligned}$$

Concevons, à présent, que l'on veuille composer une résultante algébrique $\mathfrak{S}$, non plus avec tous les termes du tableau (20), mais seulement avec quelques-uns d'entre eux, dont le nombre soit m^2, savoir avec ceux que renferment m lignes verticales et m lignes horizontales déterminées. On pourra encore exprimer cette résultante à l'aide d'une équation analogue à la formule (14), par le rapport entre deux produits symboliques du degré m, formés le premier avec quelques-unes des clefs A, M, N, ..., Σ, le second avec quelques-unes des clefs α, β, γ, ..., η, les clefs dont il s'agit étant celles qui, dans les formules (19), appartiennent aux mêmes lignes verticales ou horizontales que les termes du tableau (20) renfermés dans la résultante $\mathfrak{S}$. Effectivement, pour déduire des équations (19) la résultante $\mathfrak{S}$ sous la forme indiquée, il suffira évidemment d'annuler celles des clefs anastrophiques α, β, γ, ... η dont les coefficients seront tous distincts des termes renfermés dans $\mathfrak{S}$. Ainsi, par exemple, si l'on veut réduire $\mathfrak{S}$ à la résultante

$$k_{1,1} k_{2,2} - k_{1,2} k_{2,1}$$

formée avec les lettres que contiennent les deux premières lignes verticales et les deux premières lignes horizontales du tableau (20), il suffira d'annuler les clefs

$$\alpha, \quad \beta, \quad \gamma, \quad \ldots, \quad \eta,$$

à l'exception des deux premières, et alors les équations (19), réduites aux formules

$$(24) \qquad \begin{cases} \mathrm{A} = k_{1,1}\alpha + k_{1,2}\beta, \\ \mathrm{M} = k_{2,1}\alpha + k_{2,2}\beta, \end{cases}$$

donneront

$$(25) \qquad \mathfrak{S} = \frac{|\mathrm{AM}|}{|\alpha\beta|}.$$

Pareillement, si l'on veut réduire $\mathfrak{S}$ à la résultante des termes compris dans les trois premières lignes horizontales et dans les trois premières lignes verticales du tableau (20), il suffira d'annuler les clefs anastrophiques

$$\alpha, \quad \beta, \quad \gamma, \quad \ldots, \quad \eta,$$

à l'exception des trois premières, et alors les équations (19), réduites aux formules

$$(26) \qquad \begin{cases} \mathrm{A} = k_{1,1}\alpha + k_{1,2}\beta + k_{1,3}\gamma, \\ \mathrm{M} = k_{2,1}\alpha + k_{2,2}\beta + k_{2,3}\gamma, \\ \mathrm{N} = k_{3,1}\alpha + k_{3,2}\beta + k_{3,3}\gamma, \end{cases}$$

donneront

$$(27) \qquad \mathfrak{S} = \frac{|\mathrm{AMN}|}{|\alpha\beta\gamma|}.$$

Cela posé, on pourra généralement énoncer la proposition suivante :

Théorème III. — *Supposons qu'après avoir effacé dans le tableau* (20) *tous les termes non compris dans m lignes verticales et m lignes horizontales déterminées, on cherche la résultante* $\mathfrak{S}$ *des termes conservés. Il suffira, pour l'obtenir, d'effacer, dans les deux termes du rapport*

$$\frac{|\mathrm{AMN}\ldots\Sigma|}{|\alpha\beta\gamma\ldots\eta|},$$

d'une part, quelques-unes des fonctions linéaires de $\alpha, \beta, \gamma, \ldots, \eta$

représentées par Λ, M, N, ..., Σ, *savoir celles qui ne renferment aucun des termes conservés; d'autre part, quelques-unes des clefs* α, β, γ, ..., η, *savoir celles qui, dans les formules* (19), *n'ont jamais pour coefficients ces mêmes termes, puis d'annuler, dans les valeurs de* λ, μ, ν, ..., ς *données par les formules* (11), *les clefs effacées dans le produit symbolique* $|\alpha\beta\gamma\ldots\eta|$.

En s'appuyant sur le théorème précédent, on pourra facilement exprimer la résultante $\mathfrak{S}$ supposée du degré m, non plus par le produit unique ss des résultantes construites avec les termes des tableaux (4) et (16), comme dans le cas où l'on avait $m=n$, mais par une somme de produits de résultantes du degré m, formées chacune avec les termes compris à la fois dans n lignes verticales et dans m lignes horizontales de l'un de ces tableaux. Ainsi, par exemple, si l'on suppose $m=3$, $n=2$, les deux premières des équations (17), réduites aux formules

$$(28)\qquad \begin{cases} \Lambda = \mathrm{a}_1\lambda + \mathrm{b}_1\mu + \mathrm{c}_1\nu, \\ \mathrm{M} = \mathrm{a}_2\lambda + \mathrm{b}_2\mu + \mathrm{c}_2\nu, \end{cases}$$

donneront

$$|\Lambda\mathrm{M}| = \mathrm{s}\,|\mu\nu| + \mathrm{s}'\,|\nu\lambda| = \mathrm{s}''\,|\lambda\mu|,$$

les valeurs de s, s$'$, s$''$ étant

$$\mathrm{s} = \mathrm{b}_1\mathrm{c}_2 - \mathrm{b}_2\mathrm{c}_1, \qquad \mathrm{s}' = \mathrm{c}_1\mathrm{a}_2 - \mathrm{c}_2\mathrm{a}_1, \qquad \mathrm{s}'' = \mathrm{a}_1\mathrm{b}_2 - \mathrm{a}_2\mathrm{b}_1.$$

Mais, d'autre part, les équations (11), réduites aux formules

$$(29)\qquad \begin{cases} \lambda = a_1\alpha + a_2\beta, \\ \mu = b_1\alpha + b_2\beta, \\ \nu = c_1\alpha + c_2\beta, \end{cases}$$

par l'annulation de γ, donneront

$$|\mu\nu| = s\,|\alpha\beta|, \qquad |\nu\lambda| = s'\,|\alpha\beta|, \qquad |\lambda\mu| = s''\,|\alpha\beta|,$$

les valeurs de s, s', s'' étant

$$s = b_1c_2 - b_2c_1, \qquad s' = c_1a_2 - c_2a_1, \qquad s'' = a_1b_2 - a_2b_1.$$

Donc, en définitive, on aura

$$|\Lambda\mathrm{M}| = (\mathrm{s}s + \mathrm{s}'s' + \mathrm{s}''s'')\,|\alpha\beta|.$$

et la formule (25) donnera

$$\mathfrak{S} = \mathrm{s}s + \mathrm{s}'s' + \mathrm{s}''s''. \tag{30}$$

Donc, en substituant à chaque résultante sa valeur, on aura

$$\begin{aligned} &(\mathrm{a}_1 a_1 + \mathrm{b}_1 b_1 + \mathrm{c}_1 c_1)(\mathrm{a}_2 a_2 + \mathrm{b}_2 b_2 + \mathrm{c}_2 c_2) \\ &\quad - (\mathrm{a}_1 a_2 + \mathrm{b}_1 b_2 + \mathrm{c}_1 c_2)(\mathrm{a}_2 a_1 + \mathrm{b}_2 b_1 + \mathrm{c}_2 c_1) \\ &= (\mathrm{b}_1 \mathrm{c}_2 - \mathrm{b}_2 \mathrm{c}_1)(b_1 c_2 - b_2 c_1) + (\mathrm{c}_1 \mathrm{a}_2 - \mathrm{c}_2 \mathrm{a}_1)(c_1 a_2 - c_2 a_1) \\ &\quad + (\mathrm{a}_1 \mathrm{b}_2 - \mathrm{a}_2 \mathrm{b}_1)(a_1 b_2 - a_2 b_1). \end{aligned} \tag{31}$$

La valeur de $\mathfrak{S}$ que fournit l'une quelconque des formules (25), (27), etc., pourra toujours être ainsi décomposée en produits partiels, par une équation de la forme

$$\mathfrak{S} = \mathrm{s}s + \mathrm{s}'s' + \mathrm{s}''s'' + \ldots, \tag{32}$$

et l'on pourra ainsi déduire du théorème III celui que nous allons énoncer :

Théorème IV. — *Concevons que, dans chacun des tableaux* (4) *et* (16), *on efface tous les termes non compris dans m lignes horizontales, ces lignes pouvant occuper des places différentes dans les deux tableaux, puis ajoutons entre eux les produits binaires qu'on obtiendra en multipliant respectivement les divers termes d'une ligne horizontale conservée dans le tableau* (4) *par les termes correspondants d'une ligne horizontale conservée dans le tableau* (16). *La somme ainsi formée et les sommes semblables seront représentées dans le tableau* (20) *par divers termes compris dans m lignes horizontales et m lignes verticales déterminées. Nommons* $\mathfrak{S}$ *la résultante de ces derniers termes. Soient d'ailleurs* s *la résultante du degré m formée avec les termes qui occupent m places arbitrairement choisies dans les lignes horizontales conservées du tableau* (4), *et* s *la résultante formée avec les termes correspondants du tableau* (16). *Le produit* ss, *ajouté à tous les produits du même genre, donnera pour somme la résultante* $\mathfrak{S}$.

Parmi les propriétés que possèdent les résultantes algébriques, on doit remarquer celles qu'expriment les théorèmes II et IV, ou, ce qui revient au même, les formules (15) et (32). Ces formules, que j'ai données pour la première fois dans le 17e cahier du *Journal de l'École Polytechnique* [*voir* aussi dans le même cahier un Mémoire de M. Binet], sont d'ailleurs des conséquences immédiates des théorèmes I et II compris dans la formule (12), qui, dans le cas où l'on pose $|\alpha\beta\gamma\ldots\eta| = 1$, se réduit à l'équation (6). Ils se rattachent donc intimement à la décomposition des résultantes en facteurs symboliques représentés par des fonctions linéaires de clefs anastrophiques.

En appliquant à des cas spéciaux les formules établies dans ce paragraphe, on en obtient d'autres qu'il sera bon de mentionner et que nous allons rappeler en peu de mots.

Si le tableau (4) coïncide avec le tableau (16), les formules (15) et (30) donneront, la première,

$$\mathcal{S} = s^2; \tag{33}$$

la seconde,

$$\mathcal{S} = s^2 + s'^2 + s''^2 + \ldots, \tag{34}$$

et, en conséquence, la résultante algébrique $\mathcal{S}$ se trouvera réduite à un carré parfait ou à la somme de plusieurs carrés. Alors aussi, on tirera en particulier de la formule (23)

$$(a_1^2 + b_1^2)(a_2^2 + b_2^2) - (a_1 a_2 + b_1 b_2)^2 = (a_1 b_2 - a_2 b_1)^2, \tag{35}$$

ou, ce qui revient au même,

$$(a_1^2 + b_1^2)(a_2^2 + b_2^2) = (a_1 a_2 + b_1 b_2)^2 + (a_1 b_2 - a_2 b_1)^2. \tag{36}$$

et, de la formule (31),

$$\begin{aligned}(a_1^2 + b_1^2 + c_1^2)(a_2^2 + b_2^2 + c_2^2) &- (a_1 a_2 + b_1 b_2 + c_1 c_2)^2 \\ = (b_1 c_2 - b_2 c_1)^2 &+ (c_1 a_2 - c_2 a_1)^2 + (a_1 b_2 - a_2 b_1)^2.\end{aligned} \tag{37}$$

En réduisant $a_1, b_1; a_2, b_2$, à des nombres entiers, on tire de l'équation (20) un théorème connu, savoir qu'*une somme de deux carrés, multipliée par une autre somme de deux carrés, donne encore pour produit une somme de deux carrés*. Quant à la formule (37), elle est précisément celle qu'on obtient lorsqu'on projette sur trois plans rectangulaires la surface d'un triangle dont les trois sommets ont pour coordonnées respectives les quantités

$$a_1,\ b_1,\ c_1,\qquad a_2,\ b_2,\ c_2,\qquad a_3,\ b_3,\ c_3,$$

et qu'on égale le carré de cette surface à la somme des carrés de ses trois projections.

Si des trois systèmes de clefs anastrophiques

$$\alpha,\ \beta,\ \gamma,\ \ldots,\ \eta;\qquad \lambda,\ \mu,\ \nu,\ \ldots,\ \varsigma;\qquad \Lambda,\ \mathrm{M},\ \mathrm{N},\ \ldots,\ \Sigma,$$

le troisième coïncide avec le premier, les équations (17), réduites à la forme

$$(38)\qquad \left\{\begin{aligned} \alpha &= \mathfrak{a}_1\lambda + \mathfrak{b}_1\mu + \mathfrak{c}_1\nu + \ldots + \mathfrak{h}_1\eta,\\ \beta &= \mathfrak{a}_2\lambda + \mathfrak{b}_2\mu + \mathfrak{c}_2\nu + \ldots + \mathfrak{h}_2\eta,\\ \gamma &= \mathfrak{a}_3\lambda + \mathfrak{b}_3\mu + \mathfrak{c}_3\nu + \ldots + \mathfrak{h}_3\eta,\\ &\ldots\ldots\ldots\ldots\ldots\ldots\ldots\ldots\\ \eta &= \mathfrak{a}_n\lambda + \mathfrak{b}_n\mu + \mathfrak{c}_n\nu + \ldots + \mathfrak{h}_n\eta,\end{aligned}\right.$$

ne devront pas différer de celles qui se déduiraient des formules (1) résolues par rapport à $\alpha, \beta, \gamma, \ldots, \eta$. Dans le même cas, la formule (15) donnera

$$(39)\qquad ss = 1,$$

et l'on pourra, en conséquence, énoncer la proposition suivante :

Théorème V. — *Soient*

$$\alpha,\ \beta,\ \gamma,\ \ldots,\ \eta;\qquad \lambda,\ \mu,\ \nu,\ \ldots,\ \varsigma$$

deux systèmes composés chacun de n variables, et supposons les variables $\lambda, \mu, \nu, \ldots, \varsigma$ représentées par des fonctions linéaires et homogènes de $\alpha, \beta, \gamma, \ldots, \eta$. On pourra, pour l'ordinaire, exprimer aussi $\alpha, \beta, \gamma, \ldots, \eta$ en fonctions linéaires et de $\lambda, \mu, \nu, \ldots, \varsigma$ et les deux tableaux formés : 1° avec les coefficients de $\alpha, \beta, \gamma, \ldots, \eta$ dans les valeurs de $\lambda, \mu, \nu, \ldots, \varsigma$; 2° avec les coefficients de $\lambda, \mu, \nu, \ldots, \varsigma$ dans les valeurs de $\alpha, \beta, \gamma, \ldots, \eta$, auront pour résultantes algébriques deux quantités dont le produit sera l'unité.

La résultante algébrique des termes que comprend un tableau donné peut être présentée sous une forme remarquable, lorsque, dans ce tableau, chacune des lignes horizontales ou verticales est composée de termes qui forment une progression géométrique. Supposons, pour fixer les idées, que le tableau (4) se réduise au suivant :

$$(40)\qquad \left\{\begin{array}{lllll} A, & B, & C, & \ldots, & H, \\ Aa, & Bb, & Cc, & \ldots, & Hh, \\ Aa^2, & Bb^2, & Cc^2, & \ldots, & Hh^2, \\ \ldots\ldots, & \ldots, & \ldots, & \ldots, & \ldots, \\ Aa^{n-1}, & Bb^{n-1}, & Cc^{n-1}, & \ldots, & Hh^{n-1}, \end{array}\right.$$

dans lequel chaque ligne verticale est composée de termes qui forment une progression géométrique, la raison de cette progression étant a dans la première ligne verticale, b dans la seconde, ... La résultante s des termes que renferme le tableau (40) sera, en vertu de la formule (9),

$$(41)\qquad s = ABC\ldots H\,S(\pm a^0 b^1 c^2 \ldots h^{n-1}).$$

Si chacune des quantités $A, B, C, \ldots, H$ se réduit à l'unité, ou, ce qui revient au même, si le tableau (40) se réduit au suivant :

$$(42)\qquad \left\{\begin{array}{lllll} 1, & 1, & 1, & \ldots, & 1, \\ a, & b, & c, & \ldots, & h, \\ a^2, & b^2, & c^2, & \ldots, & h^2, \\ \ldots, & \ldots, & \ldots, & \ldots, & \ldots, \\ a^{n-1}, & b^{n-1}, & c^{n-1}, & \ldots, & h^{n-1}, \end{array}\right.$$

on aura simplement

$$(43)\qquad s = S(\pm a^0 b^1 c^2 \ldots h^{n-1}),$$

et cette dernière valeur de s, considérée comme fonction de l'une quelconque des quantités $a, b, c, \ldots, h$ sera une fonction entière du degré $n-1$. D'ailleurs, un échange opéré entre deux de ces quantités, par exemple entre a et b, changera s en $-s$. Donc s s'évanouira si l'on pose $b=a$; et si l'on pose

$$b = a + r,$$

s s'évanouira pour une valeur nulle de r. Donc, dans cette dernière supposition, la résultante s, réduite à une fonction entière des quantités $a, c, \ldots, h$ et de la différence

$$r = b - a,$$

ne renfermera aucun terme indépendant de r, et sera de la forme

$$s = rR,$$

R étant une fonction entière de $a, c, \ldots, h, r$, ou, ce qui revient au même, de $a, b, c, \ldots, h$. Ainsi la résultante s, déterminée par la formule (43), a pour facteur algébrique la différence $b - a$. On prouvera de même qu'elle a pour facteur chacune des différences

$$(44) \quad \left\{ \begin{array}{llll} b - a, & c - a, & \ldots, & h - a, \\ & c - b, & \ldots, & h - b, \\ & & \ldots, & \ldots\ldots, \\ & & & h - g, \end{array} \right.$$

que l'on forme en retranchant l'une de l'autre les quantités

$$a, \quad b, \quad c, \quad \ldots, \quad h,$$

combinées deux à deux de toutes les manières possibles. Donc, si l'on nomme k le produit des différences comprises dans le tableau (44), la formule (43) donnera

$$s = Kk,$$

K étant ou un nombre constant ou une fonction entière de $a, b, c, \ldots, h$. J'ajoute que, de ces deux hypothèses, la première est seule admissible. En effet, comme dans le tableau (44), $n - 1$ termes, savoir ceux que contient la première ligne, renferment la quantité a, le produit k considéré comme fonction de a sera, ainsi que s, du degré $n - 1$. Donc le coefficient K devra être indépendant de a; on prouvera de même qu'il est indépendant de b, de c, etc., de h. K sera donc un nombre. Pour obtenir ce nombre équivalent au rapport $\frac{s}{k}$, il suffira d'observer que le produit principal

$$(45) \qquad a^0 b^1 c^2 \ldots h^{n-1},$$

formé avec les termes situés dans le tableau (42) sur la diagonale qui renferme le premier terme 1, se présente une seule fois, pris avec le signe +, non seulement dans le développement de la résultante

$$s = S(\pm a^0 b^1 c^2 \ldots h^n),$$

mais aussi dans le développement du produit k des différences comprises dans le tableau (44), attendu que, dans ce dernier développement, le seul produit partiel de la forme

$$bc^2 \ldots h^{n-1}$$

est évidemment celui que l'on trouve en réduisant chacune de ces diffrences à son premier terme. Donc le nombre K ne pourra différer de l'unité, et la formule (43) donnera

$$s = k,$$

ou, ce qui revient au même,

$$(46) \quad s = (b-a) \times (c-a)(c-b) \times \ldots \times (h-a)(h-b) \ldots (h-g).$$

Par suite aussi, la formule (41) donnera

$$(47) \quad s = ABC \ldots H(b-a) \times (c-a)(c-b) \times \ldots \times (h-a)(h-b) \ldots (h-g).$$

En conséquence, on peut énoncer la proposition suivante :

Théorème VI. — *Lorsque les termes avec lesquels se forme une résultante du degré n sont, dans chaque ligne verticale du tableau qui la renferme, en progression géométrique, il suffit, pour obtenir cette résultante, de multiplier le produit des termes*

$$A, \quad B, \quad C, \quad \ldots, \quad H,$$

compris dans la première ligne horizontale de ce tableau, par le produit des différences que fournissent les rapports

$$a, \quad b, \quad c, \quad \ldots, \quad h$$

des progressions géométriques auxquelles appartiennent ces mêmes termes, quand on retranche successivement chacun de ces rapports de tous ceux qui le suivent.

V. — *Méthodes diverses pour la détermination des résultantes algébriques.*

Soit toujours s la résultante du tableau

$$(1)\qquad \begin{cases} a_1, & b_1, & c_1, & \ldots, & h_1, \\ a_2, & b_2, & c_2, & \ldots, & h_2, \\ a_3, & b_3, & c_3, & \ldots, & h_3, \\ \ldots, & \ldots & \ldots & \ldots, & \ldots, \\ a_n, & b_n, & c_n, & \ldots, & h_n, \end{cases}$$

en sorte qu'on ait

$$(2)\qquad s = S(\pm a_1 b_2 c_3 \ldots h_n).$$

Le calcul direct des produits partiels, dont la lettre S indique la somme et dont le nombre N est déterminé par la formule

$$(3)\qquad N = 1.2.3\ldots n,$$

deviendra évidemment très pénible pour de grandes valeurs de n. Mais l'emploi des clefs anastrophiques offre divers moyens d'éviter ce calcul dans la détermination de s.

En premier lieu, pour déduire s de la formule

$$(4)\qquad s = \frac{\lambda\mu\nu\ldots\varsigma}{\alpha\beta\gamma\ldots\eta},$$

dans laquelle on a

$$(5)\qquad \begin{cases} \lambda = a_1\alpha + b_1\beta + c_1\gamma + \ldots + h_1\eta, \\ \mu = a_2\alpha + b_2\beta + c_2\gamma + \ldots + h_2\eta, \\ \nu = a_3\alpha + b_3\beta + c_3\gamma + \ldots + h_3\eta, \\ \ldots\ldots\ldots\ldots\ldots\ldots\ldots\ldots\ldots, \\ \varsigma = a_n\alpha + b_n\beta + c_n\gamma + \ldots + h_n\eta, \end{cases}$$

il suffira de multiplier successivement l'un par l'autre les facteurs λ, μ, ν, $\ldots$, ς, en assujettissant les clefs α, β, γ, $\ldots$, η aux transmutations anastrophiques binaires et aux transmutations conjonctives des divers degrés. Si, pour abréger, l'on désigne, à l'aide des notations

$$(a, b), \quad (a, b, c), \quad \ldots, \quad (a, b, c, h),$$

les résultantes algébriques

$$S(\pm a_1 b_2), \quad S(\pm a_1 b_2 c_3), \quad \ldots, \quad S(\pm a_1 b_2 c_3 \ldots h_n),$$

et à l'aide de notations semblables les résultantes semblables déduites des précédentes par des échanges opérés entre les lettres $a, b, c, \ldots, h$; si d'ailleurs on range les facteurs que renferme chaque produit symbolique dans l'ordre indiqué par l'alphabet, on aura successivement

$$(6)\quad \begin{cases} |\lambda\mu| = (a, b)|\alpha\beta| + (a, c)|\alpha\gamma| + \ldots + (b, c)|\beta\gamma| + \ldots, \\ |\lambda\mu\nu| = (a, b, c)|\alpha\beta\gamma| + (a, b, d)|\alpha\beta\delta| + \ldots + (b, c, d)|\beta\gamma\delta| + \ldots, \\ \ldots\ldots\ldots\ldots\ldots\ldots\ldots\ldots\ldots\ldots \\ |\lambda\mu\nu\ldots\varsigma| = (a, b, c, \ldots, h)|\alpha\beta\gamma\ldots\eta|, \end{cases}$$

et l'on reconnaîtra que, pour déterminer les coefficients

$$(a, b), \quad (a, c), \quad \ldots, \quad (b, c), \quad \ldots, \quad (a, b, c), \quad \ldots, \quad (a, b, c, \ldots, h),$$

dont le dernier est précisément la résultante s, il suffit de recourir à des équations de la forme

$$(7)\quad \begin{cases} (a, b) = a_1 b_2 - b_1 a_2, \\ (a, b, c) = (a, b)c_3 - (a, c)b_3 + (b, c)a_3, \\ (a, b, c, d) = (a, b, c)d_4 - (a, b, d)c_4 + (a, c, d)b_4 - (b, c, d)a_4, \\ \ldots\ldots\ldots\ldots\ldots\ldots\ldots\ldots\ldots\ldots \\ (a, b, c, \ldots, g, h) = (a, b, c, \ldots, g)h_n + \ldots + (-1)^{n-1}(b, c, \ldots, g, h)a_n. \end{cases}$$

Lorsqu'on opère ainsi, le calcul de la résultante s exige la formation de produits composés chacun, non plus de n facteurs, mais de deux facteurs seulement, et le nombre $\mathfrak{N}$ de ces produits, déterminé par la formule

$$(8)\quad \begin{aligned} \mathfrak{N} &= n\left[\frac{n-1}{1} + \frac{(n-1)(n-2)}{1.2} + \ldots + \frac{(n-1)(n-2)}{1.2} + \frac{n-1}{1} + 1\right] \\ &= n(2^{n-1} - 1), \end{aligned}$$

croît beaucoup moins rapidement que le nombre $N = 1, 2, 3, \ldots, n$.

Lorsque les divers termes du tableau (1) sont connus et donnés en nombres, on peut se dispenser d'écrire les équations (7) et autres semblables, et se borner à déduire, de multiplications successives, la valeur du produit $|\lambda\mu\nu\ldots\varsigma|$ qui, divisé par $|\alpha\beta\gamma\ldots\eta|$, donne pour quotient la résultante s.

Supposons, pour fixer les idées, que le tableau (1) se réduise au suivant :

$$\begin{array}{ccc} 1, & 2, & 3, \\ 3, & 1, & 2, \\ 2, & 3, & 1, \end{array}$$

on aura

$$\begin{aligned} \lambda &= \alpha + 2\beta + 3\gamma, \\ \mu &= 3\alpha + \beta + 2\gamma, \\ \nu &= 2\alpha + 3\beta + \gamma; \end{aligned}$$

et, par suite,

$$|\lambda\mu| = (1 - 2.3)|\alpha\beta| + (2 - 3.3)|\alpha\gamma| + (2.2 - 3)|\beta\gamma| = -5|\alpha\beta| - 7|\alpha\gamma| + |\beta\gamma|,$$
$$|\lambda\mu\nu| = (-5 + 7.3 + 2)|\alpha\beta\gamma| = 18|\alpha\beta\gamma|,$$
$$s = \frac{|\lambda\mu\nu|}{|\alpha\beta\gamma|} = 18.$$

Pour déduire la résultante s de la formule (4), il n'est pas nécessaire de construire chacun des produits

$$|\lambda\mu|, \quad |\lambda\mu\nu|, \quad |\lambda\mu\nu\rho|, \quad \ldots;$$

il suffit de multiplier l'un par l'autre, dans l'ordre qu'indique l'alphabet, d'abord les facteurs $\lambda, \mu, \nu, \ldots, \varsigma$ pris deux à deux ou trois à trois, etc., puis les produits binaires ou ternaires, etc., ainsi formés, de manière à obtenir facilement le produit $|\lambda\mu\nu\ldots\varsigma|$. Ainsi, par exemple, si l'on a $n = h$, alors, pour obtenir le produit final $|\lambda\mu\nu\rho|$, et, par suite, la résultante s, il suffira de former les deux produits binaires $|\lambda\mu|$, $|\nu\rho|$, puis de les multiplier l'un par l'autre. Quelquefois, cette méthode est préférable à celle qui consiste dans la formation successive des trois produits $|\lambda\mu|$, $|\lambda\mu\nu|$, $|\lambda\mu\nu\rho|$. Concevons, pour fixer les idées, que l'on demande la résultante s d'un tableau de la forme

$$\begin{array}{cccc} a, & b, & c, & d, \\ d, & a, & b, & c, \\ c, & d, & a, & b, \\ b, & c, & d, & a, \end{array}$$

on aura

$$\begin{aligned}\lambda &= a\alpha + b\beta + c\gamma + d\delta,\\ \mu &= d\alpha + a\beta + b\gamma + c\delta,\\ \nu &= c\alpha + d\beta + a\gamma + b\delta,\\ \rho &= b\alpha + c\beta + d\gamma + a\delta;\end{aligned}$$

et, par suite,

$$\begin{aligned}|\lambda\mu| = {} & (a^2 - bd)\,|\alpha\beta| + (ab - cd)\,|\alpha\gamma| + (ac - d^2)\,|\alpha\delta|\\ & + (b^2 - ac)\,|\beta\gamma| + (bc - ad)\,|\beta\delta| + (c^2 - bd)\,|\gamma\delta|.\end{aligned}$$

De plus, comme pour déduire ν de λ, ou ρ de μ, et, par suite, $|\nu\rho|$, de $|\lambda\mu|$, il suffira d'échanger entre elles, d'une part les clefs α, γ, d'autre part les clefs β, δ, la formule qui précède entraînera la suivante :

$$\begin{aligned}|\nu\rho| = {} & (a^2 - bd)\,|\gamma\delta| + (ab - cd)\,|\gamma\alpha| + (ac - d^2)\,|\gamma\beta|\\ & + (b^2 - ac)\,|\delta\alpha| + (bc - ad)\,|\delta\beta| + (c^2 - bd)\,|\alpha\beta|.\end{aligned}$$

Après avoir ainsi obtenu les valeurs des deux produits symboliques $|\lambda\mu|$, $|\nu\rho|$, on pourra, de ces deux produits multipliés l'un par l'autre, tirer immédiatement la valeur du produit symbolique $|\lambda\mu\nu\rho|$, par conséquent celle de

$$s = \frac{|\lambda\mu\nu\rho|}{|\alpha\beta\gamma\delta|},$$

et l'on trouvera définitivement

$$s = (a^2 - bd)^2 + (c^2 - bd)^2 - (b^2 - ac)^2 - (d^2 - ac)^2 + 2(ab - cd)(bc - ad).$$

Lorsque, dans la formule (4), le facteur λ dépend uniquement de la clef α, c'est-à-dire lorsque la première des équations (5) se réduit à

$$\lambda = a_1\alpha,$$

la formule (4) donne simplement

$$s = a_1\frac{|\mu\nu\ldots\varsigma|}{|\beta\gamma\ldots\eta|},$$

et l'on peut, dans les valeurs de $\mu, \nu, \ldots, \varsigma$ remplacer α par zéro. En s'appuyant sur ces remarques, on démontre aisément les propositions suivantes :

Théorème I. — *Étant donnés deux systèmes anastrophiques*

$$\alpha,\ \beta,\ \gamma,\ \ldots,\ \eta \quad \text{et} \quad \lambda,\ \mu,\ \nu,\ \ldots,\ \varsigma,$$

composés chacun de n clefs, et liés l'un à l'autre par les équations (5), *concevons que l'on exprime* α, β, γ, ..., η *en fonctions linéaires de clefs nouvelles*

$$\varphi,\ \chi,\ \psi,\ \ldots,\ \omega,$$

dont le nombre soit égal ou supérieur à n — 1, *mais de manière à vérifier l'équation de condition*

$$\lambda = 0. \tag{9}$$

La résultante s, déterminée par la formule (4), *sera équivalente au produit du coefficient de* α *dans* λ *par le rapport géométrique des valeurs nouvelles qu'acquerront les deux produits symboliques*

$$|\mu\nu\ldots\varsigma|, \quad |\beta\gamma\ldots\eta|.$$

Corollaire. — Les nouvelles clefs φ, χ, ψ, ..., ω, dont le nombre doit être égal ou supérieur à $n-1$, pourraient n'être pas distinctes des clefs β, γ, ..., η, et alors, à la place du premier théorème, on obtiendrait le suivant :

Théorème II. — *La résultante s, déterminée par la formule* (4), *est égale au produit du coefficient de* α *dans* λ *par la valeur qu'acquiert le rapport*

$$\frac{|\mu\nu\ldots\varsigma|}{|\beta\gamma\ldots\eta|},$$

lorsque, dans ce rapport, on exprime μ, ν, ..., ς, *en fonction des n* — 1 *clefs* β, γ, ..., η, *à l'aide des formules* (5) *jointes à l'équation* (9).

Supposons, pour fixer les idées, $n = 3$. Alors la résultante

$$\begin{aligned} s &= a_1 b_2 c_3 - a_1 b_3 c_2 + a_2 b_3 c_1 - a_2 b_1 c_3 + a_3 b_1 c_2 - a_3 b_2 c_1 \\ &= (a_1 b_2 - a_2 b_1) c_3 - (a_1 c_2 - a_2 c_1) b_3 + (b_1 c_2 - b_2 c_1) a_3 \end{aligned} \tag{10}$$

pourra être, en vertu du second théorème, présentée sous la forme

$$s = a_1 \left(b_2 - \frac{b_1}{a_1} a_2 \right) \left[c_3 - \frac{c_1}{a_1} a_3 - \frac{c_2 - \dfrac{c_1}{a_1} a_2}{b_2 - \dfrac{b_1}{a_1} a_2} \left(b_3 - \frac{b_1}{a_1} a_3 \right) \right]; \tag{11}$$

on pourra donc la déterminer en calculant trois rapports géométriques, savoir :

$$\frac{b_1}{a_1}, \quad \frac{c_1}{a_1}, \quad \frac{c_2 - \frac{c_1}{a_1} a_2}{b_2 - \frac{b_1}{a_1} a_2},$$

cinq produits binaires et un seul produit ternaire. Généralement, à l'aide du second théorème, on pourra déterminer une résultante du degré n, en calculant des rapports géométriques dont le nombre sera

$$1 + 2 + \ldots + (n-1) = \frac{n(n-1)}{2},$$

des produits binaires dont le nombre sera

$$1^2 + 2^2 + \ldots + (n-1)^2 = \frac{n(n-1)(2n-1)}{2.3}, \qquad \ldots,$$

et un seul produit composé de n facteurs.

Il est bon d'observer que de la formule (11) on tire immédiatement la suivante :

$$(12) \qquad s = \frac{(a_1 b_2 - a_2 b_1)(a_1 c_3 - a_3 c_1) - (a_1 c_2 - a_2 c_1)(a_1 b_3 - a_3 b_1)}{a_1},$$

qui peut être facilement réduite à la formule (10).

Observons encore que la transmutation anastrophique

$$|\lambda^2| = 0$$

donnera

$$(13) \qquad a_1 \Phi + b_1 X + c_1 \Psi + \ldots + h_1 \Upsilon = 0,$$

si l'on pose

$$(14) \qquad \Phi = |\alpha\lambda|, \qquad X = |\beta\lambda|, \qquad \Psi = |\gamma\lambda|, \qquad \ldots, \qquad \Upsilon = |\eta\lambda|,$$

ou, ce qui revient au même,

$$(15) \qquad \left\{\begin{array}{l} \Phi = 0 + b_1 |\alpha\beta| + c_1 |\alpha\gamma| + \ldots + h_1 |\alpha\eta|, \\ X = -a_1 |\alpha\beta| + 0 + c_1 |\beta\gamma| + \ldots + h_1 |\beta\eta|, \\ \Psi = -a_1 |\alpha\gamma| - b_1 |\beta\gamma| + 0 + \ldots + h_1 |\gamma\eta|, \\ \ldots\ldots\ldots\ldots\ldots\ldots\ldots\ldots\ldots\ldots, \\ \Upsilon = -a_1 |\alpha\eta| - b_1 |\beta\eta| - c_1 |\gamma\eta| - \ldots + 0. \end{array}\right.$$

Or, si dans ces dernières formules on remplace les produits symboliques

$$|\alpha\beta|, \quad |\alpha\gamma|, \quad \ldots, \quad |\alpha\eta|, \quad |\beta\gamma|, \quad \ldots, \quad |\beta\eta|, \quad \ldots,$$

dont le nombre est $\frac{n(n-1)}{2}$, par autant de clefs nouvelles et anastrophiques

$$\varphi, \quad \chi, \quad \psi, \quad \ldots, \quad \upsilon,$$

alors Φ, X, Ψ, ..., U seront des fonctions linéaires de ces clefs qui, prises pour valeurs de α, β, γ, ..., η, vérifieront la formule (13). Alors aussi, en attribuant à α, β, γ, ..., η ces mêmes valeurs dans les facteurs μ, ν, ..., ς, on tirera du second théorème

$$s = a_1 \frac{|\mu\nu\ldots\varsigma|}{|X\Psi\ldots U|}. \tag{16}$$

On peut d'ailleurs annuler plusieurs des nouvelles clefs et réduire ainsi leurs valeurs à $n-1$. On doit surtout remarquer le cas où l'on n'attribue des valeurs distinctes de zéro qu'à celles qu'on substitue aux $n-1$ produits symboliques

$$|\alpha\beta|, \quad |\beta\gamma|, \quad |\gamma\delta|, \quad \ldots, \quad |\zeta\eta|.$$

Dans ce cas particulier, les formules (15) donneront

$$\Phi = b_1\varphi, \quad X = c_1\chi - a_1\varphi, \quad \Psi = d_1\psi - b_1\chi, \quad \ldots, \quad U = -g_1\upsilon, \tag{17}$$

et l'on aura, par suite,

$$|X\Psi\ldots U| = (-1)^{n-1} a_1 b_1 \ldots g_1 |\varphi\chi\ldots\upsilon|. \tag{18}$$

Donc alors la formule (16) donnera

$$s = (-1)^{n-1} \frac{1}{b_1\ldots g_1} \frac{|\mu\nu\ldots\varsigma|}{|\varphi\chi\ldots\upsilon|}, \tag{19}$$

pourvu que dans les fonctions de α, β, γ, ..., η, représentées par μ, ν, ..., ς, on pose

$$\alpha = b_1\varphi, \quad \beta = c_1\chi - a_1\varphi, \quad \gamma = d_1\psi - b_1\chi, \quad \ldots, \quad \eta = -g_1\upsilon. \tag{20}$$

Si, pour fixer les idées, on suppose $n = 3$, la formule (19) donnera

$$s = \frac{(a_2 b_1 - a_1 b_2)(b_3 c_1 - b_1 c_3) - (b_2 c_1 - b_1 c_2)(a_3 b_1 - a_1 b_3)}{b_1}. \tag{21}$$

VI. — *Usage des clefs anastrophiques dans l'élimination.*

Les clefs anastrophiques peuvent être employées avec avantage dans un grand nombre de questions, et spécialement quand il s'agit d'éliminer plusieurs inconnues entre des équations données.

Considérons d'abord n inconnues

$$x, \quad y, \quad z, \quad \ldots, \quad w,$$

liées entre elles par n équations linéaires; et soient

$$X = 0, \qquad Y = 0, \qquad Z = 0, \qquad \ldots, \qquad W = 0, \tag{1}$$

ces équations dans lesquelles X, Y, Z, ..., W représenteront des fonctions linéaires de x, y, z, ..., w. Si ces fonctions sont homogènes, les équations (1) détermineront seulement les rapports des inconnues, dont l'une quelconque pourra être choisie arbitrairement, et l'élimination des inconnues fournira entre leurs coefficients une équation de condition qu'on obtiendra sans peine, en opérant comme on va le dire.

Observons, en premier lieu, que des équations (1) respectivement multipliées par n facteurs variables,

$$\alpha, \quad \beta, \quad \gamma, \quad \ldots, \quad \eta,$$

puis ajoutées l'une à l'autre, on déduira immédiatement une équation nouvelle

$$\Omega = 0, \tag{2}$$

dont le premier membre

$$\Omega = \alpha X + \beta Y + \gamma Z + \ldots + \eta W \tag{3}$$

sera encore une fonction linéaire de x, y, z, ..., w, et pourra, en conséquence, être présenté sous la forme

$$\Omega = \lambda x + \mu y + \nu z + \ldots + \varsigma w, \tag{4}$$

λ, μ, ν, ..., ς étant des fonctions linéaires de α, β, γ, ..., η. Remarquons d'ailleurs que la formule (2) peut être substituée au système des équations (1), et que, pour déduire l'une quelconque des équations (1) de la formule (2), il suffit d'y remplacer l'un des facteurs variables α, β, γ, ..., η par l'unité, en annulant tous les autres.

Concevons maintenant que les n facteurs variables α, β, γ, ..., η soient des clefs anastrophiques. Les fonctions linéaires de $\alpha, \beta, \gamma, \ldots, \eta$, représentées par λ, μ, ν, ..., ς, seront encore des clefs anastrophiques; et comme on aura, par suite,

$$|\lambda^2| = 0, \qquad |\mu^2| = 0, \qquad \ldots, \qquad |\varsigma^2| = 0,$$

on pourra évidemment éliminer de l'équation (2), l'inconnue x, en multipliant Ω par λ, l'inconnue y, en multipliant Ω par μ, ..., l'inconnue w, en multipliant Ω par ς. Donc, pour éliminer toutes les inconnues, à l'exception d'une seule, il suffira de multiplier la fonction Ω par les coefficients des autres inconnues dans cette même fonction. On éliminera, par exemple, y, z, ..., w de la formule (2), en multipliant Ω par le produit $\mu\nu\ldots$, ς, ou ce produit par Ω. On obtiendra ainsi l'équation

$$|\Omega\mu\nu\ldots\rho| = 0, \tag{5}$$

que la formule (4) réduira effectivement à

$$x|\lambda\mu\nu\ldots\varsigma| = 0; \tag{6}$$

et, puisque la valeur de x peut être arbitrairement choisie, la formule (6) entraînera la suivante :

$$|\lambda\mu\nu\ldots\varsigma| = 0, \tag{7}$$

qui sera précisément l'équation de condition à laquelle devront satisfaire les coefficients des inconnues dans les valeurs données de X, Y, Z, ..., W.

Si, pour fixer les idées, on suppose ces coefficients représentés par les divers termes du tableau (1) du paragraphe précédent, en sorte que l'on ait

$$\left\{\begin{array}{l} X = a_1 x + b_1 y + c_1 z + \ldots + h_1 w, \\ Y = a_2 x + b_2 y + c_2 z + \ldots + h_2 w, \\ Z = a_3 x + b_3 y + c_3 z + \ldots + h_3 w, \\ \ldots\ldots\ldots\ldots\ldots\ldots\ldots\ldots\ldots, \\ W = a_n x + b_n y + c_n z + \ldots + h_n w, \end{array}\right. \tag{8}$$

les valeurs de λ, μ, ν, ..., ς seront fournies par les équations (5) du même paragraphe; et comme on aura

$$|\lambda\mu\nu\ldots\varsigma| = |\alpha\beta\gamma\ldots\eta|\,S(\pm a_1 b_2 c_3 \ldots h_n),$$

l'équation (7) donnera

$$S(\pm a_1 b_2 c_3 \ldots h_n) = 0. \tag{9}$$

D'ailleurs, pour obtenir cette dernière équation, il suffira évidemment de poser

$$XYZ\ldots W = 0, \tag{10}$$

en considérant x, y, z, ..., w comme des clefs anastrophiques, puisque, dans cette hypothèse, on aura

$$|XYZ\ldots W| = |xyz\ldots w|\,S(\pm a_1 b_2 c_3 \ldots h_n).$$

On peut donc énoncer le théorème suivant :

Théorème. — *Si n inconnues vérifient n équations linéaires et homogènes, il suffira d'égaler à zéro le produit symbolique de leurs premiers membres, en considérant ces inconnues comme des clefs anastrophiques, pour obtenir l'équation de condition à laquelle devront satisfaire les coefficients de ces inconnues dans les équations données.*

Supposons maintenant que les équations linéaires données cessent d'être homogènes. Chacune d'elles sera, non plus de la forme

$$ax + by + cz + \ldots + hw = 0,$$

mais de la forme

$$ax + by + cz + \ldots + hw = k,$$

ou, ce qui revient au même, de la forme

$$ax + by + cz + \ldots + hw - k = 0,$$

a, b, c, ..., h, k étant des quantités constantes. Alors, aussi, la formule (4) sera remplacée par la suivante :

$$\Omega = \lambda x + \mu y + \nu z + \ldots + \varsigma w - \omega. \tag{11}$$

ω étant une nouvelle fonction linéaire de α, β, γ, ..., η; et l'équation (5) donnera

$$x\,|\lambda\mu\nu\ldots\varsigma| - |\omega\mu\nu\ldots\varsigma| = 0,$$

par conséquent,

$$(12)\qquad x = \frac{|\omega\mu\nu\ldots\varsigma|}{|\lambda\mu\nu\ldots\varsigma|}.$$

Si l'on désigne par k_1, k_2, ..., k_n les valeurs que prend successivement la constante k dans la première, la seconde, etc., la dernière des équations données, on aura

$$(13)\qquad \begin{cases} \omega = k_1\alpha + k_2\beta + k_3\gamma + \ldots + k_n\eta, \\ |\omega\mu\nu\ldots\varsigma| = |\alpha\beta\gamma\ldots\eta|\,\mathrm{S}(\pm k_1 b_2 c_3\ldots h_n), \end{cases}$$

et, en substituant dans la formule (12) les valeurs des produits symboliques qu'elle renferme, on retrouvera l'équation connue

$$(14)\qquad x = \frac{\mathrm{S}(\pm k_1 b_2 c_3\ldots h_n)}{\mathrm{S}(\pm a_1 b_2 c_3\ldots h_n)}.$$

Lorsque les équations linéaires proposées sont numériques, l'emploi des clefs anastrophiques permet de calculer directement les valeurs des inconnues, sans que l'on soit obligé de recourir aux formules générales, c'est-à-dire à l'équation (14) et aux équations analogues.

Concevons, pour fixer les idées, qu'il s'agisse de résoudre les équations

$$(15)\qquad \begin{cases} x + 2y + 3z = 1, \\ 3x + y + 2z = 3, \\ 2x + 3y + z = 5. \end{cases}$$

De ces équations respectivement multipliées par α, β, γ, puis ajoutées l'une à l'autre, on tirera

$$(16)\qquad \lambda x + \mu y + \nu z = \omega,$$

les valeurs de λ, μ, ν, ω étant

$$\begin{aligned} \lambda &= \alpha + 3\beta + 2\gamma, \\ \mu &= 2\alpha + \beta + 3\gamma, \\ \nu &= 3\alpha + 2\beta + \gamma, \\ \omega &= \alpha + 3\beta + 5\gamma, \end{aligned}$$

et la valeur de x sera

$$(17) \qquad x = \frac{|\omega\mu\nu|}{|\lambda\mu\nu|}.$$

On trouvera d'ailleurs

$$|\mu\nu| = |\alpha\beta| - 7|\alpha\gamma| - 5|\beta\gamma|;$$

puis en posant, pour plus de commodité, $|\alpha\beta\gamma| = 1$,

$$|\omega\mu\nu| = -5 + 3.7 + 5 = 21,$$
$$|\lambda\mu\nu| = -5 + 3.7 + 2 = 18,$$

et, par suite,

$$x = \frac{21}{18} = \frac{7}{6}.$$

La valeur de x étant ainsi déduite de la formule (17), on pourra tirer de la formule (16), multipliée par ν, la valeur de γ. En opérant de la sorte, et posant pour abréger, $\gamma = 0$, $|\alpha\beta| = 1$, on trouvera

$$y = \frac{|\omega\nu| - |\lambda\nu|x}{|\mu\nu|},$$

puis

$$|\mu\nu| = 1, \qquad |\lambda\nu| = |\omega\nu| = -7;$$

par conséquent,

$$y = -7(1 - x) = \frac{7}{6}.$$

Enfin la dernière des formules (15) donnera

$$z = 5 - 2x - 3y = -\frac{5}{6}.$$

On aura donc, en définitive,

$$x = y = \frac{7}{6}, \qquad z = -\frac{5}{6}.$$

Supposons maintenant que l'on veuille éliminer une ou plusieurs variables entre des équations qui cessent d'être linéaires. Les clefs anastrophiques fourniront encore un moyen facile d'opérer l'élimination. Ainsi, par exemple, pour éliminer x entre les équations

$$(18) \qquad a + bx + cx^2 = 0, \qquad a' + b'x + c'x^2 = 0,$$

on ajoutera l'une à l'autre ces équations respectivement multipliées par deux binomes de la forme

$$\alpha + \beta x, \qquad \gamma + \delta x.$$

On trouvera ainsi

$$\lambda + \mu x + \nu x^2 + \rho x^3 = 0, \tag{19}$$

λ, μ, ν, ρ étant des fonctions linéaires et homogènes des variables α, β, γ, δ; puis, en considérant ces variables comme des clefs anastrophiques, on tirera de la formule (19), multipliée par le produit $\mu\nu\rho$,

$$|\lambda\mu\nu\rho| = 0. \tag{20}$$

Cette dernière formule sera précisément l'équation résultante de l'élimination de x entre les équations (18).

En général, pour éliminer x entre deux équations algébriques dont l'une serait du degré m, l'autre du degré n, il suffira d'ajouter entre elles ces équations respectivement multipliées par deux polynomes dont le premier serait du degré $n-1$, le second du degré $m-1$, puis d'égaler à zéro le produit symbolique des coefficients des diverses puissances de x dans l'équation finale obtenue, comme on vient de le dire, en considérant les coefficients que renferment les polynomes multiplicateurs comme autant de clefs anastrophiques.

On peut voir, dans les *Comptes rendus des séances de l'Académie des Sciences* pour 1853 ([1]), d'autres applications de la théorie des clefs sur laquelle nous reviendrons dans d'autres articles.

([1]) *Œuvres de Cauchy*, série I, t. XII, p. 12 et 21.

FIN DU TOME XIV.

TABLE DES MATIÈRES DU TOME XIV.

FIN DE LA TABLE DES MATIÈRES DU TOME XIV.